航空职业院校教材

飞机装配工艺学

（修订版）

上 册

主　编　王海宇
副主编　汉锦丽
编　者　王海宇　汉锦丽　李卫平
　　　　王晋涛　贺　磊　高　岚

西北工業大學出版社

西　安

【内容简介】 本书主要内容包括飞机装配的基本知识、飞机装配中的连接技术、飞机装配准确度和检测方法、装配型架、各类典型结构的装配以及飞机总装配和机场工作等。

本书可作为航空职业院校教材，也可作为航空企业的专业培训教材，还可供从事飞机装配的工人、技术人员参考。

图书在版编目(CIP)数据

飞机装配工艺学. 上册/王海宇主编. —西安：西北工业大学出版社，2012.8(2021.1 重印)

ISBN 978-7-5612-3428-0

Ⅰ.①飞… Ⅱ.①王… Ⅲ.①飞机—装配(机械)—工艺学 Ⅳ.①V262.4

中国版本图书馆 CIP 数据核字(2012)第 199143 号

策划编辑：肖亚辉
责任编辑：雷　鹏

出版发行：西北工业大学出版社
通信地址：西安市友谊西路 127 号　　邮编：710072
电　　话：(029)88493844　88491757
网　　址：www.nwpup.com
印 刷 者：兴平市博闻印务有限公司
开　　本：787 mm×1 092 mm　1/16
印　　张：17
字　　数：413 千字
版　　次：2012 年 8 月第 1 版　2021 年 1 月第 5 次印刷
定　　价：45.00 元

修订版前言

笔者多年来一直在航空职业院校从事“飞机装配工艺学”课程的教学工作。根据现今飞机装配技术的发展以及职业院校学生对知识技能的实际需求，并结合教学实践，笔者体会到，编写一本适合于职业院校航空类专业教学的飞机装配工艺学教材是十分必要的。基于这个思想，本书是以笔者多年使用的讲义为基础，参考国内外一些教材、文献资料编写而成的。

《飞机装配工艺学》教材分上、下两册。上册主要内容：绪论部分介绍飞机结构的基本特点、飞机装配的工艺特点、飞机装配工作的要求、飞机构造和飞机装配工艺的发展趋势，让读者初步了解和认识飞机装配工艺技术的基本知识；第一章介绍飞机的工艺分解及装配单元的划分、装配基准、装配定位与固定、工艺文件等内容；第二章对铆接技术进行详细分析；第三章全面阐述螺纹连接技术；第四至八章介绍飞机装配中的补偿、互换与协调、装配型架、飞机结构装配图识读和飞机装配检测方法的基本知识。

下册主要内容：第一章介绍飞机装配准确度相关知识；第二至四章主要阐述胶接和胶接结构装配、复合材料结构与制造、点焊和胶焊结构装配的基本知识；第五至八章概括介绍生产工艺准备、飞机构造工艺性、飞机总装配和机场工作等内容。

在编写本书的过程中，根据职业院校教学特点和学生的认知规律，坚持够用、实用的原则，力求使内容简明易懂。同时，为了增强内容的前瞻性，体现飞机装配技术的最新发展成果，本书涉及了中航工业西飞公司飞机装配的一些新技术、新工艺和新设备。

本书为《飞机装配工艺学》上册，由王海宇任主编，汉锦丽任副主编。具体编写分工：绪论由王海宇、汉锦丽编写；第一至五章和第七章由高岚、贺磊、汉锦丽编写；第六章由李卫平编写；第八章由王海宇、王晋涛编写。全书由汉锦丽统稿。

感谢西飞技师学院教务处对本书的编写进行了精心组织筹划和所做的大量的协调工作。参加审稿的人员有中航工业西飞国际飞机制造总厂厂长骆学涛、中航工业西飞国际国航总厂厂长高晔、中航工业西飞国际飞机制造总厂厂长助理王建旗、中航工业西飞国际国航总厂“中华技能大奖”获得者万胜强。

在编写本书的过程中，参考了部分国内外文献资料和高等院校的有关教材，在此谨对原作者深表感谢。

由于水平有限，书中不妥和疏漏之处在所难免，恳请读者不吝赐教。

编　者

2018 年 5 月

目　　录

（上　　册）

绪　论

飞机制造(Aircraft manufacturing)是按设计要求制造飞机的过程。通常飞机制造仅指飞机机体零构件制造、部件装配和整机总装等。飞机的其他部分,如航空发动机、仪表、机载设备、液压系统和附件等由专业工厂制造,不列入飞机制造范围,但是它们作为成品在飞机上的安装和整个系统的连接、电缆和导管的敷设,以及各系统的功能调试都是总装的工作,是飞机制造的一个组成部分。

飞机制造要经过工艺准备、工艺装备制造、毛坯制备、零件加工、装配安装、检测和试验诸过程。飞机制造中采用不同于一般机械制造的协调技术(如模线样板工作法)和大量的工艺装备(如各种工夹具、模胎和型架等),以保证所制造的飞机具有准确的外形。工艺准备工作包括制造中的协调方法和协调路线的确定、工艺装备的设计等。飞机机体的主要材料是铝合金、钛合金、镁合金等,多以板材、型材和管材的形式由冶金工厂提供。飞机上还有大量锻件和铸件,如机身加强框、机翼翼梁和加强肋,它们多用高强度铝合金和合金钢锻造毛坯,这些大型锻件要在300～700MPa的巨型水压机上锻压成形。零件加工主要有钣金零件成形、机械加工和非金属材料加工。金属零件在加工中和加工后一般还要进行热处理和表面处理。飞机的装配是按构造特点分段进行的。首先将零件在夹具(型架)中装配成翼梁、框、肋和壁板等构件,再将构件组合成部段件(如机翼中段、前缘,机身前段、中段和尾段等),最后完成一架飞机的对接。装配中各部件外形靠型架保证,对接好的全机各部件相对位置,特别是影响飞机气动特性的参数(如机翼安装角、后掠角、上反角等)和飞机的对称性,要通过水平测量来检测。总装工作还包括发动机、起落架的安装调整,各系统电缆、导管的敷设,天线和附件的安装,各系统的功能试验等。总装完成后,飞机即可转入外场工作,进行地面试车和试飞。通过试飞调整,当飞机各项技术性能指标达到设计要求时即可交付使用。

飞机制造中装配和安装工作量占直接制造(即不包括生产准备、工艺装备制造)工作量的50%～70%。这首先是因为飞机结构复杂,零件和连接件的数量大。例如,一架大型飞机有大约10万个零件,200多万个铆钉和螺栓连接件。其次是因为装配和安装工作的机械化和自动化程度比较低,手工劳动量占很大比重,劳动生产率低。再次是因为飞机的装配和安装不仅劳动量大,而且质量要求高、技术难度大。因此,提高飞机装配和安装的技术水平,在飞机制造中具有重要意义。

一、飞机结构的基本特点

1.以尽可能小的结构质量满足强度和刚度的要求

飞机的结构强度、刚度始终受到质量的限制,飞机结构的质量是一个突出被考虑的问题。因此,飞机选用的材料大部分是高强度轻合金的薄壁钣金件。由这样的结构材料制作的零部件刚度小、变形大,增加了装配工艺的复杂性。

2.外形复杂(有单、双曲度,变曲率),部件尺寸大而刚度小

有的飞机机翼长达几十米,本身又是薄壁结构,易变形,刚度小,因此飞机结构的精确度不易保证。

3.零件数量多,协调关系复杂,装配以铆接为主

飞机零件的数量和品种多,一架飞机有成千上万个零件。铆接是目前飞机生产中应用最广泛的连接方法,尽管其他连接方法,如胶接、点焊、熔焊等有了相当大的发展,但由于铆接具有工艺方法比较简单、连接强度比较稳定可靠、能适应比较复杂的结构、操作简便、质量便于检查、故障易于排除等优点,到现在还没有一种连接方法能完全取代它。

二、飞机装配的工艺特点

1.飞机装配劳动量大,机械化程度不高

我国航空企业结合型号需求,开展了壁板自动钻铆、大部件柔性对接等关键技术及装备的研究和应用,在数字化装配技术方面开展了有益的尝试和试验。但是,对先进装配技术的研究还没有系统化,未形成飞机数字化装配模式和体系。目前,飞机装配仍沿用根据实物样件以模拟量形式传递零部件的形状和尺寸,以及采用大量复杂刚性型架进行定位和夹紧的传统手工装配方法,装配精度、质量稳定性、装配效率等很难满足要求,国际适航认证获批艰难。因此,飞机装配技术已成为制约我国飞机制造技术能力的瓶颈,发展飞机数字化装配技术迫在眉睫。

2.飞机装配涉及的连接技术面较广,装配的准确度直接影响飞机的外形

飞机上的连接形式大量采用铆接和螺纹连接技术,另外还采用焊接、胶接等。这些连接技术的一个共同特点是变形较大,而飞机的最后形状和尺寸又是由装配过程来确定的,因此装配的准确度直接影响到飞机外形。

3.飞机装配使用大量复杂的工装夹具

飞机外形复杂,部件尺寸大而刚度小,因此,飞机装配须使用大量工装、夹具固定零件位置,加强装配件的刚度,控制和约束装配件的变形,以保证装配的准确度要求。

4.保证部件装配互换、协调的方法和过程比较复杂

飞机装配不仅需要有精确度高的配合面和准确的配合尺寸,而且还需要有一套区别于一般机械制造并能保证自身互换、协调的设备和工艺路线。例如,为了保证产品与产品、产品与工装、工装与工装之间的协调,需要绘制模线,制造样板,采用型架装配机、标准样机、标准量规等专用设备和标准工艺装备。

三、飞机装配工作的要求

飞机由许多零件、组件、部件所组成。在飞机装配工作中,它们都必须满足下述要求。

1.保证对接面的强度

保证每一结合面的强度是保证飞机装配质量的首要要求。无论用何种连接方法,稍不慎重而造成的缺陷(如铆钉未填满钉孔、焊缝未焊透、螺母未锁紧等),都可能使结合开裂而引起严重事故。飞机上承受大载荷的结合(如机翼与机身的连接),以及承受载荷不大的结合(如起落架盖板蒙皮与骨架的铆接结合),并没有重要与不重要之分。因为飞机设计的安全系数很小,所以任何细小的裂损都可能由局部影响全机。

2.保证飞机气动外形的准确

这个要求有两方面的含义:一是外形曲线尺寸准确,例如机翼每一剖面的翼型曲线、上反角或下反角、后掠角或前掠角的数值,这些数值在装配时必须得到保证,这样才能使飞机得到预定的性能,不然就会减少升力、增加阻力,不利于稳定性和操纵性;二是外表面的光滑度,特别是机翼、尾翼前缘蒙皮的光滑度的保证,这对减少阻力、提高飞机速度具有重大意义。

3.保证各机构动作准确、协调

飞机的所有操纵系统、动力装置等要求操作灵敏、准确,工作时不发生故障。这对歼击机来说,尤为重要。一场激烈的空战,往往不过几分钟或数十秒钟,驾驶员要在这短暂时间内完成各种复杂的工作,操纵机构如有瞬时的迟缓或故障,就会丧失空战中的优势。

4.缩短装配周期

装配一架飞机所需要的时间称为装配周期。缩短装配周期就相应地提高了产量,也就意味着劳动生产率的提高。

5.降低成本

飞机装配需要大量的劳动力,需要许多好的材料。劳动力的减少、材料的节约、废品率的降低,都能提高生产率,降低成本。

以上这些要求,有的是互相关联的,有的是互相矛盾的,这就需要寻求先进的工艺方法和先进的组织形式,最大限度地满足这些要求。

四、飞机构造和飞机装配工艺的发展趋势

1.飞机构造的发展趋势

随着现代飞机为满足隐身、超声速巡航、超常规机动、高信息感知能力、长寿命、结构轻量化等方面的性能要求,大量地采用新技术、新结构、新材料,其结构件呈现出以下的发展趋势。

(1)结构大型化。相对于以往的小型结构件焊接、组装模式,采用大型整体结构件可大量减少结构件零件数量和装配连接工序,并有效减轻飞机整机质量,提高零件强度和可靠性,使飞机的制造质量显著提高,如F—22战斗机后机身整体框架毛坯尺寸达到4 000mm×2 000mm。

(2)结构复杂化。飞机整体结构日趋复杂,其外形多数与飞机的气动外形相关,周边轮廓与其他零件还有复杂的装配协调关系。同时,薄壁加筋结构使得结构件刚性弱,筋顶结构复杂,壁厚最薄部位不足1mm。

(3)材料多元化。随着新一代战机性能的逐步提高,新型高性能材料不断引入,高强度难加工材料和低密度轻质材料成为航空结构件的两大类主要材料,结构件材料逐渐由以铝合金为主转变为铝合金、钛合金、复合材料并重的局面。

(4)制造精确化。精确制造对结构件形位、尺寸公差都提出了更高的要求,以满足精确装配的需要。例如,腹板最高精度达到±0.1mm,比前一代飞机提高一倍以上。

2.飞机装配工艺的发展趋势

为了提高生产效率和装配质量,降低制造成本,缩短制造周期,飞机结构装配技术正朝着自动化、柔性化方向发展。通过对飞机产品三维数字化定义以及设计、制造等数字化技术的应用,推动了飞机结构装配向数字化装配方向发展。在大型构件装配中采用数字化装配技术,可简化型架,减少包括型架在内的装配工装的使用,实现自动化柔性装配,从而提高生产效率和

装配质量，降低制造成本，缩短制造周期。

(1)精密柔性制孔技术。精密柔性制孔技术在国外飞机结构中得到了广泛应用和发展。它包括机器人制孔系统、自动制孔系统、柔性制孔系统、并联机床柔性钻孔设备、便携式自动制孔系统(无钻孔主轴的柔性导轨小车)等。精密制孔技术可覆盖任意生产现场，实现精密钻孔，为飞机的数字化装配打下基础。

(2)柔性装配工装单元技术。为了降低工装成本和周期，按其工装定位夹紧的功能分解成独立的单元体——柔性工装单元。该单元具有质量轻、可移动、可重组的特点。多个柔性工装单元可通过软件系统生成柔性装配的生产线，缩短工装准备时间，实现快速制造，降低制造成本。

(3)飞机壁板自动装配线的应用。飞机壁板的自动装配线已用于空客 A320E4000 机翼壁板柔性装配系统和空客 A340E4100，A380E4380 机翼壁板柔性装配系统。

(4)飞机梁的自动装配线。ASAT 是自动化大梁装配工装，它集成了电磁铆接技术和运动磁轭装配机技术，已用于 B－767 机翼梁的自动化装配系统。波音公司民用机机翼生产线配置了最新的 E5000(ASAT4) C－17 第 4 代自动化翼梁电磁铆接装配系统。

(5)框的装配。除焊接框外，采用机械连接的钣金框和机械加工组合框在型架阶段还未实现自动化，仍以手工装配为主，完成定位后从型架中取出的框可以在自动钻铆机上进行补铆。在框型架的安装过程中，采用了数字化激光跟踪定位技术。框的装配技术向机加框、焊接框及装配孔定位装配技术方向发展。

(6)飞机部件对接柔性装配技术。法国图卢兹空中客车公司飞机总装配线单元引入了“测量辅助装配”系统。在飞机总装阶段(如机身-机身或机翼-机身对接)，这种系统能解决一些与大型机体部件装配测定、定位相关的传统工艺问题。该系统包括激光或照相测量子系统、计算机辅助测量系统及特制的图形用户接口。这些技术的组合具有无型架装配、更快速的装配工序、减少返工和损耗等诸多优点。

数字化制造技术在国内航空企业中发展很快，装配方面已采用自动钻铆和电磁铆接技术，但应用还不普遍。柔性装配技术受到广泛关注，已有相当数量的研究项目正在实施，有望在不久的将来迅速得到推广和应用。

课外阅读

先进机械连接技术

1. 自动连接技术

飞机结构所承载荷通过连接部位传递，形成连接处应力集中。据统计，飞机机体疲劳失效事故的 70%起因于结构连接部位。其中，80%的疲劳裂纹发生于连接孔处。因此，连接质量极大地影响着飞机的寿命。现代飞机的安全使用寿命要求日益增长，军机寿命、干线飞机寿命分别要求达到 8 000，50 000 飞行小时以上，而手工铆接难以保证寿命要求，必须采用自动钻铆装配设备来实现稳定的、高质量的连接。

发达国家的飞机连接装配已由单台数控自动钻铆机的配置向由多台数控自动钻铆机、托架系统配置或由自动钻铆设备和带视觉系统的机器人、大型龙门机器人、专用柔性工艺装备及坐标测量机等多种设备、不同配置组成的柔性自动装配系统发展。

(1)自动钻铆系统。美国、俄罗斯、法国、德国等国家发展的系列化钻铆机，有中小型钻铆机、大型自动钻铆机、安装特种紧固件的钻铆机和微型自动钻铆机。

(2)自动钻铆机托架系统。自动钻铆机与托架系统相配套，能提高效率。对较大尺寸结构、复杂结构，尤其是双曲度的飞机机身和机翼壁板进行自动钻铆，配备全自动托架系统以实现零件的自动定位和调平。而对于外形较平直的中小结构的壁板大多配置手动、半自动托架系统。

(3)机械手或机器人。采用自动机器人装配系统可实现对不开敞、难加工部位的装配。工业机械手——机器人——作为柔性装配系统中一个不可分割的部分，能有效提高装配效率和装配质量，降低装配成本。F—16，F/A—18，C—130 等飞机装配中机器人工作单元主要用于装配系统中零件的输送、定位、制孔和装配。

(4)柔性自动钻铆装配系统。柔性自动钻铆装配系统使生产效率大大提高。例如 B—767，B—777 采用翼梁自动装配系统，提高生产效率 14 倍，费用降低 90%，废品率降低 50%。

2. 电磁铆接装置

电磁铆接可替代大功率压铆设备，进行大直径、高强铆钉的铆接；进行难成形材料、大直径及厚夹层的铆接；可以在结构上实现均匀的干涉配合连接。电磁铆接自动化设备将高能、低质量电磁铆接动力头应用于自动钻铆机，与以液压为铆接动力的自动铆接设备相比，配置电磁铆接动力头的自动铆接设备由于不配备液压系统及用于承受铆接后坐力的弓形架，可大大简化设备的结构，减少设备的质量和体积。俄罗斯用于壳体结构和圆筒结构的自动化电磁铆接工作台及 A320 生产线配置有 E4000，E5000 翼梁装配系统和 C—17“环球霸王”机翼梁装配的第四代自动化装配系统，占地面积很小，但都具有很高的柔性度，有一对垂直磁轭装配机跨越计算机数字控制(CNC)控制的柔性梁安装型架。另外，该装配机上还配有伺服驱动的检测探头和摄像系统，确定机床及产品的位置和检测孔的质量，可对每根梁进行自动钻孔、紧固件定位、安装和铆接。

3. 先进制孔技术

国外采用的先进制孔设备除数控自动钻铆机制孔外，还有机器人制孔、带激光引导的精密数控制孔中心。

机器人制孔。由于机器人具有多自由度的优点，特别适合于对具有复杂外形结构的高质量制孔。它与手工制孔相比可提高效率 3～5 倍。F—16 战斗机的垂尾石墨/环氧复合材料蒙皮采用机器人制孔，不仅保证了制孔质量，提高了制孔效率，还避免了石墨粉尘对操作人员的损害。

精密数控加工中心制孔。以 F—22 为代表的第四代战斗机部件装配采用快速装配技术，其结构设计成模块形式，给制造提出更高的要求，一是整体结构形状复杂、尺寸大；二是飞机的使用寿命长，要求制孔精度更高、质量更精细，采用了自动化激光定位的精密数控制孔中心制孔。

4. 先进连接件

一架飞机所用连接件少则几十万件，多则几百万件。从减重、防腐、抗疲劳、密封、安装等方面出发，现代飞机大量采用钛合金、新型铝合金紧固件，而钛合金紧固件占螺纹紧固件的 90%，Ti-6Al-4V 紧固件占钛合金紧固件的大多数。世界各国围绕着 Ti-6Al-4V 材料研制、生产出多种系列的钛合金紧固件产品。

5. 长寿命连接技术

现代飞机都有较高的寿命要求，在机械连接中影响寿命的工艺因素主要有孔的加工精度和表面质量、连接配合的干涉量和胀紧力实现的精度等。

国外在精密制孔方面，开发了许多先进的钻型刀具，并采用自动化制孔工具和设备制孔，如自动进给钻、自动钻铆机、机器人、激光导引的钻床、精密加工中心制孔，保证了制孔精度和实现了光洁制孔。

为了提高连接疲劳性能，除采用光洁制孔外，还对孔表面采用强化工艺，采用干涉紧固件及自动化装配系统保证连接配合所需的干涉量和胀紧力的精度，以实现长寿命连接。

6. 无外形卡板型架装配技术

数字化传递技术、精确成形技术、高精度的数控加工技术以及整体结构件的刚性是无外形卡板型架装配技术的基础。无外形卡板型架装配系统主要由激光跟踪定位仪（或电子经纬测量仪）和装配平台等组成。无外形卡板型架装配技术可实现模块化，其通用性强，生产准备周期短；产品装配定位准确，部件装配开敞，效率高，发达国家已在军机、民机装配中广泛应用。

思考题

1. 简述飞机结构的基本特点。
2. 简述飞机装配的工艺特点。
3. 飞机装配工作有哪些要求？

第一章　飞机装配概述

第一节　飞机的工艺分解及装配单元的划分

一、飞机的工艺分解

1. 飞机工艺分解的定义

飞机工艺分解是指合理地利用飞机结构的设计分离面和工艺分离面，将飞机机体划分为若干个独立的装配单元。

2. 飞机工艺分解的目的

(1)扩大装配工作面，使装配工作分散平行进行，以缩短飞机的装配周期。

(2)改善装配工作的施工通路和劳动条件，利于装配工作机械化，提高生产效率和产品质量。

(3)便于采用简单的定位方法(如定位孔、装配孔)，简化装配工艺装备的结构。

(4)分散总装架内的装配工作量，从而减少复杂的大型总装型架数量。

(5)将特殊装配环境和特殊试验要求的装配件分解出来，可以减少占用专用厂房面积，节约投资费用。

3. 飞机工艺分解的顺序

(1)飞机分解为部件、飞机用组合件、飞机用零件。

(2)部件分解为分部件、部件用组合件、部件用零件。

(3)分部件分解为组合件、分部件用零件。

飞机工艺分解顺序框图如图1.1所示。

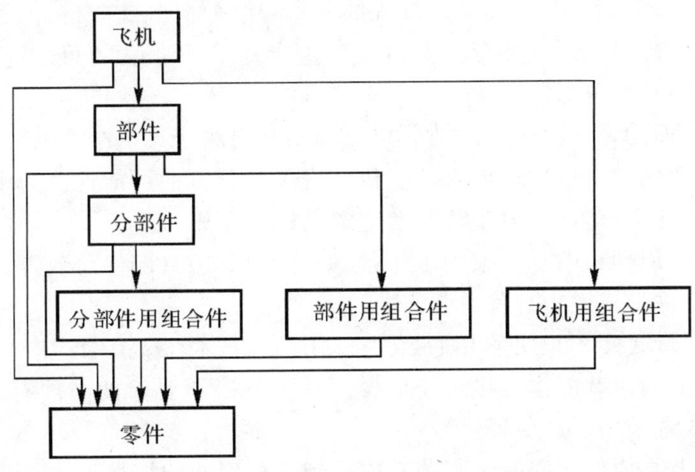

图1.1　飞机工艺分解的顺序框图

4. 装配件的分类

一架飞机可以划分成若干个部件,部件又可以划分成若干个分部件、组合件。这些部件分部件、组合件统称为装配件。

(1)按分解层次及功能分类。

1)组合件。组合件是由两个或两个以上零件组成的装配件。例如,壁板、梁、框、肋等。

2)分部件。分部件是指构成部件的一部分,具有相对独立、完整及一定功能的装配件,习惯上也称为部件或段件。例如,机身的前段、中段、后段;机翼的中翼、中外翼、外翼、襟翼、副翼;尾翼中的水平安定面、垂直安定面、升降舵、方向舵等。

3)部件。部件具有独立的功能和完整的结构。例如,机身、机翼、垂尾、平尾、起落架短舱、发动机短舱等。

(2)按结构工艺特点分类。

1)平面类组合件。平面类组合件是由平面腹板及加强件组成的组合件。例如,平面框、肋、梁、地板、隔墙等。

2)壁板类组合件。壁板类组合件是由蒙皮及骨架零件组成的组合件,根据蒙皮形状不同,又分为单曲度壁板和双曲度壁板。例如,机身壁板、机翼壁板等。

3)立体类组合件。除上述两类组合件外,均属于立体类组合件。例如,翼面前缘、后缘、翼尖;各种门、盖、机头罩、尾罩、整流罩、内部成品支架等。

4)机身类部件或分部件。例如,机身或机身各段;起落架短舱、发动机短舱等。

5)翼面类部件或分部件。例如,机翼或机翼各段;水平安定面、垂直安定面、翼、副翼、方向舵、升降舵。

二、分离面

1. 分离面的定义

装配件相连接的接触面称为分离面。

2. 分离面的种类及特点

(1)设计分离面。为了满足产品结构和使用的需要,在部件之间(或分部件之间)、部件与可卸件之间形成的分离面且采用的是可卸连接,这种分离面称之为设计分离面。

(2)工艺分离面。为满足制造和装配过程的要求,须将部件(或分部件)进一步分解为更小的装配单元。这种装配单元之间的分离面称为工艺分离面,一般为不可卸连接。

3. 工艺分离面的选取原则

(1)对工艺分离面的设计要求。工艺分离面的划分取决于飞机结构的可能性。因此,飞机结构设计阶段就应考虑满足批生产要求的飞机结构工艺分解的可能性。为了满足工艺上的需要,当对图样进行工艺性审查时,对工艺分解应遵循以下原则。

1)尽量减少装配周期长的总装架内工作量,如部件总装、分部件总装等。尽可能多地形成大型组件,避免以散件形式进入部件总装。

2)结构设计中尽量壁板化,以便采用机械化、自动化连接技术,提高劳动生产率,缩短装配周期。

3)工艺分离面上的协调部位应尽可能地少。对于有协调要求的必须有相应的措施,如设计补偿、工艺补偿或者采用工装保证。

4)工艺分离面上结构件之间的装配关系应采用对接形式或搭接形式,避免采用插装。

5）工艺分离面上结构连接应有充分的施工通路。在可能情况下，装配顺序应是自内向外。

6）不同装配特点（环境条件、试验条件、连接形式、工艺特点）的装配件应通过工艺分离面或设计分离面单独划出。如机身的气密部分、复合材料、蜂窝件、胶接件等。

7）工艺分离面的划分使各个装配工作站的装配周期基本平衡。

（2）工艺分离面的选取原则。选取工艺分离面时应结合生产性质（试制、小批生产或大批生产）、年产量、生产周期、成本等因素进行综合技术经济分析。具体如下：

1）研制试制批采用相对集中的装配方案，适当地选取工艺分离面，主要满足生产准备周期和装配周期的要求。此时应主要考虑以下原则。

a．为了缩短大型部件或分部件总装的装配周期，能分出的装配单元尽量分出。

b．对于较小的部件或分部件，装配单元的划分除考虑工艺通路外，应使总装周期不超过大型部件的总装周期。

c．壁板尽量能划分出来，单独进行装配。

d．划分出来的装配单元应具有必要的工艺刚性。

e．考虑型架的复杂程度。分散装配若能使型架结构简化，制造费用和周期合适时，应划分出来。

f．特殊装配环境要求和特殊试验要求的装配单元应尽量划分出来。

2）批生产时采用分散的装配方案，其分散程度取决于产量大小。批生产时工艺分离面的选取应考虑以下原则。

a．工艺分离面的划分只要有利于提高劳动生产率或保证产品质量，就应尽量多地采用分散装配。

b．便于提高钻孔、制窝、连接的机械化程度。

c．使部件总装架内的装配周期缩短到最低限度。

d．便于建立装配流水线。

三、装配顺序图表的设计及典型实例

部件装配顺序图表反映了部件的各装配单元逐级装配为部件过程中的装配层次及先后次序。它是进行工艺准备、生产计划管理、车间平面工艺布置的主要依据。

1．装配顺序的确定原则

（1）部件装配的一般顺序应是小组合件→大组合件→分部件→部件。

（2）以骨架为基准进行装配时，先进入构成骨架的组件。例如，机翼装配时，先装入翼梁、翼肋，后装蒙皮（或壁板）。

（3）一般前道工序的结构不得影响后道工序的连接通路，否则须对装配顺序进行调整。

（4）飞机内部结构件及系统件能在前道工序安装完成的不应转到后道工序。

（5）不需要在总装型架内定位的组件安装、系统件的安装、系统试验，应安排在架外进行，如口盖、舱门、阻力板等的安装工作。能以产品结构为基准，通过安装量规、安装模型定位安装的组件也应安排在架外进行。

（6）易损组件的装配顺序应尽量往后安排。例如玻璃组件、蜂窝组件及电缆、成品等的安装。

（7）除影响部件（分部件）对接通路及协调的结构件、系统件不装外，应尽量提高部件（分部件）的完整性。

2. 装配顺序图表的设计

(1)基本内容。

a. 装配顺序图包括参与装配的主要零件、组合件、部件(分部件)。

b. 包括装配中的一些主要工序,例如,精加工、部件对合、系统安装及主要试验。

c. 反映各级装配关系及装配顺序。

d. 标明各装配单元(或工作内容)的名称、产品图号,也可以增加装配工艺装备编号。

e. 反映装配过程的主干线。

(2)图表格式。

a. 框式装配顺序图。框可以用"□"表示零件、装配单元或工作内容,其名称、图号写在方框内。构成装配单元的方框以粗实线表示。箭线表示装配关系,反映装配主干线的箭线用粗实线表示。框式装配顺序图的装配顺序可以自下而上绘制,也可以自左至右绘制。如图 1.2 表示自左至右的框式装配顺序,同级装配顺序自上而下表示。

b. 装配顺序图表典型实例。如图 1.3 所示为某机机身中段示意图式装配顺序图。如图 1.4 所示为某机机翼框式装配顺序图表。

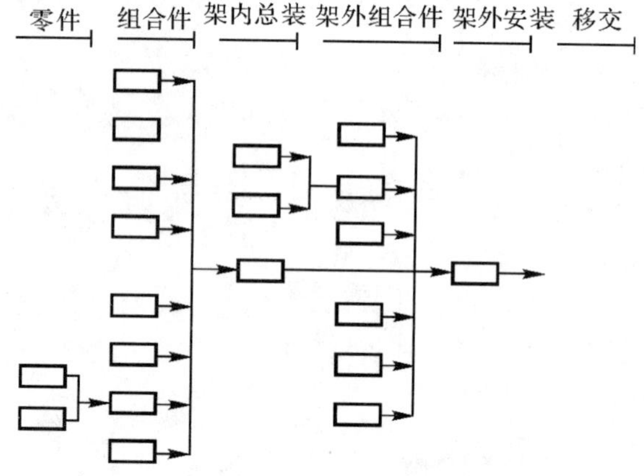

图 1.2 自左至右的框式装配顺序图

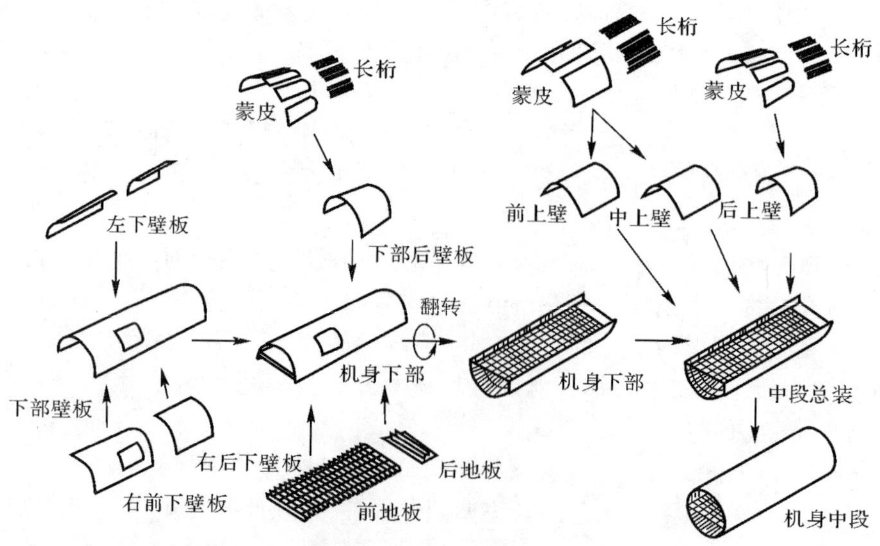

图 1.3 某机机身中段示意图式装配顺序图

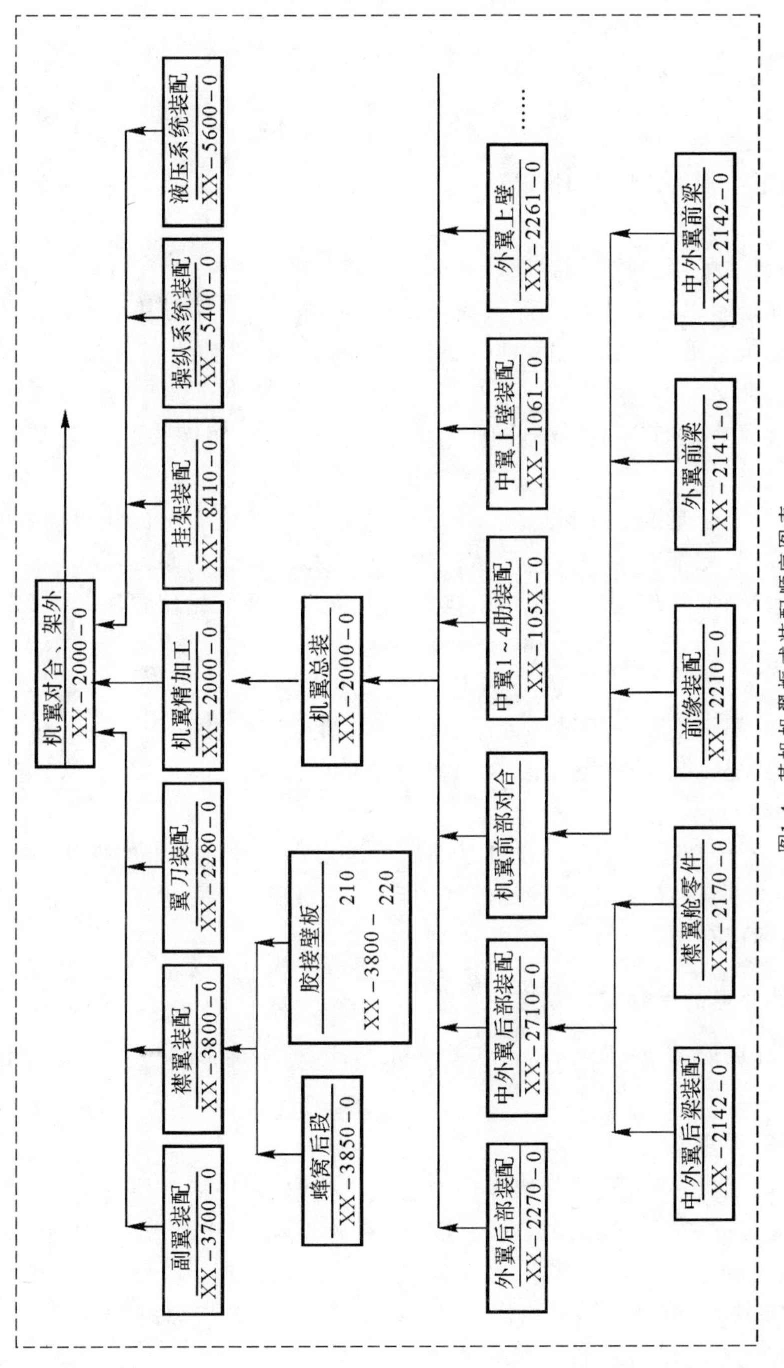

图1.4　某机机翼框式装配顺序图表

第二节　装配基准

一、基准的定义和分类

1. 基准的定义

基准就是确定结构件之间相对位置的一些点、线、面。

2. 基准的分类

飞机装配中通常采用两种基准:设计基准和工艺基准。

(1)设计基准是用以建立零件外形或决定在结构中相对位置的基准。产品设计需要建立这样的基准,如飞机水平基准线、对称轴线、翼弦平面、弦线、梁轴线、长桁轴线、框轴线、肋轴线等,统称为设计基准。

(2)工艺基准是存在于零件、装配件上的实际的点、线、面。装配工艺基准又分为以下几种。

1)定位基准。定位基准是用以确定结构件在设备或工艺装备上的相对位置的基准。

2)装配基准。装配基准是用以确定结构件之间的相对位置的基准。

3)测量基准。测量基准是用于测量结构件装配位置尺寸起始位置的基准。

二、基准的特点

设计基准一般都是不存在于结构上的点、线、面,在生产中往往无法直接利用。因此,在装配过程中要建立装配工艺基准,它是存在于结构件上的点、线、面,可以用来确定结构件的装配位置。

在国外,有把不存在于结构上的设计基准用标识物标记在结构上的做法,不但在装配时可以利用,而且还可长期保存,这是一种比较好的做法。如飞机水平基准线、飞机对称轴线都可以采用这种方法标记在结构上。

三、保证部件外形的两种装配基准

一般保证部件外形准确度使用两种装配基准,即以骨架外形为基准的装配和以蒙皮外形为基准的装配。

1. 以骨架外形为基准

(1)结构特点。肋、隔板、框等骨架零件为整体式结构,无外形补偿件。

(2)装配过程。首先定位骨架,然后将蒙皮装在骨架上,用压紧力 P 压紧,蒙皮与骨架进行铆接,如图 1.5 所示。

(3) 装配误差特点。装配误差“由内向外”积累,误差反映在部件外形上。

(4)误差组成。

1)骨架零件外形误差。

2)骨架装配误差。

3)蒙皮厚度误差。

4)蒙皮与骨架贴合间隙。

5)装配变形。

(5)特点。累积误差反映在部件外形上,使其准确度降低。若要提高部件外形准确度,必须提高骨架零件的外形准确度和骨架装配、定位准确度。

(6)应用范围。

1)外形准确度要求较低的部件。

2)翼型高度较小,不便于采用结构补偿的部件。

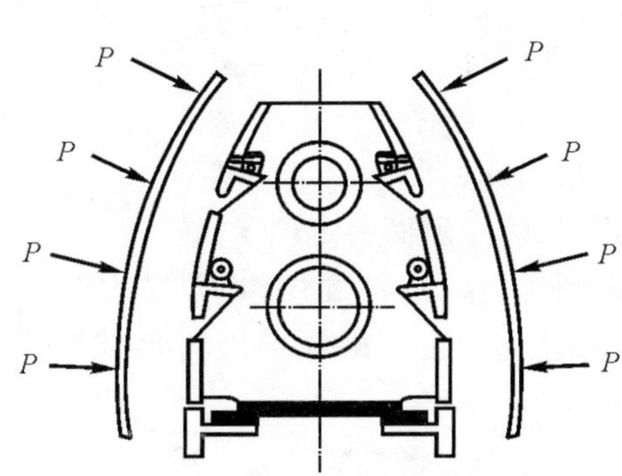

图 1.5　以骨架外形为基准图例

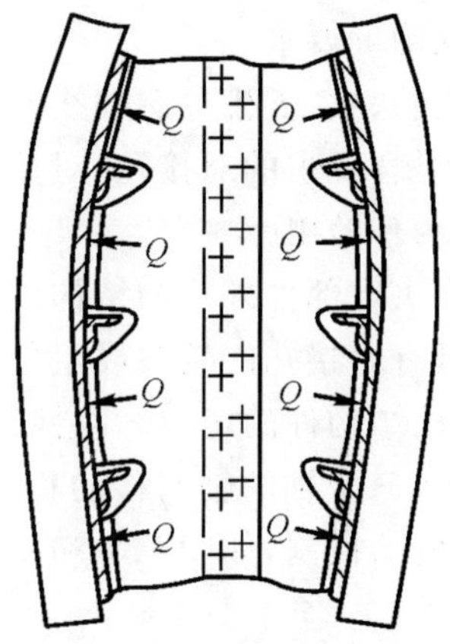

图 1.6　以蒙皮外形为图例

2. 以蒙皮外形为基准

(1)结构特点。

1)翼肋、隔板为上、下两半组成,用重叠补偿连接。

2)翼面类部件采用弦平面分离面,上、下半肋一般不连接。

3)翼肋、隔板、框等与蒙皮之间设有补偿件。

(2)装配过程。

1)无补偿件的结构。按卡板定位蒙皮,安装半肋施压紧力 Q,并与蒙皮铆接,对合连接上、下半肋。

2)有补偿件的结构。定位翼肋腹板(或框),按卡板定位蒙皮并加力使其贴合卡板,安装补偿件与蒙皮和肋腹板(或框)铆接。亦可将补偿件带在壁板上,定位后补偿件与肋(或框)连接,如图 1.6 所示。

(3) 装配误差特点。装配误差“由外向内”积累,误差通过结构补偿件消除。

(4)误差组成。

1)卡板外形误差。

2)蒙皮与卡板之间的贴合间隙。

3)装配变形。

(5)特点。利用补偿能获得较高的部件外形准确度。

(6)应用范围。其适应外形准确度要求高的部件,且结构布置和连接通路都能满足要求。

四、装配工艺基准的选择依据

1. 产品图样及技术条件

(1)产品结构特点。

1)蒙皮与骨架之间设有补偿件或翼肋在弦平面采用重叠补偿形式，以及翼肋、隔板在弦平面分开且不相连接的结构是采用以蒙皮外形或以蒙皮内形为装配基准的先决条件。

2)骨架零件为整体时只能以骨架为装配基准。

(2)产品结构件的功用。

1)当决定部件外形的结构件定位时，尽量采用以外形面作为定位基准。

2)具有对接孔的接头或组件，应选择对接孔、叉(耳)侧面为定位基准。

(3)准确度要求。

1)梁、肋、框、长桁等有轴线要求的，应尽量以该零、组件的轴线面作为定位基准。

2)有对合要求的对接孔、对接平面应选择对接孔、对接平面作为定位基准。

2. 结构件的刚性

(1)当决定部件外形的结构件定位时，尽量采用以外形面作为定位基准。

(2)具有对接孔的接头或组件，应选择对接孔、叉(耳)侧面为定位基准。

1)刚性结构件的定位。刚性结构件的定位必须符合六点定位规律，即要约束六个自由度(沿X,Y,Z三个轴的轴向移动和绕三个轴的转动)。每一个结构件工艺基准的选择必须达到六个自由度的控制，如图1.7和图1.8所示。

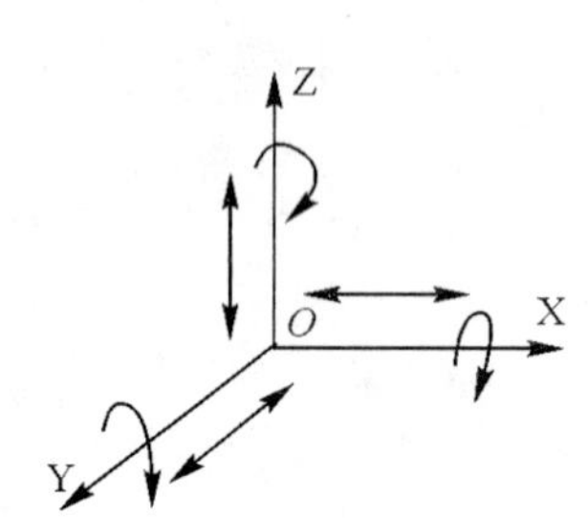

图1.7 空间位置六个自由度

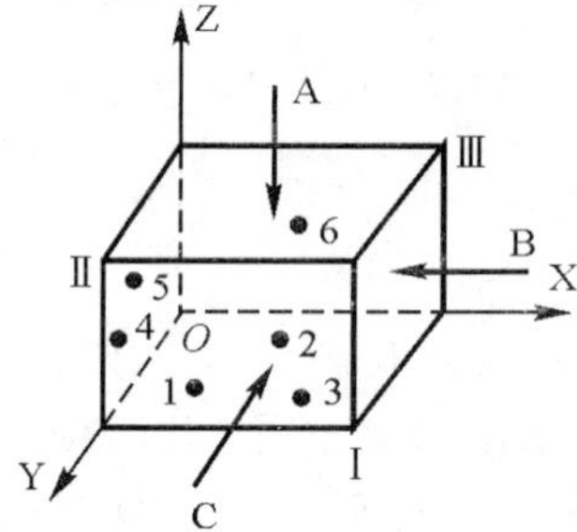

图1.8 六点定位原理图

如图1.9所示为加强框在机身总装时的六点定位规律示意图。

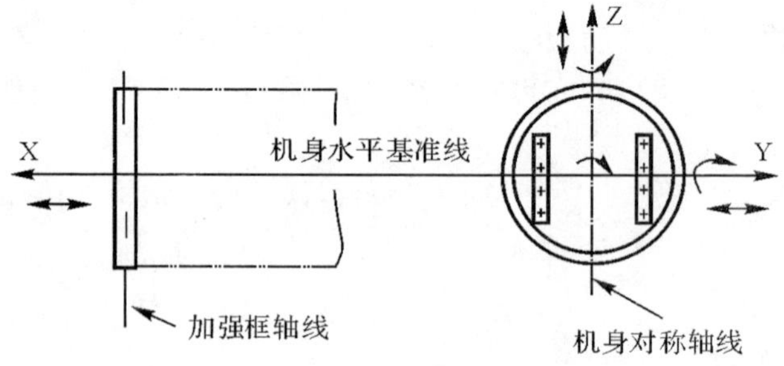

图1.9 六点定位规律示意图

2)低刚性结构件的定位。低刚性结构件的定位不遵循六点定位规律，通常采用过定位。其目的是维护结构件的形状或强迫变形使结构件符合定位件要求。但过定位是产生装配应力的原因之一。选择哪种定位形式，取决于结构件的尺寸大小、形状复杂程度、刚性高低、外形准确度要求等。

3. 工艺因素

(1)以结构件上的工艺孔作为工艺基准。以孔代替边缘(或外形)作为定位基准，可以简化定位方式和工装结构，在保证位置准确度和外形准确度的前提下应优先考虑。结构上用做定位基准的工艺孔有装配孔、定位孔。

(2)以工艺接头孔作为定位基准。当在结构件上不允许制孔或结构上的孔不能满足定位刚度、强度要求时，以工艺接头孔作为定位基准。它适用于刚性比较大且无产品接头孔可利用的装配件的定位。

(3)装配协调要求。

1)不同组件的协调部位的定位基准应该统一。例如，普通框分段安装在几块壁板上，各框段在各壁板上的定位基准应选在同一面上。

2)同一组件在不同夹具上的定位基准应该统一。

4.施工通路的影响

当使用工艺装备定位时，在不影响定位准确度的前提下，应结合施工通路要求来选择定位基准。

五、装配工艺基准的选择原则

当选择定位基准和装配基准时应遵循以下四个原则。

1.装配定位基准与设计基准统一的原则

结构件定位尽可能直接利用设计基准作为装配定位基准。不能利用的，应通过工艺装备间接地实现基准的统一。例如，机翼翼肋的位置在图样上是用肋轴线确定的。定位翼肋时，应选择翼肋轴线面作为定位基准。

2.装配定位基准与零件加工基准统一的原则

尽量做到装配定位基准与零件加工基准的统一，否则应进行协调。例如，整体翼肋、整体大梁数控加工时的定位基准孔，当在装配夹具内定位时，采用该孔作为装配定位基准，能保证较高的位置准确度。

3.装配基准与定位基准重合的原则

当部件或分部件为叉耳对接或围框式对接时，这些接头或平面当在部件(分部件)装配时是定位基准，当在部件对接时选作装配基准，亦即装配基准与定位基准统一。

4.基准不变的原则

在部件的整个装配过程中，每道工序及每一个装配阶段(装配单元)都用同一基准进行定位，即构件的二次定位应采用同一定位基准。如当机翼前梁装配时，以前梁接头对接孔作为定位基准，则当前梁与前缘对合、部件总装时，均应以该接头对接孔作为定位基准。

第三节　装配定位与固定

在铆接装配过程中，首先要准确地确定零件之间的相互位置，这就是定位。零件定位好以后，将它固定夹紧在此位置上，然后才能进行连接。

装配过程中的首要问题是确定零件、组合件之间的相对位置。定位方法是完成在装配过程中定位零件、组合件的手段，包括基准件定位法、划线定位法(见图1.10)、装配孔定位法和装配型架定位法四种。

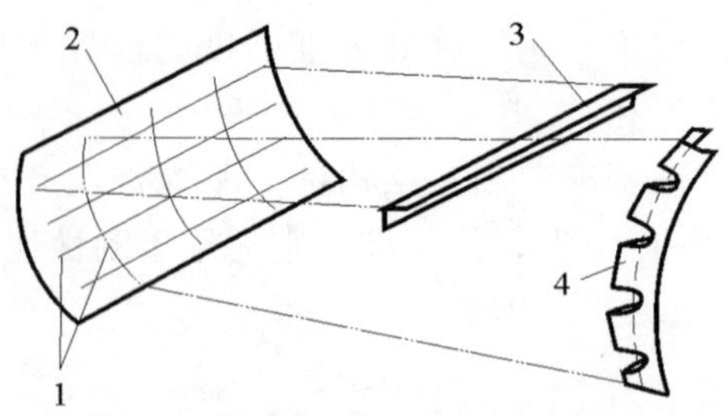

图 1.10 用划线定位长桁、框的示意图

1—基准线； 2—蒙皮； 3—长桁； 4—隔框

一、基准件定位法

1. 对基准件的要求

(1)用做基准件的零件或结构件必须有较好的刚性，即在自重的作用下能保持自身的形状和尺寸。对于低刚性零件可以通过工装或其他方法增强其刚性。

(2)基准件上用做定位基准的点、线、面的形状、尺寸、位置必须符合图样和协调要求，并满足待定位零件的位置要求。如果定位用的点、线、面是在装配过程中形成的，应该合理选择该零件上道工序的定位方法。

2. 以基准件定位的应用实例

(1)完全的基准件定位法。

1)装配过程中的一些零件定位。例如，在蒙皮上的口盖孔不留余量，口框、口盖按口盖孔定位；长桁与隔框连接的角片以预先装配好的隔框与长桁定位，如图 1.11 所示。

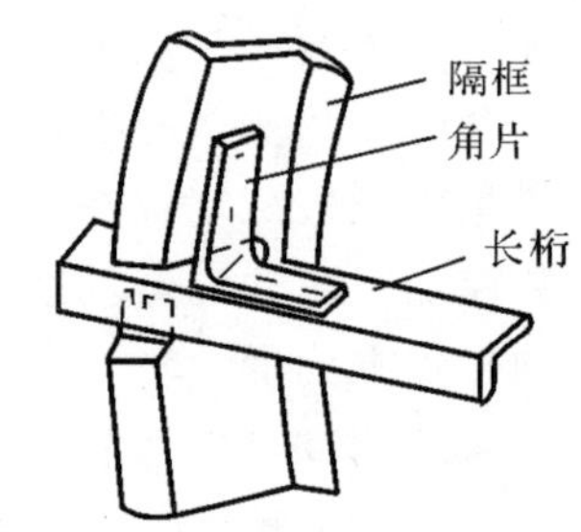

图 1.11 角片以隔框、长桁定位

2)部件的定位。部件以基准部件上经过协调的孔和面为基准定位。例如，在架外进行的机身各段的对接，机身机翼的对接等。该方法可用于设计分离面，也可用于工艺分离面。当工艺分离面没有孔和面可利用时，则设置工艺接头，如图 1.12 所示为机头以基准部件定位的例子。

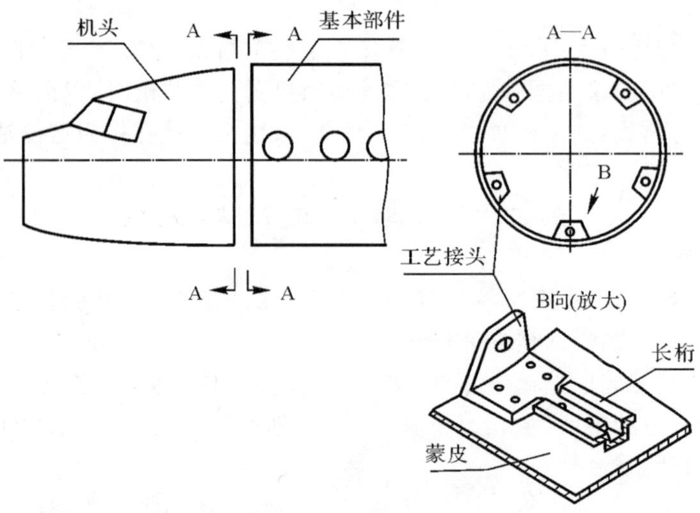

图 1.12 机头以基准部件上的工艺接头定位

(2)以基准件作为辅助定位基准。当采用其他定位方法如划线定位、装配孔定位、工装定位时，只控制部分自由度，其他自由度则按基准件定位。这种方法能保证零件之间的协调。例如，蒙皮按装配好的骨架定位外形，普通肋的展向位置靠翼梁上的型材定位等。

当制订装配方案时应优先考虑此法。随着零件制造准确度的提高和整体件的采用，这种定位方法的应用将越来越多。

二、划线定位法

在选定的基体零件上，按图样尺寸划出待装零件的定位基准线(即位置线)。划线使用2B～4B铅笔。镁合金零件上使用不含石墨的特种铅笔。划线装配的准确度决定于工人的技术水平，如图1.10所示。特点如下：

(1)准确度低。

(2)劳动生产率低。

(3)要求工人有较高的技术水平。

(4)容易发生错误。

(5)所有的划线工、量具比较简单。

(6)当不宜用其他方法定位时，划线定位有它的灵活性。

因此，在飞机研制阶段，采用划线定位方法定位零件，可减少工艺装备数量；在成批生产中，该方法可作为一种辅助的定位方法。划线定位法一般用于刚度较大、无协调要求和位置准确度不高的零件定位。晒相法也是划线定位法的一种，但是，在目前飞机装配中不常用(见图1.13)。

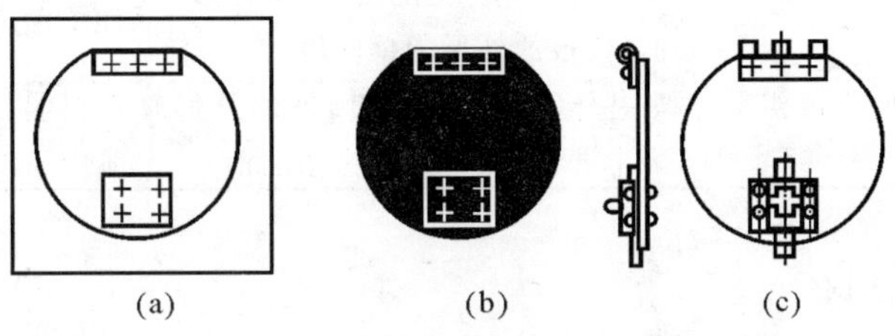

图1.13　用晒相法定位铰链和锁扣的示意图

(a)明胶扳；(b)显影后的口盖蒙皮；(c)装配好的口盖组件

三、装配孔定位法

1. 分类

装配孔用于零件与零件之间的装配定位，也用于装配件与装配件之间的装配定位。如图1.14(a)表示在翼肋与前、后梁支柱上按装配孔定位翼肋。如图1.14(b)表示机翼前缘、后部与翼盒上前、后梁缘条取装配孔分别定位前缘和后部。零件与零件定位的装配孔按基体零件的形状分为三类，见表1.1。

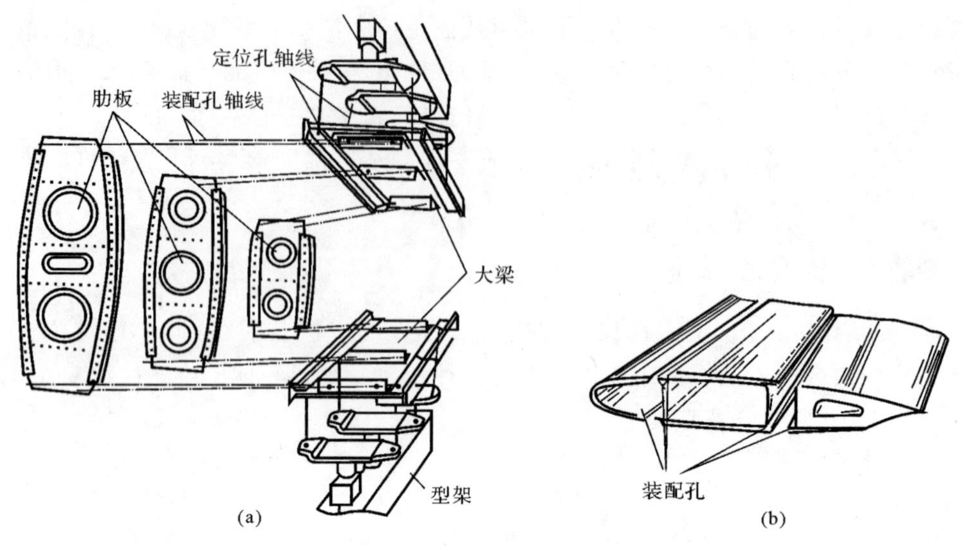

图 1.14 装配件按装配孔定位

(a)翼肋的定位；(b)前缘、后部的定位

表 1.1 零件与零件定位的装配孔分类

类 别	名 称	特 点	应用实例
Ⅰ类	平面类组合件装配孔	基体零件为平面，待装零件与基体零件的配合面也为平面	肋、平面框、梁、地板、隔墙等组件的装配
Ⅱ类	单曲度壁板组合件装配孔	基体零件为单曲度；长桁直母线布置，与蒙皮配合面为平面；框、垫板的外形为单曲度	翼面类部件的壁板、机身类部件单曲度壁板的装配
Ⅲ类	双曲度壁板组合件装配孔	基体零件为双曲度，框的外形为单曲度，长桁外形为扭曲面	机身、起落架短舱、发动机短舱中平滑双曲度壁板的装配

2. 装配孔的适用范围

(1)装配孔的方法适用于平面类组合件的腹板与加强型材、加强板、垫板、角片等的装配。对于气动外形准确度要求不高的低速飞机，其翼肋、梁、框上构成气动外缘的缘条也可以取装配孔的方法。高速飞机一般不取装配孔的方法。

(2)装配孔的方法还适用于壁板类组合件的蒙皮与长桁、普通框、口框、加强板的装配。当双曲度壁板取装配孔时，其壁板的曲度不大且应平滑。框与蒙皮取装配孔时，其框距容差应大于装配孔的定位误差，同时还应考虑数块壁板同站位框的对接形式及补偿情况。连接在壁板上的补偿片一般不取装配孔的方法。

(3)取装配孔的组件、壁板应有一定的刚性，以保证在钻孔、铆接过程中不致变形。对于有气动外形要求的壁板，在蒙皮薄、刚性小的情况下，应考虑采用支撑装配夹具。

(4)装配件与装配件之间取装配孔时，待定位的组合件、壁板、分部件应有足够的刚度，且装配孔的协调方法简单，易于实现。

3. 装配孔的取制原则

(1)每个零件一般选用两个装配孔，并应分布在零件的两端。特殊情况下可以例外。

1)尺寸大或刚性小的零件,装配孔可增至3～5个,个别特殊情况下也可多于5个,此时,装配孔的间距一般为400mm左右。

2)只选用一个装配孔,再结合其他定位方法(划线定位、基准件定位)确定零件位置。如图1.15所示为某壁板长桁在蒙皮上利用一个装配孔定位的实例。由于长桁较长,取多个装配孔难以协调,故在蒙皮上取数个孔而在长桁上取一个孔。装配时,在长桁上划出铆钉排中心线,利用一个孔作为装配孔确定长桁的展向位置,以长桁上的铆钉排中心线对准蒙皮上的孔中心线,完成长桁的定位。

(2)装配孔一般不宜位于三层零件的重叠处。特殊情况下可以在多层零件中的几个零件上取制装配孔。如图1.16所示为某机升降舵半梁取制装配孔的实例。该装配孔位于角材1、腹板、缘条(垫片)和角材2共四层零件上,此时,可在角材1、角材2和腹板上取装配孔。装配时,首先组合腹板和缘条,然后按腹板上的装配孔钻缘条上的孔,即可实现角材的定位。

(3)装配孔的位置距零件成形区(下陷、弯边、加强槽等)应不小于紧固件间距的两倍。

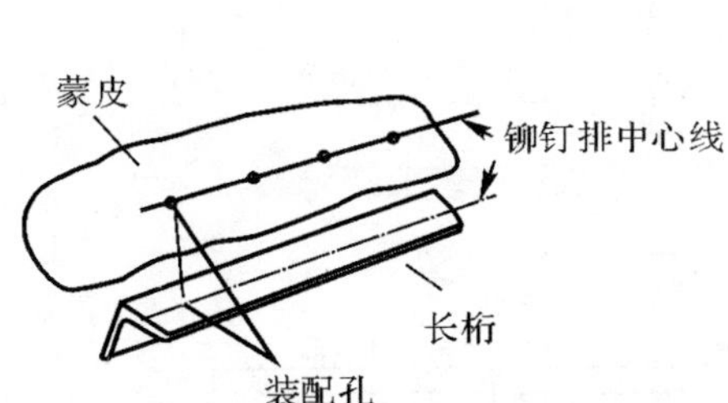

图1.15　利用一个装配孔定位的实例

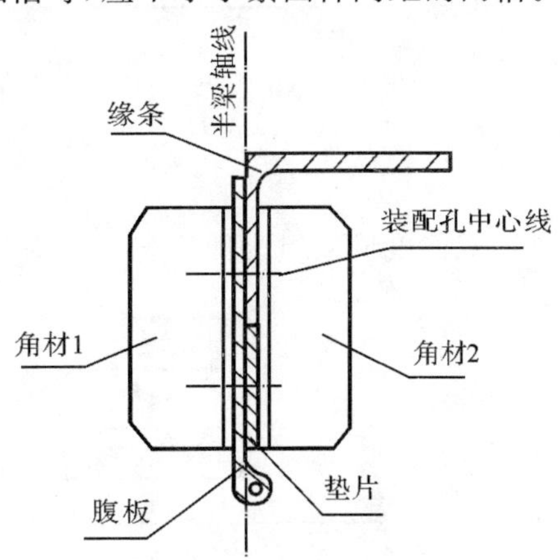

图1.16　多层零件取制装配孔的实例

(4)对称零件的装配孔应不对称地分布在对称轴线的两侧。

(5)装配孔应取在铆钉、螺栓(钉)的位置处。

4.装配孔协调路线

(1)平面类组合件装配孔协调路线。以腹板、加强型材装配为例,如图1.17所示。

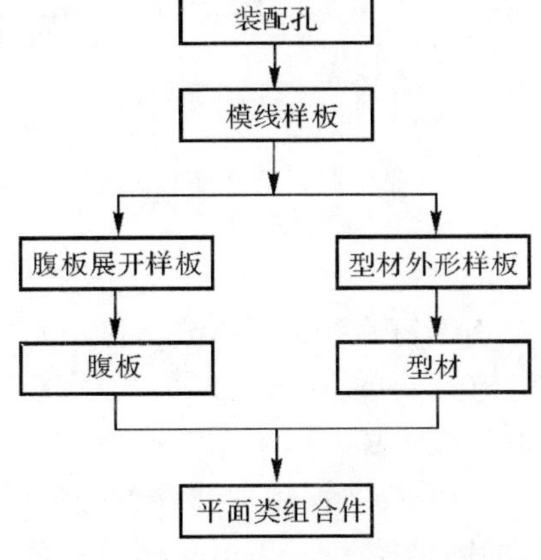

图1.17　平面类组合件装配孔协调路线

(2)单曲度壁板组合件装配孔协调路线如图 1.18 所示。

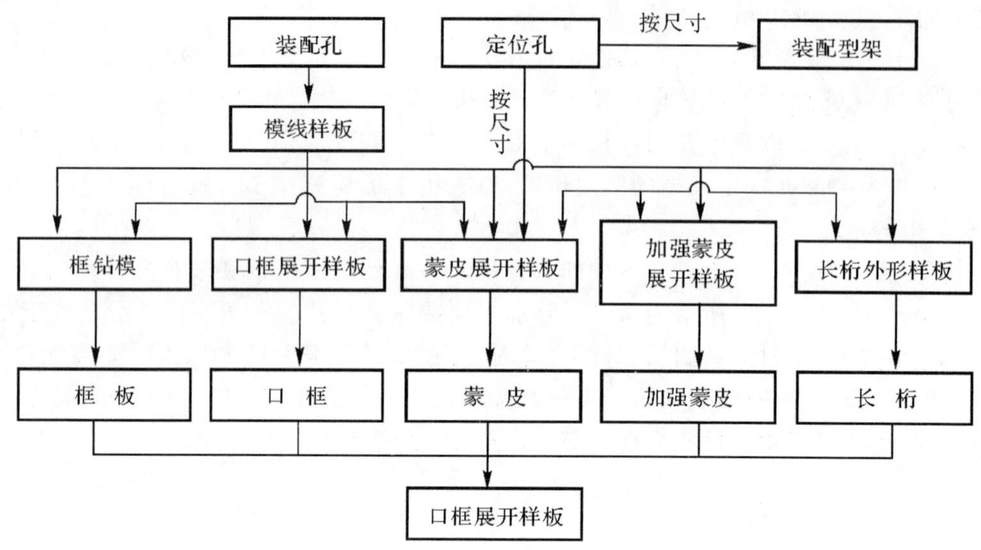

图 1.18　单曲度壁板组合件装配孔协调路线

(3)双曲度壁板组合件装配孔协调路线如图 1.19 所示。

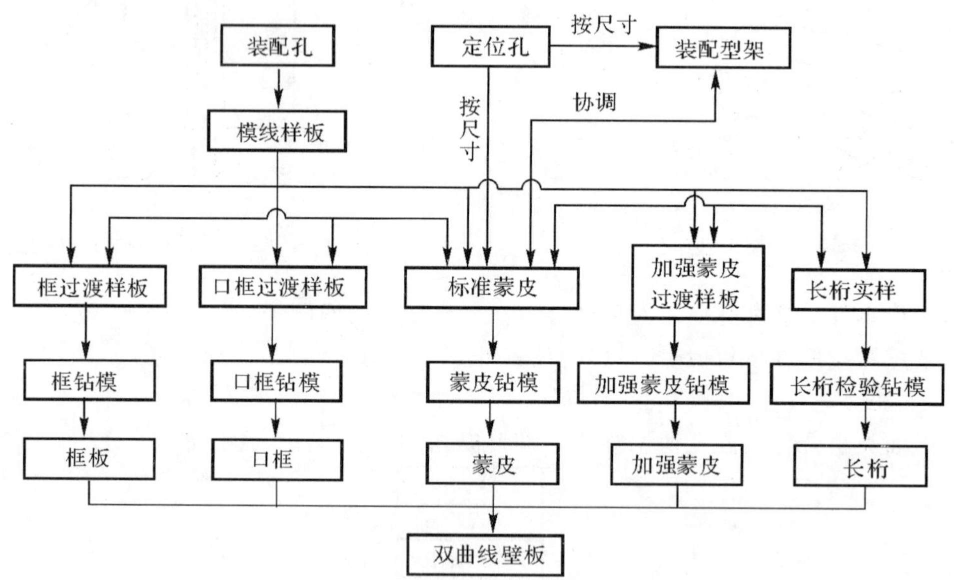

图 1.19　双曲度壁板组合件装配孔协调路线

5. 装配孔技术要求

(1)装配孔直径为 2.7mm。当铆钉直径为 2.5mm 和 3mm 时,装配孔直径为 2.1mm。

(2)装配孔直径的上偏差为+0.2mm,下偏差为 0。

(3)装配孔相对样板孔的同轴度为 ϕ0.4mm。

(4)样板孔制造公差按 HB240《模线样板品种、标记及公差》制造。

(5)钻模孔相对制造依据孔的同轴度为 ϕ0.2mm。

四、装配型架定位法

1. 定位件定位形式

装配型架(夹具)定位是通过定位件实现的,其定位件的形式见表1.2。

表1.2　定位件的形式

形　式	图　例	说　明
卡　板		1. 用于组合件、分部件、部件的外形定位,以蒙皮外形作为定位基准,或用做骨架的外形定位件。 2. 卡板位于部件外形的外侧。卡板工作面是蒙皮外形,也可以是蒙皮内形(骨架外形)。 3. 通过装在卡板上的附件,可定位骨架零件,如梁、框、肋、隔板等。 4. 卡板的位置和数量取决于产品结构形式,外形准确度要求、外形曲率变化、结构刚性以及装配工作的内容等因素。 5. 卡板也可以作为结构件外形的压紧件
内形板		1. 用于壁板、分部件、部件的外形定位,以蒙皮内形作为定位基准。 2. 内形板位于部件外形内侧,其工作面为蒙皮内形。 3. 同其上布置的元件一起,定位框、肋、隔板、长桁等。 4. 分部件、部件总装时,内形板用来定位壁板,并保证部件外形。 5. 内形板位置和数量的选用与卡板的相同 6. 模型框、模型肋是内形板的一种形式,它固定在产品结构上或型架上,起到定位壁板和保证外形的作用。
托板	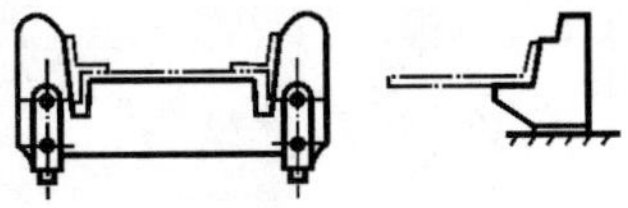	1. 用于平面型组合件的外形定位。 2. 托板一般位于组合件下面,多为固定式,并起支托作用。 3. 托板位置与数量的选择与卡板的相同
包络定位件	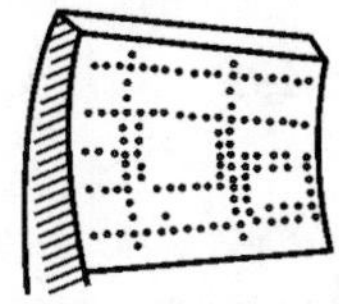	1. 用于某些双曲度壁板组合件和外形复杂的立体组合件的外形定位,以蒙皮外形为定位基准。例如整流罩、整流包皮等。 2. 包络定位件取结构件的整个外形,也可以确定内部构件的位置。在包络皮上还有钻制铆钉孔的钻模
叉耳接头定位件	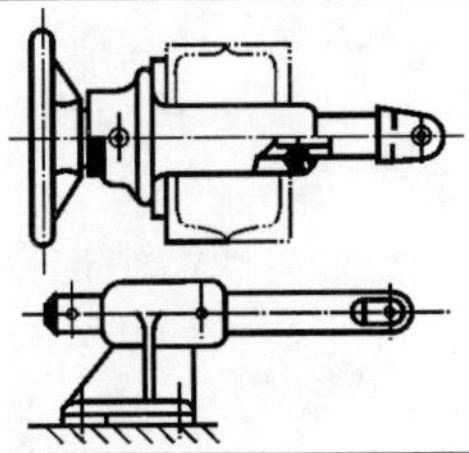	1. 用于各类叉耳接头的定位。例如部件对接接头、结构连接接头、设备成品安装接头、系统构件安装接头及工艺接头等。 2. 以叉耳配合面和对接孔作为定位基准,能保证接头装配的准确位置和互换协调

续表

形　式	图　例	说　明
凸缘接头定位件	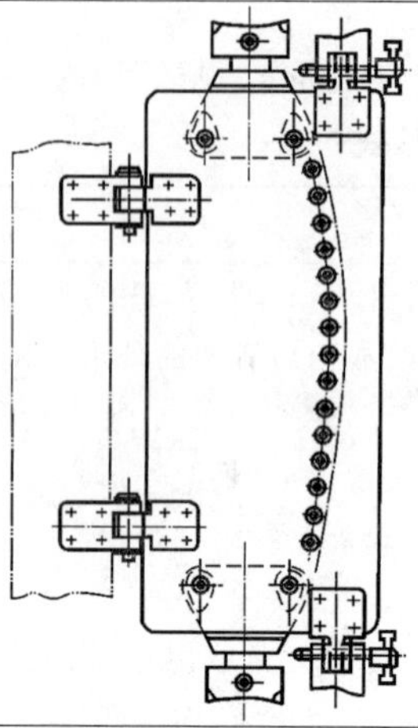	1. 凸缘(围框式)接头定位件一般称为型架平板，用于以平面结合形式连接的各类接头的定位，如机身、机翼各段对接面上的围框式接头，主要受力构件连接接头等。 2. 以对接平面和对接孔作为定位基准，能保证接头装配的互换协调。 3. 可以兼作对接孔精加工钻模
定位孔定位件	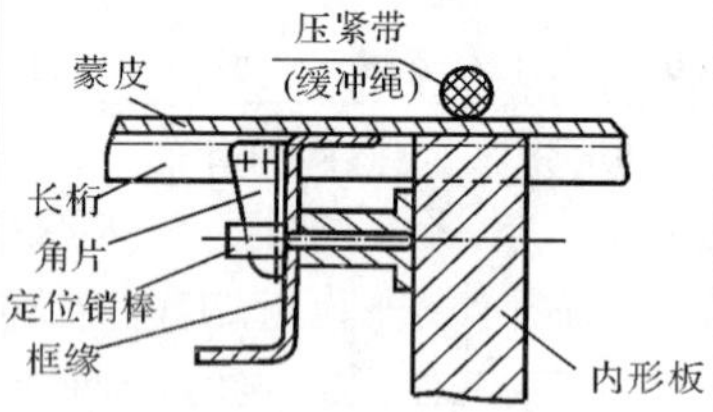 压紧带(缓冲绳) 蒙皮 长桁 角片 定位销棒 框缘 内形板	1. 用于以定位孔为定位基准的零件、组合件的定位，并确定在型架内的装配位置。 2. 定位孔定位件由平面、孔、定位销组成。两个或两个以上的定位孔可以控制结构件的六个自由度，简化了型架结构。 3. 定位孔定位件上的孔位与结构件上的定位孔需要按一定的协调路线协调
工艺接头定位件	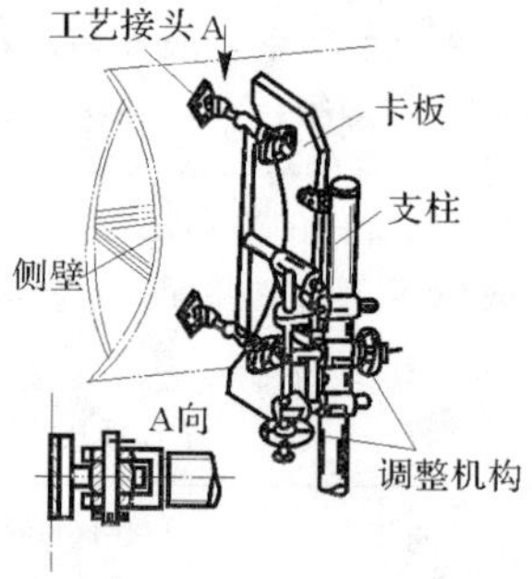 工艺接头A 卡板 支柱 侧壁 A向 调整机构	1. 用于刚性比较大的组合件、分部件、部件对合时在工装内的定位。工艺接头一般在组合件装配时安装，带到下道工序作为结构件的定位基准。 2. 工艺接头还用做部件架外对接时相互定位的基准。 3. 工艺接头一般借用结构上的连接件孔固定，装配完毕再装上正式产品紧固件。 4. 工艺接头与工装之间的定位与叉耳接头定位件相同。 5. 工艺接头还可起到支撑产品、调整产品位置、吊运产品的作用。 6. 采用工艺接头定位可以减少协调环节并能简化工装结构
模型定位件	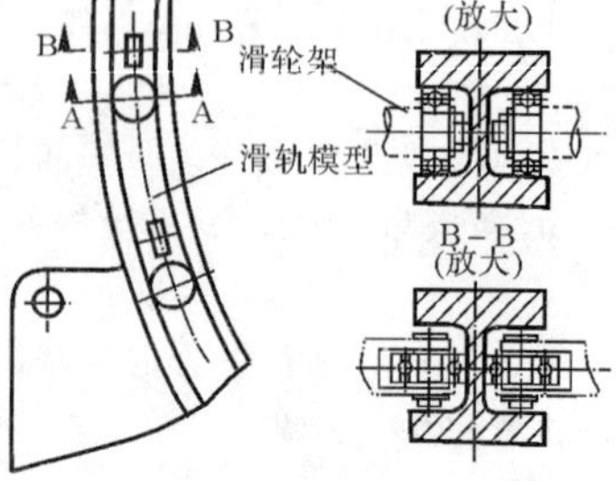 A－A(放大) B B 滑轮架 A A 滑轨模型 B－B(放大)	1. 它是模拟产品外廓形状、尺寸的一种定位件，用来协调定位与该产品相关的结构件的装配位置。 2. 通常适用于与复杂立体型面的产品有协调安装要求的结构件的定位。例如，按舱门模型协调安装门槛；按成品模型协调安装管路等。 3. 模型定位件一般以产品结构定位，也可安装在型架上。图例为安装在型架上的滑轨模型定位件，用来定位滑轮架

续表

形　式	图　例	说　明
定位安装量规		1.用于在架外（或架内）安装、定位带有对接孔或外形的零件、组合件、部件的一种构架式定位件。 2.量规以已装产品上的接头孔为定位基准，无须复杂的工装伸出件，从而大大简化型架结构，同时协调性好。 3.多数用于架外安装，从而减少总装型架内的工作量。 4.用做定位的产品结构必须有足够的刚性

2.定位孔的取制方法

(1)定位孔的分类。按定位孔载体零件的特征分类见表1.3。

表1.3　定位孔的分类

类别	名称	特点	应用实例
Ⅰ类	平板零件定位孔	零件上无带理论外形的弯边	由腹板、缘条、型材组成的框、肋、梁的腹板定位孔
Ⅱ类	板弯零件定位孔	零件弯边带理论外形，定位孔取在腹板面上	带理论外形弯边的肋、框、隔板、板弯梁等
Ⅲ类	曲面零件定位孔	定位孔取在单曲度、双曲度蒙皮上，确定蒙皮或壁板在型架内的纵向、横向位置	机身类、翼面类部件的壁板蒙皮，在壁板夹具内或壁板在总装型架内的定位
Ⅳ类	整体机加件定位孔	定位孔取在轴线平面上，与数控加工理论外形时零件定位基准重合	整体翼肋、整体框、整体大梁等
Ⅴ类	组合件定位孔	在组合件装配夹具上按钻模制出	分部件或部件总装时组合件的定位

(2)定位孔的取制原则。

1)一个零件上一般选用两个定位孔，但对于尺寸大而刚性较差的零件，应增加定位孔的数量。如图1.20所示为某机襟翼前缘隔板取三个定位孔的实例。有时为了同其他定位方法混合使用，也可以一个零件只取一个定位孔。如图1.21所示为某机襟翼后段肋取一个定位孔的实例，后段肋的下端按梁缘条外形定位。

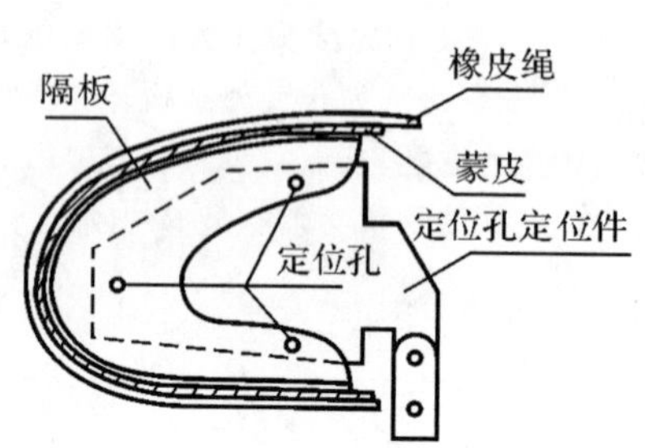

图 1.20　某机襟翼前缘隔板上取三个定位孔实例

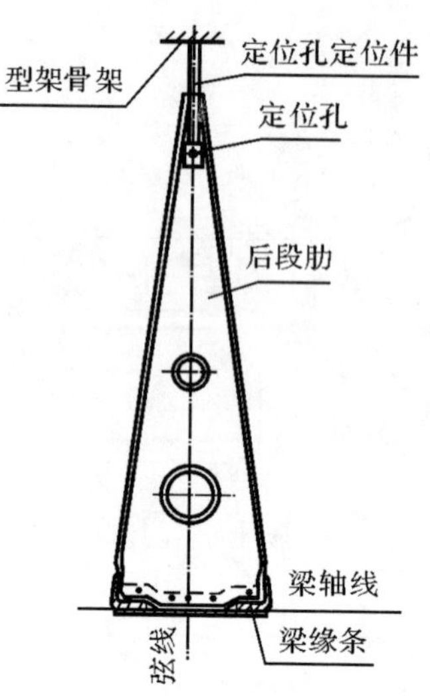

图 1.21　某机襟翼后段肋上取一个定位孔实例

2)为防止外形对称零件装反,定位孔不应选在对称位置上,如图 1.22 所示。

3)定位孔应选在零件的同一结构平面上。

4)定位孔距基准轴线的距离和定位孔之间的距离,当采用通用夹具装配时应是 50mm 的整数倍。

5)蒙皮零件上的定位孔可以利用蒙皮上的结构孔,或者取在工艺余量或工艺耳片上,如图 1.23 所示。

6)定位孔一般不取在要求结构密封部位,当确须取定位孔时,在完成定位后应采取有效的密封措施。

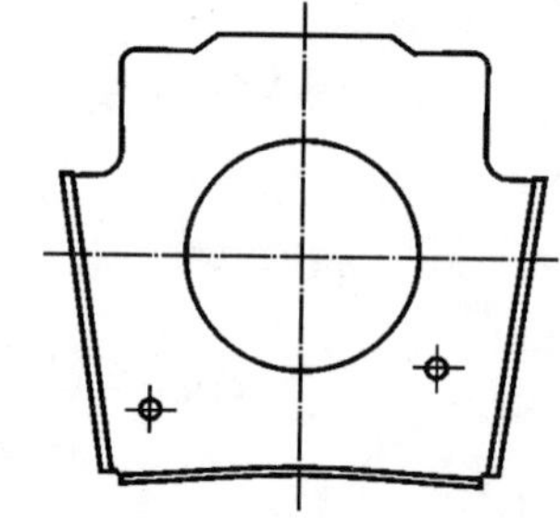

图 1.22　外形对称零件定位孔的布置

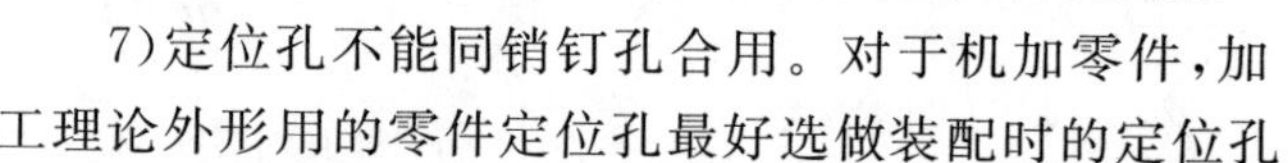

7)定位孔不能同销钉孔合用。对于机加零件,加工理论外形用的零件定位孔最好选做装配时的定位孔。

8)当对构成理论外形的零件上取定位孔时,应分析定位孔定位可能产生的误差。当能满足部件外形准确度时才可选用定位孔定位。当选用定位孔定位时,不必再选用外形定位件。

9)作为补偿的零件不应取定位孔。

10)定位孔是因工艺需要在结构上增加的孔,故应征得设计部门的同意,或者在产品设计时经过工艺部门与设计部门协商后反映在结构图样上。

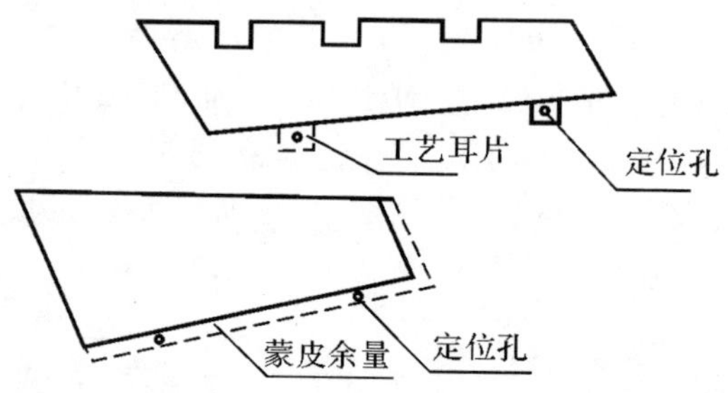

图 1.23　在工艺余量或工艺耳片上布置定位孔

(3)定位孔协调路线。

1)Ⅰ类零件定位孔协调路线如图1.24所示。

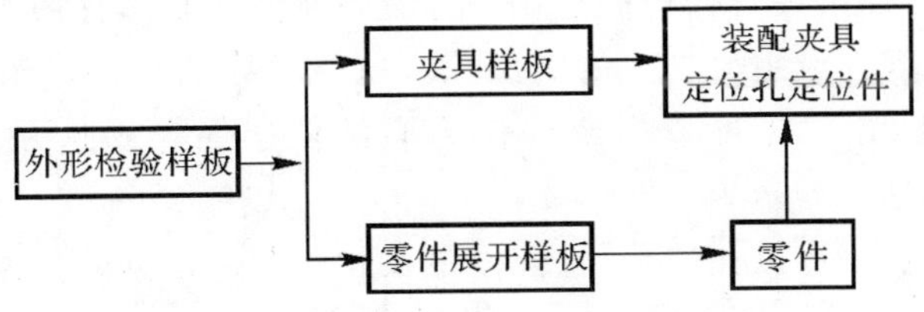

图1.24　Ⅰ类零件定位孔协调路线

2)Ⅱ类零件定位孔协调路线如图1.25所示。

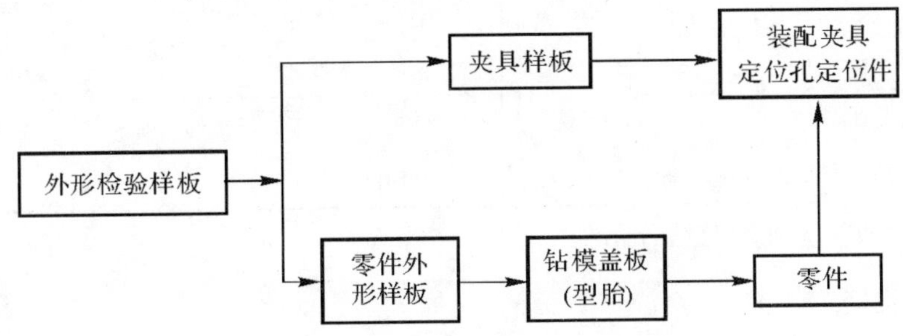

图1.25　Ⅱ类零件定位孔协调路线

3)Ⅲ类零件定位孔协调路线。无安装标准样件时，单、双曲度蒙皮上的定位孔协调路线分别如图1.18和图1.19所示。采用安装标准样件时，单、双曲度蒙皮上的定位孔协调路线如图1.26所示。图中虚线表示蒙皮展开件(或标准蒙皮)不能上标准样件时，则按装配夹具协调钻制。

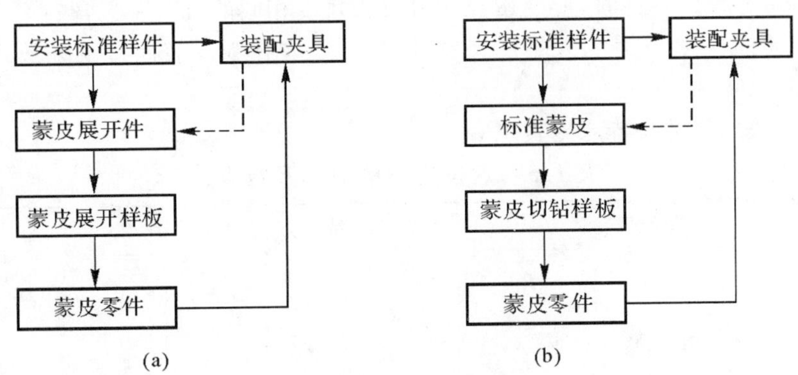

图1.26　标准样件法定位孔协调路线

(a)单曲度蒙皮；　(b)双曲度蒙皮

4)对于第Ⅳ类零件，如果零件理论外形为数控加工，则定位孔可以按尺寸协调，此时零件加工外形时的定位孔与装配定位时的定位孔应保持统一。非数控加工的整体件，定位孔可按样板或样件协调。

5)Ⅴ类组合件上的定位孔，根据组合件的外形复杂程度、外形准确度要求等因素，可以分别选择按尺寸协调、样板协调、实样协调、标工协调。

当采用标准实样协调时，对于立体型组合件，定位孔采用标准实样的协调过程是，总装型架及其上的定位孔定位件按夹具样板和通用坐标设备制造。将零件或组件装在总装型架内检验并确定位置后，钻出零件或组合件上的定位孔。以检验后的零件或组合件作为制造零件或组合件定位孔工装的依据。零件或组合件作为原始依据保存。此方法也适用于装配孔的协调。

(4)定位孔技术要求。定位孔的孔径、公差带及相对制造依据的公差见表1.4。

表1.4　定位孔技术要求

<table>
<tr><th rowspan="2">部位 / 要求 / 项目</th><th rowspan="2">样板</th><th colspan="2">型架定位件</th><th rowspan="2">零件</th><th rowspan="2">组合件</th></tr>
<tr><th>孔</th><th>销</th></tr>
<tr><td>直径/mm</td><td rowspan="3">按HB240</td><td colspan="2">5.0</td><td colspan="2">5.2①</td></tr>
<tr><td>公差带</td><td>H9</td><td>f9</td><td colspan="2">H12</td></tr>
<tr><td>相对制造依据的同轴度/mm</td><td colspan="2">由工装设计员确定</td><td>ϕ0.4</td><td>ϕ0.2</td></tr>
</table>

注：①允许按实际需要确定定位孔孔径。

五、零件的夹紧

依据产品图样安装定位零件，在钻孔前连接夹层间的零件应夹紧。常用夹紧方法有用弓形夹或手虎钳、用定位销、用工艺螺栓、用工艺铆钉、用夹具压紧件、用橡皮绳等。

注意：定位销、工艺螺钉、工艺铆钉的位置必须在铆钉位置处，其直径一般比铆钉直径小。定位后不需要分解的部位，可用产品图样上规定的铆钉直接进行定位铆接。

(1)定位销间距在曲面上不大于150mm，平面上不大于250mm。

(2)夹紧有沉头窝的零件时，应使用与铆钉沉头角度相同的沉头工艺螺钉。

(3)使用工艺螺栓、工艺螺钉及金属夹紧件时，一般应在零件表面接触处放入非金属的垫圈或垫片。

总结定位方法的分类及特点见表1.5。

表1.5　定位方法的分类及特点

类　别	方　法	特　点	选　用
划线定位法	1.用通用量具和划线工具划线。 2.用专用样板划线。 3.用明胶模线晒相的方法	1.简便易行。 2.装配准确度较低。 3.工作效率低。 4.节省工装费用	1.新机研制时尽可能采用。 2.成批生产时，简单的、易于测量、准确度要求不高的零件定位。 3.作为其他定位方法的辅助定位

续表

类　别	方　法	特　点	选　用
基准件定位法	以产品结构件上的某些点、线、面确定待装配件的位置	1.简便易行、节省工装、装配开敞、协调性好。 2.基准件必须具有较好的刚性和位置准确度	1.有配合关系的、尺寸或形状相一致的零件之间的装配。 2.与其他定位方法混合使用
装配孔定位法	在相互连接的零件(组合件)上，按一定的协调路线分别制出孔装配时零件以对应的孔定位来确定零件(组合件)的相互位置	1.定位迅速、方便。 2.不用或仅用简易的工装。 3.定位准确度比工装定位的低，比划线定位的高	1.单曲度、平滑双曲度壁板中蒙皮、长桁、框的装配。 2.内部加强件的定位。 3.平面组合件非外形零件的定位。 4.组合件与组合件之间的定位
装配型架定位法	利用型架定位件确定结构件的装配位置或加工位置(如精加工台)	1.定位准确度高。 2.限制装配变形或强迫低刚性结构件符合工装。 3.能保证互换部位的协调。 4.生产准备周期长	应用广泛的定位方法，能保证各类结构件的装配准确度要求

第四节　几种典型装配件的装配示例

飞机装配包括组合件装配、部件装配、总装配和试飞前的准备工作，这些工作分别在部装车间、总装配车间和试飞站完成。

本节将介绍几种典型装配件的装配和飞机总装配所包括的主要工作内容。

一、组合件的装配

1.平面类组合件的装配

(1)腹板通常采用定位孔定位，并用夹具上的定位销将腹板固定在夹具定位孔座上，如图1.27所示。

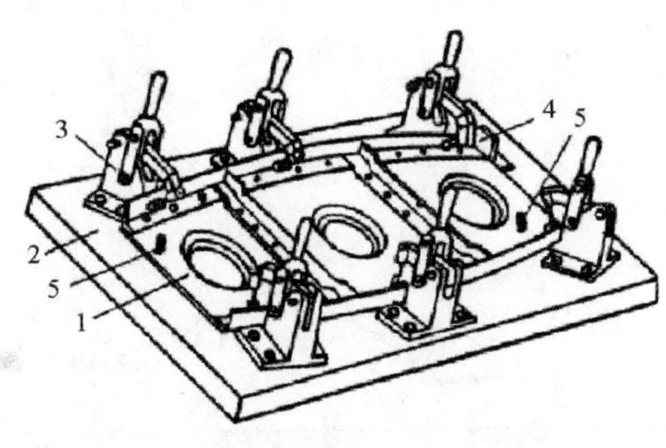

图1.27　翼肋腹板用定位孔法定位示意图

1—翼肋腹板；　2—夹具底座；　3—定位夹紧件；　4—挡块；　5—定位销

(2)当部件外形公差在$^{+1.45}_{-0.77}$mm 范围之外时，缘条可采用装配孔定位；部件外形公差在$^{+1.45}_{-0.77}$mm 范围之内或者外形复杂时，缘条以外形为基准，用夹具的外形定位件定位。

(3)支柱和加强型材以装配孔为基准，用工艺螺钉或定位销定位固定在腹板上。

(4)接头以孔、叉(耳)平面为基准用夹具叉(耳)定位件定位。

2. 壁板类组合件的装配

(1)蒙皮以外形(或内形)为定位基准，用型架卡板定位，如图 1.28 所示。

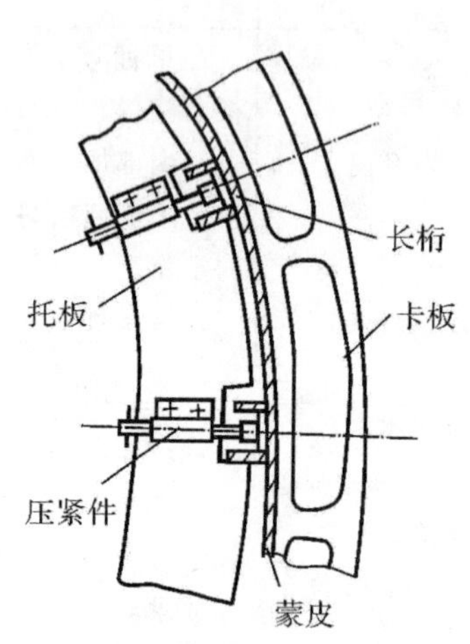

图 1.28　蒙皮用卡板定位示意图

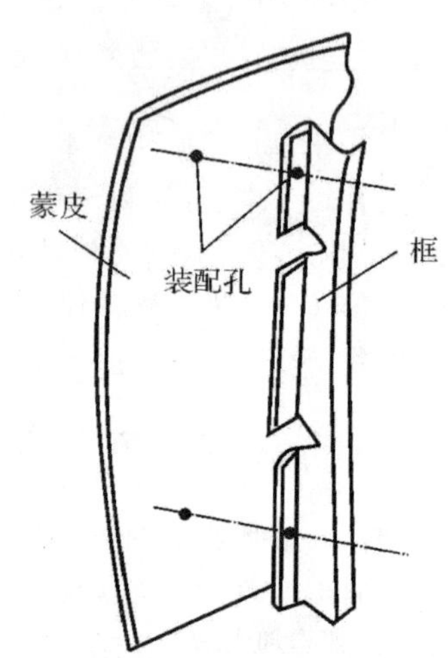

图 1.29　长桁、框、半肋按装配孔定位示意图

(2)长桁、框、半肋以蒙皮内形为基准，用定位件或装配孔固定在蒙皮上，如图 1.29 所示。

(3)长桁接头或梳状接头以接头上的对接孔和分离面的平面为基准，按型架对接平板定位，用型架定位销固定，如图 1.30 所示。

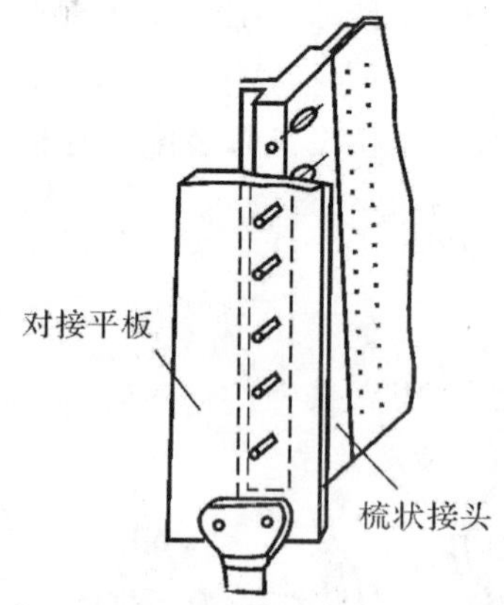

图 1.30　梳状接头按对接平板定位示意图

3. 立体类组合件的装配

以图 1.31 所示的翼尖为例。翼尖装配一般在翼尖装配型架上进行，因内部结构空间小，用外形卡板定位翼尖外形装配要求如下。

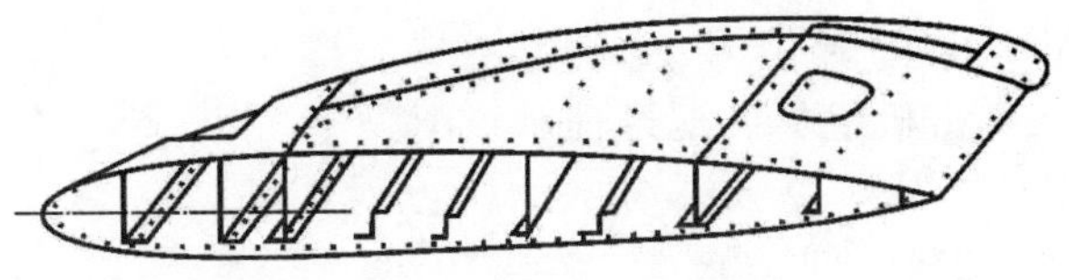

图 1.31　某机型低阻翼尖示意图

(1)以卡板为基准,在卡板和隔板(或肋)之间加上与蒙皮同厚度的垫片,定位铆接组合骨架,如图 1.32 所示。

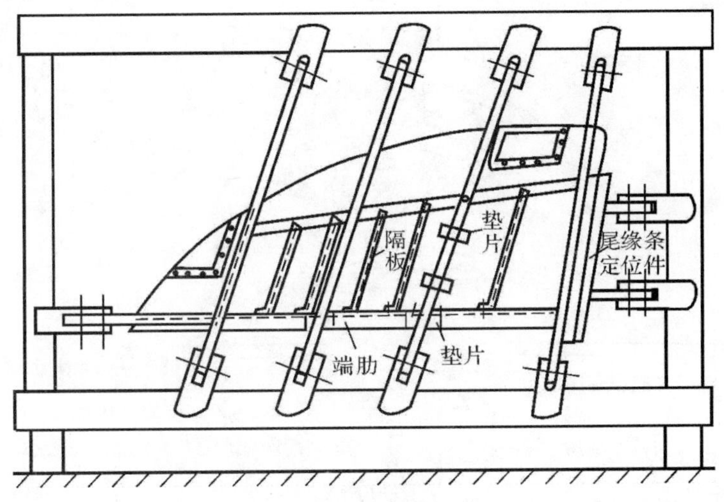

图 1.32　翼尖骨架组装示意图

(2)以骨架为装配基准,用长板将蒙皮定位压紧在骨架上,如图 1.33 所示。

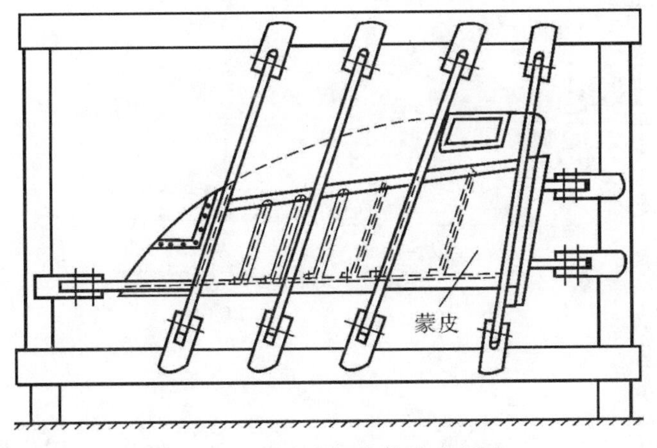

图 1.33　翼尖在架内装配示意图

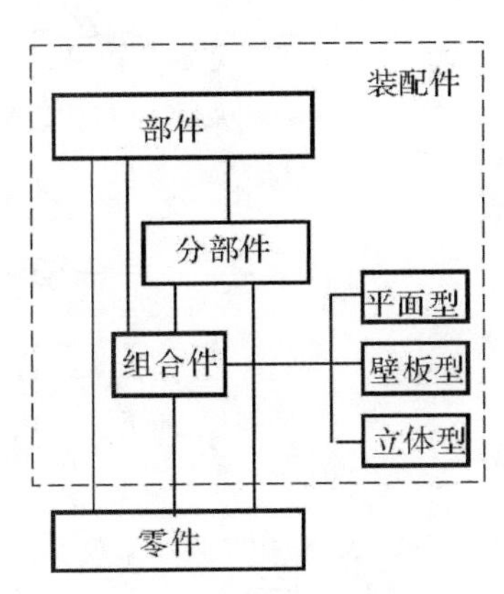

图 1.34　部件装配顺序

二、部件装配

1. 部件装配顺序

部件装配顺序如图 1.34 所示。

2. 部件装配典型示例

如图 1.35 所示为某歼击机机翼装配过程示意图。

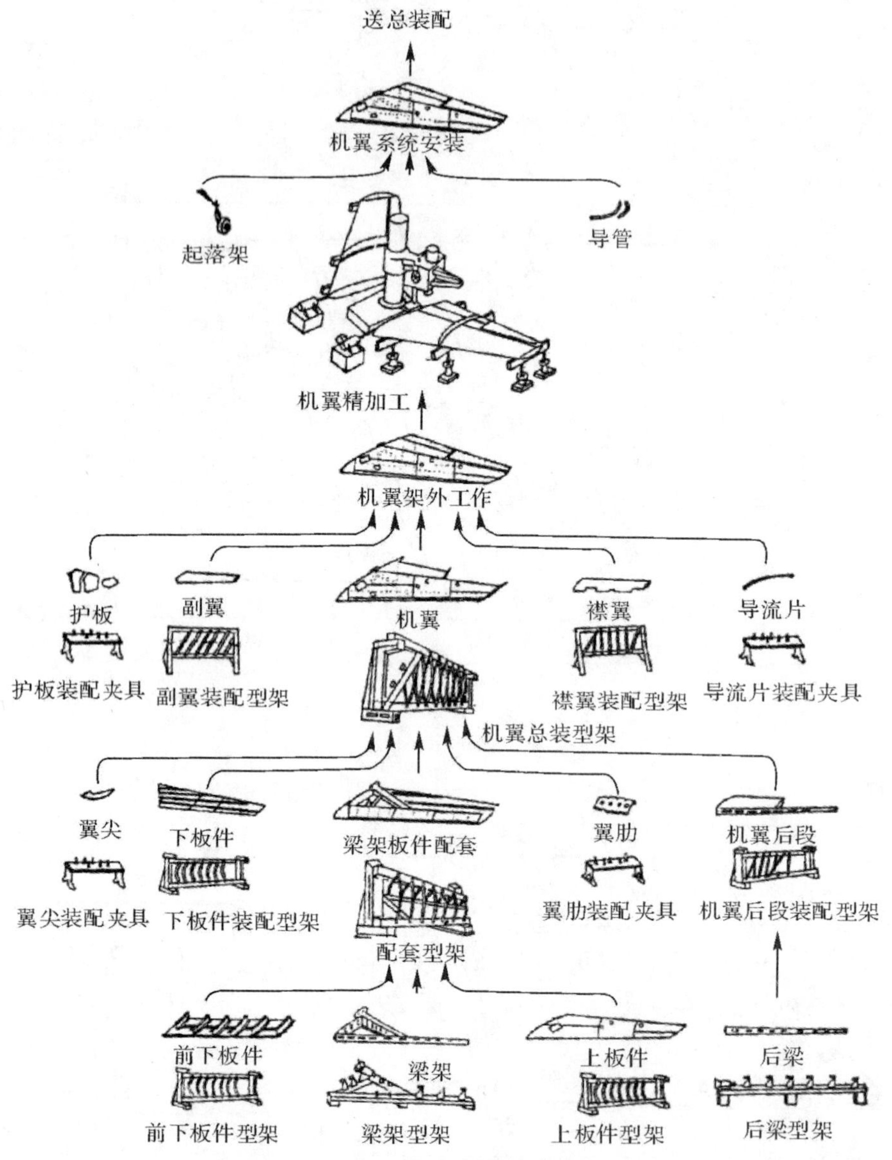

图 1.35　某歼击机机翼装配过程示意图

(1)架内装配。将机翼的梁架、壁板、翼肋、后部和翼尖在总装型架内按外形卡板、接头定位件装配铆接。如机翼的各肋按外形卡板定位,机翼与机身结合的对接孔、副翼悬挂接头孔按接头定位件定位。在机体结构具有足够刚度的情况下,按设计技术条件规定,用外形检验卡板检查部件外形,用检验轴检验对接孔位置。

(2)架外装配。将在架内检查合格的机翼从型架内取出,进行架外工作。它包括以下几个方面。

1)对某些在型架内工作不开敞或难以完成的工作进行补铆和补加工。

2)不影响部件几何外形和尺寸的零件或组合件的安装及连接。

3)各种系统的安装和试验。

总之,为了缩短装配周期,在不影响结构刚度的情况下,尽量减少部件的架内工作量,同时将部件上可以进行的系统安装和试验工作,也尽量放在部件装配阶段完成,这样可减少飞机总装配的劳动量。

3.精加工、检验及移交

机翼铆接装配工作全部完成后,为了消除铆接变形、装配应力和装配误差,保证对接孔和外形的协调,需要在精加工型架上对机翼进行精加工,过程如下。

(1)将待精加工的机翼放在托架上。

(2)用外形卡板调试机翼外形,或者用水平测量方法调节机翼外形测量点符合技术条件的要求,一般使机翼在精加工台内的状态与全机处于水平状态下的状态相同。

(3)将机翼固定。

(4)按精加工台上的钻模、样板加工对接接头。

在部件精加工后,需要进行最后检验。例如,外形准确度检验、部件水平测量、各系统的试验、称重以及外表检查、部件完整性检查等,检验合格后便可移交总装车间。

三、总装配

飞机总装配主要包括下述各项工作。

(1)飞机机体各部件对接和水平测量。

(2)发动机、发动机操纵系统的安装和调整。

(3)油箱、燃油、滑油系统的安装和试验。

(4)液压和冷气系统的设备、附件和导管的安装、敷设和试验。

(5)起落架及其收放机构、信号系统的安装、调整和试验。

(6)飞机操纵系统的安装与调整。

(7)电气、无线电、仪表设备与电缆的安装、敷设和试验。

(8)高空救生设备的安装和试验等。

(9)座舱的气密性试验。

飞机总装配是飞机装配的最后阶段,工作内容复杂、专业性强、工作面窄,多余物难以排除。因此,应尽量减少机上的切削工作,防止工具或标准件等物体遗落在机体内。安装试验工作完毕后,要检查机内有无多余物。通过各种方法,尽量减少工作时间,以缩短飞机总装配周期。

第五节　工 艺 文 件

部件装配工艺设计的主要工艺文件见表1.6。

表 1.6　装配工艺设计的主要工艺文件

序　号	文件名称	编制内容	性质及用途
1	装配协调方案	由装配方案和协调方案组成。主要内容包括装配单元划分，主要零、组件的装配基准及定位方法，主要零、组件的装配顺序，主要装配单元的技术状态，重要工序的安排，重要部位的协调方法，标准工艺装备、结构功能及它们之间的协调关系等	是对装配和互换协调的关键环节作出规定的指令性工艺文件，是编制装配协调图表、指令性状态表、工艺装备品种表和技术条件、工艺规程、装配顺序图表等文件的依据
2	装配协调图表	以框图、连线、箭头表示，内容有标准工艺装备之间的协调关系，装配工装的制造依据，互换部位状态以及部件各装配单元之间的装配关系	是表示工艺装备之间协调制造关系的指令性工艺文件，是工艺装备设计技术条件、工艺装备设计、工艺装备计划管理和生产组织的依据
3	指令性状态表	主要内容有工艺容差分配，零、组件协调部位的检验依据，检验方法、检验基准及检验工装的协调制造依据，零件配套交付要求，必须明确的工艺分工等	为保证装配协调对零、组件交付状态提出要求的指令性工艺文件，是编制零件协调图表、工艺装备品种表和技术条件、工艺规程的依据
4	互换替换技术条件	内容有互（替）换件、基准件的名称、图号，互（替）换类别，互换性检查比例，互（替）换的部位、状态，对互（替）换件、基准件的验收规定及互换检查技术要求等	是进行互换性检查的指令性工艺文件，是编制工艺规程、零件交接状态表、工艺装备品种表及技术条件的依据，也是产品验收的依据
5	外缘工艺容差分配表	以表格形式表示。其内容有项目、名称、检查依据、容许偏差。其中项目包括模线样板、标准工艺装备、零件工艺装备、装配工艺装备、零件、装配组件	依据外缘型值偏差对引起外缘型值误差的各工艺环节进行容差分配的指令性工艺文件，是各有关环节工艺设计、制造、验收的依据
6	工艺装备品种表（工装指令）	内容包括申请单位、制造单位、产品图号、工艺装备名称、图号、数量，以及供应批（架）次	是工艺装备申请的依据
7	工艺装备设计技术条件（工艺装备订货技术要求单）	工艺装备的用途，结构形式，工作部件尺寸，产品的装配顺序，定位基准，定位夹紧方式，零件供应状态，加工方法和参数，机械电气要求，产品出架方式以及协调制造依据等	是工艺装备设计的依据

续表

序　号	文件名称	编制内容	性质及用途
8	零件交接状态表	对零件提出的导孔、装配孔、定位孔、余量、标记，以及技术要求等。例如，留余量的部位及大小、孔的位置、孔径	为满足装配定位、工艺补偿、确定孔位等需要，对零件提出的技术状态要求，是工艺装备设计技术条件编制、工艺规程编制、模线设计、产品验收的依据
9	生产说明书	包括技术要求、环境条件、工艺过程、工艺方法、试验方法、检测手段、设备、材料控制、质量控制、技术安全要求等	对装配中某一特定的工作内容所作的专题说明，属于基础性工艺文件，是编制有关工艺文件、工人操作、验收产品的依据
10	典型工艺规程	与工艺规程相同	对装配中具有共性的某一类组件或具有共性的某一过程进行典型化的工艺规程，属于基础性工艺文件。其用途与工艺规程相同
11	操作程序	内容包括操作方法、步骤、要点、注意事项、工具设备操作程序、设备性能、使用范围、安全措施、维护方法等	对装配中某一工作过程、施工方法、工具设备的使用等所规定的详细操作方法、规则和程序，是指导工人实际操作的基础性工艺文件
12	装配工艺规程	内容包括与工艺规程同时使用的文件（产品图样、技术条件、生产说明书、典型工艺规程、操作程序等）；装配基准、定位夹紧方法、装配连接顺序；加工试验方法、工艺参数；使用的工艺装备、工具量具、设备、仪器及其使用方法，装配元件的技术状态；工序检验、总检安排及其检验方法、内容、要求，检验所需的仪器设备；使用的零组件、成件、标准件、材料等	指导工人对一个指定的装配（或安装、加工、试验）过程进行实际操作的生产性工艺文件，同时也是检验人员进行工序检验、总检及验收产品的依据
13	装配指令	除工艺规程编制的内容外增加了批、架次，工作日期，检验试验项目和检验记录	指导工人操作的生产性工艺文件，同时也是实行装配过程质量控制、进行产品质量追踪的质量文件
14	各种配套汇总文件	主要有零件工序配套卡片、零件内部分工卡片、标准件工序配套卡片、部件标准件使用量表、基本材料定额、辅助材料用量表、通用工具消耗定额等	是组织配套供应的生产性和管理性工艺文件

续 表

序　号	文件名称	编制内容	性质及用途
15	装配顺序图表	包括参加装配的主要零件、组件、部件以及装配中的主要工序，表示它们的装配关系和顺序。用方框、箭头、连线表示，或用简图、箭头表示	是车间编制计划和组织生产的指令性工艺文件
16	装配厂房平面工艺布置图	内容包括厂房平面图（墙、门窗、过道）、场地区划、设备图形、方向标记、设备明细表、面积表及技术说明等	是在生产面积上根据分工并按照一定顺序及规则对装配工艺装备、设备、台架等进行的排列，是工艺装备和设备安装、台架摆放，以及进行生产管理的生产性工艺文件

思　考　题

1. 飞机工艺分解的定义是什么？
2. 飞机工艺分解的顺序是什么？
3. 飞机工艺分解的目的是什么？
4. 飞机装配件分几类？其中组合件分几类？
5. 装配分离面是什么？分离面是如何划分的？特点如何？
6. 工艺分离面的选择原则是什么？
7. 设计分离面的选择原则是什么？
8. 基准的定义特点和分类是什么？
9. 保证部件外形的两种装配基准是什么？它们的特点是什么？影响误差的因素有哪些？
10. 定位的意义是什么？常见的装配定位方法有哪几种？其特点是什么？
11. 常见的夹紧方法有哪几种？夹紧使用什么工具？有何特点？
12. 装配协调方案的内容是什么？
13. 装配指令的编制内容、性质及用途是什么？

第二章　铆接技术

第一节　概　　述

一、铆接特点和应用

铆接是一种不可拆卸的连接形式。从飞机机体采用铝合金薄壁结构起，就广泛地应用了这种连接方法。与其他连接形式相比，虽然铆接降低了结构的强度，疲劳性能较差，增加了结构的质量，铆接变形大，手工劳动量的比重大，劳动条件较差，但它的工艺过程简单，连接强度稳定可靠，检查和排除故障容易，能适应于较复杂结构的各种金属及非金属材料之间的连接，因此，目前铆接仍然是一种广泛采用的主要连接方法。

为了改善劳动条件、提高生产效率、保证铆接质量，发展了铆接机械化和自动化。一方面广泛应用自动钻铆技术，另一方面还发展和采用通用的、专用的钻孔-锪窝装置、铰孔、锪窝一体化的自动进给钻，使手工风钻钻孔工作量不断减少。为了提高连接的疲劳寿命，适应飞机性能和技术要求的不断提高，采用了新型铆钉和新的铆接技术，如环槽铆钉、高抗剪铆钉、抽芯铆钉、钛合金铆钉的铆接和干涉配合铆接，从而使铆接技术在飞机制造中得到广泛应用。

本章主要介绍在飞机装配中常用的铆钉标准件，普通铆接、密封铆接、干涉配合铆接、特种铆接的连接形式及其典型工艺过程，各主要工序的技术要求和工艺方法，铆接工具和设备的技术要求及其选择方法等。

二、铆接种类及特点

1. 按用途分类

(1)普通铆接。在结构没有特殊要求的部位，采用半圆头铆钉、平锥头铆钉、沉头铆钉、大扁圆头铆钉的连接形式。普通铆接包括以下几种。

1)凸头铆钉铆接。

2)沉头铆钉铆接，又称沉头铆接。

3)双面沉头铆接。

(2)密封铆接。在结构要求防漏气、防漏油、防漏水和防腐的部位，采用不同的密封方法来防止气体或液体从铆接件内部泄漏的铆钉连接形式称为密封铆接。

(3)特种铆接。在结构主要受力或不开敞或封闭等部位，采用不同于普通铆钉形状和铆接方法的环槽铆钉、高抗剪铆钉、螺纹空心铆钉、抽芯铆钉等的铆钉连接形式称为特种铆接。通常以铆钉的名称命名该铆接形式的名称，如环槽铆钉铆接、拉丝型抽芯铆钉铆接等。

(4)干涉配合铆接。铆接前在一定的钉与孔配合间隙的条件下，铆接时适当控制钉杆的镦粗，使孔壁受挤压而胀大，铆接后形成一定的比较均匀的干涉量称为干涉配合铆接。干涉配合铆接包括以下方面。

1)普通铆钉干涉配合铆接。

2)无头铆钉干涉配合铆接。

3)冠头铆钉干涉配合铆接。

2. 按工具设备分类

(1)手铆法。这是用顶把顶住铆钉头、冲头顶住铆钉杆,借助于手锤的敲击力形成镦头的方法。

(2)锤铆法。这是借助于铆枪的锤击力和顶把的顶撞作用而形成镦头的方法。

(3)正铆法。这是锤铆法的一种,将顶把顶住铆钉头,铆枪的锤击力直接作用在铆钉杆上而形成镦头。

(4)反铆法。这是锤铆法的一种,将铆枪的锤击力作用在铆钉头上,用顶把顶住铆钉杆而形成镦头。

(5)拉铆法。这是用拉枪或旋转工具产生轴向拉力使拉铆型铆钉形成镦头的方法。拉枪的轴向拉力作用于紧固件中的一个元件上,使紧固件中的另一个元件变形而成镦头。

(6)压铆法。这是借助于压铆设备的压力,通过上、下铆模挤压铆钉杆而形成镦头的方法。

压铆具有很大的优越性,压铆时钣料所受的拉伸变形比撞击铆接小得多,因此采用压铆的钣件外形扭曲现象不严重,蒙皮表面不易发生像撞击铆接那样的鼓起、压伤、铆缝下陷以及其他表面缺陷等。

用铆枪铆接时,铆枪是在铆接前压紧的,由于零件的弹力作用,钣件间可能产生间隙,这间隙在铆接之后要影响装配件的外形。而压铆却与此相反,压铆时铆钉镦头是在挤压钣材后形成的,故在铆接时零件相互贴合很紧密,从而保证了装配件的良好外形。

压铆不但具有较好的外形,而且也具有较好的连接强度。这是因为压铆能使铆钉杆均匀地填满钉孔,并产生干涉配合,从而大大提高了连接件受静载荷和疲劳载荷的能力。

压铆还可以提高劳动生产率,采用单个压铆机比锤击铆接提高生产率 2.5~3 倍,采用成组压铆可提高生产率 5~8 倍。

压铆还可以改善工人的劳动条件,锤击铆接虽然灵活,但毕竟是依靠手工操作,而且铆枪噪声大,达 90~110dB。在这样的环境里工作,条件十分恶劣。压铆可采用机械化和自动化铆接,而且压铆时噪声很小,一般仅 30~50dB,因为压铆时使铆钉镦粗的力为静压力。

由于压铆具有上述优点,因此,航空工厂的部件装配车间都力争提高压铆系数 K,即

$$K=\frac{n_{压}}{n_{总}}\times 100\%$$

式中 $n_{压}$ —— 采用压铆的铆钉数;

$n_{总}$ —— 铆钉总数。

目前,国内有些工厂,压铆系数已达 30%~40%。压铆系数的提高标志着铆接质量的提高,也标志着劳动条件的改善和生产效率的提高。因此,它对于部件装配来说是一个具有重要意义的系数。提高压铆系数的途径很多,但主要是改变产品结构,使之适应压铆或成组压铆,或研制各种专用压铆设备,使之适用于特殊结构的铆接。改变结构是指尽量扩大结构的壁钣化程度,尽量采用开口型材,采用平头或埋头铆钉等。

压铆机的种类很多,按固定形式可分为座式、台式和手提式压铆机;按动力能源可分为气

动式、气动液压式、液压式压铆机；按一次完成铆钉数量可分为单个压铆机、成组压铆机；按铆接的自动化程度可分为自动压铆机、半自动压铆机和一般压铆机。

(7)自动钻铆法。在钻铆机上，逐个地自动完成确定孔位、制孔、锪窝、放钉和施铆等全过程的铆接方法称为自动钻铆法。

3. 按施工温度分类

(1)冷铆法。施铆时铆钉在室温下形成镦头的铆接方法称为冷铆法。

(2)热铆法。施铆时铆钉在加热状态下形成镦头的铆接方法称为热铆法。

三、铆缝形式

两个或两个以上的零件连接的对缝称为铆缝。铆缝的典型形式一般可分为搭接、对接、型材连接等三种形式，如图 2.1 所示。

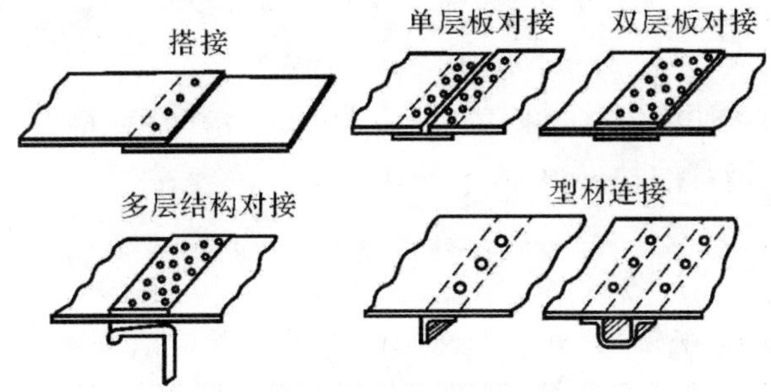

图 2.1 各种铆接对缝形式

采用不同的铆缝，主要取决于结构强度和气动力外形的要求。

(1)在机翼外部，由于具有较高的气动力外形要求，因此，铆缝形式一般采用单层板对接形式。

(2)在机体结构内部，多采用搭接的形式。

(3)对于强度要求较高的部位，还采用双层板或多层结构件对接的形式。而飞机构架与蒙皮连接的形式多采用型材连接的形式。

四、铆接顺序

蒙皮的铆接应按一定顺序进行，否则在铆接之后便会引起钣件表面产生鼓动和波纹，通常采用中心法和边缘法。

1. 中心法

当安装定位销等紧固件或进行铆接时，先从中间开始定位或铆接，然后再依次序推向四周，如图 2.2 所示。进行壁钣铆接时，无论是架上定位或架下定位补铆，都必须遵照中间向边缘进行的顺序，铆接和定位壁钣一般是先铆桁条，后铆框钣，但无论壁钣的定位和铆接，一律从中间开始向两边进行，以避免蒙皮表面产生鼓动和波纹。

2. 边缘法

如图 2.3 所示，用边缘定位和铆接时，先从铆接件的一端开始，按次序推向另一端。

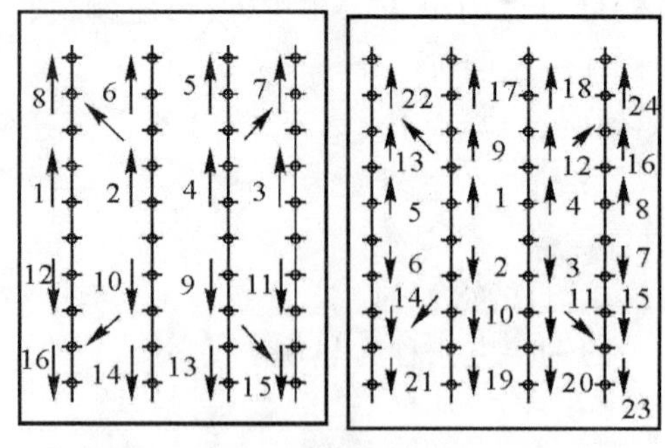
图 2.2　中心法铆接顺序示意图

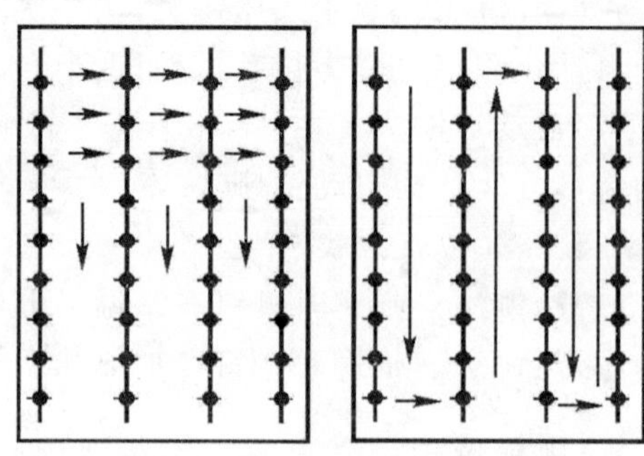
图 2.3　边缘法铆接顺序示意图

第二节　铆　　钉

按铆钉结构和使用条件的不同，铆钉可分为普通铆钉和特种铆钉两大类。本章主要介绍航空工业标准中的普通铆钉的种类、材料和标志。

一、普通铆钉的分类

普通铆钉分为半圆头、平锥头、90°沉头、120°沉头和大扁圆头铆钉等，还有一种从国外引进的 100°沉头铆钉。普通铆钉的种类、标准代号、形状、主要尺寸及极限偏差见表 2.1。

表 2.1　普通铆钉　　mm

铆钉名称	铆钉代号	简图	d	2	2.5	3	3.5	4	5	6	8	10
			极限偏差	$^{+0.10}_{0}$						$^{+0.15}_{0}$		
半圆头铆钉	HB6229—89～HB6238—89		D	3.5	4.6	5.3	6.3	7.1	8.8	11	14	17
			极限偏差	±0.24		±0.29				±0.35		
			H	1.2	1.6	1.8	2.1	2.4	3	3.6	4.8	6
			极限偏差	±0.20						±0.24		
平锥头铆钉	HB6297—89～HB6303—89		D	3.6	4.5	5.4	6.3	7.2	9	10.8	14.4	18
			极限偏差	±0.24		±0.29				±0.35		
			H	1	1.3	1.5	1.8	2	2.5	3	4	5
			极限偏差	±0.20							±0.24	
90°沉头铆钉	HB6304—89～HB6313—89		D	3.9	4.6	5.2	6.1	7	8.8	10.4	14	17.6
			极限偏差	±0.10						±0.20		
			H	1	1.1	1.2	1.4	1.6	2	2.4	3.2	4

续表

铆钉名称	铆钉代号	简图	d	2	2.5	3	3.5	4	5	6	8	10
			极限偏差	$^{+0.10}_{0}$						$^{+0.15}_{0}$		
120°沉头铆钉	HB6315—89～HB6319—89		D	4.6	5.2	6.1	6.9	7.8	9.5	11.5	15.6	
			极限偏差	±0.17								
			H	0.8	0.9	1	1.1	1.2	1.4	1.7	2.3	
大扁圆头铆钉	HB6323—89～HB6328—89		D	4.8	6.3	7.2	8.5	9.6	12.1	14.5	19.5	
			极限偏差	±0.24	±0.29				±0.35		±0.42	
			H	0.9	1.2	1.4	1.7	1.9	2.4	2.8	3.9	
			极限偏差	±0.10	±0.20						±0.24	

二、铆钉代号示例及标志

1. 铆钉代号示例

3×8 HB 6229

其中 3——铆钉直径,mm;

8——铆钉杆长度,mm;

HB——航空标准;

6229——代号,代表名称、材料、限用直径、一般用途,见表2.2。

表2.2 普通铆钉的材料及限用直径

名称	代号	材料	限用直径/mm	代号示例:直径为4mm,长度为10mm
半圆头铆钉	HB6229	L4	1～6	HB6229.4×10
	HB6230	LY1	2～6	HB6230.4×10
	HB6231	LY10	2.5～10	HB6231.4×10
	HB6232	LF10	2～10	HB6232.4×10
	HB6233	LF21	2～6	HB6233.4×10
	HB6234	ML18	2～10	HB6234.4×10
	HB6235	ML20MnA	3～10	HB6235.4×10
	HB6236	1Cr18Ni9Ti	2～6	HB6236.4×10
	HB6237	H62	1～4	HB6237.4×10
	HB6238	H62防磁	1～4	HB6238.4×10

续表

名　称	代　号	材　料	限用直径/mm	代号示例:直径为4mm,长度为10mm
平锥头铆钉	HB6297	LY1	2～6	HB6297.4×10
	HB6298	LY10	2.5～10	HB6298.4×10
	HB6299	LF10	2～10	HB6299.4×10
	HB6300	LF21	2～6	HB6230.4×10
	HB6301	ML18	2～10	HB6301.4×10
	HB6302	ML20MnA	3～10	HB6302.4×10
	HB6303	1Cr18Ni9Ti	2～6	HB6303.4×10
90°沉头铆钉	HB6304	L4	1～6	HB6304.4×10
	HB6305	LY1	1.4～6	HB6305.4×10
	HB6306	LY10	2.5～10	HB6306.4×10
	HB6307	LF10	2～8	HB6307.4×10
	HB6308	LF21	2～6	HB6308.4×10
	HB6309	ML18	1～10	HB6309.4×10
	HB6310	ML20MnA	3～10	HB6310.4×10
	HB6311	1Cr18Ni9Ti	2～6	HB6311.4×10
	HB6312	H62	1～4	HB6312.4×10
	HB6313	H62 防磁	1～4	HB6313.4×10
120°沉头铆钉	HB6315	LY1	2.5～6	HB6315.4×10
	HB6316	LY10	2～8	HB6316.4×10
	HB6317	LF10	2.5～4	HB6317.4×10
	HB6318	ML18	2～8	HB6318.4×10
	HB6319	1Cr18Ni9Ti	2～6	HB6319.4×10
大扁圆头铆钉	HB6323	LY1	2～6	HB6323.4×10
	HB6324	LY10	2.5～8	HB6324.4×10
	HB6325	LF10	2～8	HB6325.4×10
	HB6326	LF21	2～6	HB6326.4×10
	HB6327	ML18	2～8	HB6327.4×10
	HB6328	1Cr18Ni9Ti	2～6	HB6328.4×10

2.材料标记、热处理及表面处理

(1) 铆钉材料标记的形式见表2.3(摘自HB6444—1990)。标记一般是凸的,但半圆头、大扁圆头及车制铆钉允许是凹的。

表 2.3 铆钉材料标记形式

材 料	LY1	LY10	LF10	LF21	L4	ML20MnA	ML18	1Cr18Ni9Ti	H62
标志	⊙	○	(••)	(∴)	⊖	⊙	○	○	○

(2)铆钉的热处理及表面处理见表 2.4。

表 2.4 铆钉的热处理及表面处理

材 料	L4	LY1 LY10	LF10	LF21	ML18	ML20MnA	1Cr18Ni9Ti	H62	H62 防磁
热处理		淬火及时效	退火		回火	淬火后回火	淬 火	退 火	
表面处理	化学氧化				镀锌钝化			钝化	

三、铆钉长度选择概述

铆钉长度的选择应根据铆钉直径、铆接件的总厚度和铆接形式确定,通常情况下在产品图样上注明铆钉的规格。合适的铆钉长度是保证铆接质量的前提,铆钉短会造成镦头偏小,达不到预计的连接强度;反之,铆钉过长会造成铆接缺陷,同样影响连接强度。影响选择铆钉长度的因素很多,在生产中允许根据实际情况选择铆钉长度。国外有些产品在图样上就不注明铆钉长度,而是由工人确定,以保证镦头尺寸符合要求为原则。因此,学会选择铆钉长度是铆工的最基本要求。

铆钉长度计算有三种方法。

1.按公式计算铆钉长度(见图 2.4)

$$L = d_1 + \frac{d_0^2}{d_1^2} \times \sum \delta$$

式中 d_0—— 铆钉孔最大直径,mm;

d_1—— 铆钉最小直径,mm;

$\sum \delta$—— 夹层总厚度,mm。

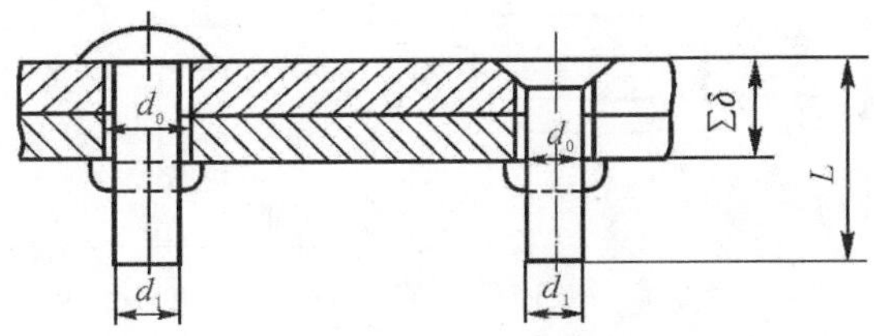

图 2.4 标准墩头的铆钉长度示意图

2. 按经验公式计算

按经验公式计算铆钉长度见表 2.5。

表 2.5　铆钉长度计算公式　mm

铆钉直径 d	2.5	3.0	3.5	4.0	5.0	6.0	7.0	8.0
铆钉长度 L	$\sum\delta+1.4d$		$\sum\delta+1.3d$		$\sum\delta+1.2d$		$\sum\delta+1.1d$	

3. 查表法(见表 2.6)

4. 压窝件标准镦头的铆钉长度(见图 2.5)

$$L=\sum\delta+\delta_1+1.3d$$

式中　L—— 铆钉长度,mm;

$\sum\delta$ —— 铆接件夹层厚度,mm;

δ_1—— 表面压窝层的厚度,mm;

d —— 铆钉直径,mm。

5. 双面沉头铆接的铆钉长度(见图 2.6)

按经验公式计算双面沉头铆接的铆钉长度为

$$L=\sum\delta+(0.6\sim0.8)d$$

式中　L—— 铆钉长度,mm;

$\sum\delta$—— 铆接件夹层厚度,mm;

d—— 铆钉直径,mm;

$0.6\sim0.8$—— 系数,一般情况选较小值 $0.6d$,如果铆钉材料比被连接件材料的强度高或比被连接件厚而铆钉直径较小时,则选较大值 $0.8d$。

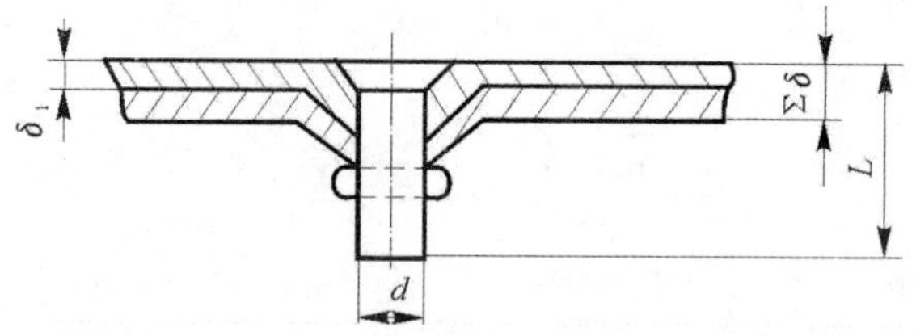

图 2.5　压窝件标准镦头的铆钉长度示意图

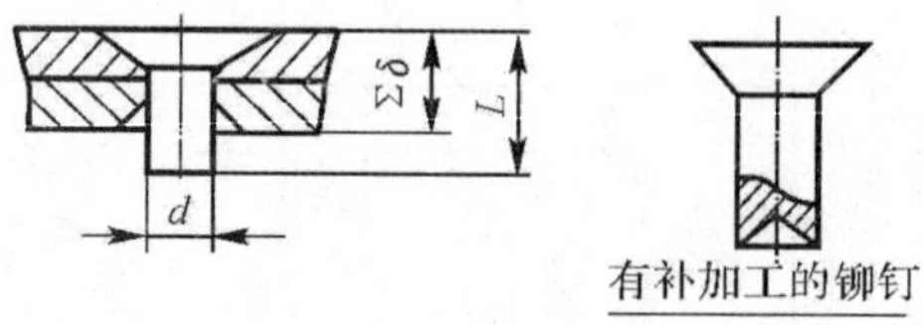

图 2.6　双面沉头铆接的铆钉长度

表 2.6　铆钉长度的选择　　mm

d	2	2.5	3	3.5	4	5	6	7	8	10	d
Σδ											Σδ
1	4	4	5	6	6	8	10	12	14	18	1
2	5	5	6	7	7	9	11	13	15	19	2
3	6	6	7	8	8	10	12	14	16	20	3
4	7	7	8	9	9	11	13	15	17	22	4
5	8	8	9	10	10	12	14	16	18	24	5
6	9	9	10	11	11	13	15	17	19	26	6
7	10	10	11	12	12	14	16	18	20	28	7
8	11	11	12	13	13	15	17	19	22	30	8
9	12	12	13	14	14	16	18	20	24	32	9
10	13	13	14	15	15	17	19	22	26	34	10
11	14	14	15	16	16	18	20	24	28	36	11
12	15	15	16	17	17	19	22	26	30	38	12
13	16	16	17	18	18	20	24	28	32	40	13
14		17	18	19	19	22	26	30	34	42	14
15		18	19	20	20	24	28	32	36	44	15
16		19	20	22	22	26	30	34	38	46	16
17		20	22	24	24	28	32	36	40	48	17
18			24	26	26	30	34	38	42	50	18
19				28	28	32	36	40	44	52	19
20					30	34	38	42	46	54	20
21					32	36	40	44	48	56	21
22						38		46	50	58	22
23						40				60	23
24											24
25											25
26											26
27											27
28											28
29											29
30											30
31											31
32											32
33											33
34											34
35											35
36											36
37											37
38											38
39											39
40											40
41											41
42											42
43											43
44											44
45											45
46											46
47											47
48											48

第三节 制 孔

一、制孔

1. 铆钉孔的技术要求

(1) 铆钉孔圆度应在铆钉孔直径极限偏差内。铆钉孔的直径及其极限偏差见表2.7。

表2.7 铆钉孔直径及其极限偏差 mm

<table>
<tr><td>铆钉直径</td><td>2.0</td><td>2.5</td><td>2.6</td><td>3.0</td><td>3.5</td><td>4.0</td><td>5.0</td><td>6.0</td><td>7.0</td><td>8.0</td><td>10.0</td></tr>
<tr><td>铆钉孔直径</td><td>2.1</td><td>2.6</td><td>2.7</td><td>3.1</td><td>3.6</td><td>4.1</td><td>5.1</td><td>6.1</td><td>7.1</td><td>8.1</td><td>10.1</td></tr>
<tr><td>铆钉孔极限偏差</td><td colspan="5">+0.1
0</td><td colspan="3">+0.15
0</td><td colspan="3">+0.2
0</td></tr>
<tr><td>更换同号铆钉时
孔极限偏差</td><td colspan="7">+0.2
0</td><td colspan="4">+0.3
0</td></tr>
</table>

注：铆钉排是指在相同连接夹层上连续铆接同规格的一排铆钉。

(2) 铆钉孔的表面粗糙度 R_a 值不大于6.3μm。

(3)铆钉孔轴线应垂直于零件表面。允许由于孔的偏斜而引起铆钉头与零件贴合面的单向间隙不大于0.05mm。

(4)在楔形件上铆钉孔轴线应垂直于楔形件两斜面夹角的平分线，如图2.7所示。

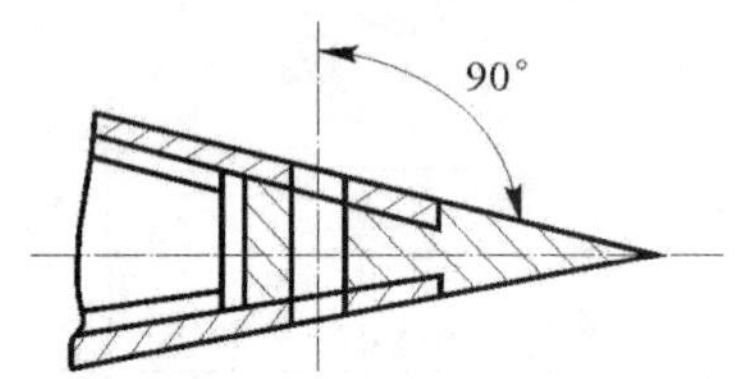

图2.7 楔形件上铆钉孔轴线的位置

(5)不允许铆钉孔有棱角、破边和裂纹。

(6)铆钉孔边的毛刺应清除，允许在孔边形成不大于0.2mm的倒角。尽可能分解铆接件，清除贴合面孔边的毛刺。

2. 制孔的工艺方法

(1)冲孔。冲孔适用于钻孔难以保证质量和钻孔效率很低的情况，例如，在薄不锈钢零件上制孔。但对应力敏感的材料，如LC4，不允许采用冲孔方法，一般飞机制造中不常使用。冲孔用手动冲孔钳、手提式冲孔机、台式冲孔机及其他冲孔设备完成。

(2)钻孔的应用。

1)钻孔是制铆钉孔的主要方法。影响钻孔质量的主要因素有零件材料、钻头切削部分的几何形状、刃的锋利程度、转速、进给量等。根据装配件的结构特点和孔径大小选择钻孔装置和风钻的型号。目前，主要的钻孔工具是风钻，适用于各类组合件和部件，特别是部件总装和型架上的钻孔工作。

2)平面型组合件(梁、翼肋、框等)尽可能使用台钻进行钻孔。

3)大型的平面型组合件尽可能使用钻孔-锪窝装置进行钻孔，如图 2.8 所示。

4)当钻孔直径大(大于 5mm)，且孔的数量多时，可以设计专用的钻孔装置，并将其安装在装配型架上完成钻孔工作。这种方法适用于成批生产。

5)在总装配和厂外排除故障工作中，可以使用新型电钻(蓄电池式)制铆钉孔，既方便又安全。

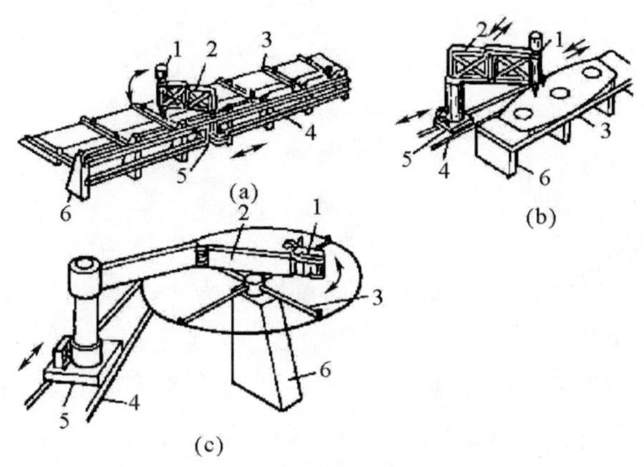

图 2.8　钻孔-锪窝装置

(a)大梁和板件钻锪装置 cy-Ⅱ；　(b)隔框钻锪装置 cy-Ⅲ；　(c)翼肋钻锪装置 cy-H

1—钻削头；　2—迴臂钻床；　3—支撑装置；　4—导轨；　5—小车；　6—立柱

(3)钻头加工参数。根据被加工零件的材料，可参考表 2.8 所提供的数据刃磨麻花钻头并确定切削速度和进刀量。

表 2.8　麻花钻头的刃磨参数、切削速度和进刀量

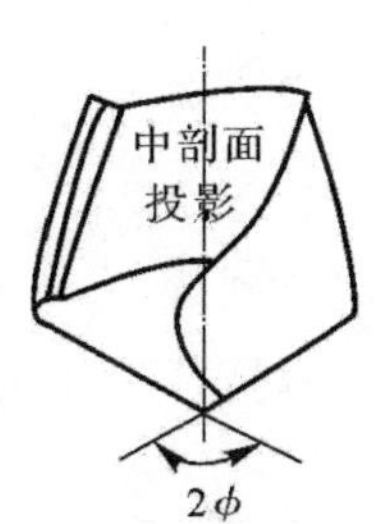

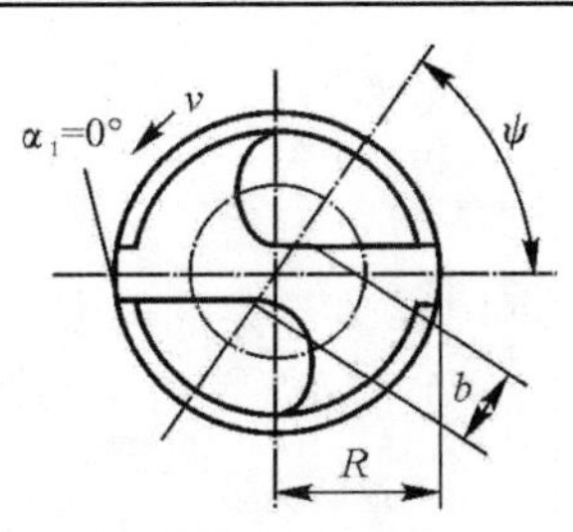

<table>
<tr><td colspan="4">被加工材料</td><td>硬铝</td><td>镁合金</td><td>不锈钢</td><td>高强度合金钢</td></tr>
<tr><td rowspan="4">钻头</td><td>顶角 2ϕ</td><td rowspan="4">标准钻头</td><td>118°±2°</td><td>90°～118°</td><td>80°～110°</td><td colspan="2">118°～140°</td></tr>
<tr><td>后角 α</td><td>8°～20°</td><td>8°～20°</td><td>≈25°</td><td>≈20°</td><td>≈18°</td></tr>
<tr><td>横刃斜角 ϕ</td><td colspan="2">$d\leqslant 15$mm，$\phi=50°$
$d>15$mm，$\phi=55°$</td><td>≈85°</td><td colspan="2">$d\leqslant 15$mm，$\phi=50°$
$d>15$mm，$\phi=55°$</td></tr>
<tr><td>横刃宽 b</td><td>0.03d</td><td>0.02d</td><td>(0.006～0.012)d</td><td>(0.009～0.012)d</td><td>0.015d</td></tr>
<tr><td colspan="4">切削速度/(m/min)</td><td>45～90</td><td><10</td><td>≈12</td><td><10</td></tr>
<tr><td colspan="4">进刀量/(mm/r)</td><td>0.1～0.2</td><td>≈0.4</td><td colspan="2">0.1～0.3</td></tr>
</table>

注：d 为钻头直径，mm。

(4)钻孔注意事项。

1)钻头应尽量采用刃磨机集中刃磨。

2)钻孔时,一般应从厚度大、强度高的零件一面钻孔,同时用木棒将薄零件撑住。

3)按骨架上的导孔或划线钻孔时,应先钻制小孔,然后从蒙皮一面将孔扩至最后尺寸。

4)铆钉直径大于4mm时,应先钻小孔,然后用钻头扩孔。小孔直径一般为0.6～0.8倍铆钉直径。

5)用风钻在厚度3mm以上的铆接件上钻孔时,除结构不开敞外一般应采用垂直钻套或钻模。特别是当在组合件装配型架上制孔时,应尽可能采用钻模,以保证孔的位置和垂直度达到要求。

6)各零件上的同一铆钉孔,应一起钻至最后尺寸。

7)用力适当,合理地控制切削用量。如钢零件的进刀量约为0.24mm/r;钻削速度约为24m/min,而铝合金的进刀量约为0.3mm/r;转削速度为45～90m/min。钻孔时,首先轻按风扳机,后重按,使转速先慢后快,开始钻孔时压力要大,当孔即将钻通时,用力要小(即进刀量小),以免孔口毛刺过大或钻夹头触伤零件、折断钻头等。为了防止钻夹头触伤零件,可以在钻头尾部套上一小块橡皮保护。钻头从孔中退出时,仍然保持钻孔的姿态,以防孔径扩大或偏斜。

8)从厚到薄、从硬到软。如果几层零件叠在一起,在许可的条件下,钻孔时遵守此项原则容易保证孔的形状和质量。

9)慢转重压。对于硬度较高的零件钻孔时,进刀力尽量大,风钻转速要慢。如果发生吱吱的叫声,马上停钻,检查钻头磨损情况,一般重磨再钻,必要时要加适当冷却液(如乳化液)钻孔。

(5)几种常用材料的钻孔方法。

1)铝合金钻孔。

切削速度可选用45～90m/min。

铝合金零件要注意排屑,防止刀瘤。

解决切屑黏刀问题,可用煤油与菜油的混合物做切削冷却液。

当铆接件中有LC4材料的零件,夹层厚度大于15mm,孔径大于6mm时,铆钉孔应采用铰孔的加工方法。

2)钢制零件钻孔。

选用大功率低速风钻钻孔,转速为n=600～900r/min。

降低切削速度,v<10m/min。

进刀量适当加大,s=0.1～0.3mm/r。

采用硬质合金钢钻头钻孔。

钻头不锋利时,不能强行用钻头在孔内钻孔,以免孔中材料硬化。

3)镁合金零件钻孔。

选用低转速风钻进行钻孔。

切削速度要小,v<10m/min。

进刀量适当加大。

采用硫化油乳化液冷却润滑。

4)钛合金零件钻孔。

选用硬质合金、氮化碳的钻头或者高速钢钛的钻头,也可使用短而锋利的标准麻花钻头。

采用低功率转速风钻(n=700～800r/min),保持低速快进给。

切削速度小,v=8～10m/min。

进刀量 s=0.07～0.09mm/r。

5)碳纤维复合材料的制孔。在复合材料上钻孔,主要是为防止钻孔中的轴向力产生层间分层和钻头出口处分层。钻孔时,碳颗粒对刀具磨损很厉害,所以,应选用钨-钴类硬质合金钻头。当前,工人喜欢使用一种复合型钻头,四个刀刃、螺旋,带钻、铰、扩的钻头,钻孔效率高,质量好,不起棱。钻孔一般选用高转速低进给加工,转速 n=1 200～2 000r/min、进给量 s=0.02～0.1mm/r 为宜;为避免或减少钻头进口面纤维撕裂,尽量可能先启动气钻,然后再接触制件进行钻孔。钻孔时,尽量不使用润滑剂和冷却剂,以防止水分渗入夹层;当需要使用冷却剂时,也要烘干处理;钻孔时,钻头在复合材料的出口面(即孔的位置)垫支撑物,当钻头快露出出口面时,给钻头的轴向力要减小,以防材料劈裂分层。当复合材料与金属零件一起钻孔时,应优先考虑选择在复合材料一面先钻;在复合材料上钻孔,要保持钻头切削刃处于锋利状态,应勤磨或更换钻头。

钻头锋角与被加工材料的关系见表 2.9。

表 2.9　钻头锋角与被加工材料的关系

加工材料	标准钻头	合金钢	钛合金	硬　铝	镁合金	有机玻璃
锋角 2ϕ	118°±2°	118°～140°	135°	96°～118°	90°～116°	60°～70°

(6)钻孔后的毛刺清除。

1)用风钻安装“毛刺锪钻”去毛刺(见图 2.9)。

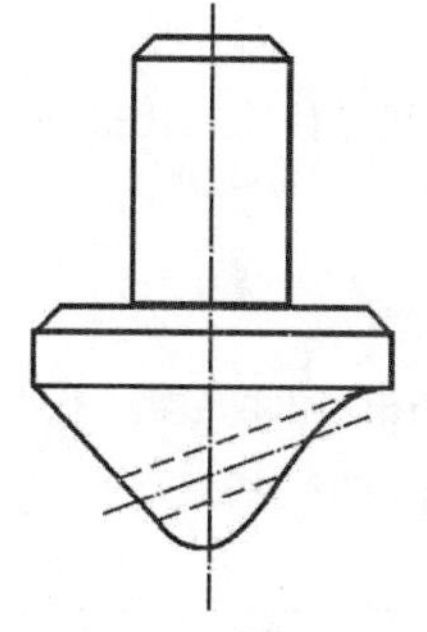

图 2.9　毛刺锪钻

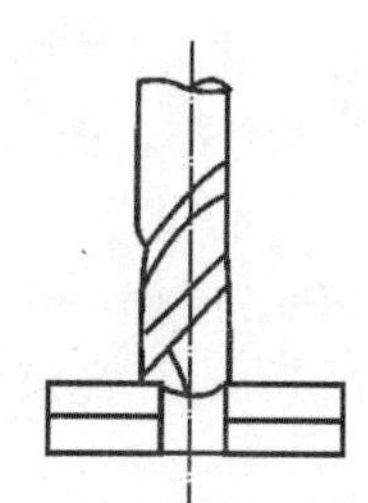

图 2.10　大钻头去毛刺

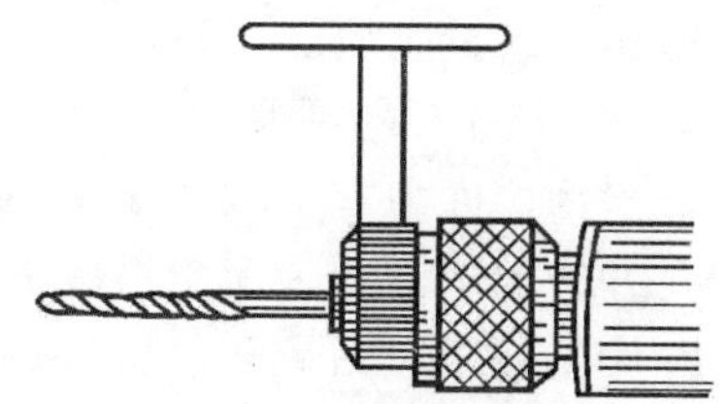

图 2.11　用钻夹头钥匙装卸钻头

2)也可用比铆钉孔大 2～3 级的钻头去毛刺(齐顶角为 120°～160°),如图 2.10 所示。

3)风钻转速不宜太快,用力要适当。

4)去毛刺允许在孔边形成 0.2mm 深的倒角。

(7)钻孔操作要点。

1)装夹钻头,一定要用钻头钥匙装卸,严禁用手打钻夹头或用其他方法装卸钻头,以防风钻轴偏心,影响孔的精度,如图 2.11 所示。

2)右手握紧风钻手柄,中指掌握扳机开关和无名指控制风量,灵活操纵风钻转速,左手托住钻身，始终保持风钻平稳向前推进，如图 2.12(a)所示。

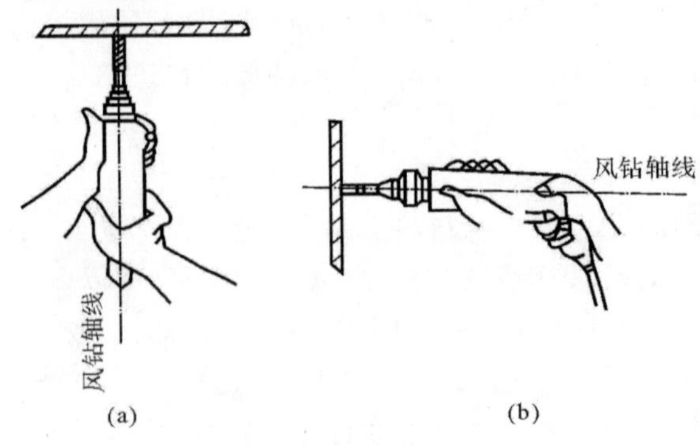

图 2.12　正确握钻姿势

3)钻孔时要保证风钻轴线和水平方向与被钻零件表面垂直，如图 2.12(b)所示，楔形零件钻孔除外。

4)钻孔时风钻转速要先慢后快，当快钻透时，转速要慢，压紧力要小；在台钻上钻孔时，要根据零件材质，调整转速和进刀量。

5)使用短钻头钻孔时，根据零件表面开敞情况，在用左手托住钻身情况下，并用拇指和食指，也可用手肘接触被钻零件作为钻孔支点，保证钻头钻孔的准确位置，防止钻头打滑钻伤零件，当孔钻穿时，又可防止钻帽碰伤零件表面，还可使风钻连续运转，提高钻孔速度。

6)使用长钻头钻孔时，一定要用手掌握钻头光杆部位，以免钻头抖动，使孔径超差或折断钻头。

7)使用风钻钻较厚零件时，要用目测或 90°角尺检查垂直度，如图 2.13 所示。钻孔时还要勤退钻头排屑。

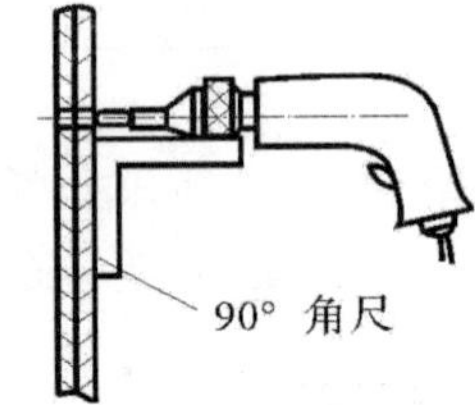

图 2.13　用角尺检验钻孔垂直度

二、铰孔

铰孔是由铰刀对已存在的孔进行精加工的方法，从零件孔壁切除微量金属层，以提高孔的尺寸精度和达到孔表面粗糙度。

(1)铰孔的工艺要求。

1)当铆接件中有 LC4 材料的零件、夹层厚度大于 15mm、孔径大于 6mm 时，铆钉孔应采用铰孔方法加工。孔表面粗糙度 R_a 值不大于 1.6μm，孔径尺寸和极限偏差按表 2.7 确定。

2)优先采用风钻铰孔，也可采用手工铰孔。

3)铰孔时为保证孔的精度，应采用带导杆的铰刀，选用原则与扩孔钻的相同。

4)按钻模铰孔。

5)铰孔之前一般先经过钻孔或扩孔后留些铰孔余量。余量的大小直接影响铰孔质量。余量太小，往往不能把前道工序所留下的加工痕迹铰去。余量太大，切屑挤满铰刀的齿槽中，使冷却液不能进入切削区，严重影响表面粗糙度，或使切削刃负荷过大而迅速磨损，甚至崩刃。

(2)铰孔时的注意事项。在铰孔时应注意，铰刀绝不可倒转，否则会磨钝刀刃、划伤孔壁，铰刀应在旋转状态下退出。铰孔前先用与产品同材料的试件试铰，合格后再正式铰孔。铰孔时应注意铰刀要垂直于零件，铰削一次就要清除黏在刀齿上的切屑碎末，铰完孔后用毛刷刷干净铰刀，涂油后套入护套。

第四节　制　　窝

一、制窝方法的选择

制窝有锪窝和压窝两种方法。其中，压窝有在室温下压窝和将材料加热到一定温度时进行压窝，前者称为冷压窝，后者称为热压窝。产品图样应规定铆钉窝的制窝方法。一般按下列规定选择制窝方法。

(1)根据蒙皮和骨架的厚度确定制窝方法(见表 2.10)。

表 2.10　按零件厚度确定制窝方法　　mm

蒙皮厚度	骨架厚度	制窝方法	简　图
≤0.8	≤0.8	蒙皮、骨架均压窝	
	>0.8	蒙皮压窝、骨架锪窝	
>0.8	不限	蒙皮锪窝	

(2)如果蒙皮厚度不大于 0.8mm，骨架为两层或两层以上，而每层厚度都不大于 0.8mm，其总厚度又不小于 1.2mm，且不能分别压窝，则采用蒙皮压窝、骨架锪窝的方法。

(3)挤压型材不允许压窝，只能锪窝。

(4)多层零件压窝一般应分别进行，当必须一起压窝时，其夹层厚度应不大于 1.6mm。

(5)除在镁合金、钛及钛合金、超硬铝合金的零件上必须采用热压窝外，一般均采用冷压窝。

二、制窝的工具

按制窝方法分类，常用制窝工具有以下两类。

1. 锪窝所用工具

(1)锪窝钻。锪窝钻主要是由钻柄、钻体、切削部分、导杆等部分组成的，如图 2.14 所示。

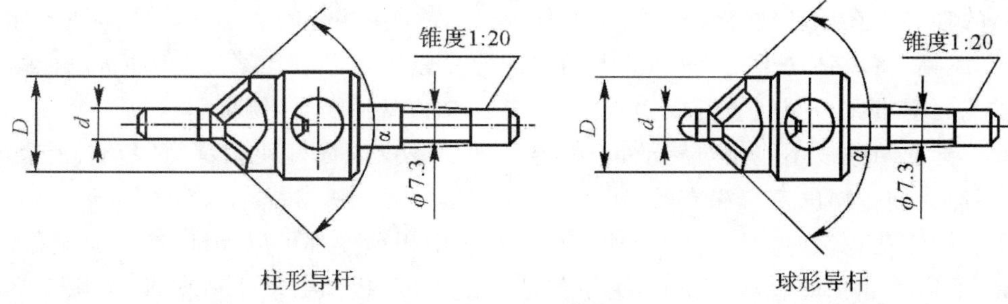

图 2.14　锪窝钻

锪窝钻按功用可分为蒙皮锪窝钻和骨架锪窝钻两种。按角度可分为90°,100°,120°锪窝钻。按照形式可分为锪窝钻和反锪窝钻两种。按使用对象不同可分为铆钉锪窝钻和螺栓锪窝钻。

(2)反锪窝钻。反锪窝钻主要由刀头和刀杆两部分组成,如图2.15所示。

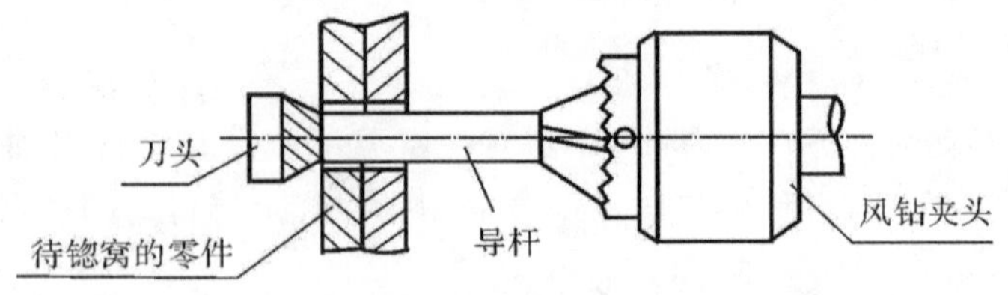

图2.15 反锪窝钻

反锪窝钻是采用快卸连接式连接而成的。反锪窝钻头上的切削刃正好与锪窝钻的切削刃相反。由于反锪窝钻的导杆和锪窝钻头部是可卸载结构,只要将导杆插入须锪窝的孔内,安上锪窝钻头部,将导杆夹紧在风钻的钻夹头上,开动风钻开关即可进行反锪窝。每锪一个窝都要将锪窝钻头卸下才能取出来,然后重新安放,生产效率较低。而且采用反锪窝钻锪窝时,不能采用锪窝限动器。窝的深度要经常进行检查,这样才能保证窝的质量。因此,一般情况下尽量不采用反锪窝钻锪窝。

(3)锪窝限动器。锪窝限动器主要由芯轴、滑套、调整螺母、带有键槽及螺纹的衬套、带有键的滑套、滚珠、弹簧、导套等组成,如图2.16所示。调整这种锪窝限动器,只要向下移动带有键的滑套,调整螺母就可以改变锪窝的深度。

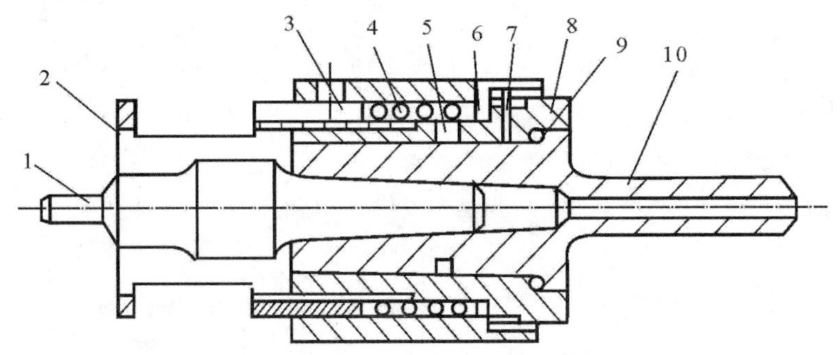

图2.16 锪窝限动器

1—锪窝钻; 2—调整螺母; 3,5—螺钉; 4—弹簧;
6—调节圈; 7—销子; 8—滑套; 9—滚珠; 10—芯轴

将锪窝限动器调整到所需锪窝深度(可试锪几个窝,用铆钉检验窝是否符合要求)。将锪窝限动器的轴装夹在风钻钻夹头内,右手握住风钻,左手握住导套。然后将锪窝钻的导杆插入孔内,开动风钻,将风钻往下压,使锪窝限动器的导套紧紧地贴合在蒙皮的表面,保证锪窝钻轴线与蒙皮表面垂直。否则就会形成偏心窝,使铆钉头与窝不吻合,铆接后铆钉头会在一边突出蒙皮表面。导套与蒙皮不能相对转动,否则容易划伤蒙皮表面。使用锪窝限动器锪窝时用力要均匀,不然会使锪出的窝有深有浅。

采用这种方法锪窝时,对于窝的深度、圆度及表面粗糙度都可以保证,窝的质量稳定,生产效率较高,适应大面积的锪窝。因此,为了保证窝的深度,提高劳动生产率,以采用锪窝限动器锪窝的方法较为可靠。

2. 压窝

压窝一般分为冷压窝和热压窝。冷压窝在室温下压窝，使用的工具一种为阳模和阴模；另一种是用铆钉在铆接时直接压窝。热压窝是将材料加热到一定温度，通过热压窝设备使窝加热成形。

三、制窝技术要求

(1)窝的角度应与铆钉头角度一致，有90°，100°和120°三种。其中，100°为进口铆钉角度。

(2)蒙皮上窝的深度应比铆钉头最小高度小0.02～0.05mm。

(3)蒙皮压窝和骨架锪窝时，骨架上窝的深度应比蒙皮上的深，骨架上的90°窝应加深0.4δ，120°窝应加深0.15δ。其中，δ为压窝层的总厚度。

(4)双面沉头铆接时，锪窝的镦头窝为90°，其直径见表2.11；压窝的镦头窝为120°，其形式如图2.17所示。

表2.11　90°沉镦头窝的最小直径　mm

铆钉直径	2.5	2.6	3.0	3.5	4.0	5.0	6.0	7.0	8.0
镦头窝最小直径	3.5	3.65	4.20	4.95	5.60	7.0	8.2	9.5	10.8

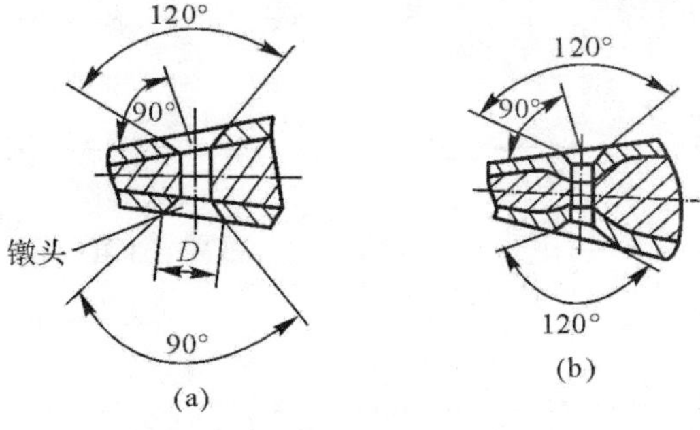

图2.17　铆钉镦头窝的形式

(a)90°沉镦头窝；(b)120°沉镦头窝

(5)窝的圆度公差值为0.2mm，个别允许至0.3mm，但这种窝的数量应不大于铆钉排内窝数的15%。

(6)窝的轴线应垂直于零件表面，并与孔的轴线一致(楔形件除外)，窝的轴线倾斜和偏心所引起的铆钉头凸出量应符合各机型设计技术条件。

(7)锪窝的表面应光滑，不允许有棱角和划伤。

(8)压窝附近的零件表面不允许有局部高低不平，从零件表面到钉窝表面的过渡应光滑，窝的轮廓线应清晰，扩孔到最后尺寸时，钉窝不允许有裂纹和破边。

(9)由于锪窝限动器和压窝器而造成零件表面的痕迹、凹陷、轻微机械损伤等的深度应不大于材料包覆层的厚度，这种窝的数量应不大于铆钉排内窝数的3%。

目前使用82°/30°双锥度沉头窝比较多。双锥度的优点在于既能保持必要的结合强度，又较易于填满沉头窝，对改善结构的疲劳性能和保证连接件本身的密封性有好处，且能减少所需的铆接力。有的国家曾使用80°/20°的双锥度沉头窝作自封铆接实验。究竟什么角度最为合理，结合我国生产实际情况，还有待于从实际中去探索。从结构观点看，双锥度比大角度单锥度要好些。同时,保证沉头窝在规定公差范围内(一般不超过 0.2mm)很重要。若在非自动化机床上钻孔,应使用深度限制器。

四、锪窝工艺要求

(1)蒙皮锪窝时,锪窝钻导销的直径应与铆钉孔的直径相同。

(2)蒙皮压窝、骨架锪窝时,锪窝钻导销的直径与相应的压窝器导销的直径相同。这种窝的锪钻一般称为骨架锪窝钻。

(3)锪窝钻直径与铆钉头直径的关系见表 2.12。

表 2.12 锪窝钻直径尺寸 mm

沉头窝角度	90°							
铆钉直径	2.6	3.0	3.5	4.0	5.0	6.0	7.0	8.0
铆钉头直径	4.6	5.2	6.1	7.0	8.8	10.4	12.2	14.0
锪窝钻直径	4.7	5.3	6.2	7.1	8.9	10.5	12.3	14.1
沉头窝角度	120°							
铆钉直径	2.6	3.0	3.5	4.0	5.0	6.0		
铆钉头直径	5.35	6.1	6.9	7.8	9.5	11.5		
锪窝钻直径	5.45	6.2	7.0	7.9	9.6	11.6		

(4)当在楔形件上锪窝时应当用带球形短导销的锪窝钻,并保证锪窝钻垂直于该点零件表面,如图 2.18 所示。

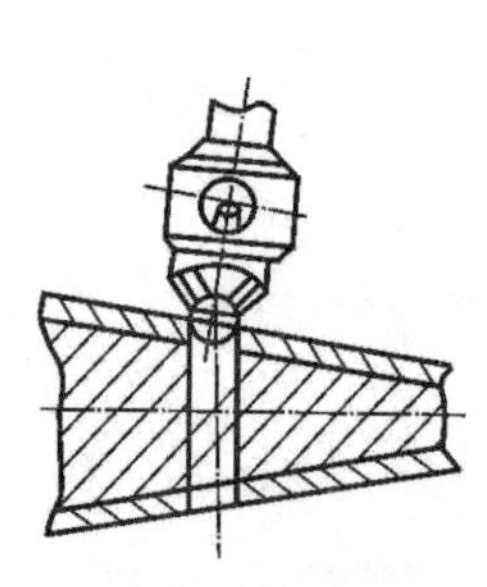

图 2.18 楔形件的锪窝

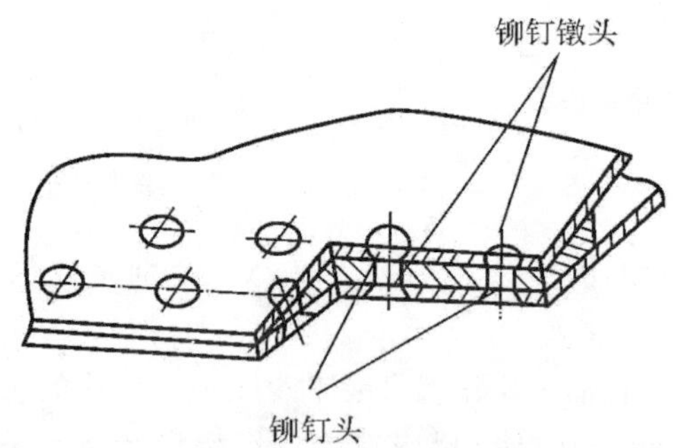

图 2.19 楔形件上沉头窝和镦头窝分布示意图

(5)在楔形件上进行双面沉头铆接时,铆钉沉头窝和镦头窝应间隔分布,如图 2.19 所示。

(6)当零件的楔形斜角 $\alpha>10°$时,应锪出放置铆钉头或镦头的端面窝,如图 2.20 所示,端面窝直径见表 2.13。

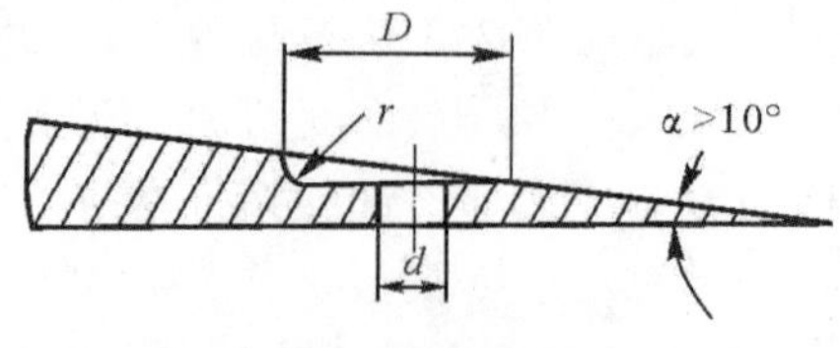

图 2.20 铆钉的端面窝

表 2.13 铆钉端面窝直径 mm

铆钉直径 d	2.0	2.5	2.6	3.0	3.5	4.0	5.0	6.0	7.0	8.0	10.0
端面窝直径 D	8	12			14		18		20		22
转接半径 r	1.5								2.0		

(7)锪窝时一般应使用可调锪窝限动器,以便准确地控制窝的深度和窝的垂直度。

五、锪窝操作要点

(1)在锪窝过程中,风钻不能抖动,风钻的进给力要均匀,不要忽大忽小,否则影响锪窝深度。

(2)用不带限制器锪窝钻锪窝时,进给力要小,勤退锪钻检查窝孔深度。

(3)钢制零件和钛合金锪窝,风钻速度要低。

(4)在复合材料上锪窝,应先启动风钻,再进行零件锪窝,以防止表层拉毛。

(5)锪窝时为了防止蒙皮表面产生痕迹,可采用以下方法。

1)采用锪窝限动器锪窝时可在蒙皮表面上涂防锈油,但不允许涂在已有最终表面涂层的表面上。

2)在蒙皮表面锪窝处垫上专用垫圈,如图 2.21 所示。

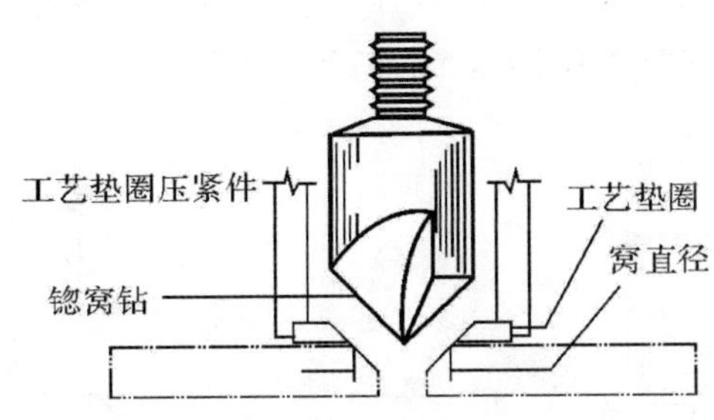

图 2.21 锪窝工艺垫圈的安装示意图

(6)锪窝前应在试片上试锪合格,然后再在试片上锪出 5 个窝,由检验员用不少于 5 个同直径的铆钉或窝量规进行检查。

(7)当用带锪窝限动器的锪钻在零件上锪窝时,也应先锪出 5 个窝由检验员检查,合格后方可锪所有窝。每锪 50～100 个窝,工人必须自检一次窝的质量。

六、压窝工艺要求

压窝工艺过程有①初钻孔→②去除孔边毛刺→③阳模导销插入零件孔中→④阳模、阴模压紧零件→⑤压窝→⑥将初孔扩至铆钉孔最后尺寸(见图 2.22)。

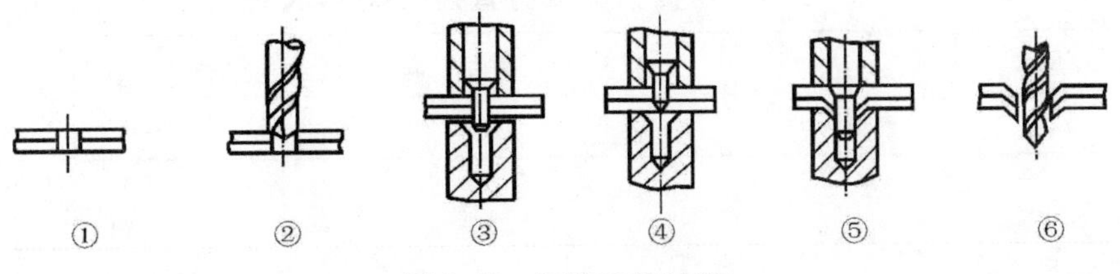

图 2.22 压窝工艺过程

1. 窝的成形方法

(1)采用弯边工作原理进行压窝,其压窝器形式如图 2.23、图 2.24 和图 2.25 所示。

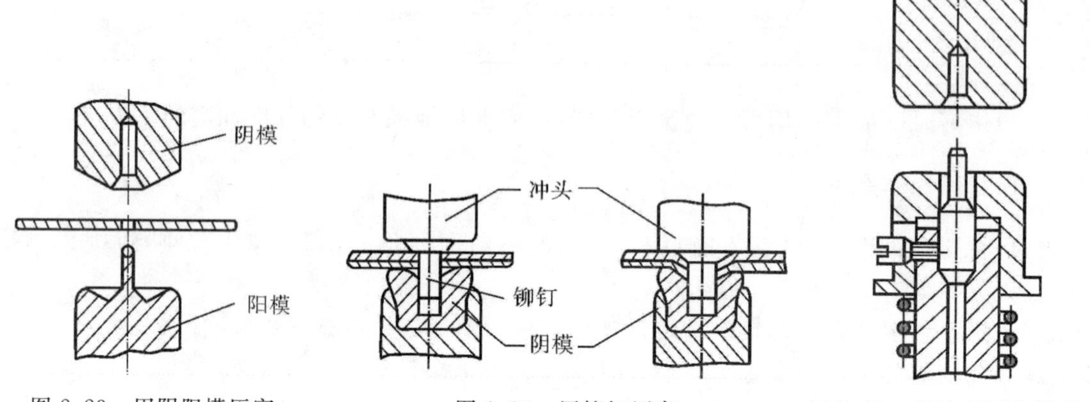

图 2.23 用阴阳模压窝　　图 2.24 用铆钉压窝　　图 2.25 弯边型压窝器形式

用这种方法压窝的缺点是压窝后板材有凸起现象,窝的周围易产生径向裂纹,压出的窝有些形状不够正确。

(2)采用拉伸工作原理进行压窝,其压窝器的形式如图 2.26 所示。

(3)采用弯曲压印工作原理进行压窝,其压窝器形式如图 2.27 所示。用这种方法压窝能获得良好的表面平滑度,但钉窝与板材表面转折处是应力集中点,与平滑转折曲面相比,强度有所降低。

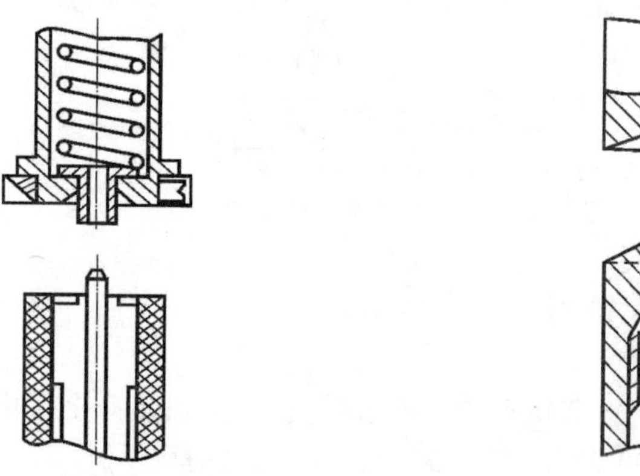

图 2.26 拉伸型压窝器形式　　图 2.27 弯曲压印型压窝器形式

(4) 压窝力与铆钉直径有关。压窝材料为 LY12—CZ、厚度为 0.5～0.8mm 时,采用冷压窝所需的压窝力见表 2.14。

表 2.14 压窝力与铆钉直径的关系示例

铆钉直径/mm	2.6	3.0	3.5	4.0	5.0
压窝力/kN	18.6	23.5	29.5	37.2	49.0

2. 热压窝加热方法

热压窝加热方法有电阻法和接触法两种。其中：

(1)热压窝的温度与材料种类和热处理状态有关。

(2)热压窝的保持时间与材料种类、材料厚度、窝的形状和尺寸、设备有关，对于静压窝设备来讲，还与成形速度和成形压力有关。采用电阻加热法压窝的温度和时间规范见表 2.15。

表 2.15 热压窝的温度和时间规范

材料牌号	厚度/mm	模具温度/℃		保持时间/s	预压力/MPa
		最高	最低		
LY12—CZ	1.5	315	290	3	0.045
	1.2			3	
	0.8			2	
	1.5			5	
	1.2			4	
	0.8			3	
2024—T3	1.0		288	1	
AU4G.1/A5—T3	0.8		290	1	

(3)热压窝工作机示意图如图 2.28 所示。

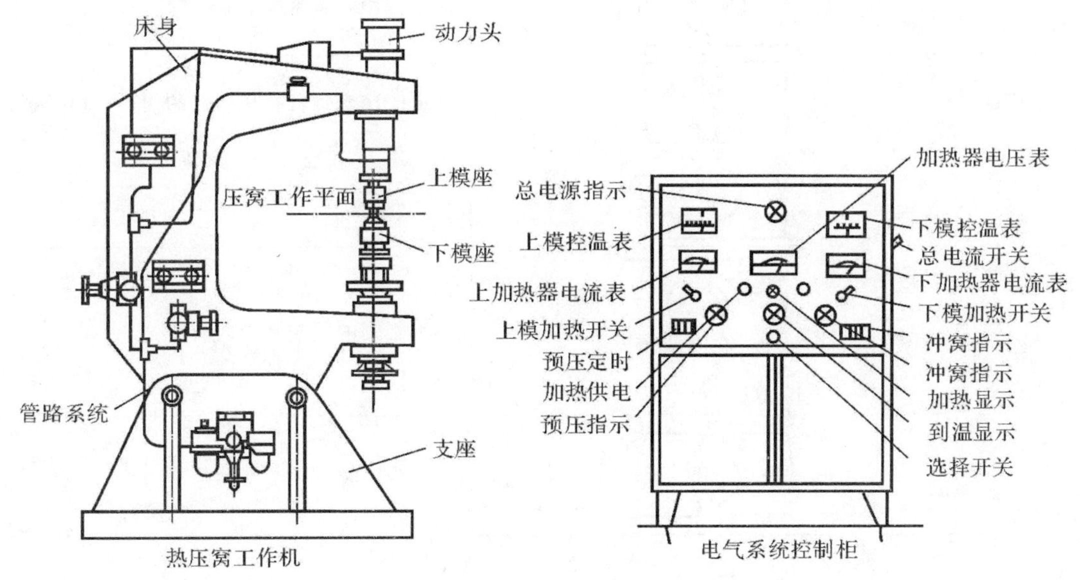

图 2.28 热压窝工作机示意图

3. 压窝注意事项

(1)不允许将压好的窝翻过来重压。

(2)压窝器阴模工作部分的尺寸要考虑压窝零件厚度。

(3)当压窝零件厚度不大于 0.8mm 时,均使用零件厚度为 0.8mm 的阴模。当压窝夹层厚度为 0.8～1.4mm 时,均使用夹层厚度为 1.4mm 的阴模。

(4)压窝时阴、阳模要对准,不允许空压。

(5)凡改变压窝参数、材料及夹层厚度的,均应先在试片上至少压 5 个窝,并交检验员检查,合格后方能在产品零件上压窝。

注意:压窝试片的材料、厚度、热处理状态、初孔直径应与所要压窝零件的一致。

(6)对产品零件进行压窝时,应每隔一段时间检查一次窝的周向裂纹、径向裂纹、同轴度等,如图 2.29 所示。

(7)当在压窝零件上钻沉头铆钉孔时,应按表 2.16 钻与压窝导销直径相同的初孔,压窝后再将孔扩至最后尺寸。

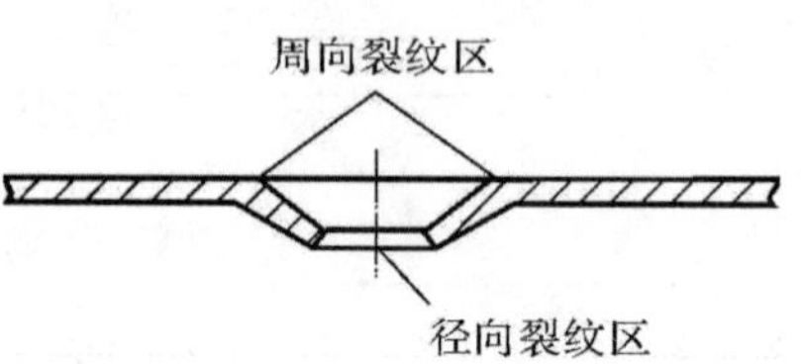

图 2.29 周向和径向的裂纹区

表 2.16 压窝器导销直径

mm

铆钉直径	2.0	2.5	2.6	3.0	3.5	4.0	5.0
压窝器导销直径	1.7	2.2		2.5		3.0	

(8)试片弯曲试验时,其断口破坏的类型见表 2.17。

表 2.17 试片断口类型

类 型	简 图	说 明
合格		沿窝中心整齐断裂,无其他裂纹
		由于压窝顶杆挤压引起的周边环形断裂
		在窝内产生裂断
拒收	周向裂纹 径向裂纹	不规则的周向和径向裂纹
		窝缘断裂

第五节 普通铆接

铆接通常分为普通铆接、密封铆接和特种铆接三大类。普通铆接是在飞机部件装配中最常用的基本技术,要求全面掌握、熟练应用。本章所讲述的普通铆接是学习铆接技术的基础,因为在密封铆接和特种铆接过程中，有些技术要求、工艺方法、工具使用等内容与普通铆接的相同，所介绍的内容有些是各种铆接共同的，所以学习普通铆接技术知识对以后的学习有很大帮助。本章内容对铆接装配技术工人来说显得更为重要。

普通铆接的工艺过程有定位夹紧方法、孔位置确定方法，以及制孔、制窝方法，前面已系统介绍过，本章只讲述在实际生产中经常用到的对施铆的技术要求、工艺方法和所使用的工具设备。

锤击铆接又称冲击铆接，是普通铆接中最常用的方法。锤击铆接是在铆接过程中，由于铆枪(或榔头)锤击冲头、冲头锤击铆钉，产生的间隙冲击力和顶把的反作用力作用，致使铆钉杆镦粗而形成镦头的铆接方法。铆枪(或榔头)的冲击力使铆钉杆变形，这种冲击力实质上是铆枪中的活塞(或榔头)的惯性力。铆枪上的活塞(或榔头)锤击冲头，冲头以相当大的速度锤击到铆钉上。由于加速度很大，这个力在极短时间内可达到数千牛的数值，从而使顶杆镦粗成形。典型的普通铆接过程如表 2.18 所示。

表 2.18 普通铆接过程及工序内容

序号	工艺过程	工序内容	工艺方法	附注
1	零件的定位与夹紧	零件定位	1. 按划线； 2. 按装配孔； 3. 按基准零件或已装零件； 4. 按装配夹具	有些零件需要修合
		零件夹紧	1. 用弓形夹或手虎钳； 2. 用定位销； 3. 用工艺螺栓； 4. 用工艺铆钉； 5. 用夹具压紧件； 6. 用橡皮绳等	
2	确定孔位	在铆缝上排铆钉孔	1. 按划线； 2. 按导孔； 3. 按冲点； 4. 按专用样板； 5. 按钻模	1. 划出位置； 2. 直接钻孔
3	制孔	钻孔	1. 用风钻； 2. 用台钻、摇臂钻等； 3. 在自动钻铆机上钻孔	
		冲孔	1. 手动冲孔钳； 2. 手提式冲孔机； 3. 台式冲孔机	
		铰孔	1. 手铰； 2. 风钻铰孔(用通用手铰刀)	

续表

序号	工艺过程	工序内容	工艺方法	附注
4	制窝	锪窝	1.钻孔后单独锪窝； 2.钻孔的同时锪窝	
		压窝	冷压窝： 1.用手打冲窝器； 2.用压窝钳； 3.用压窝机； 4.用压铆机； 5.用铆钉头 热压窝：用专用热压窝机	通过阴、阳压窝模压窝，其中用铆钉头压窝是以铆钉头作为阳模
5	去毛刺和清除切屑	去除钻孔产生的毛刺	1.用大直径钻头； 2.用专用倒角锪钻； 3.用薄金属板	有条件的应优先采用分解零件去除零件上孔两边缘的毛刺和清除夹层间的金属切屑
		去除夹层间的切屑	1.分解零件进行清理； 2.用薄金属板或非金属刮板进行清理	
6	放铆钉	往铆钉孔内安放铆钉		
7	施铆	按一定顺序进行铆接		
8	涂漆	在铆钉镦头上、镁合金零件孔内涂漆		

一、零件的夹紧与铆钉孔位的确定

(1)铆钉孔的位置应按产品图样上标注的铆钉位置确定，铆钉孔的边距、间距、排距均应符合图样中的规定。确定铆钉位置的三个参数是边距、间距、排距。铆钉孔的边距、间距、排距的极限偏差见表2.19。

边距：铆钉孔中心线与所在零件边缘的距离。

间距：两个相邻铆钉中心线之间的距离。

排距：两排相邻铆钉中心线之间的距离。

这三个参数中边距的尺寸保证是首要的，这也是决定其余两个参数的首要条件。

表2.19 铆钉孔位置尺寸的极限偏差 mm

边距极限偏差	间距极限偏差		排距极限偏差
	间距≤30	间距＞30	
$^{+2.0}_{-1.0}$	±1.5	±2.0	±1.0

(2)当产品图样上未给出最小铆钉边距要求时,铆钉孔边距应不小于铆钉直径的2倍。

(3)铆钉排的最后一个间距不允许大于图样上规定间距或小于规定间距的50%。此时,将最后两个间距等分,等分后该间距不应小于铆钉直径的3倍。

(4)铆钉排的实际铆钉数不允许少于产品图样上规定的数量。

(5)铆钉孔边缘不应进入板弯件和型材件圆角内,且保证铆钉头不搭在圆角上,如图2.30所示。

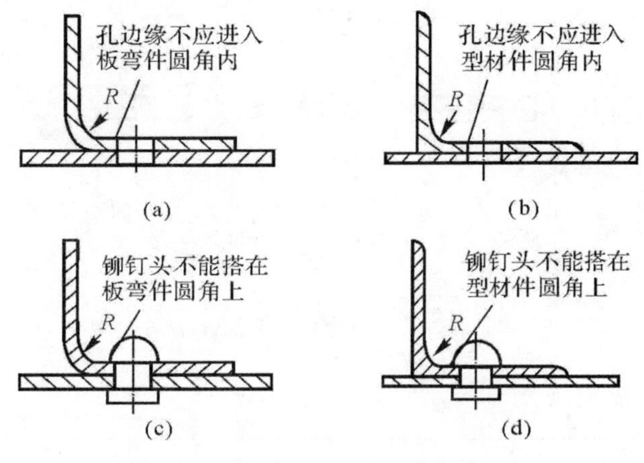

图2.30　铆钉孔和铆钉头的位置

(a)(b)铆钉孔的位置；(c)(d)铆钉头的位置

(6)确定孔位时应注意下述问题。

1)用笔画线,在铝合金零件上使用B～4B铅笔,在镁合金零件上使用不含石墨的特种铅笔。

2)按样板或钻模确定孔位时,应注意其定位基准的选择。使用时应注意检查铆钉的边距。

3)为了保证最小边距能满足产品图样的要求,画线时应注意焊缝、下陷和零件搭接的位置。

4)对于有协调要求的线条应先画,孔的位置线要画在零件有钻孔通路的一侧。

5)如果由于结构装配连接间的需要,在下道工序中与其他零件连接时,则此道工序中暂不画线钻孔,留出孔位,做好标记待下道工序再画线钻孔。

6)画线要清楚,无用的线条要擦掉。

7)画线后要检查,确认无误后再进行钻孔。钻第一个孔时要细心,发现问题及时纠正。

二、正铆法和反铆法

根据铆接时所锤击的铆钉位置不同,可将锤击铆接分为正铆法和反铆法。

1.正铆法

铆枪的冲击力直接作用在铆杆上,另一端有顶铁支撑在铆钉头上,产生反作用力,而使铆钉杆形成镦头,这种铆接方法称为正铆法,如图2.31(a)所示。

2.反铆法

铆枪的冲击力作用位置与正铆法相反,冲击力作用在铆钉头部,而顶铁的反作用力使铆钉杆变形,形成镦头,这种铆接方法称为反铆法,如图2.31(b)所示。正铆法和反铆法的铆接工序归纳起来大致相同，其铆接的基本工序均是定孔位、钻孔、锪窝(埋头铆钉锪窝)、铆接。

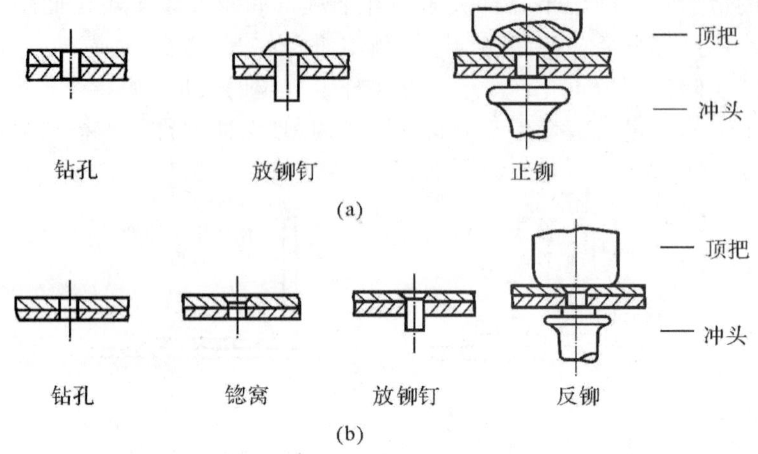

图 2.31　铆接基本工序

(a)半圆头铆钉正铆法基本工序；(b)埋头铆钉反铆法基本工序

3. 正铆法和反铆法的特点

(1)正铆法的特点。

1)正铆法撞击时，因冲击力直接作用于铆钉杆上，在铆钉杆变形到一定程度后，铆接件才开始吸收撞击能量，因此，铆接件变形小，表面质量好。

2)铆钉镦头的形成速度快、效率高，应用较广。

3)正铆可以铆接较厚的铆接件。

4)正铆法所用的顶铁较重，约为反铆用顶铁的 4 倍，同时为防止铆钉头部与蒙皮之间及蒙皮与骨架之间产生的间隙，铆接时还要给予较大的顶紧力，因此劳动强度大。

5)正铆法应用范围受结构件的铆接通路限制，对于内部空间小的结构件，不能放入铆枪或较大顶铁，因此，正铆法适用于开敞性好、厚蒙皮多层结构埋头铆钉的铆接。

(2)反铆法的特点。

1)反铆法的应用广泛，能铆接通路差的结构件。

2)反铆所用的顶铁，比正铆所用的顶铁轻，便于操作。

3)反铆时因铆枪的冲击力直接作用在铆钉头部，起到自动压紧铆接件的作用，可减少薄壁结构件正铆时容易产生的夹层间隙的缺陷。

4)反铆时冲击力打在铆钉头上，使冲击力产生的能量，有一部分从铆钉头部传到铆接件上，结构越厚，刚度越大，吸收的能量也越大，铆钉镦头成形越困难。因此，铆枪打击冲头的次数也要增多，这样容易造成铆接零件的变形，铆钉处会产生局部凹陷，同时也产生表面磕伤、不光滑等缺陷。

三、铆枪

在国内目前生产中，广泛地采用各种形式的铆枪。铆枪的形式、尺寸种类繁多，现在正向着结构质量轻、功率大、尺寸小，便于在各种飞机结构内工作的方向发展。

1. 铆枪的工作原理

各类型铆枪的结构和工作原理大同小异，以手枪式铆枪为例，了解铆枪的结构和工作原理，如图 2.32 所示。

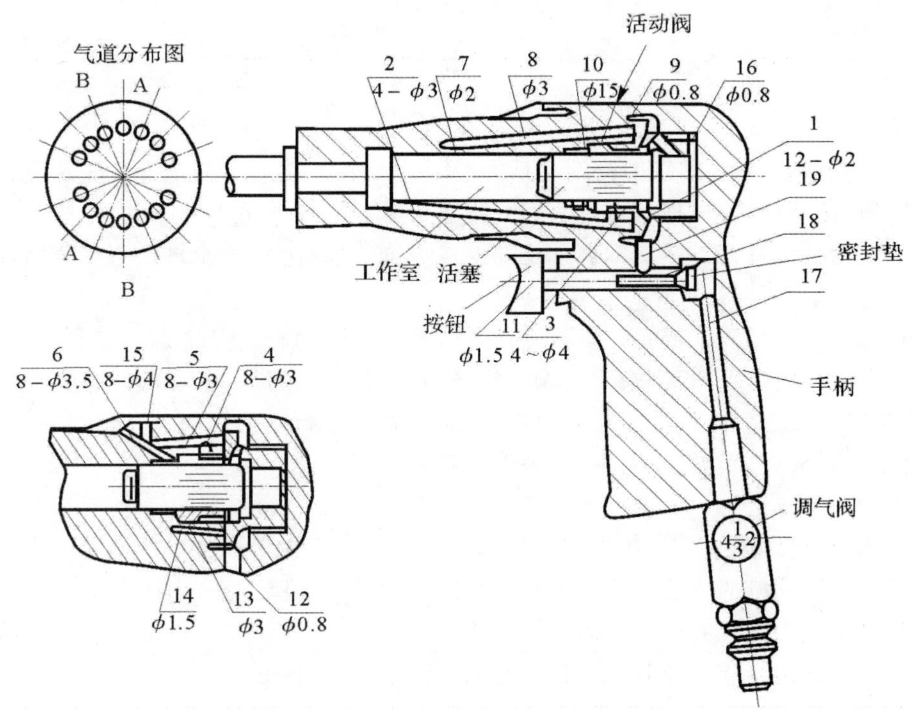

图 2.32 铆枪的工作原理

压缩空气经调气阀进入气道口，在按动按钮后，气体经气道 17→18→19 由气道 1 和气道 16 进入铆枪右腔(左、右腔以活塞为界)。左腔的气体经气道 2→3→4→5 由孔 15 和孔 16 排入大气。由于右腔压力高，左腔与大气接通，因此，活塞左行打击冲头。

活塞左行，将孔 7 堵上，使气道 10 压力升高，推动活动阀右行，使气路改变。一路气体经气道 12→13→14→11 由气道 2 进入左腔。右腔的气体由孔 6 排入大气，这样，活塞右行。

当活塞右行到活动阀孔中，以一定的速度向右行的活塞压缩右腔中的气体时，随着右腔气体积的减小和活塞速度降低，使右腔气体压力升高，此高压气体作用在活动阀右端环形面上，推动活动阀左行，回复到工作行程的起始位置。

这样，活塞、活动阀又处于工作行程状态，进行一次新的冲击。如此反复循环，即可完成快速打击的动作。

2. 铆枪的选择

选择铆枪要根据铆钉的材料和直径、产品结构形式、铆接通路开敞性等。铆枪锤击功和铆钉直径的关系见表 2.20，当铆接件厚度大于铆钉直径 3～4 倍时，若采用反铆，应选用锤击功比表 2.20 规定的大一级的铆枪。

表 2.20　铆枪锤击功和铆钉直径的关系表

铆钉直径/mm					
铆钉直径/mm	硬铝	2.0～3.0	3.5～5.0	5.0～6.0	7.0～8.0
	钢		3.5	4.0～5.0	
每次锤击功/J		0.5～1.0	2.0～3.0	5.0～7.0	8.0～10.0

3. 铆枪的操作方法

(1)使用铆枪时，右手握住铆枪的手柄，左手把稳铆卡，身体稍向前倾，左腿在前，右腿在后，铆前可轻轻按动扳机，试探对方是否做好准备。从撞击声音可以判断对方是否顶好，确认顶好后则可开动扳机进行铆接。掌握铆枪要对准方向，使铆卡垂直于铆接零件表面，以免压伤或使铆钉打歪。

(2)当握准铆枪时，铆卡要顶住铆接零件，撞击时不能使铆卡上、下、左、右滑动。冲击力中心线与铆接中心线应重合，否则会降低铆钉镦头质量，加长铆接时间，引起铆接零件变形。

(3)当铆接零件之间有间隙要清除时，可先轻轻打一下，使铆钉杆初步镦粗，顶铁紧贴着钉杆根部，铆枪在钉头表面轻轻打一下，间隙清除后再进行铆接。

4. 铆枪的维护

铆枪缸体应有良好的润滑，操作前应从铆枪进气孔注入少量黏度小的润滑油或定子油，保持运动灵活。进入铆枪的压缩空气要干净，保证铆枪内各气孔畅通，工作压力不低于0.5MPa，否则达不到铆接最大直径的铆钉所需的冲击力。使用时禁止不插入冲头空打铆枪，以免损坏枪口衬套。铆枪使用半年后，卸掉枪筒部分进行清洗，清洗小孔中的污物，如有条件应送维修单位定期检修。

四、冲头(窝头)

1. 冲头的功用

冲头是装在铆枪筒内的不可缺少的铆接工具，用它来传递活塞的冲击力，打击铆钉，以使铆钉冷塑变形而成镦头，完成铆接工作。

冲头由尾杆(套入铆枪筒内的部分)和工作部分组成。工作部分的尺寸和形状，取决于铆钉形状、铆接件的构造及铆接方法。尾杆直径和长度与铆枪的枪筒尺寸相一致，一般孔轴配合，按 H9/f9 精度配合即可，以保证冲头与枪筒之间无明显漏气，否则影响效率。冲头的质量不宜过大，因质量过大会消耗撞击功率。大部分冲头的尾杆直径为 10f9mm，冲头尾杆长度有三种：$L=22$mm，$L=32$mm，$L=36$mm。另外还有一种尾杆直径为 14f9mm 的冲头。其尾杆长度 $L=46$mm，但不常用。

2. 冲头的材料

冲头应选用低碳合金钢渗碳淬火，硬度 HRC 为 48～52 即可，这种材料价格贵些。用普通碳素工具钢淬火，使用久了容易疲劳折断而打伤铆接零件。

3. 冲头的选择

冲头按铆接方法分类，可分两种：一种是正铆法使用的冲头；一种是反铆法使用的冲头。正铆用的冲头结构如图 2.33 所示。

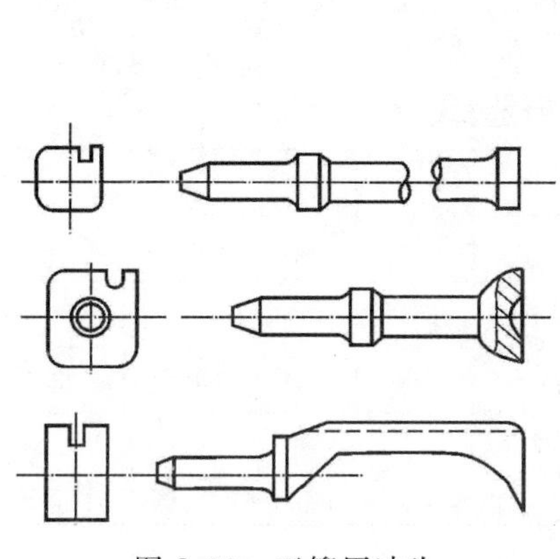

图 2.33 正铆用冲头

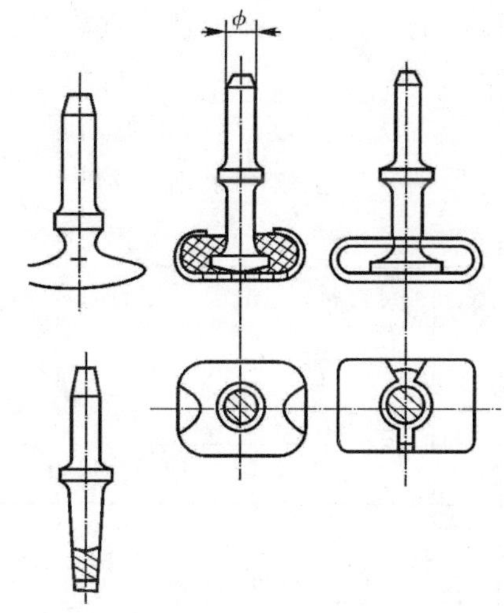

图 2.34 反铆用冲头

如图 2.33 所示冲头工作面有个小缺口，这主要用于当消除铆接间隙时，用冲头工作面顶住零件，缺口处可使铆钉杆露出，轻铆一下就可消除铆钉周围的间隙。

反铆用的冲头结构如图 2.34 所示。图中冲头上的护套，是为了保护铆接零件表面，以免铆枪拿得不正确而啃伤零件表面。

4. 半圆头或扁圆头的冲头

为适应半圆头和扁圆头铆钉的铆接，冲头的工作表面也要相应设计成半圆头或扁圆头，其工作表面的半径应比铆钉头的半径稍大一些。一般

$$R=r+0.1d$$

式中 R—— 冲头工作表面凹表面半径；

r—— 铆钉头半径；

d—— 铆钉杆直径。

5. 冲头的使用

铆接时，使用冲头要注意下面几个问题。

(1) 使用冲头时，要注意检查冲头与铆枪筒的直径和长度应一致，不一致则不能使用。

(2) 冲头尾杆要光滑，孔轴配合应符合规定。尾杆部分的锈蚀等缺陷应予以排除。

(3) 冲头的工作表面要光滑，不得有锈蚀凹凸现象。埋头铆钉用平头冲头，半圆头或平头铆钉的冲头选用时，要注意冲头窝深尺寸，应于铆钉头部尺寸、形状相符合，不能相互代用。

(4) 冲头质量与铆枪中活塞质量相等为最佳。但一般由于结构形状要求，冲头设计一般较活塞重些。冲头过重时，撞击效率低，这时应更换较大功率的铆枪。

(5) 为保证铆接零件表面的光滑质量，铆接时，冲头与铆钉之间应用玻璃纸或塑料布隔垫，保护钉头与工作表面，以免打伤铆钉和零件表面。

(6) 采用正铆法时，只能选用正铆冲头；采用反铆法时，只能用反铆冲头，不能互相代替。

五、顶把(顶铁)

1. 顶把的用途

顶把是铆接中主要工具之一，使用铆枪离不开顶把。铆接时，依靠顶把重力所产生的反作

用力与铆枪的冲击力平衡而使得铆钉杆镦粗形成镦头。

2. 顶把的质量

铆接的方法不同，所用顶把的质量也不同，正铆用的顶把质量大，而反铆用的顶把质量较正铆用的顶把轻。正铆和反铆的顶把质量可按表 2.21 所列，选择合适的顶把质量。

表 2.21 顶把的质量选择

铆　接	铆钉材料	铆钉直径	2.5	3	3.5	4	5	6	8
反铆法	铝合金	选用顶把质量 /kg	1.35	1.5	1.75	2.0	2.5	3.0	4.0
	钢		2.5	3	3.5	4	5	6	8
正铆法		选用顶把质量 /kg	5.0	6.0	7.0	8.0	10	12	16

除按表 2.21 选择顶把的质量，也可以按下列公式计算。

$$M = KD$$

式中　M—— 顶把质量，kg；

K—— 顶把质量系数，kg/mm；

D—— 铆钉直径，mm。

顶把质量系数 K 值见表 2.22

表 2.22 顶把质量系数值 K　　kg/mm

铆钉材料	铆接方式	K
铝合金	反铆	0.2 ～ 0.4
	正铆	0.5 ～ 0.7
铜	反铆	0.4 ～ 0.6
	正铆	0.8 ～ 1.0

3. 顶把的形状

顶把的形状多种多样，以适应结构件的铆接通路需要而设计各种形状的顶把。顶把的工作表面要求粗糙度较高，一般 $R_a = 1.6\mu m$。一般铆接结构都可以使用的顶把，称为通用顶把，如图 2.35 所示。

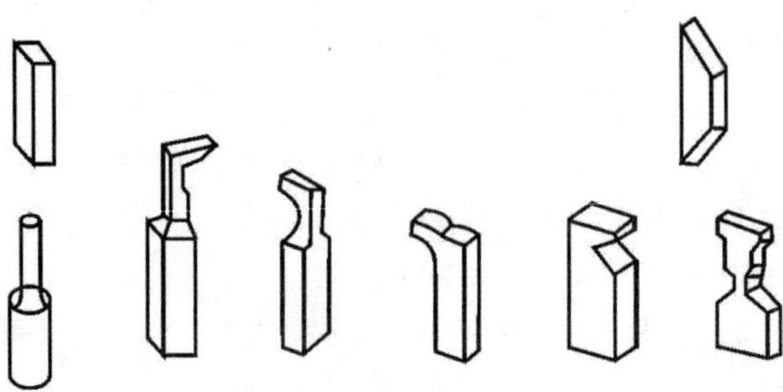

图 2.35　通用顶把

在铆接装配件形状复杂铆接通路困难时，须设计专用顶把才能满足铆接通路需要。专用顶把的形状是奇形怪状、大小不一且各式各样。它不能完全符合顶把的理论质量的要求，主要满足形状和通路的要求，如图 2.36 所示为几例专用顶把 。

4. 顶把的操作要领

(1)根据铆钉的材料和直径，选择适合质量的顶把。根据铆接通路选择合适形状的顶把。

(2)手握顶把时，应注意使顶把的工作表面垂直于铆钉钉杆，以保证不碰伤零件或将镦头打歪。

(3)手握顶把不要握得太紧，但应保持在原地方随活塞撞击频率跳动。

(4)铆接时，握顶把应与铆枪的锤击密切配合，要求不能空打铆枪，以免铆接件变形。

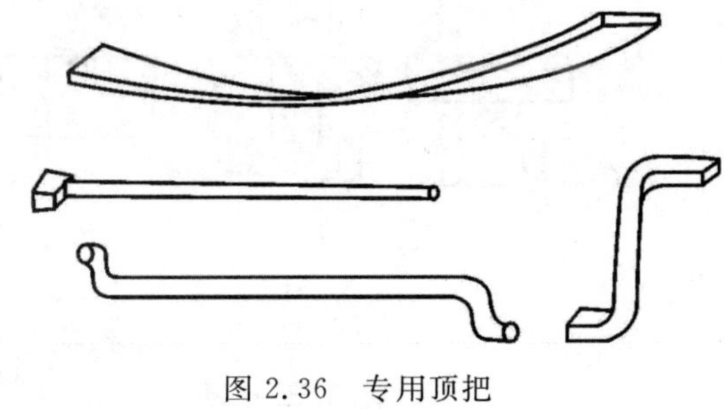

图 2.36 专用顶把

六、锤击铆接的注意事项

锤击铆接的绝大部分工作需要双人配合工作，以保证质量和技术安全，要求两人密切配合，并做到下列几项要求。

(1)工作前应检查铆枪所用的冲头和顶把，不得有裂伤和毛刺。

(2)铆枪安装冲头后，不得将铆枪对着人或对向产品，以免失手打伤人或产品，铆枪用完之后，立即将冲头取下，防止冲头从铆枪上弹出，或将冲头用橡皮绳系牢在铆枪头部。

(3)用铆枪铆接时，不得分散注意力，两人应密切配合，当冲头压紧在铆钉头上，顶把顶在铆钉杆上的时候，方可开动铆枪。

(4)使用冲头时，在冲头和产品表面之间垫上玻璃纸或透明塑料布，以保证产品表面的光滑。

七、自动钻铆的应用范围

1. 自动钻铆适用的紧固件安装

(1)完成沉头铆钉、凸头铆钉、冠头铆钉和钛合金铆钉的自动钻铆。

(2)完成无头铆钉的自动钻铆，铆接成沉镦头或凸镦头。

(3)完成环槽铆钉、高锁螺栓、抽芯铆钉等由两个元件组成紧固件的自动钻铆或自动安装。

(4)上述紧固件的涂胶铆接或安装。

2. 自动钻铆的典型工艺过程

沉头铆钉自动钻铆的工艺过程如图 2.37 所示。

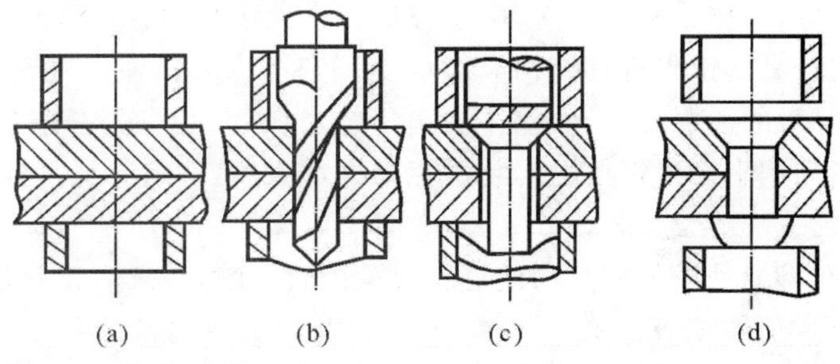

图 2.37 沉头铆钉的自动铆接

(a)夹紧零件； (b)钻孔、锪窝； (c)放铆钉、压铆； (d)松开夹紧件无头铆钉的自动钻铆工艺过程如图 2.38 所示。

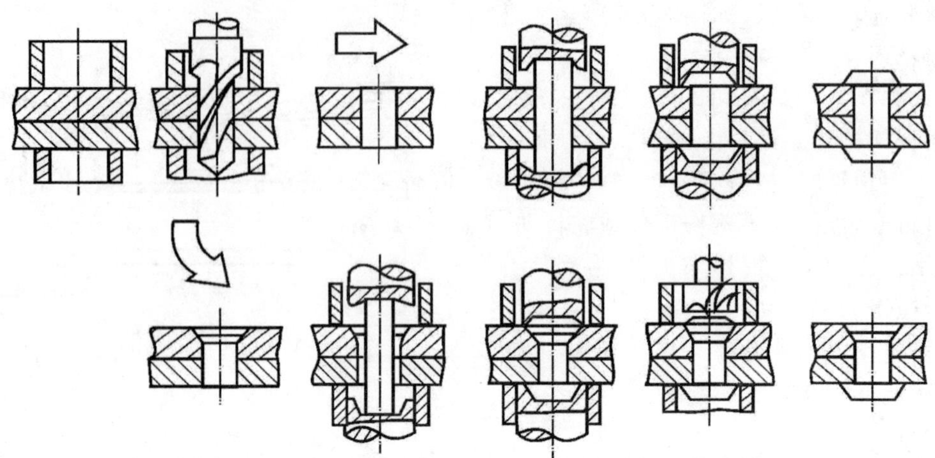

图 2.38　无头铆钉的自动铆接

自动钻铆的主要工序有以下内容。

(1)夹紧零件。

(2)钻孔,根据铆钉镦头形状要求锪窝或不锪窝。

(3)送进铆钉,根据需要喷涂（或不喷涂）密封剂或防腐剂。

(4)压铆。零件向上浮动,同时形成铆钉镦头。铆后零件复位至铆接平面。

(5)将沉镦头凸出零件表面的部分铣掉,使之与零件平面齐平。

(6)松开夹紧件,准备下一个铆钉的铆接循环。

第六节　密封铆接

一、密封铆接概述

密封铆接与普通铆接不同之处是堵塞渗漏路径,使结构具有密封性。本节介绍的密封铆接是指在铆接夹层中涂敷密封剂,或者在铆钉处涂加密封剂或装密封元件,或者使钉孔过盈配合的铆接方法。其技术要求和工艺要求除本节所述内容外,其余的与普通铆接的基本相同。飞机在高空飞行,气压随着高度的增加而降低,为了使座舱内有一定的气压,保证乘坐人员有舒适的工作、生活环境,舱体就必须密封,由于飞机经常处于高温、严寒、淋雨、日晒等恶劣环境中,飞行密封要求比较高。密封铆接结构应能承受一定的内外压差。气密座舱在保证一定余压的条件下允许有轻微的泄漏发生,而整体油箱属绝对级密封。密封铆接是铆装钳工的一项重要技术,而对于专门从事密封铆接的铆装钳工来说,它也是一项必须掌握的基本技能。

1. 密封铆接的定义及典型工艺过程

密封铆接是指在铆缝处添加密封物或钉孔过盈配合,使铆缝具有密封性的一种铆接方法。其铆接典型工艺过程:预装配→钻孔和锪窝→分解去毛刺→清洗密封贴合面→铺放密封材料→重新装配→放钉→施铆→密封剂的硫化与保护→质量检查和故障排除。

2. 密封剂的工艺性

目前，飞机所使用的密封材料种类较多，一般分为硫化型和不硫化型两种，前者称密封胶，后者称腻子，成分为聚硫型橡胶和硅橡胶两种。密封剂的主要工艺性如下：

(1)流淌性是指密封剂涂敷后保持自身形状、自动流淌、填充的能力。

(2)堆砌性是指密封剂施工后定型(维持形状)的能力。

(3)可刮涂性是指密封剂用刮板刮涂的性能。

(4)可注射性是指密封剂用注胶枪在0.5MPa气压情况下的注射性能。

(5)可喷涂性是指密封剂经有机溶剂稀释后可喷涂的性能。

(6)活性期是指密封剂能保持适用于涂覆的时间，即密封剂混合后或暴露于空气适于涂敷的时间。

(7)施工期是指密封剂自配制后算起，保持适用于铆接装配要求塑性的最长时间。

(8)硫化期是指密封剂自配制后算起，达到一定硬度所需要的时间，它不同于正硫化点，仅相对表征密封剂硫化程度。

(9)贮存期是指在规定环境条件下，密封剂各组分所能存放的期限。

3. 结构密封性的分类

飞机结构密封性根据防止渗漏的物质种类和应用特性，一般可分为四类：

(1)气密性。飞机的驾驶舱、旅客座舱、辅助间(服务间、卫生间、衣帽间、行李间等)结构一般要求具有防止漏气的性能，使舱内始终保持一定的压力、温度和新鲜空气，因此必须有足够的气密性。

飞机座舱一般保持余压0.029 5MPa。空气温度维持在20±5℃范围内。

(2)油密性。现代飞机广泛应用整体油箱装燃油。因此，对结构要求具有防止渗漏燃油的可能，整体油箱要求达到100%的密封，一般成为绝对密封，以保证油箱在不同气温和经受各种载荷的情况下，不漏油、不渗油。

(3)水密性。水上飞机在水中起降和停放，机身下部为水密隔舱，其结构应具有防止渗漏水的性能。水密舱允许有一定的渗水量(但必须是在找不到漏水源的情况下)。

飞机的座舱、设备舱、辅助间以及门窗开口部位等也需要具有一定的水密性，至少要防止雨水的渗漏。特别是客机和运输机，在装配时要求做淋雨实验，这是对飞机水密性的一般要求。

(4)防腐性。飞机结构的某些部分，由于接触油、水、气体等介质，会造成金属构件的腐蚀，如采用表面密封的方法，即在整个结构件表面涂敷密封剂，能起到防腐蚀作用。

在密封结构装配和密封工作完成后，按设计要求，须通过各种试验进行密封检查，即气密舱密封检查、整体油箱密封检查、水密结构密封检查。

4. 密封铆接的施工环境要求

密封铆接的施工环境直接影响结构的密封性，一般应符合下列要求。

(1)环境控制。

1)施工的环境温度应控制在15～30℃范围内，空气相对湿度应保持在40%～80%。

2)工作间应清洁，通风良好。

3)所用的压缩空气应经过过滤处理，不含油、水和其他杂质。

4)施工人员的工作服、手套及工具等不准有油脂和纤维附着。

(2)安全措施。

1)施工现场特别是在狭小空间施工时,必须有通风、排气设施,防止施工人员吸入有机溶剂蒸气。

2)施工现场附近应备有肥皂、去污粉及洗涤设施。

二、预装配、制孔和制窝

(1)涂敷密封剂的零件贴合面应平整、无阶差。对于小于 0.5mm 的阶差允许锉修成均匀过渡的斜坡。

(2)预装配时,在涂敷密封剂的贴合面处一般应铺放与密封剂相同厚度的纸垫。当密封剂的厚度不影响铆钉孔位置或沉头窝深度时,允许预装配时在夹层之间不铺放纸垫,如图 2.39 所示。

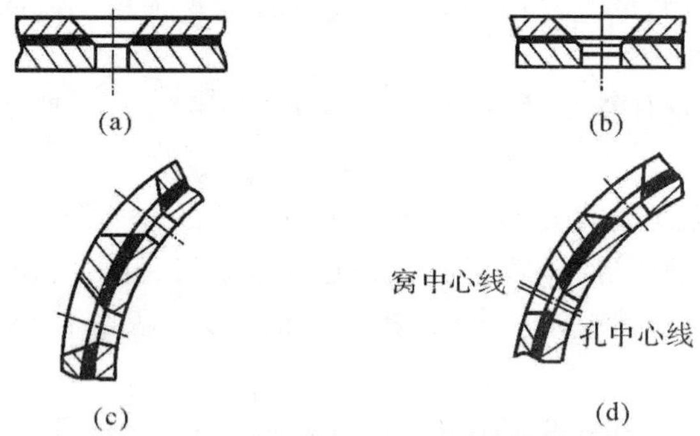

图 2.39 预装配时工艺垫的铺放

(a)(b)正确的(锪窝时垫有纸垫); (c)(d)不正确的(锪窝时未垫纸垫)

(3)不允许用加垫方法消除贴合面处的间隙。当刚性大的零件与刚性小的零件贴合不好时,可以用压紧方法使刚性小的零件紧贴到刚性大的零件上。

(4)夹紧间距。

1)当零件厚度为 5～10mm 时,间距为 80～120mm。

2)当零件厚度在 10mm 以上时,间距为 220～250mm。

3)对于有弧度的零件,间距为 80～100mm。

4)在夹紧的零件之间的间隙,在 100mm 长度以内应不超过 0.2mm。

5)蒙皮对缝、板材对缝、骨架对缝或骨架下陷之间的交叉部位应铺放铝箔,如图 2.40 所示。

a.用 XY—401 胶将铝箔粘贴在骨架上,使铝箔与骨架零件成为一个整体。

b.敷设密封带或密封腻子。

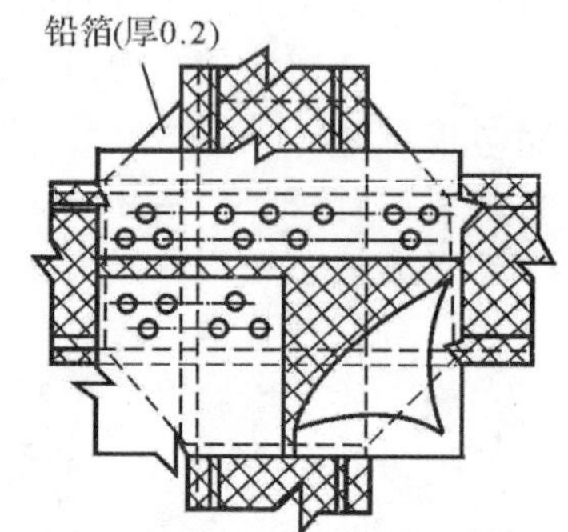

图 2.40 铺放铝箔的密封结构

(5)钻孔与锪窝。钻孔和锪窝切削产生的切屑进入密封剂中或者附着在待涂敷密封剂的表面上,将影响密封性。因此,预装配时,应把所有孔钻至最后尺寸,制出所有窝;气密结构的密封铆接在预装配时制孔、锪窝,只有少量的用于调整、定位的孔允许在涂敷密封剂后再扩孔、锪窝,其孔的间距不少于 300mm。

三、分解去毛刺

(1)按与装配相反的顺序分解所预装配的零件、组合件,依次摆放整齐。对于件数较多或易于混淆安装位置的零件可作标记,避免再装配时搞错。

(2)消除每层零件所有孔边的毛刺,允许因去毛刺在孔边形成深度为 0.05～0.15mm 的倒角。

(3)清除镁合金零件的孔边毛刺时应采用非金属刮板,以免划伤孔窝的表面。

(4)清除零件夹层中的金属屑和杂物。

(5)清除所有孔边缘和零件端面的毛刺,并按规定要求制倒角或倒圆。孔边缘倒角的深度一般在 0.05～0.15mm 为宜。

四、清洗密封贴合面

1. 清洗要求

(1)涂敷密封剂的表面的清洗一般使用汽油、丙酮、乙酸乙酯清洗剂。在危险区可使用不燃性清洗剂,如三氯乙烷。铺设密封腻子且涂有 H06—2 或 XY—401 胶的表面,只允许用汽油擦拭。

(2)清洗宽度应大于涂密封剂的宽度,在两侧各宽出 10mm 以上。

(3)涂敷密封剂前的最后清洗,除铺设密封腻子且涂有 H06—2 或 XY—401 胶的表面外,均应用浸有丙酮或乙酸乙酯的抹布重复更换、擦拭,直至最后一块白细布上无可见的污色(允许有底漆的本色)为止。最后一遍清洗距涂敷密封剂的时间,应不大于 1h,不小于 20min。每次清洗的紧固件,要在 1d 内使用。

(4)清洗干净的表面禁止与不干净的东西接触,不允许手接触或用笔作标志,陈放环境应清洁。

2. 清洗方法

(1)从溶液瓶内倒出清洗剂润湿抹布(见图 2.41)。

(2)当用湿抹布清洗结构表面时,只能顺一个方向擦拭(见图 2.42),同时,用干抹布沿一个方向擦去已溶解污物的清洗剂。不允许清洗剂在结构表面自然干涸。每擦洗一遍应更换一块新的抹布。不允许在结构表面喷洒、刷涂清洗剂,否则会造成溢流,致使油污溶解后广为扩散并渗透到缝隙内。

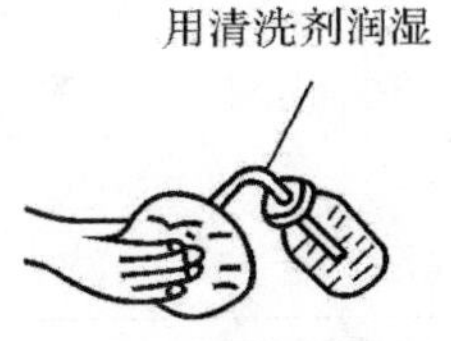

图 2.41　用清洗剂润湿抹布示意图

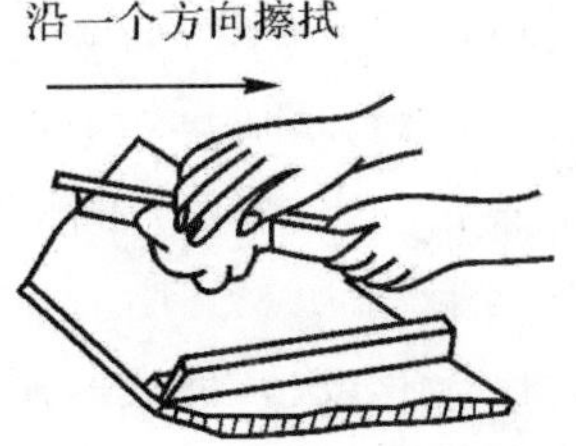

图 2.42　用抹布擦拭密封贴合面示意图

(3)对于油污过多的表面,应先用抹布擦拭,然后用汽油润湿的抹布清洗。

(4)对要密封的孔洞、下陷和小空间部位，应用合适直径的去污布条清洗(见图 2.43)。

(5)铆钉、螺钉等小件的脱脂清洗，应用清洗剂浸泡的方法，并要求将清洗剂更换 1～2 次，浸泡用的容器必须加盖。

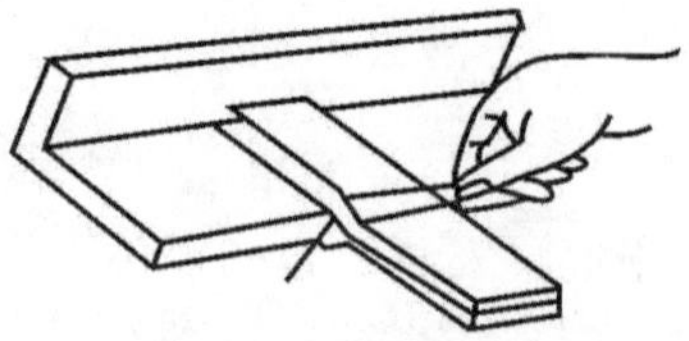

图 2.43　下陷处擦拭示意图

五、铺放密封材料

产品功能(如气密座舱、整体油箱)不同，密封材料不尽相同，故铺放的方法也不同。其方法有如下几种密封方法。

缝内密封是指在两个零件贴合面之间涂敷密封材料以达到结构密封的密封方法。

缝外密封是指在两个零件相连的接缝处涂敷密封材料的密封方法，是对缝内密封的补充，有时还起整流作用。

表面密封是指将稀释的密封剂涂在密封区表面的密封方法，适用于大面积涂胶。

混合密封是指两种或两种以上密封形式同时使用的密封方法。

紧固件密封是指在铆钉、螺栓等紧固件上附加密封材料或自身能起密封作用，以达到堵住与零件之间缝隙的泄漏。

1. 缝内密封法

缝内密封法又称贴合面涂胶法。用刮刀、硬板刷、涂胶辊或齿形刮板、齿形刮棒等，将胶液密封剂涂在贴合面尺寸较小的零件一侧，或刮在刚性较大的零件的贴合面上。刮涂时应顺着一个方向，禁止来回刮抹，以免因卷入气泡而形成空洞(见图 2.44)。在下陷、转角、空洞等处的密封剂，可适当加厚。具体方法如下：

(1)贴合面铺胶膜法。将胶膜顺一个方向铺在刚性较大的零件的贴合面上(见图 2.45)。胶膜长度、宽度不够或有气泡、空眼、局部不合格时，应将胶膜剪齐后搭接。铺设胶膜时，不允许拉伸折叠，胶膜应平整，铺后允许用手压平或覆盖硅胶布，用 1kg 碾辊碾一次。

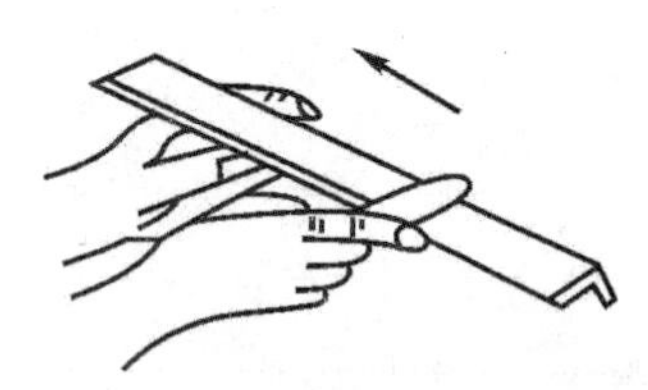

图 2.44　贴合面处涂胶示意图

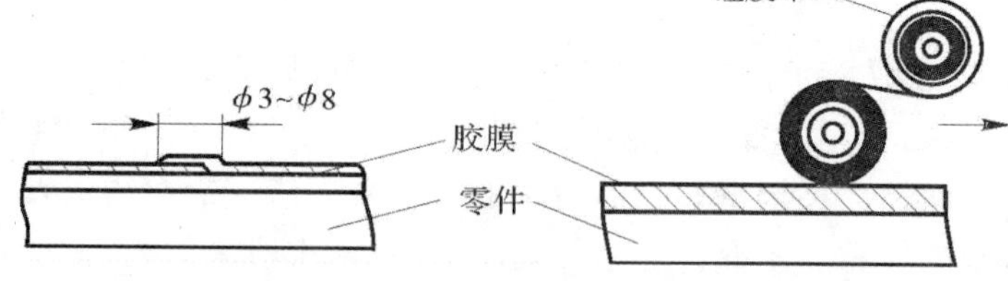

图 2.45　铺设胶膜示意图

(2)贴合面铺密封带方法。将密封带铺在刚性较大的零件贴合面上。若铺放密封带后立即铆接装配，则应将密封带从垫布上取下后再铺放。否则，应将密封带随垫布一起铺放，临铆接装配之前取下垫布。当密封带不能与骨架零件良好定位贴合时，允许用 XY－401 胶将密封带局部粘贴在骨架上。

(3)贴合面铺腻子方法。铺设前用腻子挤出器将腻子制成直径为 2～3mm 的腻子条，铺放在骨架上。当腻子不易挤出时，可将腻子预热，温度不超过 30℃。

(4)可拆贴合面处密封剂涂敷方法。在可拆卸口盖、观察口板件等部位贴合面一侧涂隔离剂，如喷一薄层滑石粉，涂可剥性涂层或用含油脂棉纱擦涂一薄层油脂，如图 2.46 所示。

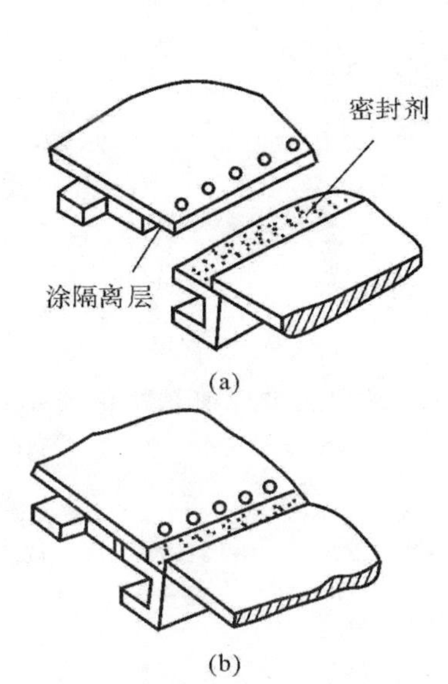

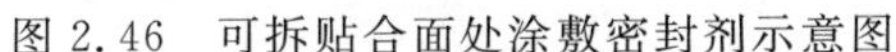

图 2.46 可拆贴合面处涂敷密封剂示意图

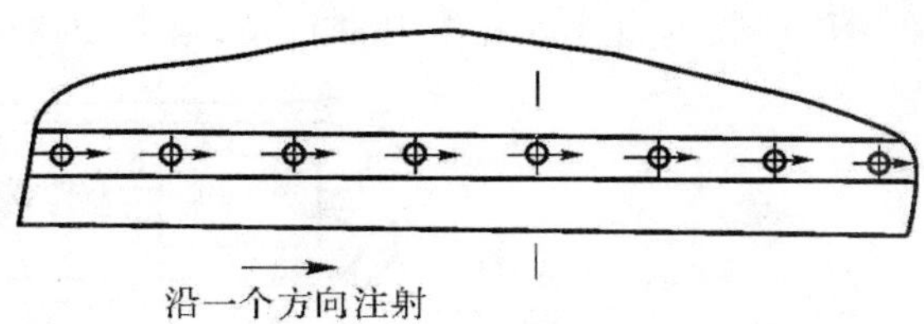

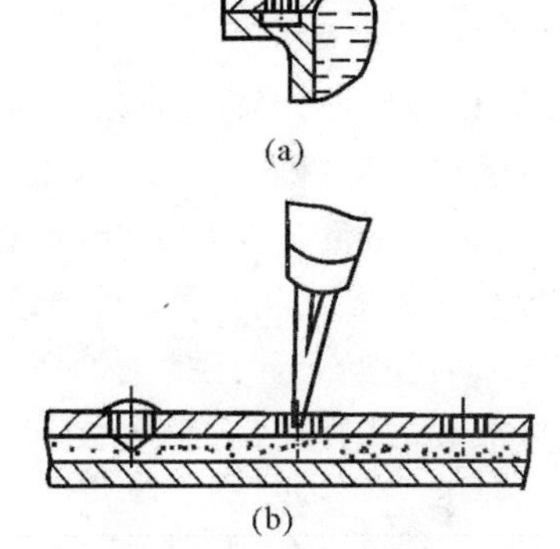

图 2.47 沟槽注射密封胶示意图

(5)沟槽注胶方法。注胶顺序应沿一个方向进行,如图 2.47 所示。由第二孔开始注射密封胶,待第一孔见胶时,堵住该孔,继续注胶直至第三孔见胶,抽出注胶枪嘴,用螺钉封闭第二孔,继续由第三孔注射密封胶直到第四孔见胶,封闭第三孔,依此类推,一直到全部沟槽注射完毕为止。

注射密封腻子的方法与注射密封胶的方法类似,注射 XM34 密封腻子的压力为 4.41MPa。

(6)结构下陷处的注胶方法。将注胶枪嘴插进注射孔,一次连续完成注射密封胶,亦即当孔道出口见胶时,先将出口堵住,以提高孔内腔的注胶压力,使密封胶渗透到腔内细小的缝隙中,直到完成充满内腔并向外多渗出 2～3mm 为止,用整形工具剔除多余的密封胶并整形,如图 2.48 所示。

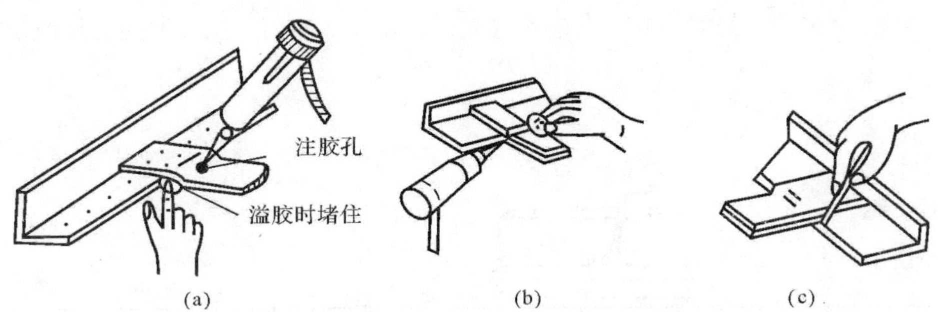

图 2.48 结构下陷处注胶示意图

(a)注胶孔注胶; (b)用下陷空隙作为注胶孔的注胶; (c)整形

(7)结构内腔的注胶方法。

1)在结构内腔底部开注胶孔,其位置应保证注胶时不使内腔局部“窝气”而产生死角。

2)用注胶枪由注胶孔注射密封胶，当溢胶孔出胶时边注胶边移出枪嘴，如图 2.49 所示。

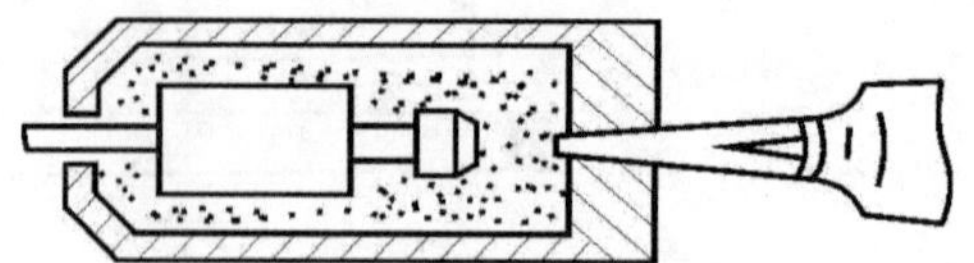

图 2.49 结构内腔注胶示意图

2. 缝外密封法

用注胶枪涂敷缝外密封剂的要点，主要包括以下方面。

(1)枪嘴应对准缝隙并使之基本垂直于注胶线路。枪嘴的移动速度应使挤出的密封剂的用量与缝外密封最后尺寸相适合，如图 2.50 (a)所示。

(2)枪嘴应紧贴结构表面，不准悬空，如图 2.50 (b)所示。

(3)注胶时应始终保证挤出的密封剂超前于枪嘴移动方向，使密封剂向缝隙内有一定挤压力，并使可能裹入的空气自动爆裂，如图 2.50 (c)所示。

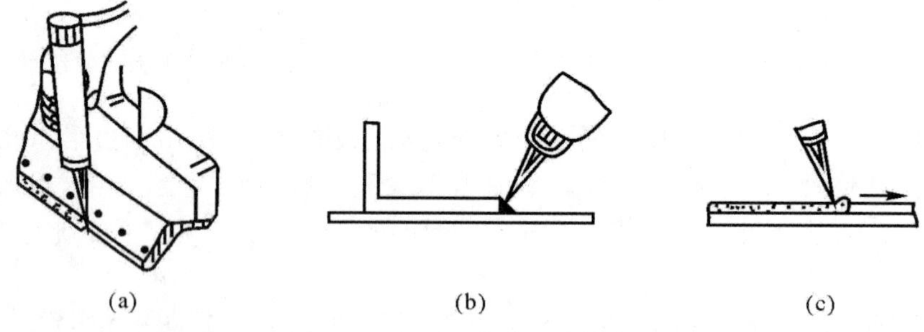

(a) (b) (c)

图 2.50 用注胶枪涂敷缝外密封剂示意图

(4)尺寸较大的缝外密封应分两次进行，待第一道缝外密封整形并达到不黏期(施工期)后再涂第二道。仰面涂胶或垂直面涂胶时，密封剂的涂敷量应适当，避免过量造成流淌或变形。

(5)缝外涂敷的密封剂应在活性期内用整形工具整形，整形时工具应紧压结构表面并沿缝隙均匀、平行地移动，使最终成形的缝外密封剂光滑、流线性好、尺寸正确。不允许使用任何润滑的方法整形，整形时应随时注意用清洗剂湿润的纱布擦除玷污在工具上的密封剂，如图2.51所示。

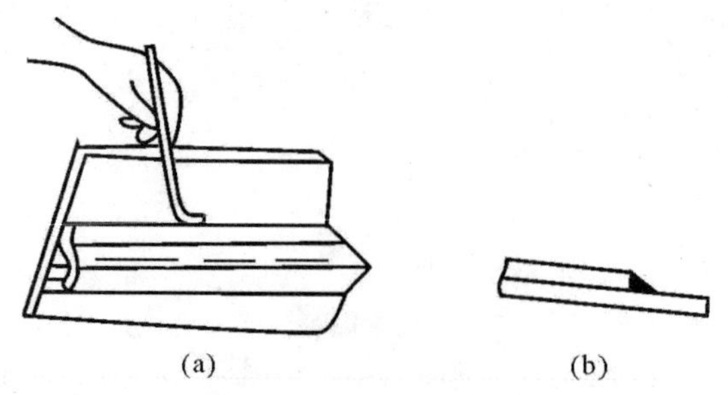

(a) (b)

图 2.51 缝外密封剂整形示意图

(a)整形； (b)整形后

(6)对接缝、气动整流缝、不易保证密封胶涂敷尺寸的密封缝，在规定的胶缝两侧边缘贴隔离保护胶纸，如图 2.52 所示。涂胶刮平后将胶纸揭掉，铲除多余的密封胶。

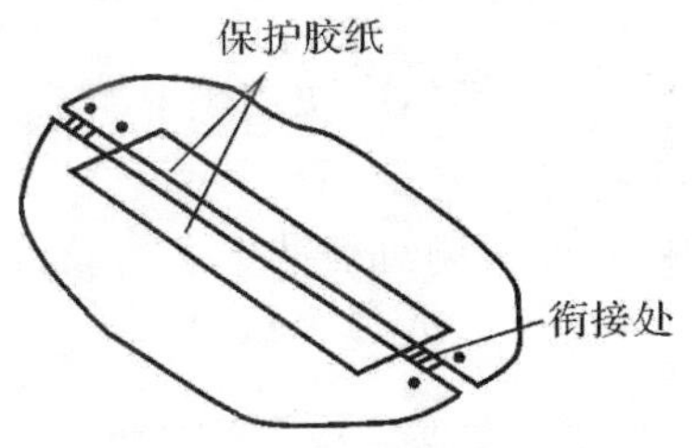

图 2.52　保护胶纸的粘贴

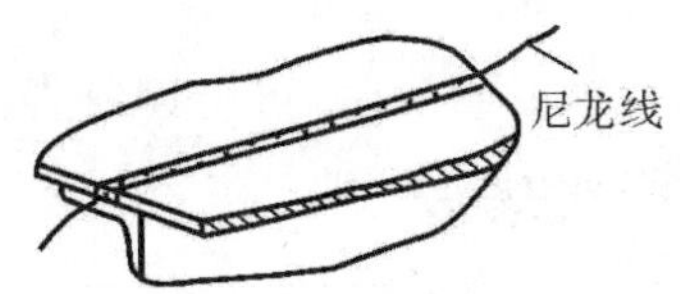

图 2.53　可拆缝外密封剂涂敷示意图

(7)对可拆的缝外密封(如地板座椅导轨缝等)应在涂密封剂以前，在缝底部埋设细尼龙线，并将线头露在缝外密封剂的外面，以便拆除时撕开缝外密封剂，如图 2.53 所示。

(8)空洞、嵌缝的堆胶，大的空洞和间隙的密封，应配制流淌性小的密封剂。深的空隙应在涂密封剂之前，先填充软质填料(如铝棉、海绵橡胶)或用密封剂浸渍后填充。

(9)缝外密封完成以后，应在活性期内检查涂敷质量，对缺陷、气泡或有异物夹杂的部位，及时补胶或排除。必要时允许部分铲除并重新涂敷。

3.表面密封用密封剂的涂敷

(1)结构上已涂缝外密封剂和紧固件密封剂的表面在清洗前，密封剂应达到硫化期。

(2)表面密封用密封剂使用的稀释剂不应使已涂敷的胶层产生龟裂、起皱和脱落。

(3)刷涂密封剂时，应逐渐依次在表面上进行，不允许大面积拉开涂胶，其余的按紧固件头部刷涂密封剂的要求进行。

(4)喷涂密封剂时使用喷枪，喷枪嘴应距结构表面 80～100mm，倾角 70°～80°，移动速度约 1.2m/min。喷涂的密封剂应均匀、连续。

(5)灌涂密封剂时，密封剂灌入结构容积的 10%～15%，封闭灌胶口，在专用摇摆架上晃动或翻转结构，使容积内所有表面浸涂一层密封剂，保持 10～20min，倾倒出剩余的密封剂，通入干净无油的热空气(不高于 50℃)，吹除溶剂。

4.紧固件密封

在铆钉、螺栓等紧固件上附加密封材料或紧固件本身密封，以达到堵住紧固件与零件之间缝隙泄漏的作用。在紧固件上附加密封材料密封效果好，但施工复杂。紧固件本身密封是指干涉配合铆接，干涉配合铆接能提高结构密封性的原因在于它的铆钉杆与钉孔之间比较均匀的过盈配合，消除了钉杆与钉孔之间的环形缝隙。

六、重新装配

将分解的零件重新按预装配的位置固定，优先选用胀套式定位销进行固定。根据产品结构形式和装配件的协调性来选择定位销的数量，结构简单、协调性好的装配件可少选一些。定位销间距一般按 150～200mm 为宜。

放钉的过程如下。

(1)放铆钉前，首先清洗铆钉或所需的连接件。

(2)用穿针通过铆钉孔找正零件位置，不允许零件来回移动，将所有零件重新组装并夹紧。

(3)缝内敷设密封带的铆钉孔,在铆钉放入前应使用穿针从铆钉放入方向刺穿密封带,插入铆钉。其中要求:

1)穿针表面要抛光,其直径与铆钉直径相同。

2)允许穿针蘸水穿铆钉孔,当穿针穿过铆钉孔粘上腻子时,应使用蘸丙酮的抹布将腻子擦净再拔出。

(4)缝内涂敷密封胶时,可将铆钉直接插入孔内,并擦去铆钉杆端头上的胶,以保证铆钉镦头的成形质量,如图2.54所示。

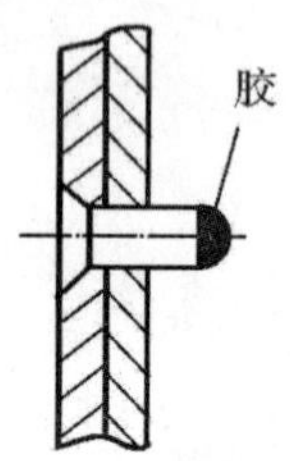

图2.54 铆钉杆端头黏有密封胶示意图

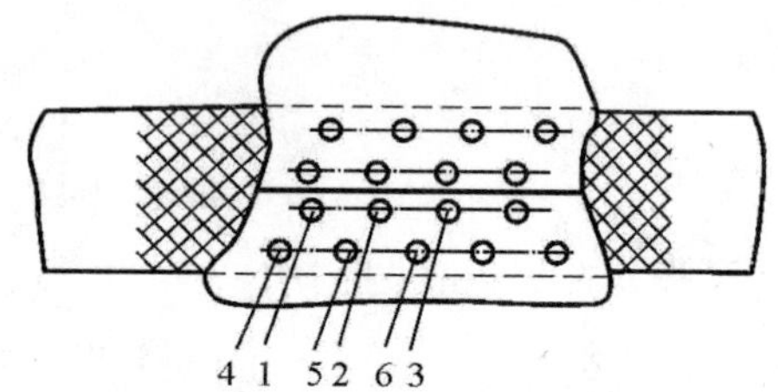

图2.55 双排铆钉的密封铆接顺序

七、施铆

1.检查零件定位的正确性

在施铆前应插入部分铆钉,检查零件定位的正确性。

2.施铆操作要求

(1)先轻轻点铆,再在靠近铆钉杆的零件表面上轻击,消除零件夹层间的间隙。

(2)应断续施铆,不允许铆枪连击,以防止镦头产生裂纹。

(3)经常擦拭顶把和冲头,清除粘在其上的胶和腻子。

(4)双排铆钉的铆接顺序如图2.55所示。先铆内排3~4个铆钉(图中1~3号铆钉),再铆外排3~4个铆钉(图中4~6号铆钉)。

(5)工艺固定用铆钉孔处的最后铆接,要保证孔内有胶(涂胶铆接)。如果没有胶,则应涂胶铆接。

(6)在铆接过程中不允许钻孔。若更换铆钉,可用扁錾把镦头錾去,冲出铆钉杆后,再涂胶铆接。

(7)铆接工作必须在密封胶的施工期内完成。若超过施工期,则要更换新胶。

3.清理铆缝

(1)清除多余的密封带、胶膜、腻子和密封胶。

(2)挤出的胶如在施工期内可用刮刀按缝外涂胶要求制成倒角,并将多余的胶去掉。

(3)将蒙皮表面和非边缘处的余胶擦净。

八、密封剂的硫化和保护

1.密封剂的硫化

(1)密封剂的硫化过程是从混合配制后开始的,除非由于工序衔接上的需要,一般应在室温条件下自然硫化,不需要采取加速措施。

(2)加速硫化必须在密封剂不黏期后按各密封剂硫化规范进行。未规定的一般加速硫化温度不应超过50℃,处理时间为24h。加速硫化方法包括以下几种。

1)提高环境(包括结构上)温度。

2)用湿热空气在结构内部环流。

3)用红外线加热结构和涂胶表面。

4)综合使用以上方法。

(3)由于工艺需要,涂敷密封剂的结构件必须在高于50℃温度中处理时,例如,有机玻璃的回火,可以提高处理温度,但不得超过密封剂的工作温度。

(4)结构上一部分密封剂加温硫化后,另一部分密封剂又须加温硫化时,允许重复加温硫化,重复次数以不超过密封剂使用工艺说明书规定次数为限。

2. 密封剂涂敷后的保护

(1)在未达到不黏期的密封剂上方,不准钻孔、铰孔等操作。当难以避免时,应用聚乙烯薄膜覆盖密封剂。该保护膜的拆除,只能在密封剂不黏期以后进行。

(2)严禁滥用溶剂和清洗剂,不准在未硫化的密封剂上使用溶剂。在硫化的密封剂上涂敷含溶剂的涂料时,必须确认所含溶剂对底层密封剂无损害方可使用。

(3)不准踩踏和重压已硫化的密封剂,受空间限制必须在涂敷密封剂的部位上操作时,应用海绵橡胶板或棉垫覆盖,工作人员应穿软底工作鞋和无扣衣服。来回踩踏区和停留区还应事先将金属屑、污物等用吸尘器清理干净。

在密封结构装配和密封工作完成后,按设计和工艺要求,须通过各种试验进行密封检查。具体密封检查方法详见第八章。

第七节　特种铆接

为了满足铆接件的一些特殊要求,如需要进一步提高结构的强度和疲劳寿命,增强密封性,解决单面不开敞通路区的连接问题,在飞机铆接装配技术中广泛采用特种铆接。特种铆接的种类有环槽铆钉铆接、高抗剪铆钉铆接、螺纹空心铆钉铆接、抽芯铆钉铆接以及钛合金铆钉铆接和干涉配合铆接等。作为铆装钳工,必须掌握各种特种铆接的技能。

一、环槽铆钉的铆接

环槽铆钉又称虎克钉,连接强度高,耐疲劳性能好,被各大主机厂广泛使用。环槽铆钉由带环槽的铆钉和钉套组成。按受力形式分,有抗拉型和抗剪型环槽钉;按铆接方法分,有拉铆型和镦铆型环槽钉。

1. 技术要求

(1) 铆钉孔的直径与铆钉直径相同,公差带为H10,表面粗糙度 R_a 值不大于1.6μm。

(2)孔的间距极限偏差为±1.0mm,边距极限偏差为$^{+1}_{-0.5}$mm。

(3)沉头窝的角度和深度与铆钉头的一致,钉头高出零件表面的凸出量应符合设计技术要求。

(4) 钉套成形后不得松动,表面应光滑,钉套与夹层之间不允许有间隙。

(5) 允许铆钉头与零件表面不完全贴合,其单面间隙应不大于0.08mm。

(6)环槽铆钉适用于在7°以内的斜面或半径不小于50mm的内、外圆弧面上直接进行铆接,此时将钉套放置在斜面上或圆弧面上。当环槽铆钉安装在大于7°的斜面上时,要在钉套一面加垫斜垫片或将端面锪平。

2. 铆钉光杆长度的选择

(1) 铆钉光杆的长度应符合公式

$$\sum\delta \leqslant L \leqslant \sum\delta + 1$$

式中 $\sum\delta$ —— 被连接件总厚度,mm;

L —— 铆钉光杆长度,mm。

(2)由于夹层误差而使铆钉光杆露出夹层的长度超过1mm,允许垫上厚度不大于1mm的垫圈,垫圈放置的位置如图2.56所示,垫圈材料参见表2.23。

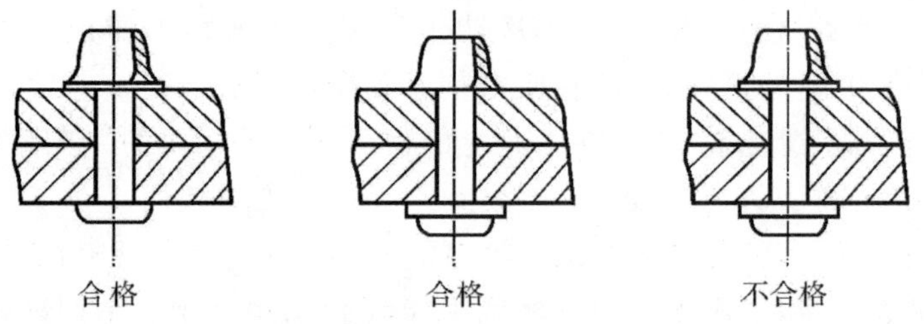

图2.56 环槽铆钉铆接时的垫圈安装位置

表2.23 环槽铆钉铆接用的垫圈材料

夹层材料		铝合金		合金钢	钛合金	镁合金
环槽铆钉材料	钉杆	合金钢				
	钉套	铝	钢	钢或铝		
垫圈材料		20			1Cr18Ni9Ti	LT21—M

(3)如果钉套安装在斜面上,则应在垂直于倾斜方向通过钉的轴线用样板检查钉杆凸出量,如图2.57所示。如果钉套底部有垫圈,则钉杆凸出量应从垫圈的顶部算起。

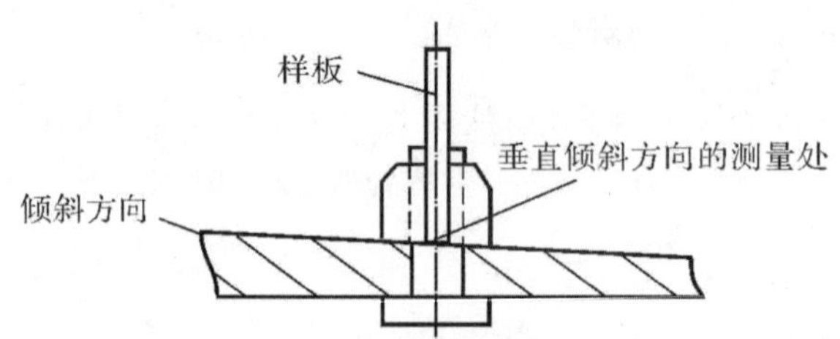

图2.57 环槽铆钉钉杆在斜面上的凸出量的检查

3. 工艺方法

(1)制孔方法及制孔过程中的孔径见表2.24。

表 2.24　环槽铆钉孔的加工　　mm

环槽铆钉直径	初孔	钻孔	扩孔	铰孔(H10)
	孔　径			
4	2.5	3	3.8	4
5		4	4.8	5
6		5	5.8	6

(2)拉铆成形。拉铆型环槽铆钉铆接时使用拉枪和专用拉铆头拉铆成形。施铆过程如图2.58所示。

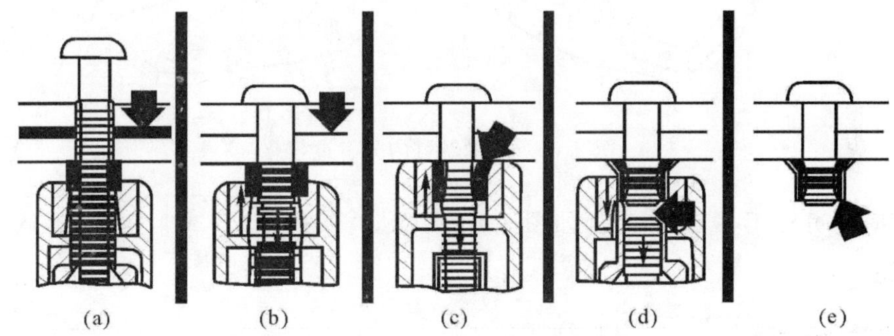

图 2.58　拉铆型环槽铆钉施铆过程

(a)放钉和钉套；(b)铆钉拉入孔中；(c)钉套形成；(d)尾杆拉断退出拉铆枪；(e)检查铆头质量

(3) 镦铆成形。镦铆型环槽铆钉铆接采用铆枪或压铆机镦铆成形。施铆过程如图 2.59 所示。

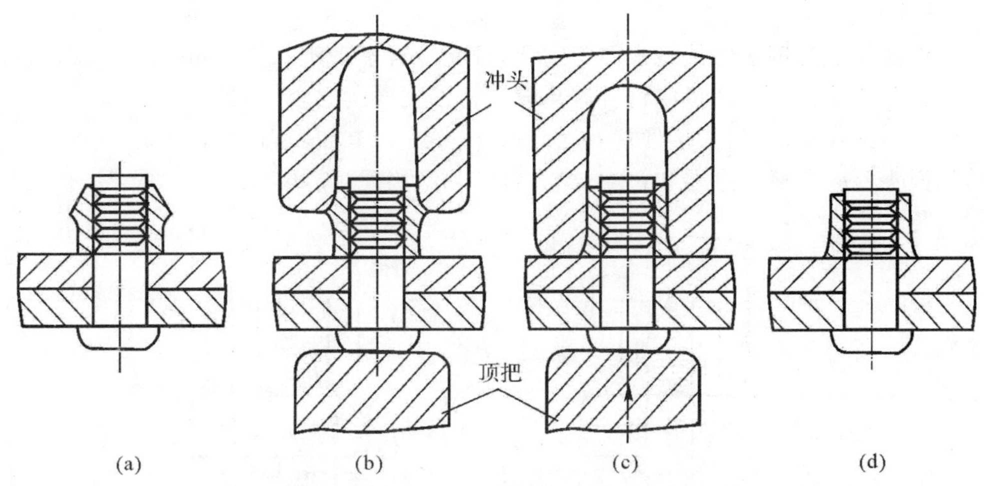

图 2.59　镦铆型环槽铆钉铆接施铆过程

(a)放钉和钉套；(b)冲头和顶把对准铆钉；(c)形成镦头；(d)完成铆接

铆枪的锤击功按普通铆接的选择。顶把质量为铆钉直径的 1.5 倍,单位为 kg。

(4) 铆接时,模腔相对环槽铆钉轴线的倾斜度不应超过 3°。

(5) 铆接后,在钉杆的端头上涂 H06—2 环氧锌黄底漆或密封剂。

4. 铆钉分解方法

分解过程。拆钉套→用锉刀锉掉钉杆上因拆套而产生的毛刺→用铆钉冲将钉杆从孔中冲出。分解环槽铆钉的过程如图 2.60 所示。

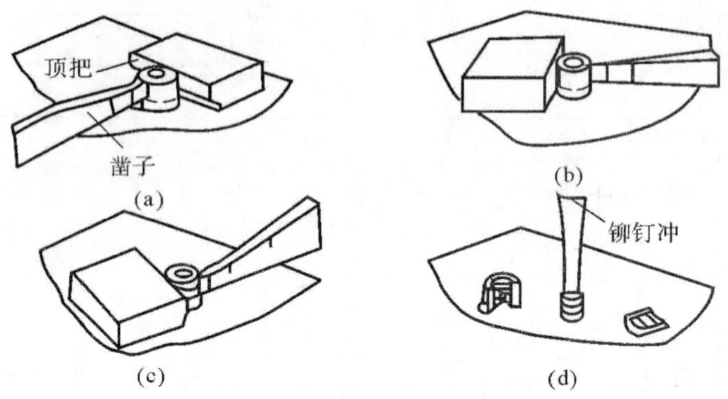

图 2.60 环槽铆钉的分解过程

拆钉套时还可以用手动拆套钳,如图 2.61 所示。将钉套剪开或用空心铣刀(见图 2.62)将钉套铣掉。

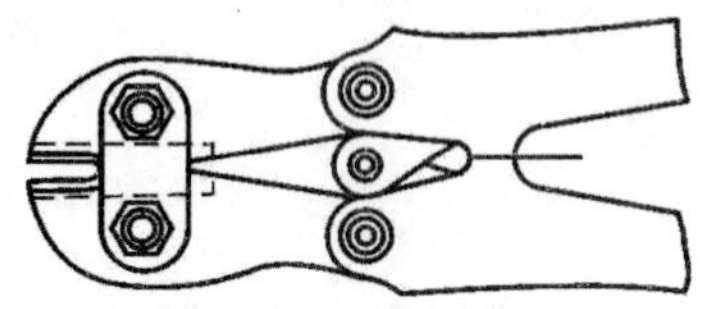

图 2.61 拆套钳

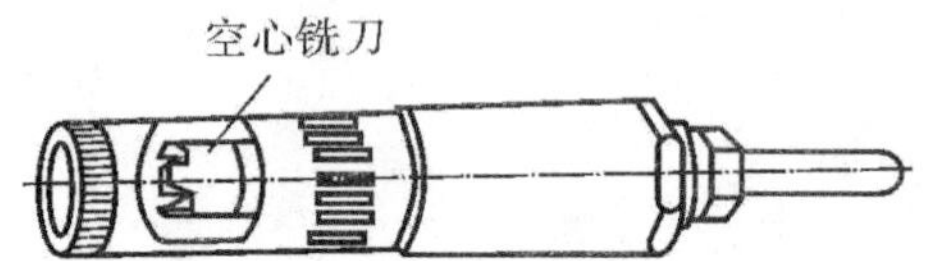

图 2.62 空心铣刀

5. 质量控制

(1)环槽铆钉头与铆接件接触表面应贴合,且允许有不大于 0.08mm 单向间隙存在。

(2)沉头环槽铆钉的凹凸量应符合产品设计技术文件的要求。

(3)钉套不允许松动,与铆接件接触面应贴合,不允许有间隙存在,且表面光滑。

(4)用镦头检验样板的过端和止端,检查钉杆和镦头质量,如图 2.63 和图 2.64 所示。

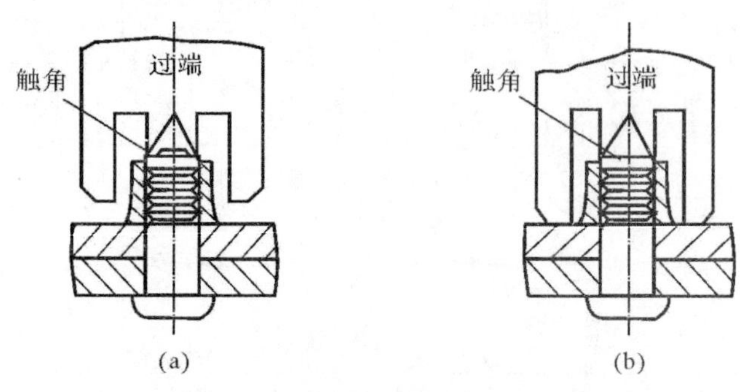

图 2.63 用样板过端检查钉杆质量

(a)合格; (b)不合格

1)用样板的过端检查钉杆。

a. 当样板触角接触钉杆、样板端面与工作表面有间隙时，选择的钉杆长度合适，如图 2.63(a)所示。

b. 当样板触角没有接触钉杆端头，样板端面接触零件表面时，钉杆短，镦头不合适，如图 2.63(b)所示。

2)用样板的止端检查钉套和钉杆。

a. 当样板触角没有接触钉杆，样板端面接触零件而不接触钉套时，选择的钉杆长度合适，钉套成形合格，如图 2.64 (a)所示。

b. 当样板触角接触钉杆，样板端面离开零件表面并接触到钉套时，钉杆太长，钉套镦制不够长，不合格，如图 2.64 (b)所示。

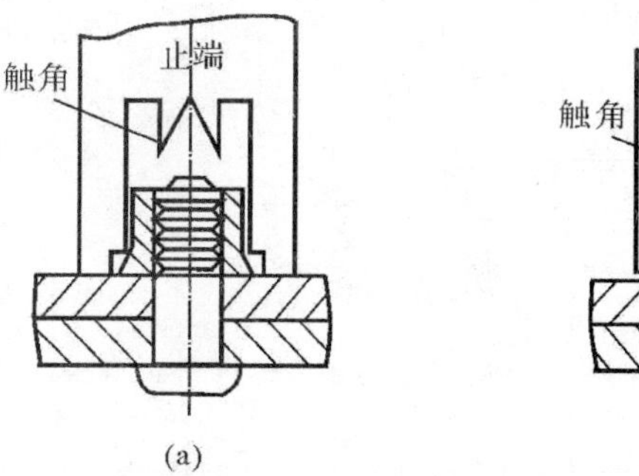

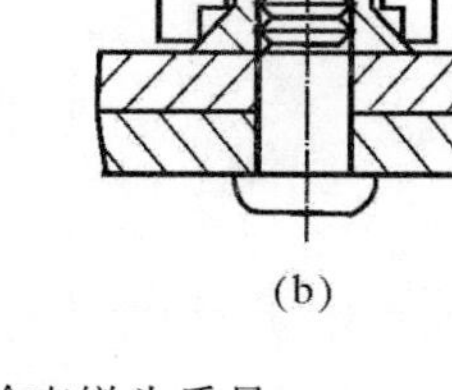

图 2.64 用样板止端检查镦头质量

(a)合格； (b)不合格

6. 环槽铆钉铆接操作要领和注意事项

(1)拉铆时拉枪的头部要保持垂直于零件表面，并施以足够压力使钉套贴靠零件。

(2)拉铆型环槽钉铆接时，其动力部分的功率及拉枪头必须符合铆钉的规格和形状要求。

(3)铆钉插入或打入孔内的动作，必须轻而稳。

(4)开始拉铆时要将拉枪头部推到底并稳稳地把好拉枪。

(5)拉铆完的铆钉，如果钉头与构件不靠合，绝不允许再将钉头打靠。

二、高抗剪铆钉铆接

高抗剪铆钉铆接是一种适于承受剪切应力的紧固件，它广泛应用于机身、机翼的受剪部位，能提高其疲劳性能，增加强度。

高抗剪铆钉铆接按铆接方法分为采用拉铆法铆接的拉铆型螺纹抽芯高抗剪铆钉和采用镦铆法铆接的镦铆型高抗剪铆钉。不同结构形式的铆钉，其铆接方法不同。

1. 螺纹抽芯高抗剪铆钉铆接

(1)技术要求。

1)铆钉孔的直径与铆钉直径相同，公差带为 H11，表面粗糙度 R_a 值不大于 1.6μm(见表 2.25)。

表 2.25　高抗剪铆钉孔的公差带和表面粗糙度

铆接形式	铆钉光杆公差带	铆钉孔公差带	孔表面粗糙度 $R_a/\mu m$
镦铆型	h11 f9 r6	H11 H9 H7	3.2 1.6 0.8
拉铆型	hll	H11	≤1.6

2)孔的间距极限偏差为±1mm,边距极限偏差为$^{+1}_{-0.5}$mm。

3)螺钉凸出铆钉体头部表面的量不得大于 0.2mm,在非气动表面的部位不得大于 0.5mm;凹进铆钉体头部的表面的量不得大于 0.5mm(见图 2.65)。

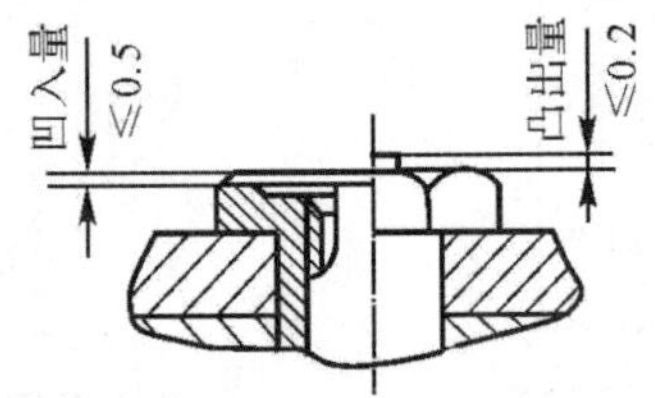

图 2.65　螺纹抽芯高抗剪铆钉铆接后螺钉断面凸凹量

4)铆钉镦头的环圈应呈喇叭形,允许环圈呈双喇叭形,但不得超过铆钉排钉数的 10%;不允许环圈未形成喇叭形,或呈偏喇叭形,或呈反喇叭形,如图 2.66 所示。

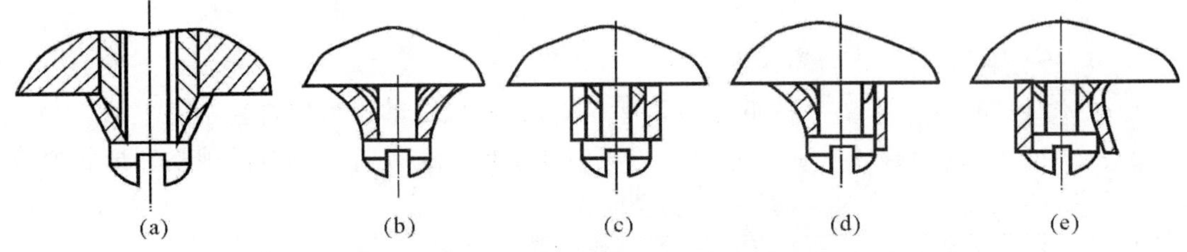

图 2.66　螺纹抽芯高抗剪铆钉铆接后镦头环圈的形状

(a)喇叭形;　(b)双喇叭形;　(c)未形成喇叭形;　(d)偏喇叭形;　(e)反喇叭形

5)按铆钉总数的 10%抽检铆钉的铆紧程度。顺时针方向转动转矩扳手,铆钉不应转动的转矩值见表 2.26。注意,不允许逆时针方向转动。

表 2.26　螺纹抽芯高抗剪铆钉铆紧程度检查的转矩值

铆钉直径/mm	5	6	7	8
力矩值/(N·cm)	115	166	217	266
力矩允许误差/(N·cm)	±10			

(2)铆钉长度的选择。按被连接件的夹层厚度选择铆钉的长度,其铆钉体的光杆部分应露出夹层量不大于 1.0mm,不允许凹入,如图 2.67 所示。

(3)制孔的方法。优先采用风钻铰孔(见表 2.27)。

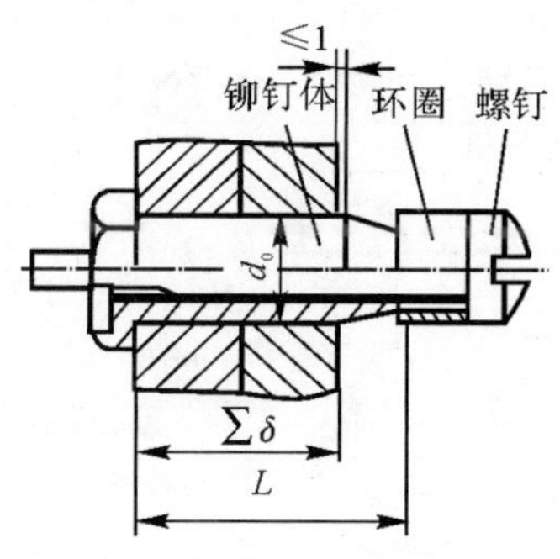

图 2.67 铆钉长度的选择

表 2.27 螺纹抽芯高抗剪铆钉孔的加工 mm

铆钉直径	钻 孔	扩孔钻扩孔	铰孔(H11)
	孔 径		
5	4	4.8	5
6	5	5.8	6
7	6	6.8	7
8	7	7.8	8

(4)螺纹抽芯高抗剪铆钉铆接所使用的工具有手动和风动两类,其原理是将铆钉体固定不动,同时拧螺钉抽拉。

(5)施铆。

1)正式铆接前应先进行试铆。

2)组合高抗剪铆钉时,应在螺钉上涂 ZL7—2 润滑脂。

3)六角头铆钉施铆时应使转接接头六角方孔套在铆钉体头上;120°沉头铆钉施铆时应使转接头改锥对准铆钉体头部的一字槽。

4)铆接工具的转接头应垂直且贴紧零件表面,如图 2.68 所示。

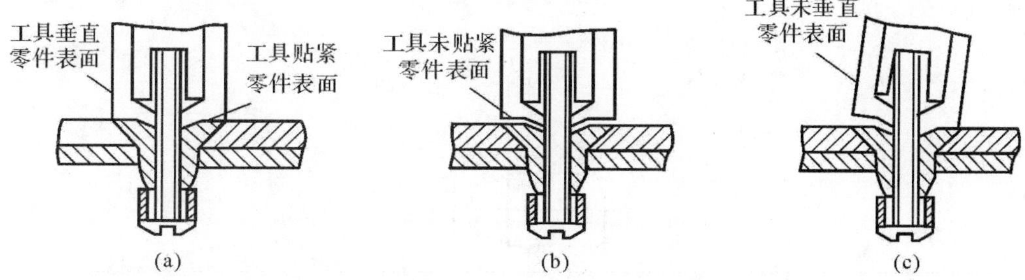

图 2.68 螺纹抽芯高抗剪铆钉铆接工具转接头位置

5)抽铆。

a. 采用风扳机和专用转接器施铆成形,如图 2.69 所示。

b. 可以使用手动螺纹抽铆扳手抽铆,如图 2.70 所示。

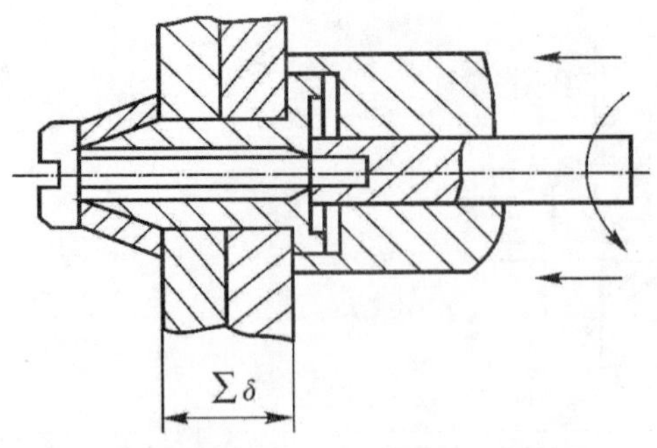

图 2.69 采用风扳机和专用转接器施铆成形

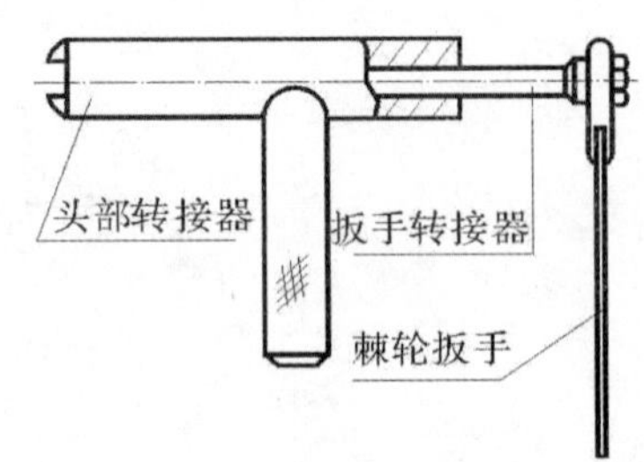

图 2.70 使用手动螺纹抽铆扳手抽铆

6)若尾杆未扭断，则用夹钳或其他工具将尾杆剪断，但不能使铆钉松动。

7)将螺钉尾杆凸出部分铣平或打磨掉。

8)用定力扳手或定力解锥按规定转矩值抽检铆接连接力。顺时针方向扭转铆钉体头，铆钉不转动为合格。

9)在铆钉体和螺钉端头间冲三点保险后，在螺钉断面涂 H06—2 环氧锌黄底漆。

(6)分解铆钉方法。用与螺钉杆直径相同的钻头钻掉钉杆。

2. 镦铆型高抗剪铆钉铆接

(1)技术要求。

1)铆钉孔的直径与铆钉直径相同，公差带及表面粗糙度见表 2.28。

表 2.28 镦铆型高抗剪铆钉孔的公差带和表面粗糙度

铆钉光杆公差带	铆钉孔公差带	孔表面粗糙度 $R_a/\mu m$
h11	H11	3.2
f9	H9	1.6
r6	H7	0.8

2)将铆钉放入孔内后，光杆凸出夹层的伸出量应介于 0.3～1.2mm 范围之内，如图2.71所示。

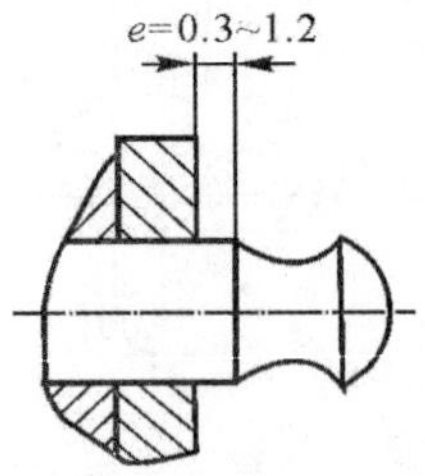

图 2.71 镦铆型高抗剪铆钉铆接时铆钉光杆的伸出量

3)铆钉镦头应呈馒头形，其尺寸见表 2.29。

表 2.29　镦铆型高抗剪铆钉的镦头尺寸　　mm

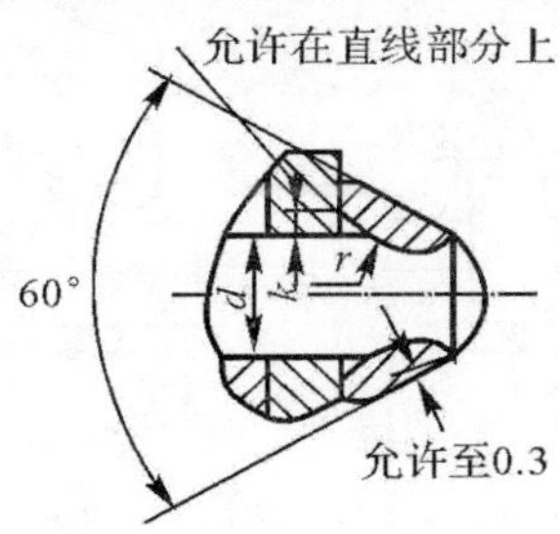

d	5	6	7	8
k_{max}	0.8		1	

注：k 值由工具保证。

4)形成镦头的环圈，相对铆钉中心的偏移量应不大于 0.5mm，如图 2.72 所示。

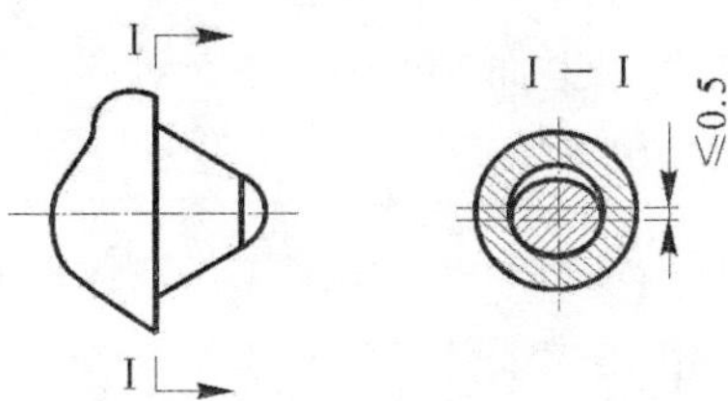

图 2.72　镦头环圈相对钉杆的位置

5)形成镦头的环圈的周边处被冲头挤出的压边应不大于 0.8mm，环圈在任何方向均不允许呈鼓形，如图 2.73 所示。

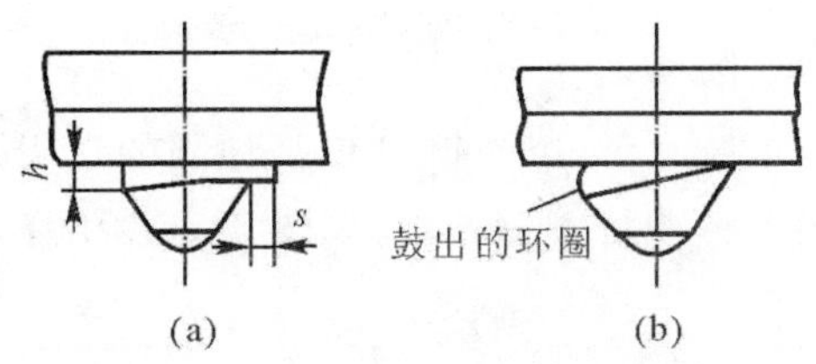

图 2.73　带压边、鼓形的镦头形状

(a)带压边的镦头；(b)带鼓形的镦头

(2)施铆。

1)此种高抗剪铆钉可采用正铆法或压铆法铆接。铆接时须使用带 60°窝的专用冲头。

2)铆枪型号和顶把质量见表 2.30。

表 2.30　镦铆型高抗剪铆钉铆接工具

铆钉直径/mm	5	6	8
顶把质量/kg	6	7	10
每次锤击功/J	4～5		7

3)镦铆型高抗剪铆钉的施铆过程如图 2.74 所示。

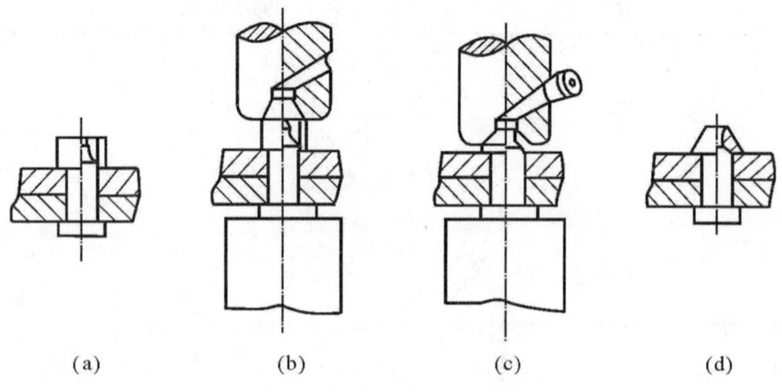

图 2.74　镦铆型高抗剪铆钉

(a)放铆钉和环圈；（b)将模腔对准铆钉头并用顶把顶住；（c)施铆；（d)铆完成形

(3)铆钉的分解方法。

1)冲击法。将专用导套放在环圈上面，冲头沿导套引向铆钉尾端，铆钉头那面用空心顶把顶住，铆枪轻叩，将钉冲出，如图 2.75 所示。

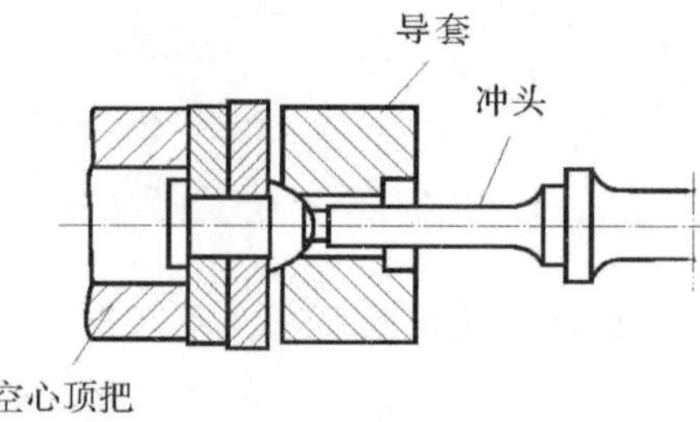

图 2.75　冲击法分解镦铆型高抗剪铆钉示意图

2) 钻击法。将钻套放在环圈上面，用与铆钉直径相同的钻头钻铆钉尾端，钻削的深度以钻通铆钉细颈区为限，然后用铆钉冲将铆钉冲出，如图 2.76 所示。

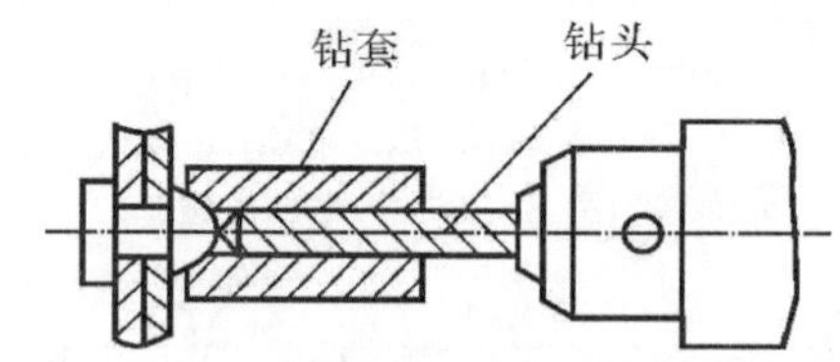

图 2.76　钻击法分解镦铆型高抗剪铆钉示意图

3)环圈拆除法。用空心铣刀铣切环圈，在铣去足够量的环圈材料后，用铆钉冲将铆钉冲出。

4)环圈劈开法。用小錾子沿纵向劈开环圈，然后用铆钉冲将铆钉冲出。

三、螺纹空心铆钉铆接

螺纹空心铆钉主要用于单面通路和受力较小部位的铆接，如软油箱槽内的蒙皮的铆接。

1. 技术要求

(1)螺纹空心铆钉孔的直径及其极限偏差见表2.31。孔的其他要求应符合普通铆钉孔的规定。

表 2.31 螺纹空心铆钉孔的直径及极限偏差 mm

铆钉直径	4	5	6
铆钉孔直径	4.1	5.1	6.1
孔径极限偏差	$^{+0.2}_{0}$		

(2)用于安装凸头铆钉的孔,在铆钉头一侧应制出深为0.2mm的45°倒角。

(3)镦头鼓包位置处的直径见表2.32。

表 2.32 螺纹空心铆钉的镦头直径 mm

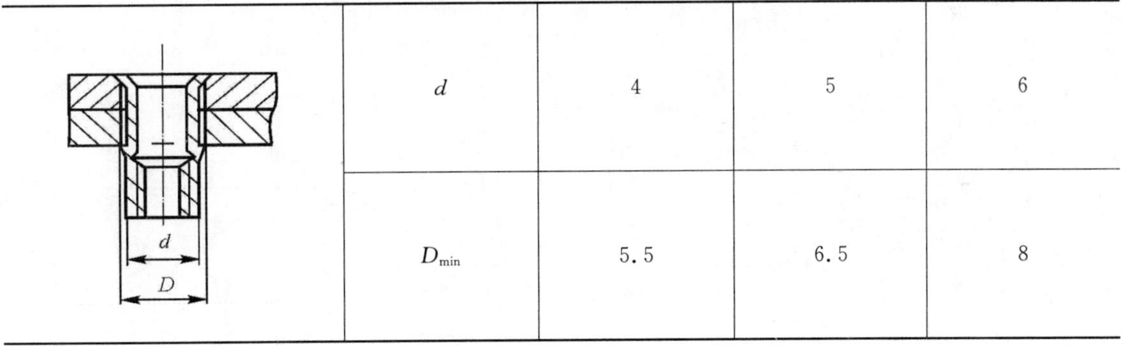	d	4	5	6
	D_{min}	5.5	6.5	8

2. 铆钉长度的选择

根据夹层厚度选择合适的铆钉长度。可按下列公式确定:

$$L = \sum \delta + 9^{+0.5}_{-0.4}$$

盲螺纹空心铆钉的长度可按下列公式确定:

$$L = \sum \delta + 12^{+0.5}_{-0.4}$$

式中 L—— 所需要的铆钉长度,mm;

$\sum \delta$—— 连接夹层的总厚度,mm。

3. 工艺方法

(1)采用钻孔方法制铆钉孔。

(2)施铆前,根据铆钉的形状、直径和长度选择抽钉工具,如抽钉枪、抽钉钳等。在产品上施铆前应在试片上试铆,检查工具,并确定工具的使用参数。

(3)安装通孔螺纹空心铆钉时,使工作螺钉稍微凸出铆钉的尾部,如图2.77(a)所示。安装盲孔螺纹空心铆钉时,使工作螺钉的尾部拧到盲孔底,如图2.77(b)所示。

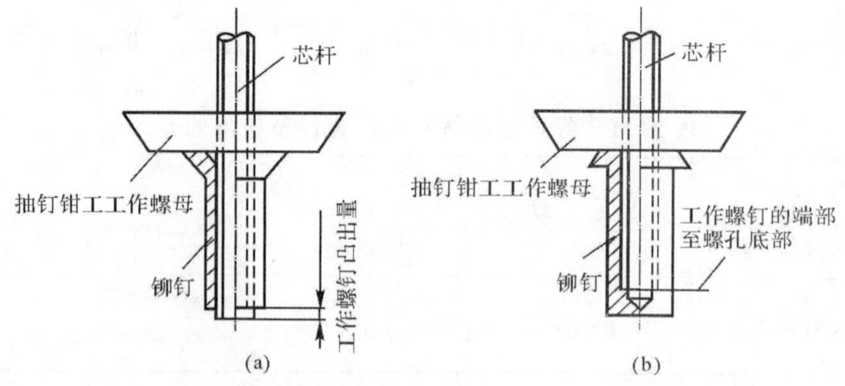

图 2.77 螺纹空心铆钉在抽钉工具上的安装

(a)通孔螺纹空心铆钉的安装； (b)盲孔螺纹空心铆钉的安装

(4)使用抽钉钳抽铆螺纹空心铆钉时(见图 2.78(a)),用调节制动螺母和止动块距离来控制工作螺钉的行程;使用长柄抽钉钳时(见图 2.78(b)),用调节工作头的螺母来控制工作螺钉的行程。

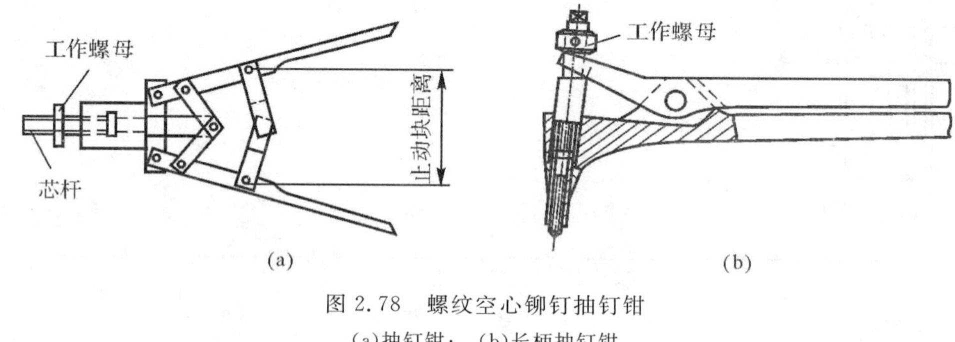

图 2.78 螺纹空心铆钉抽钉钳

(a)抽钉钳； (b)长柄抽钉钳

(5)抽钉工具的工作头应垂直且贴紧工作表面,如图 2.79 所示。

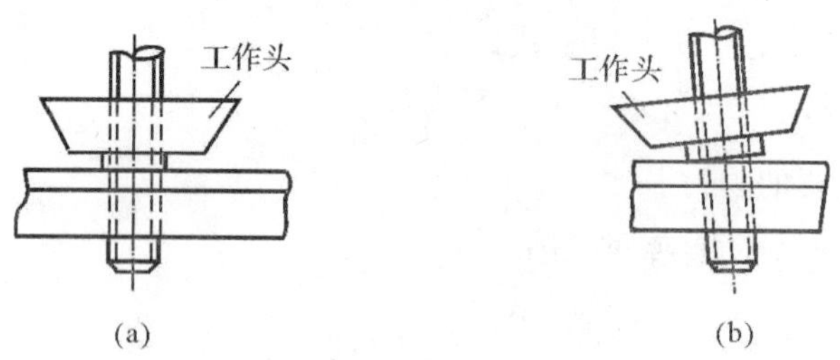

图 2.79 抽钉工具工作头的工作位置

(a)正确； (b)不正确

(6)施铆过程如图 2.80 所示。

(7)当在铆钉的孔内安装螺栓时,一般要在孔内或螺栓的螺纹部分涂一层厌氧胶 GY—340 或者 Y—150,以防止螺栓松动脱出。

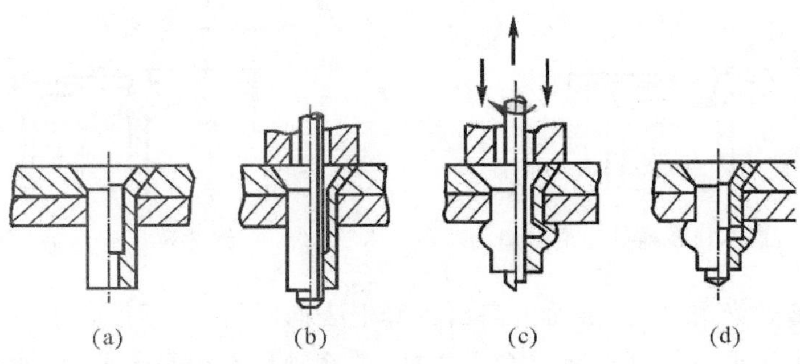

图 2.80 螺纹空心铆钉的施铆过程

四、抽芯铆钉铆接

抽芯铆钉适用于单面通路铆接，它由空心铆钉、芯杆两部分组成。用拉钉钳进行铆接时，它的工作原理是钳头外套顶住铆钉头，钳子内的拉头将芯杆抓住往外拉，直到将芯杆拉断为止，然后把露出钉头外面的多余部分去掉并修平，在修平处涂上防腐剂。这种形式的抽芯钉直到现在仍用于机身和机翼上的非主要受力部位。其主要铆接形式有鼓包型和拉丝型两种。

1. 拉丝型抽芯铆钉

拉丝型抽芯铆钉能提高结构的疲劳寿命，保证连接件本身的密封性，使铆钉孔和铆钉杆之间形成干涉配合，适合于夹层较厚的零件铆接。

(1)技术要求。

1)铆钉孔的直径、极限偏差、圆度及表面粗糙度见表 2.33。

表 2.33 拉丝型抽芯铆钉孔的尺寸及表面粗糙度

铆钉直径/mm	4	5
孔的基本尺寸/mm	4.1	5.1
极限偏差/mm	$^{+0.10}_{0}$①	
圆度/mm	在孔极限偏差内	
表面粗糙度 R_a/μm	1.6	
孔轴线与零件表面不垂直/(°)	≤0.5	

注：①当在薄夹层（厚度等于 2.5mm）铆接沉头铆钉时，孔径极限偏差可取$^{+0.15}_{0}$。

2)孔的间距极限偏差为±1mm，边距极限偏差为$^{+1}_{-0.5}$mm。

3)铆接后的芯杆和锁环应平整，芯杆断槽处光滑台肩(B 面) 不得高于钉套上表面0.5mm 和不低于钉套上表面 0.2mm，如图 2.81 所示。

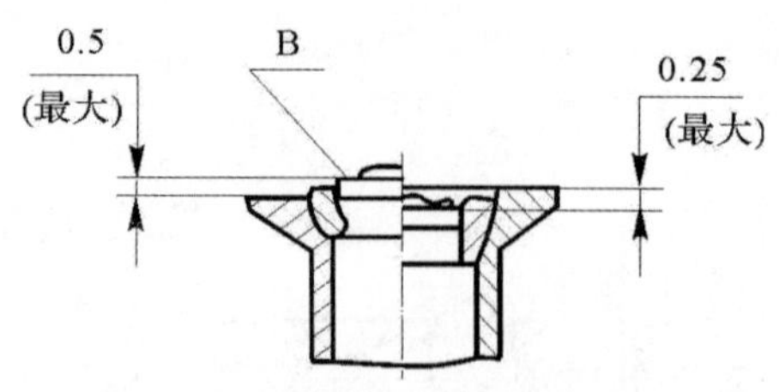

图 2.81　铆接后芯杆断槽处光滑台肩的位置

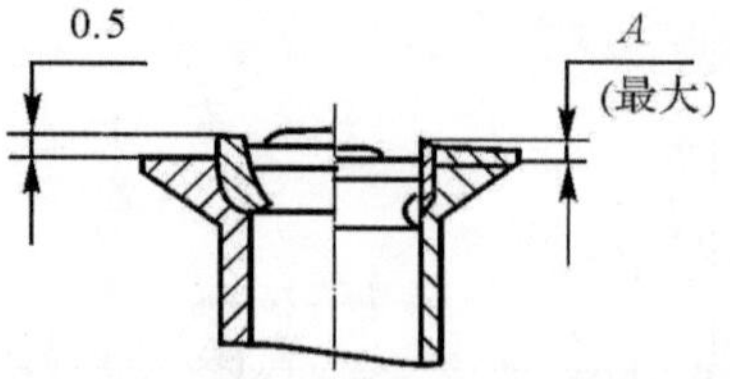

图 2.82　铆接后锁环的位置

4)当芯杆断槽处光滑台肩（B 面）高出钉套上表面时，锁环不得高于钉套上表面 0.5mm；如果 B 面与钉套上表面齐平或低于钉套上表面，那么锁环不得高出值 A，如图 2.82 所示，见表 2.34。

表 2.34　锁环铆接位置的凸出量　　mm

抽钉基本直径	4	5
A(最大)	0.5	0.6

5)位于气动外缘表面的芯杆按设计技术要求铣平高出钉套的凸出量，位于非气动外缘表面的芯杆拉断面不需要铣平。

6)拉丝型抽芯铆钉镦头的最小直径见表 2.35。

表 2.35　拉丝型抽芯铆钉镦头的最小直径　　mm

抽钉基本直径	4	5
镦头最小直径	4.55	5.60

7)钉套不允许有开裂和裂纹，锁环不允许有松动现象。

(2)铆钉长度选择。依据抽芯铆钉基本直径和夹层厚度确定铆钉的长度，按抽芯铆钉基本直径和夹层型号选取钉套和芯杆的长度，见表 2.36 和表 2.37。铆接件夹层厚度变化不一，应按各孔最浅处的夹层厚度选择夹层型号。

表 2.36　铝抽芯铆钉芯杆长度的选择　　mm

夹层号				1	2	3	4	5	6	7	8	9	10	11	12
抽钉基本直径 d_0	4	1	用于平锥头钉	4.5	6	7.5	9	10	11	12	13.5				
			用于沉头抽钉		4.5	6	7.5	9	10	11	12				
	5		用于平锥头钉	5.5	7	8.5	10	11	12	13	14.5	16	17.5	19	20
			用于沉头抽钉		4	5.5	7	8.5	10	11	12	13	14.5	16	17.5
抽钉组别				A									B		

表 2.37　钢抽芯铆钉芯杆长度的选择　　mm

夹层号				1	2	3	4	5	6	7	8	9	10	11	12
抽钉基本直径 d_0	4	1	用于平锥头钉	4.5	6	7	8	9	10	11	12.5				
			用于沉头抽钉		4.5	6	7	8	9	10	11				
	5		用于平锥头钉	5.5	7	8	8.5	9.5	10.5	11.5	12.5	14	15.5	17	18
			用于沉头抽钉		4	5	5.5	7	8.5	9.5	10.5	11.5	12.5	14	15.5
抽钉组别				A									B		

(3)制孔、锪窝。

1)抽芯铆钉孔的加工和切削量见表 2.38。

表 2.38　抽芯铆钉孔的加工和切削量　　mm

铆钉直径	钻　孔	钻头扩孔	铰　孔
	孔　径		
4	3.1	3.8	$4.1^{+0.10}_{0}$
5	4.1	4.8	$5.1^{+0.10}_{0}$

2) 优先选用风钻铰孔方法，铰孔后锪沉头窝。

(4)施铆。

1)将组合好的抽钉放置在拉枪头部的孔内，并夹持住。

2)在试片上调整拉枪行程，保证锁环填充良好，达到固紧力要求和无松环现象。

3)施铆时抽钉拉枪头部应垂直贴紧工作表面，如图 2.83 所示。

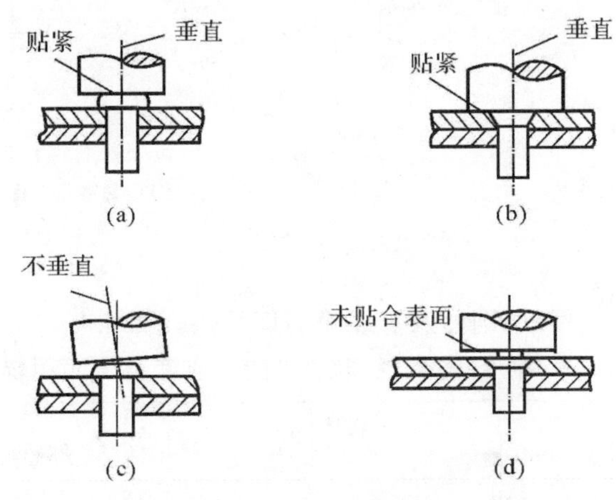

图 2.83　抽钉拉枪头部的工作位置

(a)(b)正确位置；　(c)(d)不正确位置

4)将芯杆拉入钉套中，扣动扳机，芯杆被拉向上，使芯杆尾端较粗部分进入钉套内，将钉套由下而上地逐渐胀粗，钉套填满钉孔。当拉铆枪继续抽拉芯杆到一定位置时，结构件被紧紧地贴靠在一起，消除了结构件之间的间隙。

5)继续抽拉抽芯杆，产生了形似拉丝的动作，并完成了孔的填充动作，形成镦头。此时芯杆的断口处已停留在与钉头面齐平处。

6)压入锁环，拉铆枪的第二个动作，将锁环推入芯杆与钉套的锁紧环槽内。

7)芯杆被拉断，完成拉铆。

8)用铣平器铣平芯杆的断口，铣切到符合要求为止，并在断口处涂 H06—2 环氧锌黄底漆。

(5)铆钉的分解。

1)不合格的铆钉，用工作部分与芯杆直径相同的铆钉冲出芯杆。

2)用与铆钉直径相同的钻头钻掉铆钉头，此时的钻孔深度不应超过铆钉头高度。

3)铆接夹层较厚时，用工作部分与钉套外径相同的铆钉冲冲出钉套；夹层较薄时，用与钉套直径相同的钻头钻出钉套。

4)清除结构内部的多余物。

2. 鼓包型抽芯铆钉铆接

鼓包型抽芯铆钉由芯杆、钉套和锁环组成，如图 2.84 所示。

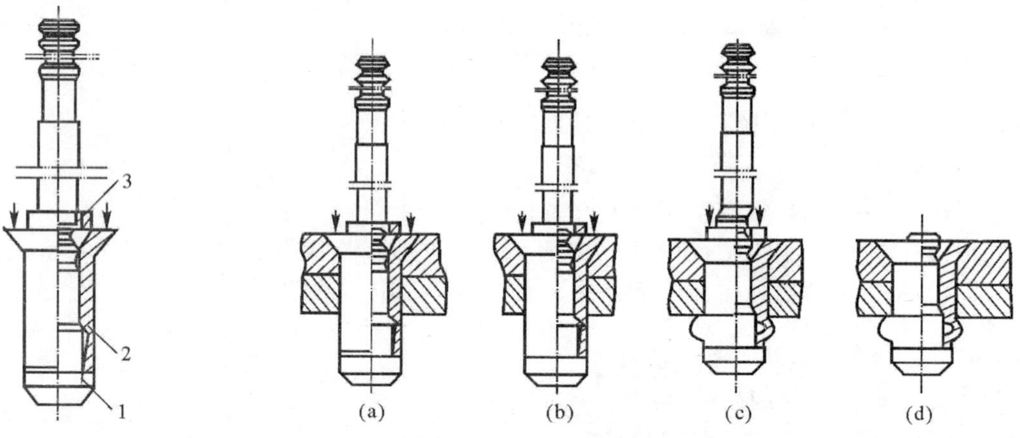

图 2.84　鼓包型抽芯铆钉的组成

1—芯杆；　2—钉套；　3—锁环

图 2.85　鼓包型抽芯铆钉的施铆过程

(a)放钉；　(b)压紧消除零件间的间隙；

(c)形成镦头，压入锁圈；　(d)拉断钉杆

(1)技术要求。

1)铆钉孔的直径、极限偏差、圆度及表面粗糙度见表 2.39。

表 2.39　铆钉孔直径、极限偏差、圆度及表面粗糙度

铆钉直径号	铆钉基本直径/mm(in)	孔的极限偏差/mm		圆　度	表面粗糙度 R_a/μm
		min	max		
4	3.175(4/32)	3.277	3.353	在孔的极限偏差范围内	≤3.2μm
5	3.969(5/32)	4.064	4.166		
6	4.763(6/32)	4.877	4.978		

2)孔的间距极限偏差为±1.0mm,边距极限偏差为5.2mm。

3)沉头铆钉窝与钉孔的中心应同轴,窝的直径应符合要求。

4)铆接后的芯杆和锁环应平整。

5)铆接后,钉套不允许裂纹,锁环锁紧要牢靠,且不允许松动。

(2)施铆。用拉枪拉芯杆,与此同时钉套尾端受压失稳而形成鼓包形镦头,将锁环压入钉套与芯杆之间,防止芯杆松脱。具体施铆过程如下:

1)将铆钉塞入拉铆枪的拉头内,拉头端面应与钉套上的垫圈相贴合,拉头内的卡爪将铆钉夹住(注意,此时的铆钉不可从拉头内退出,若要退出,必须分解拉头)。将铆钉放入孔内,使拉铆枪垂直于结构件表面并压紧,以消除结构件之间的间隙。

2)将芯杆拉入钉套,扣动扳机,拉头紧顶住垫圈,芯杆被向上抽拉。

a.放入铆钉。

b.将芯杆拉入钉套。

c.继续拉芯杆,剪切环被剪切。

d.压入锁环,形成镦头。

3)拉铆枪继续抽拉芯杆,钉套尾端失稳,形成鼓包镦头,然后将锁环挤入芯杆与钉套之间的空腔,锁紧芯杆。

4)拉铆枪再继续抽拉,直到把芯杆拉断,被拉断的残尾杆从拉铆枪中自动弹出,并把露在零件外边的多余部分铣掉。

(3)铆钉的分解。由于抽芯铆钉结构较为复杂,有的芯杆和钉套的材料不尽相同,鼓包型抽芯铆钉的干涉量较小,因此,分解铆钉的难度较大,在分解过程中要严格控制多余物。其分解的程序如图2.86所示。

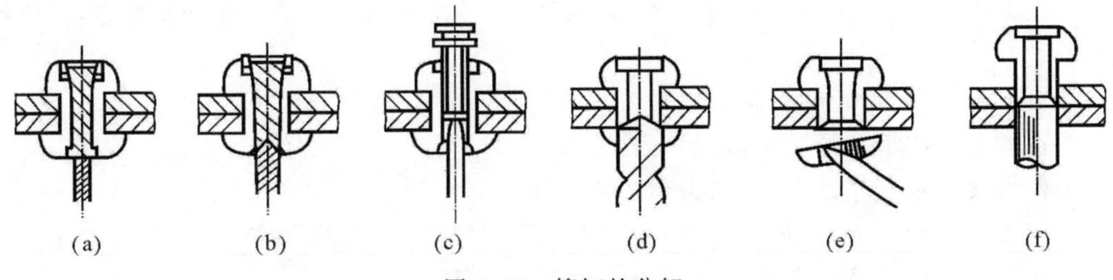

图2.86　铆钉的分解

(a)用小钻头钻中心孔;　(b)用与芯杆直径相同的钻头钻削芯杆;　(c)冲出芯杆;
(d)用与钉套直径相同的钻头钻钉头;　(e)冲掉钉头;　(f)冲出钉套

首先,用小钻头钻出中心点。用与芯杆直径相同的钻头钻削芯杆至锁环深度,将锁环钻掉,专用尖冲头冲出芯杆。然后用与钉套直径相同的钻头钻削钉套的钉头,其深度不能超过钉套的高度,用尖冲头冲掉钉套头,再用柱形销冲掉钉套。

五、干涉配合铆接

干涉配合铆接是指在钉孔的配合间隙中提高精度,有控制地镦粗铆钉杆,填满钉孔间隙使孔胀大,从而形成干涉配合。

它是一种连接强化技术,能显著提高结构的疲劳寿命,并能获得良好的密封性。相对干涉量，即铆接后钉孔直径与铆接前钉孔直径之差同铆接前钉孔直径之比的百分数。根据结构件的材料和铆钉直径的大小来选择干涉量。一般来说，相对干涉量最好在1%～3%之间，太大会产生应力腐蚀和铆接件变形，太小达不到预期效果。

干涉配合铆接按所用的铆钉分为普通铆钉干涉配合铆接、无头铆钉干涉配合铆接、冠头铆钉干涉配合铆接。由于铆钉结构不同，其铆接的工艺方法也不相同。

普通铆钉干涉配合铆接典型工艺过程如图2.87所示。

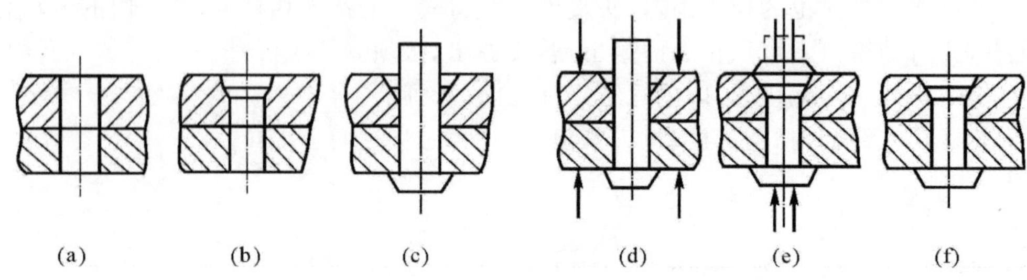

图2.87 普通铆钉干涉配合铆接工艺过程

(a)钻孔和铰孔；(b)锪窝；(c)放钉；(d)夹紧；(e)施铆；(f)铣平

1.夹紧和确定孔位

干涉配合铆接的夹紧和确定孔位除下述要求外，其他的与普通铆接的相同。

(1)普通铆钉、冠头铆钉干涉配合铆接的定位销间距，在曲面上不大于150mm，在平面上不大于200mm。

(2)无头铆钉、冠头铆钉干涉配合铆接的边距不得小于2倍铆钉直径，间距不得小于4倍铆钉直径。

(3)无头铆钉干涉配合铆接时必须先用铆钉定位。孔位可按产品图样编制程序，由机床自行完成。

2.普通铆钉干涉配合制孔工艺要求

(1) 孔的圆度位于孔径极限偏差以内。

(2) 孔轴线应垂直零件表面，其偏斜应不大于2°。

(3) 孔表面粗糙度 R_a 值不大于3.2μm，不允许有棱角、破边及裂纹。

(4) 孔壁上允许的轻微划伤见表2.40。

表2.40 干涉配合铆接孔壁上允许的轻微划伤 mm

<table>
<tr><th colspan="2">划痕形状</th><th colspan="2">t</th></tr>
<tr><td rowspan="3">δ t t
划伤深度不大于0.04，
在尺寸 t 范围内不允许划伤</td><td>环形划伤</td><td>δ ≤ 15
t = 0.1</td><td>δ > 15
t = 1.5</td></tr>
<tr><td>螺旋形划伤</td><td>δ ≤ 6
t = 0.25</td><td>δ > 6
t = 1.5</td></tr>
<tr><td>纵向划伤</td><td>δ ≤ 6
t = 0.25</td><td>δ > 6
t = 1.5
划痕长度 < 0.5δ</td></tr>
</table>

(5) 孔边的毛刺应清除，允许在孔边形成不大于 0.2mm 深的倒角。

(6)普通铆钉干涉配合铆钉孔的加工方法及加工尺寸见表 2.41。

表 2.41　普通铆钉干涉配合铆钉孔的加工方法及加工尺寸　　mm

铆钉直径	钻孔	钻头扩孔	铰孔(H9)
	孔径		
3.5	2.5	3.4	3.58
4.0	3.1	3.9	4.08
5.0		4.9	5.08
6.0		5.9	6.08

(7)优先采用风钻铰孔，铰孔使用的铰刀的主要尺寸见表 2.42。铰刀一般应带前导杆。

表 2.42　普通铆钉干涉配合铆接用的铰刀　　mm

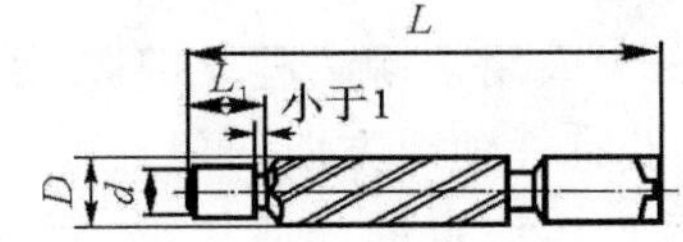

铆钉孔直径(H9)	D		D 磨损后允许值	d	
	基本尺寸	极限偏差		基本尺寸	公差带
3.58	3.605	$^{0}_{-0.010}$	3.576	3.4	f9
4.08	4.105		4.076	3.9	
5.08	5.105		5.076	4.9	
6.08	6.105	$^{0}_{-0.011}$	6.076	5.9	

3. 锪窝的技术要求

(1)冠头铆钉的沉头窝角度应与铆钉头角度一致。蒙皮窝的深度应比铆钉头最小高度小 0.02～0.05mm，用铆钉检查时，铆钉头相对零件的凸出量为 0.02～0.10mm。其形状和尺寸见表 2.43。

表 2.43　沉头窝形状和尺寸　　mm

铆钉直径	3	3.5	4	5
沉头窝深度	1.07	1.26	1.43	1.80

(2)窝的圆度应在其直径极限偏差内。

(3)窝表面不允许有棱角、划伤、破边及裂纹。

(4)零件表面由锪窝钻套造成的压痕、凹陷和轻微的机械损伤是允许的，但其深度应小于材料包覆层，数量不大于铆钉排内窝数的 3%。

锪普通铆钉沉头窝和冠头铆钉沉头窝时，一般应使用可调锪窝限动器。冠头铆钉沉头窝应使用整体锪钻(即导销和刀刃为一体)制窝。

4. 施铆

普通铆钉干涉配合铆接。

(1)铆钉长度的选择。沉镦头形铆钉长度,按下列公式计算:

$$L=\sum\delta+(1.0\sim1.1)d$$

平锥镦头形铆钉长度,按下列公式计算:

$$L=\sum\delta+(1.1\sim1.2)d$$

式中 L—— 铆钉长度,mm;

$\sum\delta$ —— 铆接件夹层厚度,mm;

d—— 铆钉直径,mm。

注意:所选取的铆钉长度应能填满镦头窝或以保证镦头尺寸为原则,一般不宜过长,否则会影响干涉量。

(2)铆接工艺方法。

1)优先采用单个压铆机进行压铆或用正铆法进行铆接,如图 2.88 所示与普通铆接不同的是使用了专用的带有凹坑的冲头,沿钉杆轴线方向均匀地胀粗而产生干涉量,有窝孔时冲头上的凹坑又使窝孔得到充分的填充并产生一定的干涉量,从而获得了较为理想的密封性。与无头铆钉铆接不同之处在于干涉量的大小只能通过控制铆接力及镦头的大小来进行间接的控制。

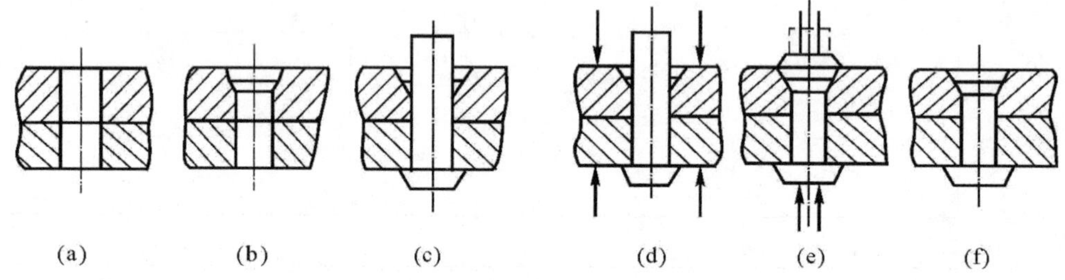

图 2.88 普通铆钉干涉配合铆接方法

(a)正铆法; (b)反铆法

2)沉镦头普通铆钉干涉配合铆接,沉镦头的凸出部分,可用专用带限制器的铣刀铣平。

3)铆接的干涉量须通过在相应的试片上进行检测。试片的材料、厚度,所用铆钉、工具和工艺方法等参数应与产品相同,并要求试片随同产品一道施工。

5. 干涉铆接的要领和注意事项

(1)制孔时注意保证垂直度、精度和孔壁光滑并用孔量规检验。

(2)锪窝为保证窝的尺寸,要使用锪窝限制器,并用窝的量规检验。

(3)铆卡及铆枪必须按文件规定选用,以保证达到预定的干涉量要求。

(4)对于冷冻铆钉,取出后必须在规定的时间内铆接。

(5)铆接之前应做试片,试片及试验方法按有关文件规定。

(6)冠头铆钉铆后,冠头的顶面仍允许有不高于 0.2mm 的凸起部分,能见到一个圆圈。

(7)更换不合格的铆钉时,必须加大一级铆钉。

二、干涉配合总结

干涉配合所用的铆钉一般为无头铆钉和冠头铆钉。下面分别介绍铆接制孔工艺过程。

1. 无头铆钉铆接制孔

无头铆钉是指没有铆钉头的实心销钉，在铆接过程中镦粗顶杆，并同时形成钉头和镦头，然后把突出蒙皮表面的多余部分铣掉。从加工方法上看，与普通铆接没有很大差别。

无头铆钉一般用于自动钻铆，无头铆钉的铆接最好用自动钻铆机，在自动钻铆机上完成由制孔到铣平镦头以及产品移位等全部工序。无头铆钉的孔及其沉头窝是在自动钻铆机上采用复合锪钻一次完成的。

(1)无头铆钉的铆钉长度按下列公式计算：

$$L=\sum\delta+2d$$

式中　L—— 无头铆钉的长度，mm；

$\sum\delta$ —— 被连接件的总厚度，mm；

d—— 无头铆钉直径，mm。

(2)利用铆钉伸出夹层的量，可以控制铆接干涉量的大小。铆钉伸出量大，所获得的干涉量大；反之，干涉量小。

(3)铆接前，选取与产品相同的材料和厚度尺寸做试片，进行试铆接，并测出试件的干涉量，如果符合要求，则应锁定设备及各种铆接工艺参数，再铆接产品。

2. 冠头铆钉铆接

冠头铆钉与普通沉头铆钉有所不同，主要区别在于钉头端面有一个圆弧球面，钉杆端面带圆角铆钉长度比普通铆钉短小。材料一般为 LY10，主要用在飞机的受拉力、受剪力的具有气密性、油密性的结构上。冠头铆钉常用于气密和油密部位，因为铆头的形状，使铆接时与工具接触面积很小，力量集中在铆钉中心线附近，保证沿钉杆有较均匀的干涉量，且使沉头部分紧密地充填窝孔，具有较好的密封性。

(1)冠头铆钉铆接工艺方法。

1)冠头铆钉铆接一律采用反铆法进行铆接。

2)铆枪的功率和顶把的质量均应比普通铆接高一级。

3)为使零件和铆钉头不受损伤，在平冲头与铆钉之间应垫上玻璃纸。

4)允许单个压铆，不允许成组压铆。

5)产品铆接所达到的干涉量，应作试片检查，其方法与普通铆钉干涉配合铆接检查方法相同。

(2)技术要求。

1)各层相对干涉量一般要控制在 0.6%～6%范围内。

2)铆钉头应与窝贴合，不允许露窝，钉头高出零件表面的凸出量应不大于 0.3mm。

3)铆钉的镦头为标准镦头，如图 2.89 所示。

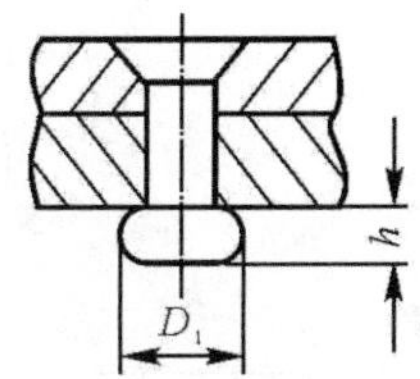

图 2.89　铆钉的镦头形状

4) 铆钉镦头的尺寸按下列公式计算：

$$h_{\min}=0.4d$$

$$D=\begin{cases}(1.6\pm0.1)d, & d\leqslant 5\\(1.55\pm0.1)d, & d>5\end{cases}$$

式中 $h_{\min}$—— 镦头最小高度，mm；

d—— 冠头铆钉直径，mm；

D—— 铆钉镦头直径，mm。

5）铆钉镦头尺寸及其偏差见表 2.44。

表 2.44 冠头铆钉镦头尺寸及其偏差 mm

铆钉直径	3.0	3.5	4.0	5.0	6.0
镦头直径	4.8	5.6	6.4	8.0	9.3
镦头直径偏差	±0.3		±0.4	±0.5	
镦头最小高度	1.2	1.4	1.6	2.0	2.4
镦头对钉杆轴线的同轴度	ϕ0.4	ϕ0.6	ϕ0.6	ϕ0.8	ϕ1.0

6）铆钉头、镦头和被连接件表面不允许有机械损伤。

7）铆钉长度的选择。

冠头铆钉长度的选择见表 2.45。

表 2.45 冠头铆钉长度的选择 mm

铆钉直径 d	3	3.5，4	≥5
铆钉长度 L	$\sum\delta+1.4d$	$\sum\delta+1.3d$	$\sum\delta+1.2d$

注：$\sum\delta$ 为被连接件的总厚度，mm。

(3)工艺方法。

采用反铆法铆接冠头铆钉，要求如下：

1)使用平冲头进行铆接，如图 2.90 所示。

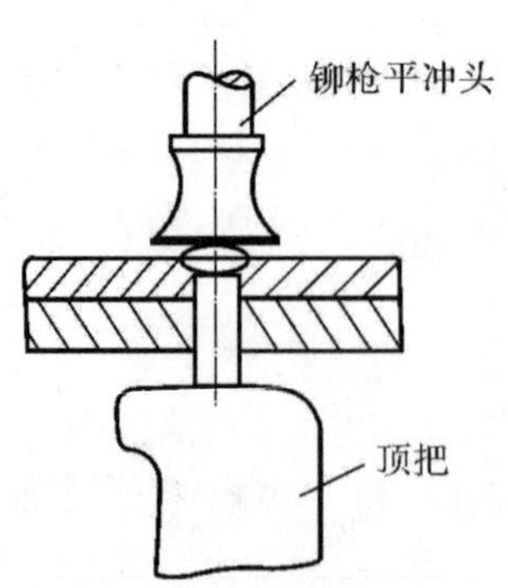

图 2.90 冠头铆钉的反铆法示意图

2)铆枪功率及顶把的选择见表 2.46。对于直径为 6mm 的冠头铆钉，当夹层厚度大于

10mm 时，应选择功率大一号的铆枪，顶把质量系数取 0.8kg/mm。

表 2.46　冠头铆钉反铆需用的铆枪功率及顶把质量

铆钉直径 d/mm	3	3.5	4	5	6
铆枪功率/J	1.48～1.95	1.95～2.95		6.9～7.8	
顶把质量系数 k/(kg/mm)	(0.6～0.7)d				

3)为了使零件和铆钉头不受损伤，在平冲头与铆钉头之间应垫上玻璃纸。

4)允许单个压铆，不允许成组压铆。

5)产品铆接所达到的干涉量应作试片测量。对试片的要求和测量方法参见普通铆钉干涉配合铆接。

因为干涉配合种类很多，工艺过程、连接形式各不相同，因此工艺特点各具特色，现通过表 2.47 做一个归类总结。

表 2.47　干涉配合铆接的种类及其特点

种　类	连接形式简图	典型工艺过程简图	特　点
普通铆钉干涉配合铆接	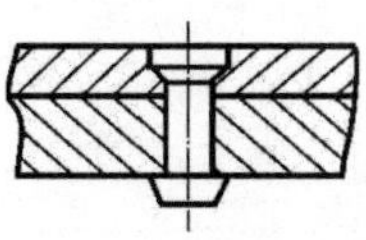 a. 沉镦头 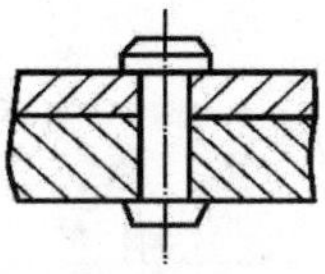 b. 平锥镦头	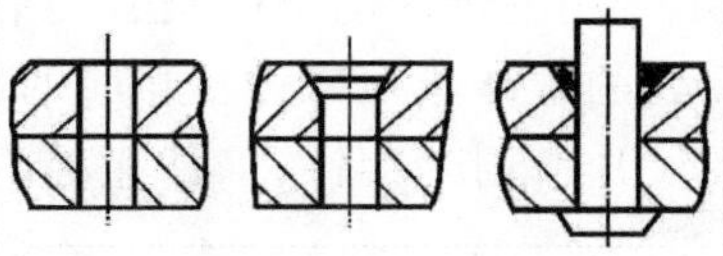 a. 钻孔和铰孔　b. 锪窝　c. 放钉 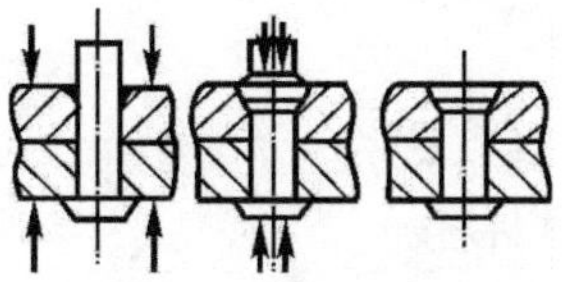 d. 夹紧　e. 施铆　f. 铣平	干涉量为 0.8%～5%，沿钉杆分布(与无头铆钉铆接相比)不够均匀。具有密封性，可采用单个压铆或正铆法。适用于工厂现有设备
无头铆钉干涉配合铆接	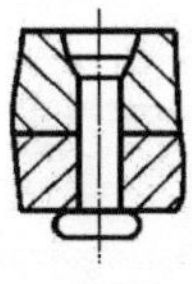 a. 沉镦头 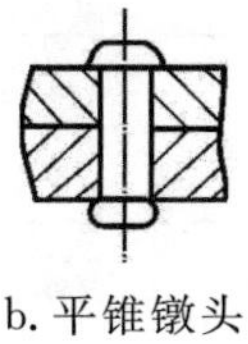 b. 平锥镦头	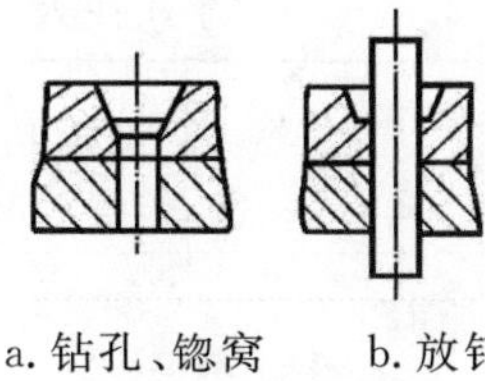 a. 钻孔、锪窝　b. 放钉 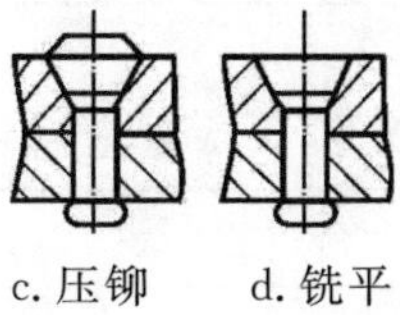 c. 压铆　d. 铣平	干涉量为 1.5%～3%，沿钉杆分布均匀。耐疲劳性能和密封性能好。必须采用专用的钻铆设备

续表

种　类	连接形式简图	典型工艺过程简图	特　点
冠头铆钉干涉配合铆接	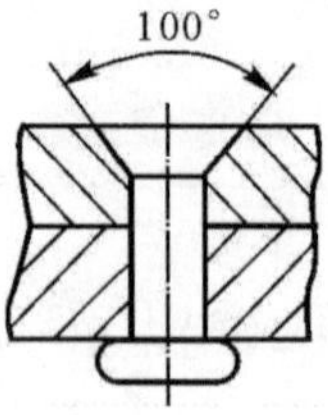 100°	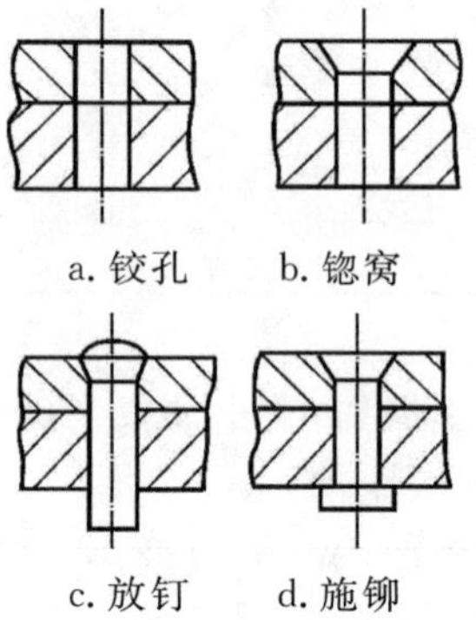 a. 铰孔　b. 锪窝 c. 放钉　d. 施铆	干涉量为0.6%～6%，沿钉杆分布比较均匀。耐疲劳性能和密封性能比较好。蒙皮最小厚度应不小于1.5倍沉头窝深度，可采用单个压铆，最好采用反铆，适用于工厂现有设备条件

顶把的工作面采用平面形的或带有与铆钉头相匹配的窝形，顶把的质量相同于普通铆接规定的顶把质量。

6)压铆时铆钉头的铆模按铆钉头尺寸制窝，镦头铆模按正铆法的铆枪冲头窝的形式和尺寸制窝。

7)沉镦头的凸出部分，用专用的带限动器的铣刀铣平。

8)产品上的铆钉孔和窝处的干涉量须通过在相应的试片上进行检验测量。

试片的材料、厚度，以及试片所用的铆钉、工具和工艺方法应与产品的相同，并要求试片随同产品一道施工。

六、钛合金铆钉的铆接

钛合金是一种先进的航空材料，广泛应用于航天领域。但由于钛合金硬度高、塑性差，在常温下铆接难以形成镦头，且钉杆膨胀量小，易产生裂纹等，故宜采用热铆。

1.技术要求

(1)铆钉孔直径及其偏差见表2.48。

表2.48　铆钉孔径及其极限偏差　　mm

铆钉直径		2.5	3.0	3.5	4.0
铆钉孔直径	基本尺寸	2.5	3.0	3.5	4.0
	极限偏差	$^{+0.15}_{+0.05}$			

(2)钛合金铆钉镦头尺寸见表2.49。

表2.49　钛合金铆钉的镦头尺寸　　mm

d		2.5	3	3.5	4
D	基本尺寸	3.8	4.5	5.2	6
	极限偏差	±0.25	±0.30	±0.30	±0.40
h_{min}		1.0	1.2	1.4	1.6

2. 铆钉长度的选择

形成标准镦头的铆钉长度与普通铆钉相同。但考虑钛合金铆钉硬度高、塑性差，在冷铆时有利于镦头的形成和减少铆接的次数，一般铆钉长度比标准长度少 1mm(取负差)。

3. 铆接工艺方法

(1)热铆法。由于钛合金铆钉在 750～900℃时有良好的塑性，宜采用热铆。通过加热时间控制器将电源电压 220V 变为 2～3V，将控制器的 A 端接在顶把上，B 端接在零件上，其回路由铆枪来控制，在接通铆枪上控制线后，时间在 3～5s，其铆钉的温度瞬时可达 750～900℃，便可扣动铆枪上扳机进行铆接。

(2)采用压铆法能获得较好的铆接质量。

(3)用锤铆法铆接，当铆钉直径为 2.5mm 或 3mm 时，采用与普通铆接相同的工具；当铆钉直径为 3.5mm 或 4mm 时，须使用大功率铆枪和较重的顶把进行铆接，对于较薄的夹层结构，应注意控制铆接变形。

七、工具设备的使用和维护

特种铆接所使用的拉枪一般为气动式或气动液压式，各种拉头的结构形式为机械传动式，因此在使用过程中应加以爱护和保养。

(1)定期检查拉枪的动力部分和传动机构，液压油缸内不允许有气泡存在。否则应使用排气装置及时排除，以免影响铆枪的拉铆力。

(2)定期更换拉枪内密封垫圈，使用拉枪时常保持良好的使用状态。

(3)接铆枪的气源，应经过滤，要清洁，且不含水分和杂质，气源的压力在规定范围内。

(4)所使用的拉枪、拉头、冲头等应无故障且在有效期内。

(5)使用拉枪铆进行抽芯铆钉时，拉枪轴线不可对准人，以免被拉断的尾杆弹出击伤人。

第八节　铆接质量检查

铆接过程中出现的各种铆接缺陷，在不同程度上都会削弱连接强度，造成铆接质量不好，使飞机结构的安全系数得不到保证。因此而造成的各种事故的例子是很多的。例如，铆钉孔的毛刺没有认真清除，毛刺上的细微裂纹在飞行中逐渐扩展，到一定程度可能使气密座舱漏气，也可能使防水密封的货舱、顶棚造成漏水；铆钉窝过深，铆钉没有使铆接件铆紧，在飞行中铆钉松动，蒙皮有可能被气动力撕裂；发动机进气道的铆钉孔不垂直或铆钉窝过深，没有铆紧，飞机在飞行时铆钉头可能脱落被吸入发动机，打坏发动机叶片，损坏发动机；有些飞机的铆接结构还没有到使用寿命，大量铆钉发现松动，只好提前停止使用，被迫停飞。此外，在铆接装配中没有严格控制好铆接变形，造成许多不协调现象，使装配困难，影响铆接质量，严重时造成装配件返修或报废。因此，不仅要知道铆接缺陷或故障的所在，还要掌握它们产生的原因和提出预防其发生的工艺措施，必须严格保证铆接质量。

要保证铆接质量，应了解铆接中有哪些常见的缺陷，这些缺陷是怎样产生的，找到预防措施，然后提出处理意见和排除方法，从中总结经验教训，提高铆接操作技能。

一、质量检查

1. 铆钉镦头的质量检查

用镦头样板(见图 2.91)检查铆钉镦头高度和直径,如图 2.92 所示。抽检数不少于铆钉排总钉数的 10%。

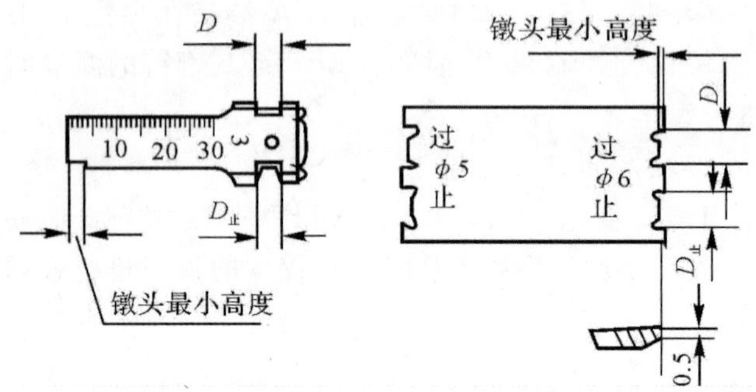

图 2.91 镦头样板形式示意图

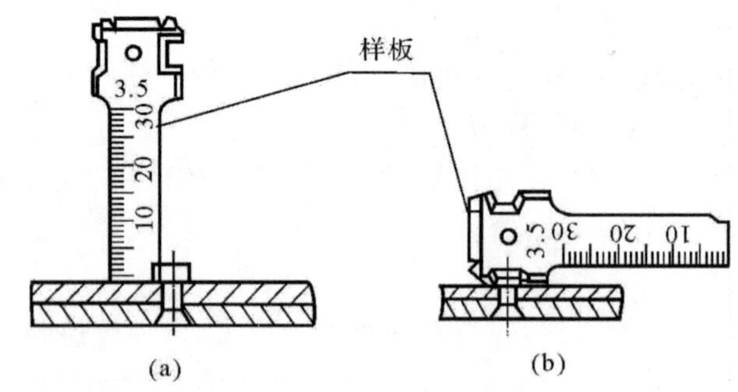

图 2.92 镦头检查示意图

(a)检查镦头高度; (b)检查镦头直径

2. 检查沉头铆钉头相对蒙皮表面凸出量及蒙皮划伤深度

(1)用带有辅助支架的百分表检查沉头铆钉头相对蒙皮的凸出量,如图 2.93 所示。

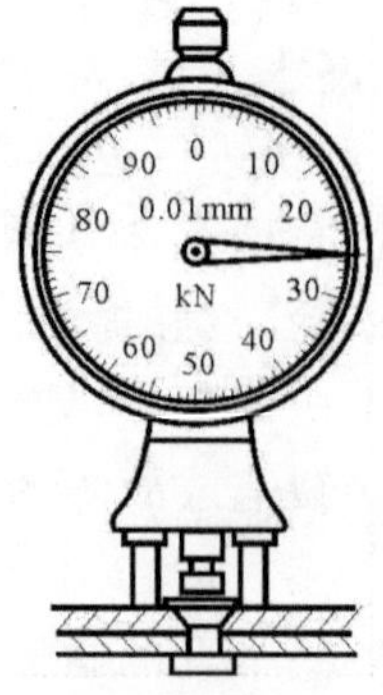

图 2.93 沉头铆钉相对蒙皮凸出量检查

(2)用带有辅助支架的百分表,或用直尺和塞尺检查铆接引起的蒙皮表面凹凸不平量,如

图 2.94 所示。

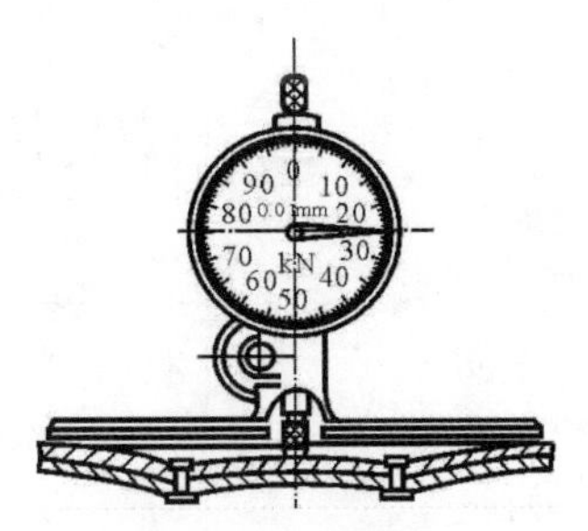

图 2.94　铆接件蒙皮表面不平量检查

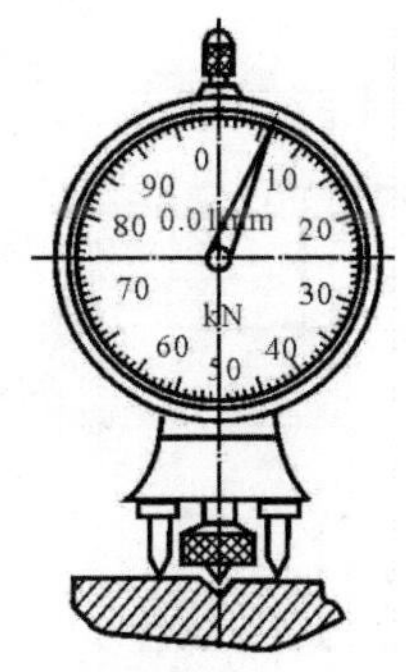

图 2.95　蒙皮划伤深度的检查

(3)用带有辅助支架的百分表检查蒙皮划伤深度,如图 2.95 所示。

3.各种铆接缺陷

铆接缺陷表现形式、产生原因及排除方法见表 2.50。

表 2.50　铆接缺陷、产生原因及排除方法

序　号	简　图	铆接缺陷	产生原因	排除方法
1		沉头铆钉头凹进零件表面	1.窝锪得太深; 2.铆钉头高度太小	更换铆钉或加大铆钉
2		沉头铆钉头凸出零件表面过大	1.窝锪得太浅; 2.铆钉头高度太高	更换铆钉或重新锪窝
3		铆钉头与钉窝之间有间隙	1.钉头与窝的角度不一致; 2.钉窝偏斜	用大一号铆钉重新锪窝铆接
4		钉杆在钉头下镦粗;铆钉头与零件有间隙	1.铆接时窝头压力不够; 2.顶把压紧力过大	更换铆钉或补铆
5		铆钉镦头直径过小	1.铆钉长度不够; 2.孔径过大; 3.铆接力过大	更换铆钉或补铆
6		铆钉镦头高度过小	1.铆钉长度不够; 2.铆接力过大	更换铆钉
7		铆钉头或镦头被打伤、有切痕、有裂纹	1.顶把顶得不正确; 2.铆钉材料塑性不够	更换铆钉

续表

序　号	简　图	铆接缺陷	产生原因	排除方法
8		镦头呈喇叭形	1. 铆枪功率过小； 2. 气压不够； 3. 顶把太轻	更换铆钉
9		镦头偏移过大	1. 铆钉过长； 2. 顶把顶得不正确； 3. 钉孔偏斜	更换铆钉
10		镦头偏斜	1. 顶把面与零件不平行； 2. 压铆模工作面歪斜	更换铆钉
11		钉杆在孔内弯曲	钉孔直径过大	用大一号铆钉铆接
12		钉杆在零件间被镦粗	1. 铆接时零贴合不好； 2. 零件未被夹紧	钻掉铆钉排除夹层间隙，再铆
13		在铆钉头处零件被打伤	1. 窝头上的窝过深； 2. 铆枪窝头安放不垂直	严重时要更换零件
14		铆钉头周围蒙皮下凹	1. 蒙皮与骨架之间有间隙； 2. 操作者配合不协调； 3. 顶把质量与铆枪功率不匹配	校正敲修
15		蒙皮沿铆缝局部下陷或整个下陷	1. 操作者配合不协调； 2. 顶把质量与铆枪功率不匹配	轻则敲修，重则分解铆钉加垫排除

二、质量分析

铆接质量可从两方面来分析：一是由于思想上和技术上的疏忽大意造成的各种铆接缺陷；二是因结构设计的工艺性差和工艺方法本身所产生的铆接变形。对于前者只要引起重视是可以避免的，对于后者则应掌握其规律性，使其向不变形或向有利方向变形。

1. 铆接缺陷的分析

例如，一个直径为 3mm 的半圆头铆钉所做的正常铆缝与缺陷铆缝在抗拉强度与抗剪切强度的试验中，对铆缝的影响如图 2.96 所示。

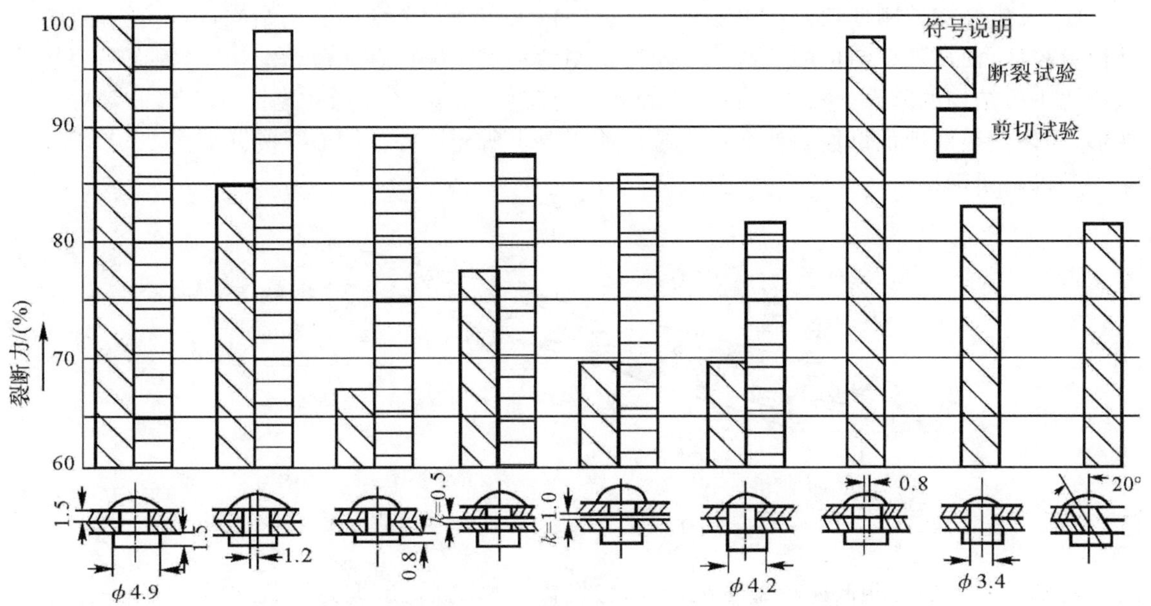

图 2.96　各类铆接缺陷的样品力学性能的试验结果

由图例看出，镦头过扁会严重降低抗拉强度，铆接件间存有间隙，会降低抗剪强度和抗拉强度。镦头裂纹、钉孔过小、铆钉孔倾斜、钉杆打弯、钉孔打裂、钉孔过大、铆钉未铆紧等缺陷是绝对不允许的。在动载荷作用下，由于铆缝的缺陷造成强度的降低比静载荷下更严重。

制窝过深往往是造成零件之间有间隙的主要原因。零件间的切屑必须清除干净，划铆钉孔位置线时，要仔细看清上下几个零件是否都满足了边距的要求，使用工具必须经过检查等。铆接半圆头铆钉时，铆枪冲头的窝要合适，小了容易把钉头打伤，过大又容易把蒙皮打出凹坑。在结构不开敞处正确地选择顶把形状和质量。一组铆钉若有一两个铆坏了，就不要再铆接下去，要找出产生故障的原因，采取措施后再铆。

2. 铆接变形分析及一般预防措施

在装配铆接过程中，从零件组合成组件、部件的铆接，经常会碰到各种程度不同的变形问题。有的零件表现为翘曲，有的组合件几何形状和尺寸变大缩小、变长或缩短。对于翼面类型的外形则表现偏扭；对于薄蒙皮结构件，常出现蒙皮鼓动等。各种变形最终还可能反映到相互连接的接头上，孔位错移，严重影响部件间对合。

例如，某机的减速板，铆接后与机身不贴合，外形弧面超大；某歼击机后机身铆接后和前机身对接框处变大，前后机身对接后造成负阶差。某教练机的襟翼的铆接扭曲变形无法与机翼对合；飞机水平尾翼铆接后，当在精加工台上进行调平时，下翼面向上翼面偏扭，最后拆去后缘条，更换部分铆钉，造成返工报废零件。

某机升降舱，上、下蒙皮经常出现蒙皮鼓动现象，须花费很多工时来排除。

某机后机身由四个壁板组合(上、下壁板，左、右侧壁)，在各壁板铆接后，在总装型架上进行四壁对合铆接，出现各壁板接头孔与型架上接头定位件孔严重错移，且壁板外形超差，造成返工报废。

造成这类铆接变形的原因是多方面的，但其中很重要的一个原因是铆接装配引起的。

(1)飞机结构的刚性较差产生变形。飞机结构大多为轻合金的薄壁结构，由于轻合金的弹性模量较低，使得薄壁结构的抗弯刚度及抗扭刚度都要比黑色金属薄壁结构差，因而与一般机械相比飞机结构的刚性就较差。在制造和装配过程中，无论采取哪种连接方式都很容易产生变形，如果不很好地加以控制就会造成超出使用要求所允许的范围而报废。如图 2.97 所示为某直升机尾梁铆接后产生的扭曲变形。

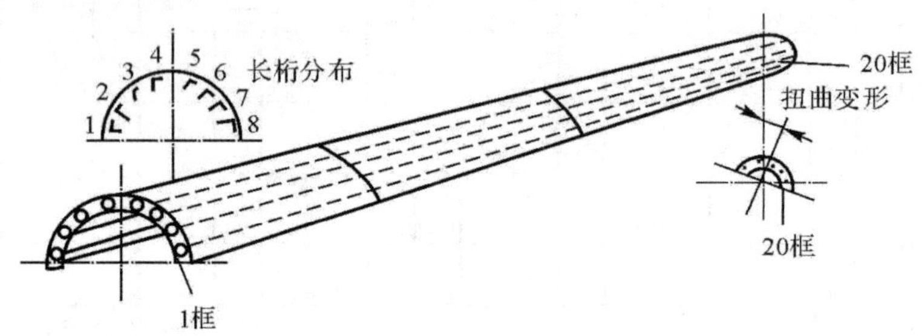

图 2.97　某直升机尾梁上板件铆接后的扭曲变形

特别是现代的一些低速小型飞机，为减轻机体结构的质量，提高商载能力，大多采用了超薄壁结构，即飞机机体结构的蒙皮和骨架(长桁、框和肋等)均是用 0.3～0.8mm 铝合金薄板制成，其工艺方法及工人操作技术都有独特的一面，为区别于一般薄壁结构，而称其为超薄壁结构。如机翼的后缘、襟翼、副翼及舵面等。这种结构的蒙皮很薄，骨架零件亦很弱，往往经不起铆枪的捶击，甚至轻度的捶击就会使铆钉周围的蒙皮连同骨架一起产生局部凹陷。因此，多数采用无冲击力的抽芯铆钉进行铆接。即使如此，如果操作时掌握不当，钉杆断裂时拉铆枪产生的反冲也会将产品冲出一个局部的凹坑。

(2)铆接零件应力变形。在铆接过程中，由于铆钉杆在镦粗时挤压孔壁和钉头，镦头挤压零件表面，从而产生内应力。

(3)定位基准和约束选择的不合理以及工装使用不当而变形。工装除了定位作用外还有控制产品变形的功能。如何正确选择适合产品特点的工装是很重要的。如某型机的外襟翼型架，每隔两个肋给一块卡板，虽然简化了工装，但在铆接过程中对肋的偏摆不易控制，保证不了表面平滑度和后缘直线度的要求。有时尽管有卡板，而操作者若怕麻烦，工作时将多块卡板同时打开，产品就会失去约束，从而很容易产生变形。

(4)零件不协调或零件与定位器不协调而进行强迫装配引发变形。参加装配的零件相互间不协调或零件与工装定位器不协调，如不采取措施就进行强迫装配，势必产生应力而使零件变形。例如，接头在取消约束后产生回弹，致使接头孔偏离定位点过大。

(5)施工过程中装配方法和铆接顺序不合理引发变形。对于薄壁结构应视刚性的强弱采用不同的铆接方法。一般遵循中心法或边缘法，否则材料膨胀无法向外延展而产生鼓动和变形，尤其是蒙皮对缝处的间隙，应经常观察是否相顶，及时加以修锉。一旦两块蒙皮相顶，最易产生鼓动。

(6)铆接工具选用不当，铆接时施力过大引起变形。应根据产品结构的刚度和铆钉直径选用适当功率的铆枪和适当质量的顶把。冲击铆接时如铆枪功率过大，铆钉杆镦粗不均匀，冲击时间长，镦头过扁，都会使铆接件产生过大的内应力而变形，蒙皮表面沿铆缝凹陷，致使平滑度不好。

(7)操作者技术水平低，实践经验少，工作责任心不强和主、副手配合得不好，都容易产生铆接变形。为此，就要求操作者在铆接过程中，要不断地认识、掌握变形规律，提高技能水平，增强责任感和协作精神，及时采取防范铆接变形的措施。

(8)零件不合格，如蒙皮本身就原带鼓动或松动。有的产品鼓动是由于蒙皮本身不合格，在未装配之前，已带有鼓动和松动。尤其是超薄的压梗蒙皮，往往在成形过程中就产生了鼓动。

三、抑制铆接变形的几点措施

1. 在操作方法上

(1)铆接时，镦头形成快，不应过扁，以避免铆钉孔周围接触面材料过分变形。

(2)在装配件定位上，对易变形的零件，最好采用型架或夹具定位，在定位夹紧后再铆接。

(3)参加装配的零、组件之间和定位器之间要保证协调，如果超差，则及时返修。纯属公差积累造成的不协调，应在允许的范围内进行补加工，决不能进行强迫装配。

(4)应尽量采取压铆和正铆法，反铆时，尽量避免捶击时间过长。

2. 在铆接顺序上

(1)先铆蒙皮与长桁，首先保证零件有较好的刚性。

(2)对长宽较大的壁板型组合件，可分段进行铆接，以减少铆接变形。

(3)采用合理的铆接顺序，遵循中心法或边缘法，并注意蒙皮对缝是否相顶，及时加以修锉。

3. 在装配方法上

(1)当骨架刚度比较好时，可采用预应力装配方法，使蒙皮紧贴骨架上，使铆接后的变形减少到最小极限。

(2)当铆钉镦头位置无严格要求和限制时，尽可能使镦头一面在材料厚的或强度大的一面。

(3)对无支撑的零件装配，铆接时应严格控制其间距与排距，以免使材料变形过多，从而引起结构变形。铆钉间距最好不小于5倍的铆钉直径。

(4)设计时，应当尽量把镦头的一面放在材料较硬或较厚的一边。

(5)能用铝铆钉时，不要用钢铆钉，能用LY1材料的铆钉，就不要用LY10材料的铆钉。能用小直径的铆钉就不要用大直径的铆钉，没有必要时就不要随意缩小铆钉间距和增加铆钉数量。

(6)钢铆钉铆在铝件上，镦头下应加一个钢垫圈。镦头在薄或软材料一边时，在镦头下也最好放一个垫圈，以减少变形。

(7)工艺上，为减少和防止变形，也常采取一系列措施。铆钉排列时，尽量地把镦头和钉头交错排列，使两面的变形互相抵消；要估计到各种钣件的特点，使零件事先有一定反变形，如加支撑等。

(8)铆钉长度和镦头高度要加以控制，因为铆钉杆的变形量加大会增加零件变形。装配时若零件间存有间隙，装配后会产生内应力，使零件产生变形。因此，要严格控制结构间的间隙，有间隙应加垫或用其他补偿措施排除。装配件铆接时应严格检查构件之间相互位置，正确后才能进行铆接。

(9)为了克服不可避免的铆接变形对接头孔位置准确度的影响，只有在装配的最后工序才能进行铰孔。但在铰孔前需检查孔的偏移量是否能保证孔的精度、光度和最小边距的要求。

(10)蒙皮在装配之前，应很好地检查其供应状态，如有鼓动和松动现象不能使用。

(11)在薄蒙皮与厚零件或接头连接的反铆中，由于铝铆钉长，铆钉直径粗，铆接中镦头难以成形，捶击时间长，蒙皮很容易变形，铆接后，不能满足技术条件规定的外形。为了解决这一问题，可采用将铝铆钉放在盐炉中，进行热处理(退火)大约 15min，从盐炉中取出后，立即放在清水中冲洗干净，再进行铆接，这样退火的铆钉在自然硬化之前，易使镦头成形，可以减少铆接捶击的时间，避免铆接时间长而产生铆接变形，同时也提高了铆接效率，确保了铆接变形的排除。

除上述外，为了排除变形和鼓动，可将角材铆于鼓动处来增强刚性，但必须符合设计技术要求。另外，薄蒙皮铆接后，敲修外形，排除多余物不要随意敲打，以免敲松铆接件相互间的衔接而产生鼓动。

还有一种情况也应引起注意，结构设计的不合理也是产生各种缺陷的一个不可忽视的原因。如有的飞机电台外罩用 LF2 防锈铝制造，但却选用 LY10 高强度硬铝铆钉铆接，一方面从强度上看没有必要，另一方面铆接时也很难避免缺陷。又如在铝蒙皮上铆钢铆钉，结构又设计得不开敞，顶把不好接近，质量就不易保证。

四、铆钉分解

如果发现有铆接缺陷，在处理上应当更加仔细、认真。因为铆接是一种不可拆卸的连接，所以能够修复而不需拆除的铆钉应尽量不拆。拆除铆钉后铆钉孔一般都有扩大，铆接起来就更加困难。有时零件有损伤，例如有裂纹、破洞时，可以贴补垫板加强，实在不行只有仔细拆除，更换零件，补铆加强。

在铆接装配工作中，拆除不合格铆钉是一项难度较大的操作技能。例如，铆钉头打坏，镦头打歪顶烂，或钉杆形成不良等，这些有缺陷的铆钉必须排除和更换。有时在装配铆接后发现零件间不协调或有故障等需取下检查和修正，还有的铆接件定位时用的工艺铆钉要拆除，这些都要对铆钉进行分解。

分解铆钉时，一定要按照分解的程序和方法进行。分解铆钉的方法，先钻脱铆钉头，然后用铆钉冲将铆钉杆轻轻冲出，其程序如图2.98所示。

(1)用同直径的钻头对准铆钉头位置中心线，用手沿顺时针方向转动风钻钻帽，使钻头在铆钉头上稳定钻心，然后再钻孔，钻孔的深度等于铆钉头的高度。

(2)分解半圆头铆钉时，最好用尖冲在铆钉头上冲一下中心点，防止钻拆时钻头滑动而钻伤铆接件。

(3)用小于铆钉直径 0.2～0.5mm 的铆钉冲轻轻将铆钉杆冲出，冲铆钉杆时，应在镦头一面加用顶把顶住，以免铆接件变形。

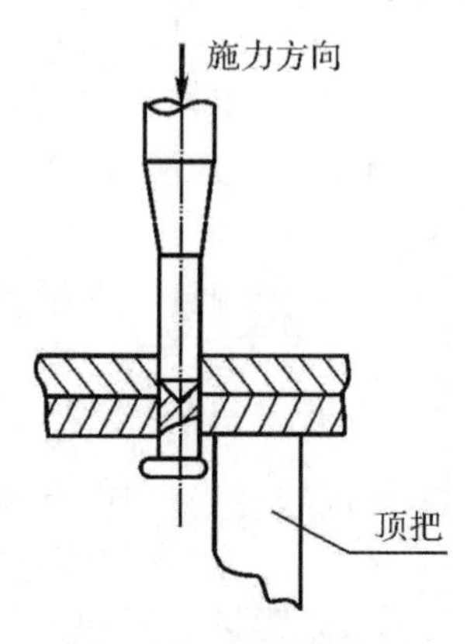

图 2.98　铆钉分解

安全小提示

一、钻孔注意事项

(1)严禁戴手套钻孔,防止钻头绞住手套伤人。

(2)仰卧姿势钻孔,要戴护目镜,防止钻屑进入眼中。

(3)用手拿住零件钻孔,一定要捏紧,手不能置于钻头出口处。

(4)钻孔时零件要夹紧,防止零件松动,旋转伤人。

(5)钻孔过程中,不准用手拉钻头导出的钻屑,以防伤手。

(6)双人在零件的两面工作,一人在对面钻孔时,要防止钻头伤人。

(7)风钻未停止转动,严禁用钥匙装卸钻头。

二、密封铆接环境控制及安全措施

1.环境控制

(1)施工的环境温度应控制在15～30℃范围内,空气相对湿度应保持在40%～80%内。

(2)工作间应清洁。

(3)所用的压缩空气应经过过滤处理,不含油、水和其他杂质。

(4)施工人员的工作服、手套及工具等不准有油脂和纤维附着。

2.安全措施

(1)施工现场特别是当在狭小空间施工时,必须有通风、排气设施,防止施工人员吸入过量有机溶剂蒸气。

(2)施工现场附近应备有肥皂、去污粉及洗涤设施。

(3)施工人员应戴手套接触有机溶剂、密封剂。黏在皮肤上的密封剂,应及时擦掉并用水冲洗。有机溶剂及有害物质溅入眼、口腔时,应立即用水冲洗。

(4)工作后离开现场应更换工作服,将手洗净。

(5)施工现场应严禁烟火,必须配备干粉灭火器、灭火砂箱等消防器具。

(6)浸有有机溶剂的废弃抹布和密封剂必须分别投入专用容器中。

思考题

1.普通铆接的种类有几种?试举例说明铆钉代号及标志。

2.压铆的优点是什么?如何提高压铆系数?

3.普通铆钉的长度计算公式有几种?

4.制孔的技术要求是什么?

5.钻孔的注意事项是什么?

6.钻孔后如何去毛刺?

7.钻孔工艺要求是什么?

8.铰孔时的注意事项是什么?

9.锪窝钻的组成和分类是什么?

10. 制窝的技术要求是什么?
11. 典型普通铆接的过程是什么?
12. 什么是确定铆钉孔的边距、间距和排距?
13. 什么是正铆法、反铆法,各自的特点是什么?
14. 冲头如何使用?
15. 顶把的质量如何选择?
16. 顶把的操作要领是什么?
17. 锤铆的注意事项是什么?
18. 铆枪的操作方法是什么?
19. 密封铆接的定义及典型工艺过程是什么?
20. 什么是密封剂的工艺性?
21. 密封贴合面如何清洗?
22. 涂敷密封剂的方法有哪几种? 各自的定义是什么?
23. 密封剂如何硫化和保护?
24. 密封铆接施铆时的操作要求是什么?
25. 环槽铆接的技术要求是什么?
26. 高抗剪铆接的技术要求是什么?
27. 干涉配合的定义和特点是什么? 作用是什么?
28. 在操作方法上如何抑制铆接变形?
29. 如何分解铆钉?
30. 干涉铆接的要领和注意事项是什么?

第三章　螺纹连接技术

第一节　螺纹连接常用标准和紧固件

一、概述

1. 常用螺纹种类

常用的螺纹种类有普通螺纹、梯形螺纹、锥形螺纹等。

2. 螺纹零件的标记

螺栓光杆直径公差带、螺栓和螺母的材料直接影响螺纹连接强度，为了便于在管理和使用时辨别，规定在螺栓、螺母上制标记。

(1)螺栓光杆直径公差带的区别标记见表 3.1。

表 3.1　螺栓光杆直径公差带标记

公差等级	h6	f9	h8	其他公差等级
标志	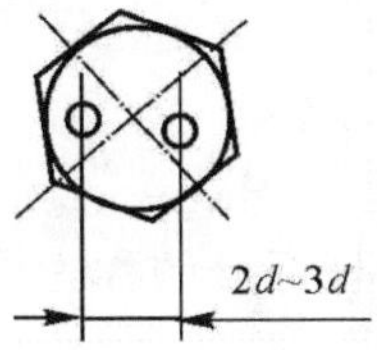 2d~3d	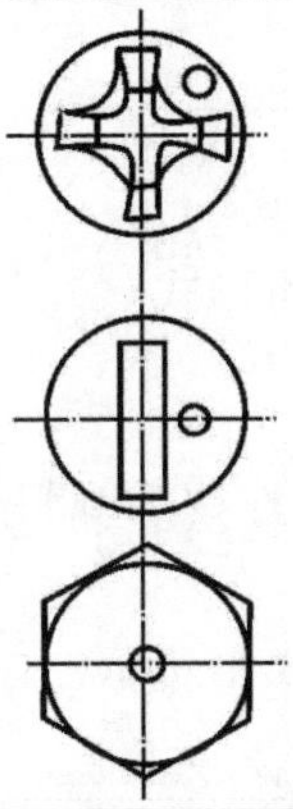	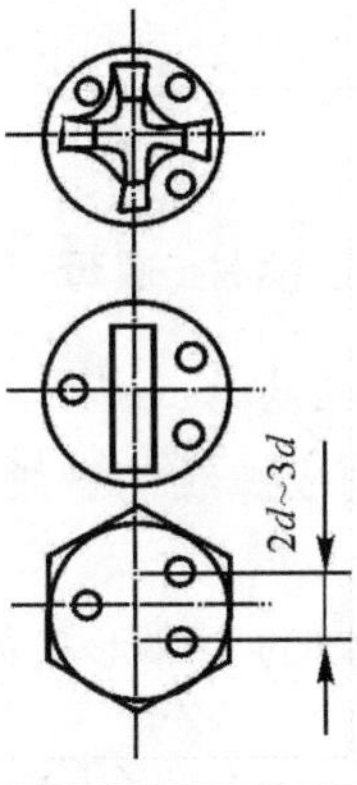 2d~3d	不制标记

(2)螺栓、螺钉、螺母材料牌号的标记形式见表 3.2。

表 3.2　螺栓、螺钉、螺母材料牌号的标记形式

材　料	螺栓和螺钉	螺　母
碳钢和 GH132	不制标记	不制标记
16CrSiNi	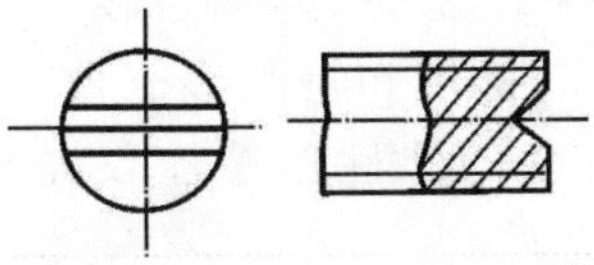	

续表

材 料	螺栓和螺钉	螺 母	
		用于车制	用于镦制
Cr17Ni2	F		
18Cr2Ni4WA	HC		
		用于车制	用于镦制
30CrMnSiA 1Cr18Ni9Ti			
		用于车制	用于镦制
38CrA①	H		

二、常用螺栓、螺钉、螺柱、螺母、垫圈的形式

1. 螺栓、螺钉和螺柱的形式

通常把杆部全部制成螺纹的螺纹紧固件称为螺钉，有光杆部分的称为螺栓，杆的两端均制有螺纹的称为螺柱。

(1)常用螺栓和螺钉的头部形状如图 3.1 所示。

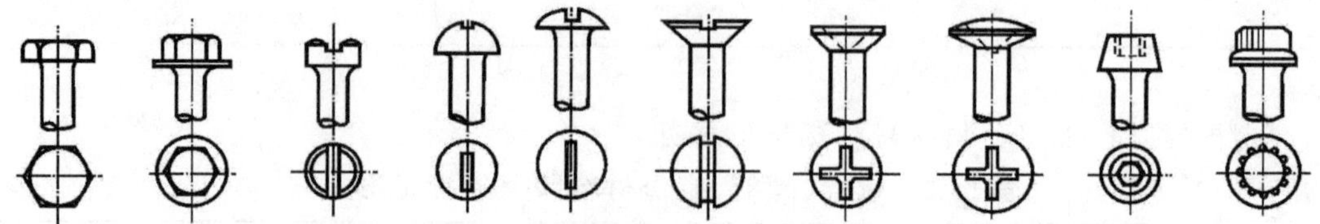

图 3.1 常用螺栓和螺钉的头部形状

(2)螺栓按其光杆部分的形状分，有圆柱、锥形和特制形三种。飞机上使用最广的是圆柱形螺栓。锥形螺栓光杆有 1∶20 锥度。特制的圆柱形螺栓仅光杆直径比标准螺栓的加大 0.1～0.9mm，主要用于排除故障和修理。

(3)螺栓、螺钉、螺柱(与螺母连接的一端)的螺纹一般采用普通螺纹标准。

2. 螺母的形式

常用螺母的形式如图 3.2 所示。在振动或交变载荷下工作的螺母,一般应考虑锁紧。

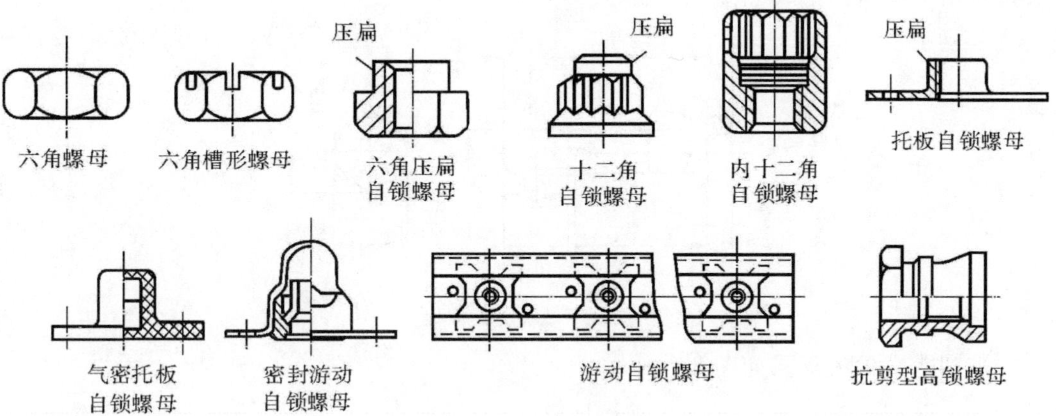

图 3.2　常用螺母形式

3. 垫圈的形式

(1)常用垫圈形式如图 3.3 所示。

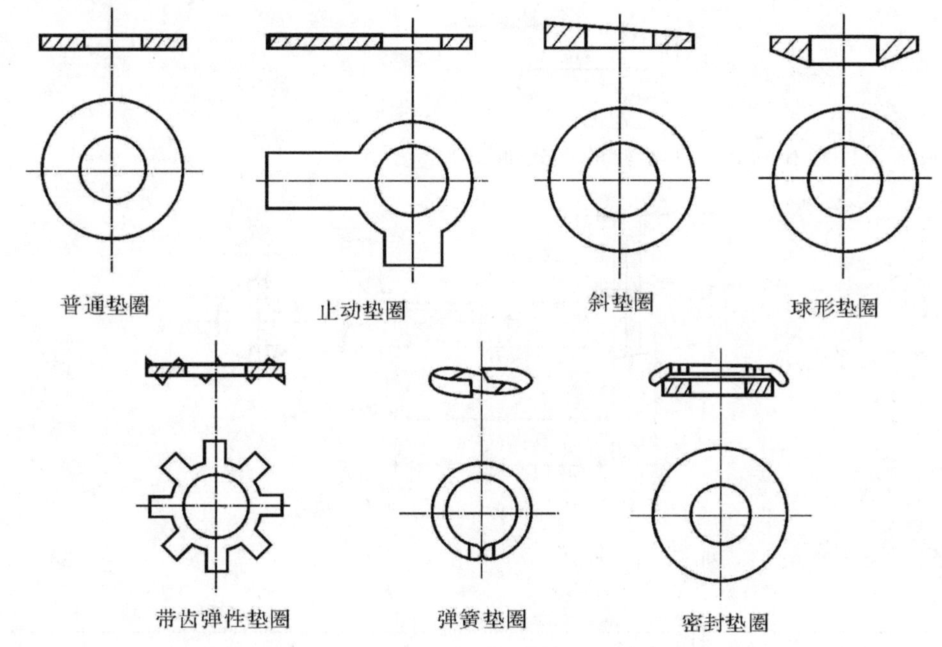

图 3.3　常用垫圈形式

(2)垫圈的作用。

1)保护被连接件表面在拧紧螺母或螺钉时不被划伤;

2)增大被连接件的接触面积;

3)补偿不平的(圆弧的或倾斜的)接触表面;

4)调整夹层厚度,保证螺母拧紧,改善被连接处的疲劳性能;

5)防松、防腐和提高密封性等。

三、螺栓的具体形式

(1)六角头螺栓的形式如图 3.4 所示。

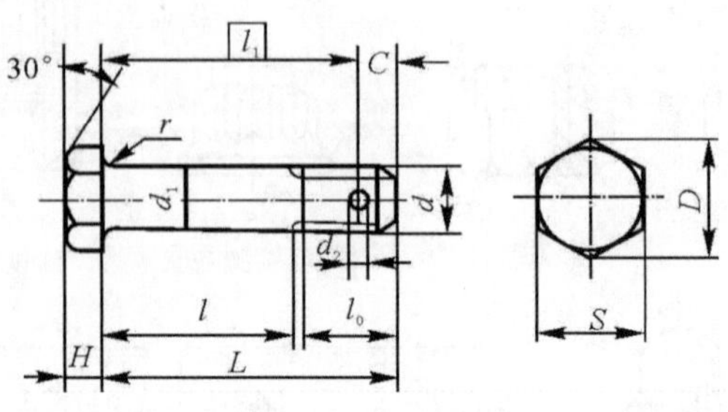

图 3.4　六角头螺栓

(2)平圆头螺栓的形式如图 3.5 所示。

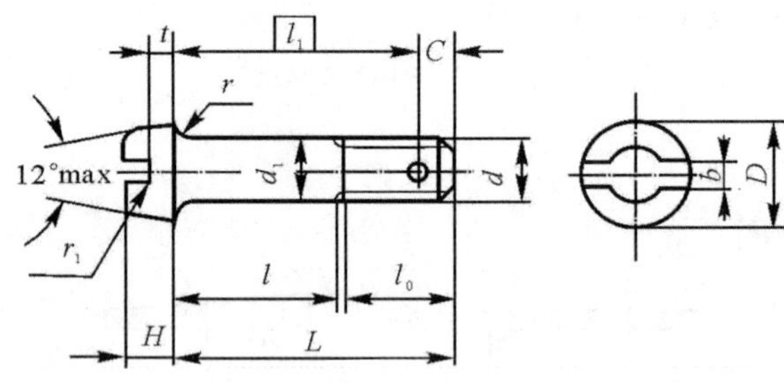

图 3.5　平圆头螺栓

(3)头部带保险孔的圆柱头螺栓的形式如图 3.6 所示。

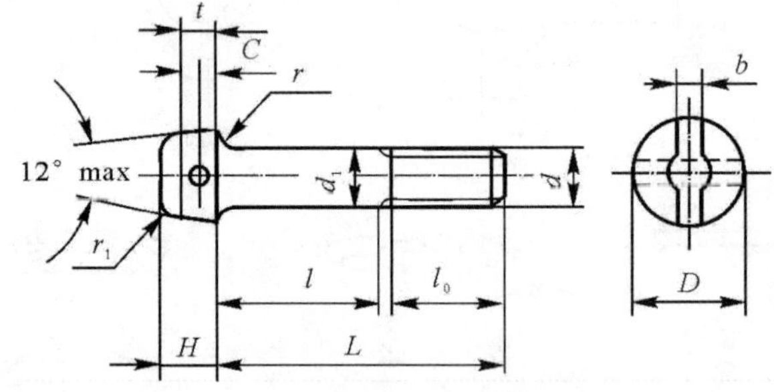

图 3.6　头部带保险孔的圆柱头螺栓

(4)扁圆头螺栓的形式如图 3.7 所示。

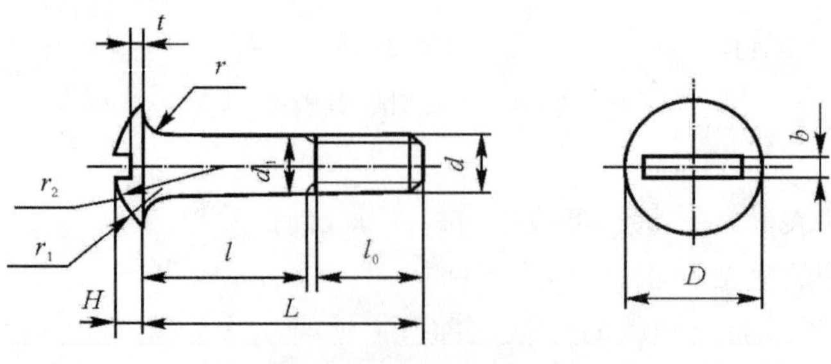

图 3.7　扁圆头螺栓

(5)90°沉头螺栓的形式和规格如图 3.8 所示。

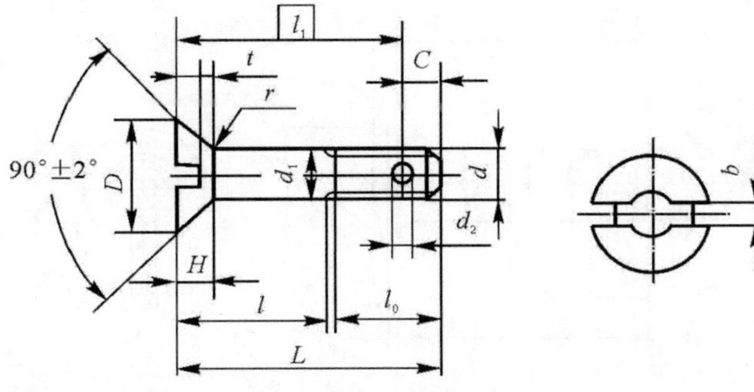

图 3.8　90°沉头螺栓

(6)半圆头螺栓的形式如图 3.9 所示。

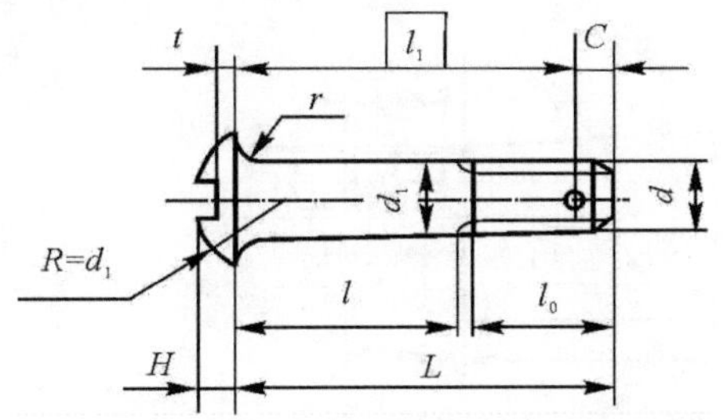

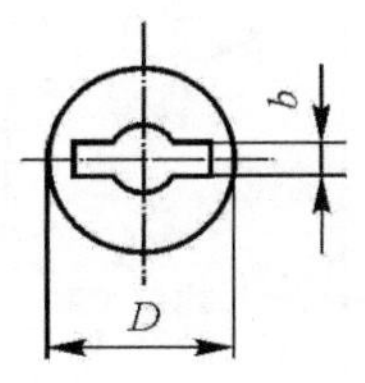

图 3.9　半圆头螺栓

(7)十字槽 120°半沉头螺栓的形式如图 3.10 所示。

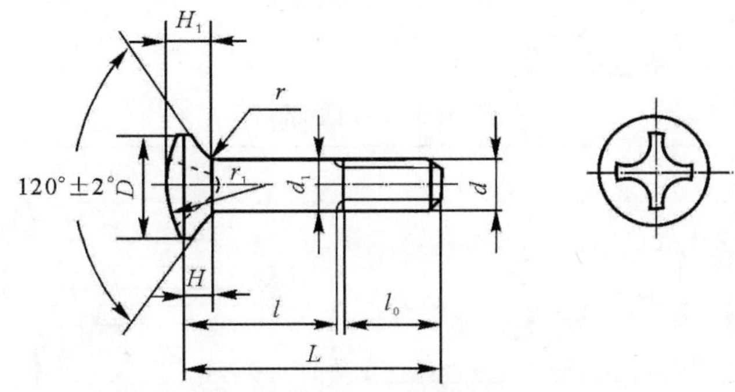

图 3.10　十字槽 120°半沉头螺栓

(8)抗剪型 90°沉头高锁螺栓的形式如图 3.11 所示。

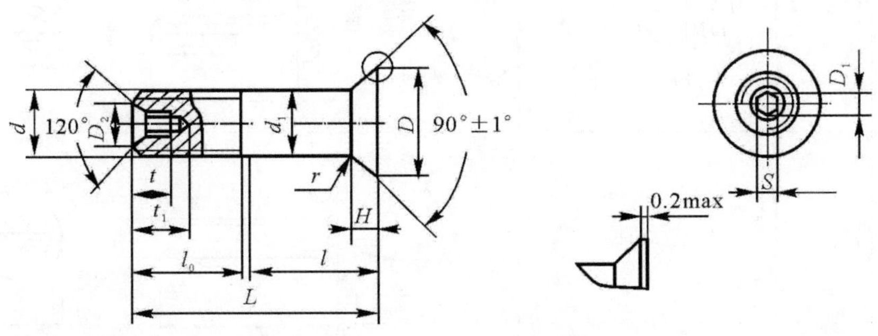

图 3.11　抗剪型 90°沉头高锁螺栓

(9)抗剪型平头高锁螺栓的形式如图 3.12 所示。

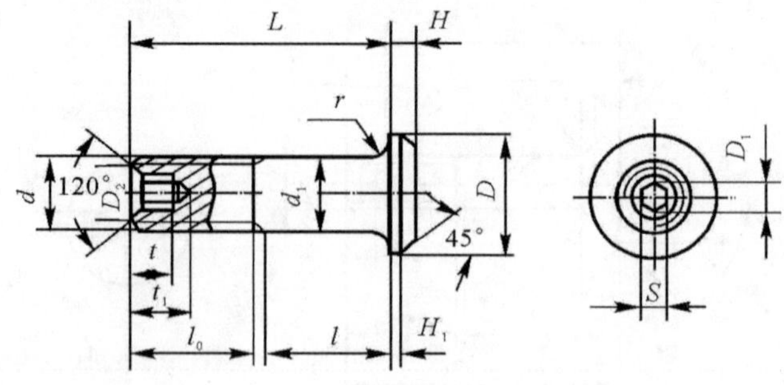

图 3.12　抗剪型平头高锁螺栓

(10)锥形螺栓的形式和规格如图 3.13 所示。

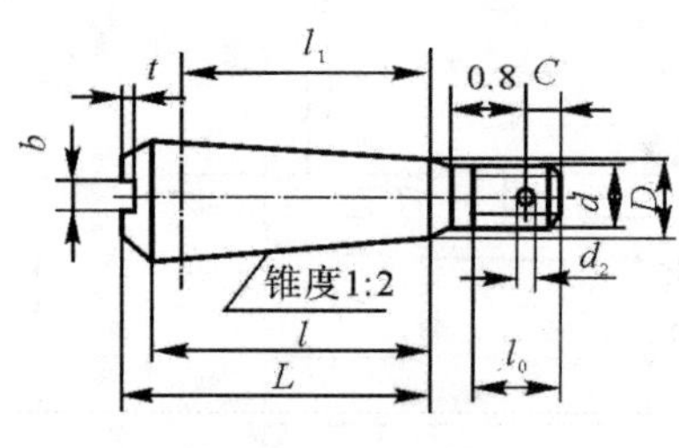

图 3.13　锥形螺栓

四、螺钉的形式

普通螺钉的形式和规格见表 3.3。

表 3.3　普通螺钉

名　称	代　号	简　图
六角头螺钉	HB1—201—83	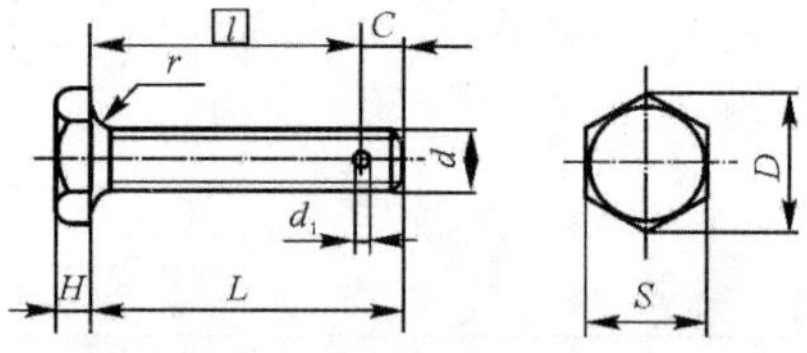
平圆头螺钉	HB1—202—83	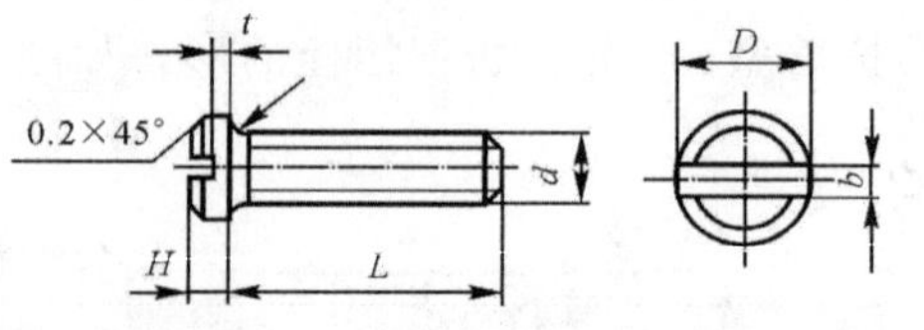
扁圆头螺钉	HB1—204—83	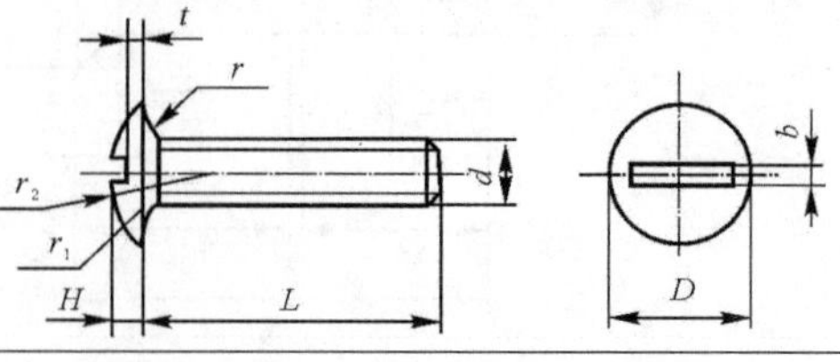

续表

名　称	代　号	简　图
90°沉头螺钉	HB1—205—83	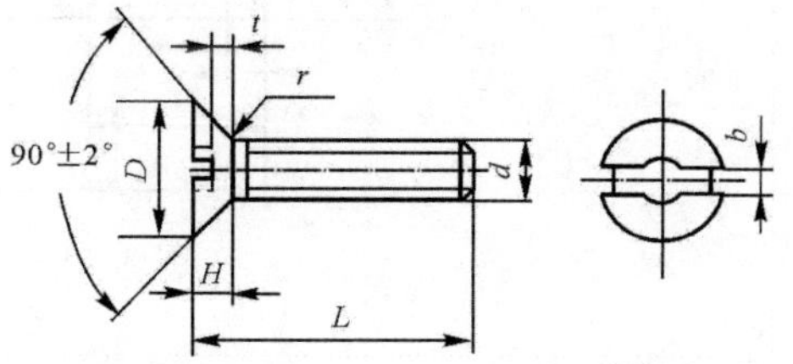
十字槽 90°沉头螺钉	HB1—206—83	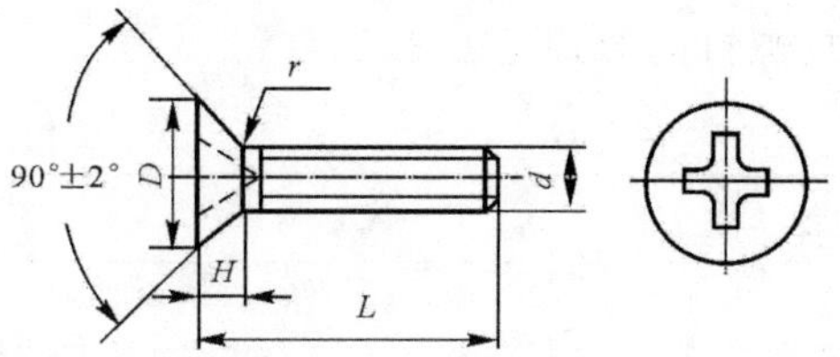
120°沉头螺钉	HB1—207—83	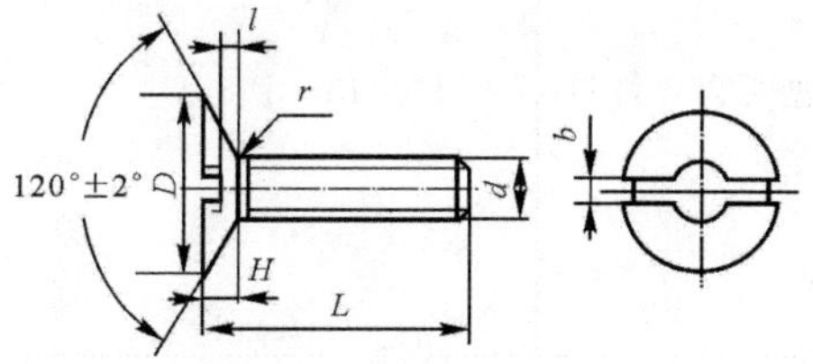
十字槽 120°沉头螺钉	HB1—208—83	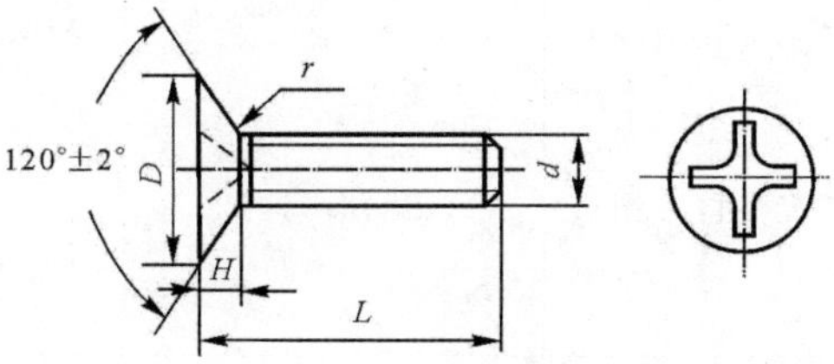
90°半沉头螺钉	HB1—209—83	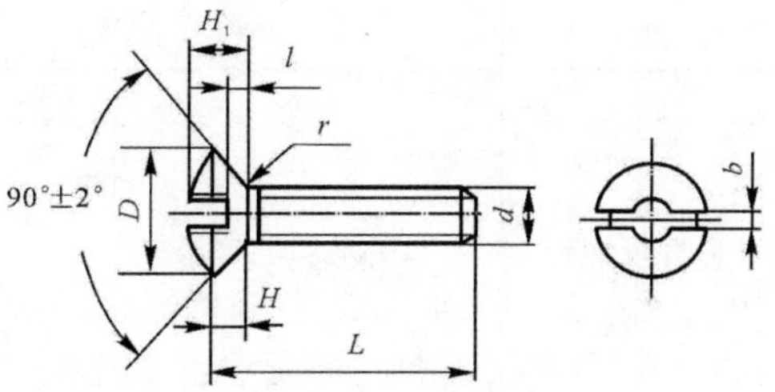

五、螺柱

过盈螺纹螺柱的形式如图 3.14 所示。

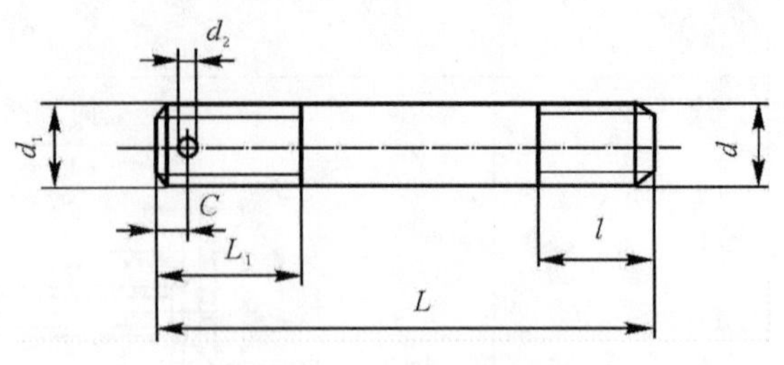

图 3.14　过盈螺纹螺柱

六、自攻螺钉

自攻螺钉的形式见表 3.4。

表 3.4　自攻螺钉

名　称	代　号	简　图
十字槽盘头自攻螺钉	GB845—1985	C型　F型　H型十字槽
十字槽沉头自攻螺钉	GB846—1985	C型　F型　H型十字槽
开槽盘头自攻螺钉	GB5282—1985	C型　F型
开槽沉头自攻螺钉	GB5283—1985	C型　F型

七、螺套

普通型钢丝螺套如图 3.15 所示。

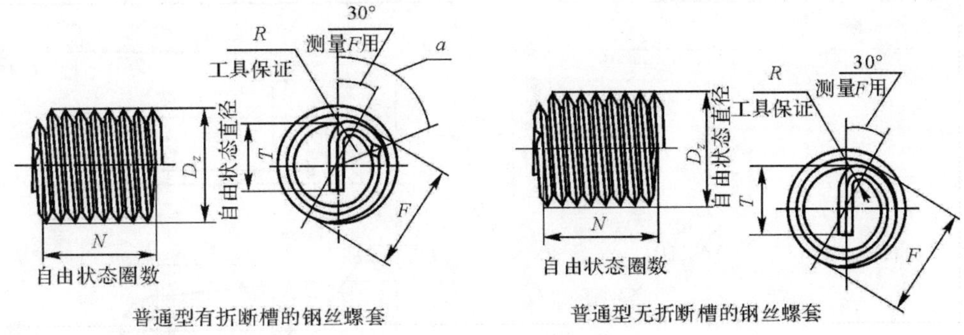

图 3.15　普通型钢丝螺套

八、螺母

(1)六角螺母的形式如图 3.16 所示。

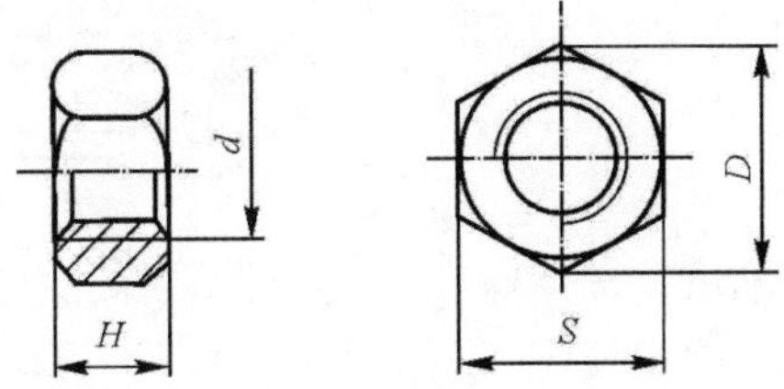

图 3.16　六角螺母

(2)六角槽形螺母的形式如图 3.17 所示。

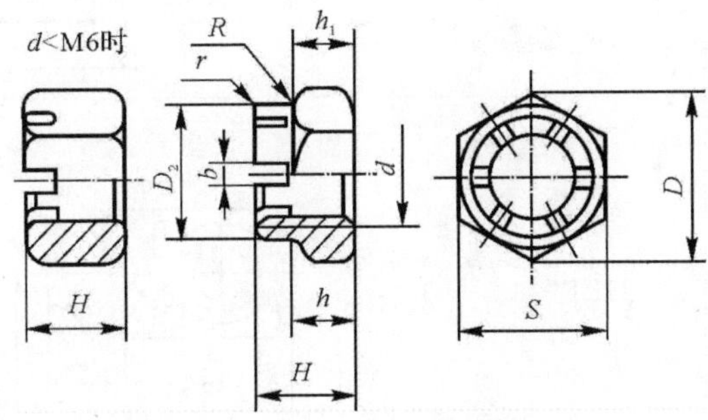

图 3.17　六角槽形螺母

(3)六角自锁螺母的形式如图 3.18 所示。

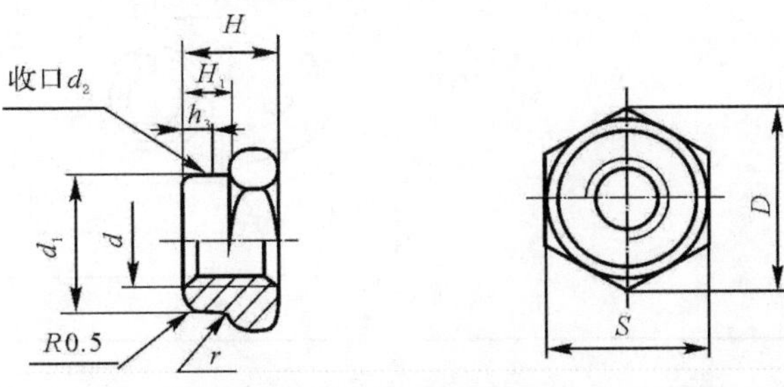

图 3.18　六角自锁螺母

(4)托板自锁螺母。

1)单个托板自锁螺母的形式见表3.5。

表3.5 单个托板自锁螺母

名 称	代 号	简 图
单耳托板自锁螺母	HB1—803—83	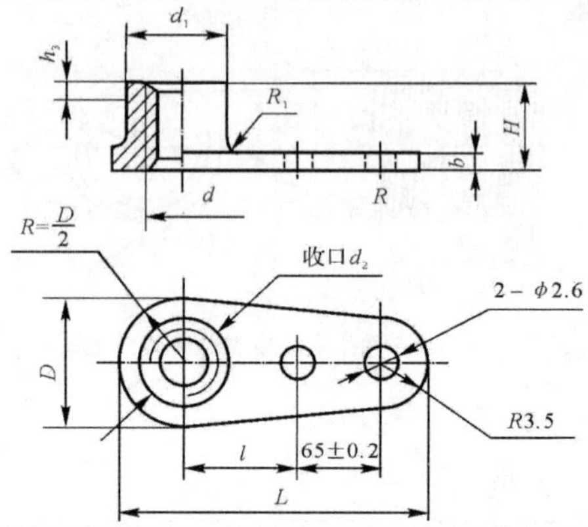
双耳托板自锁螺母	HB1—804—83	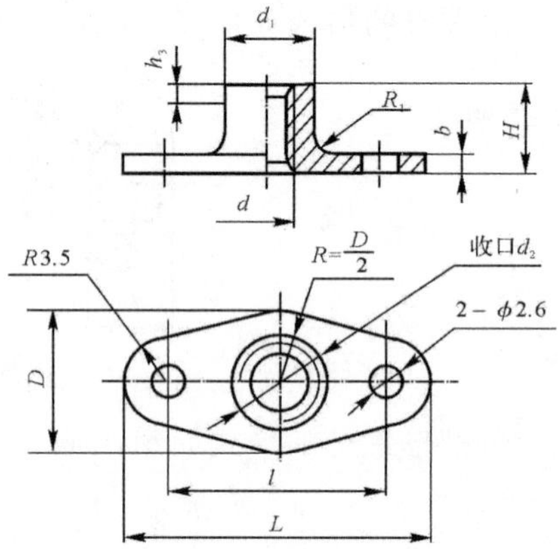
单耳游动托板自锁螺母	HB1—805—83	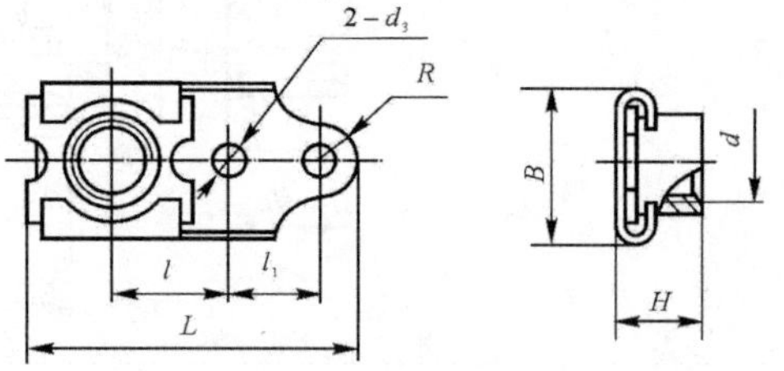
双耳游动托板自锁螺母	HB1—808—83	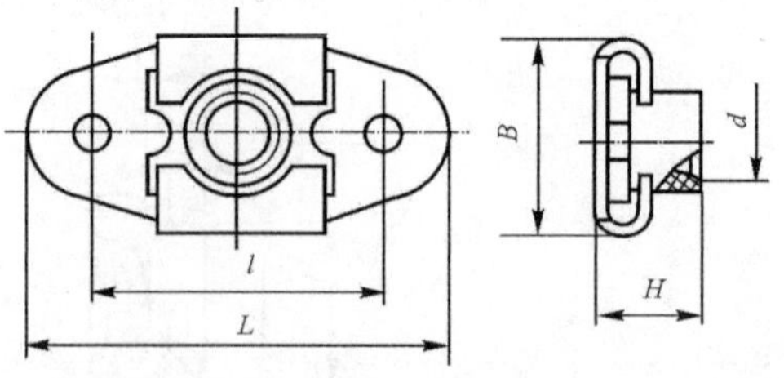

2)型材游动托板自锁螺母的形式如图 3.19 所示。

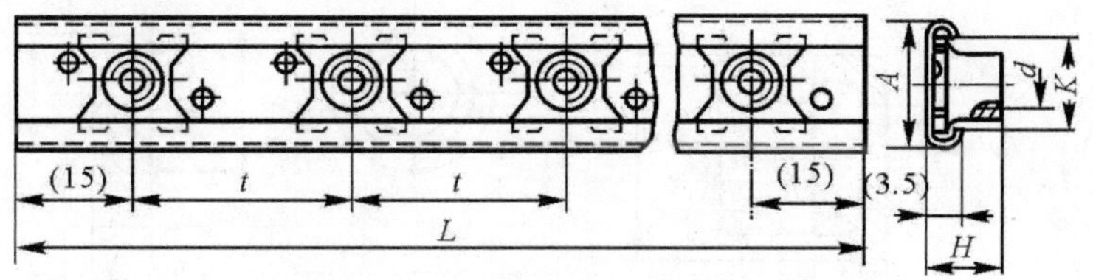

图 3.19　型材游动托板自锁螺母

(5)抗剪型高锁螺母如图 3.20 所示。

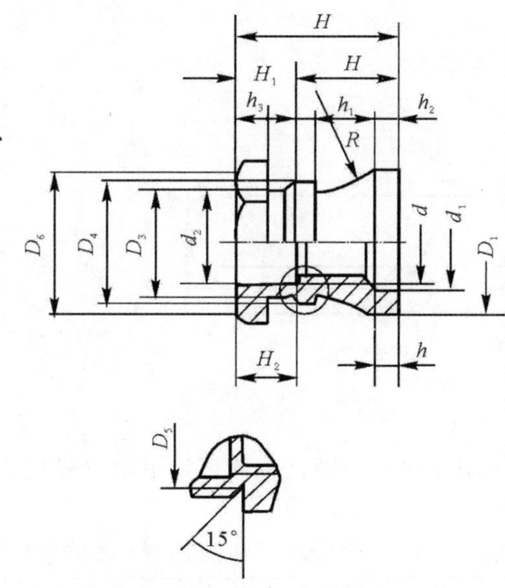

图 3.20　抗剪型高锁螺母

九、垫圈

(1)普通垫圈形式如图 3.21 所示。

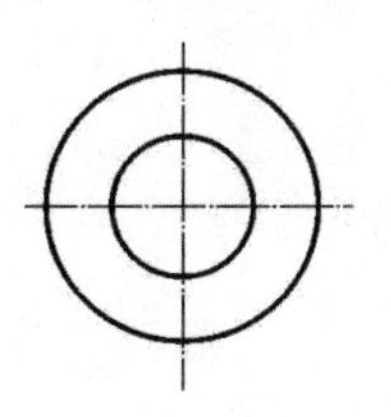

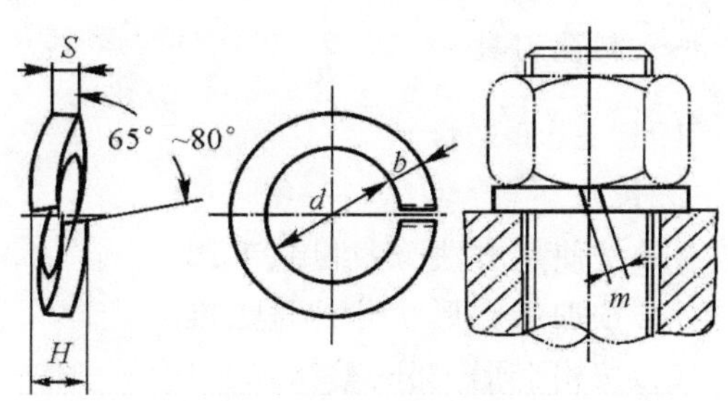

图 3.21　普通垫圈　　图 3.22　轻型弹簧垫圈

(2)轻型弹簧垫圈的形式如图 3.22 所示。

(3)锥形螺栓用垫圈的形式如图 3.23 所示。

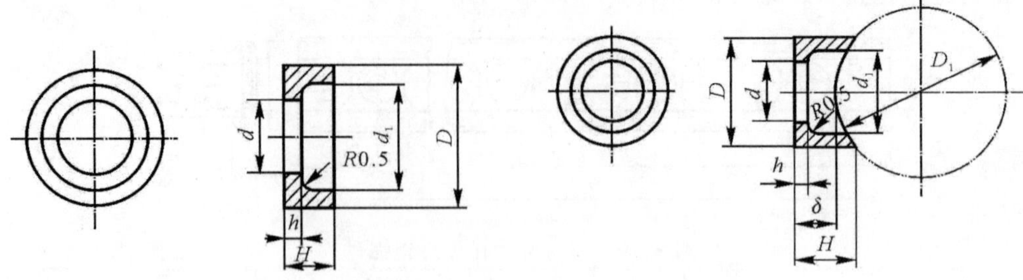

图 3.23　锥形螺栓用垫圈

十、开口销

(1)开口销的形式如图 3.24 所示。

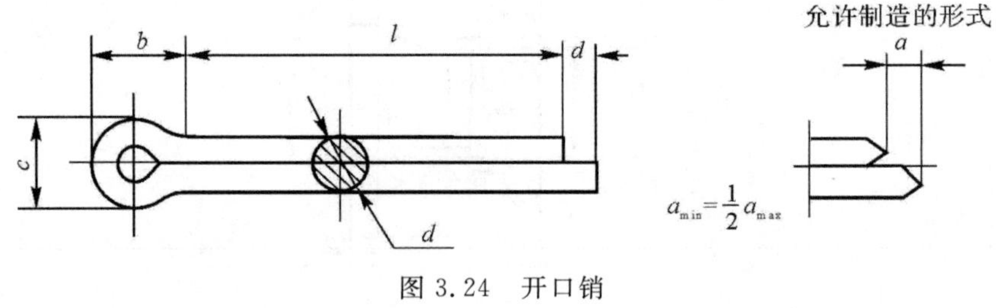

图 3.24　开口销

(2)开口销锁紧螺母的使用方法。一种是将开口销沿螺母径向折弯锁紧;一种是将开口销沿螺栓轴向弯曲锁紧。

(3)开口销长度的选择原则。开口销长度尺寸的选择要根据螺栓的螺纹直径、锁紧螺母的类型确定。沿螺母径向弯折,其开口锁长度应能够保证扣住螺母的凹槽。沿轴向折弯,其长度应能保证超过螺栓端面半径。开口销的长度应为从圆头根部到短的一端的长度。

第二节　螺纹连接的工具和设备

一、制孔刀具

1. 钻头、扩孔钻

2. 铰刀

(1)按使用方法分:机用、手用;

(2)按加工孔形状分:圆柱、锥度;

(3)按构造形式分:整体式、组合式、阶梯式;

(4)按刀具材料分:碳素工具钢、合金钢、高速钢、硬质合金;

(5)按齿形分:直齿、螺旋齿;

(6)按是否有引导分:带引导的、不带引导的。

3. 拉刀

拉刀的基本尺寸是根据被加工材料、孔径、孔深、拉削设备的最大拉力等因素确定的。

4. 锪钻及锪钻套

5. 制螺纹工具

制螺纹工具包括板牙、丝锥。

二、拧紧工具

1. 螺刀类

(1)常用的螺刀及其标准号见表 3.6。

表 3.6　常用螺刀的标准号　　mm

序　号	名　称	标准号	简　图	螺　刀	
				厚　度	宽　度
1	防磁螺刀	HB3073—89		0.25～1.0	3～7
2	镶炳螺刀	HB3074—89		0.8～2.5	6～15
3	开口螺刀	HB3075—89		0.25～1.0	4～10
4	棘轮螺刀	HB3077—89		0.8	5

(2)常用一字螺刀如图 3.25 所示。

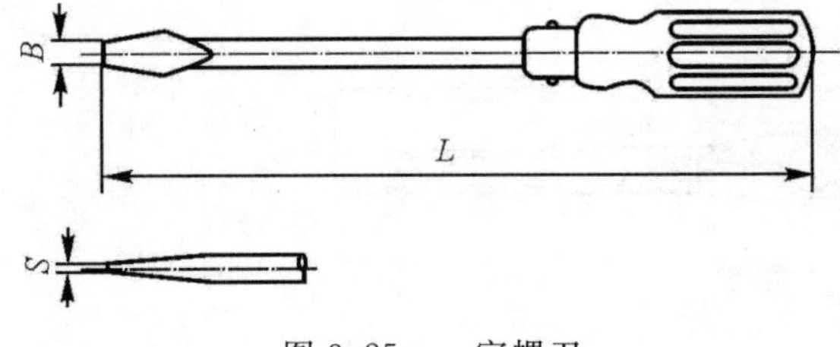

图 3.25　一字螺刀

(3)十字螺刀如图 3.26 所示。

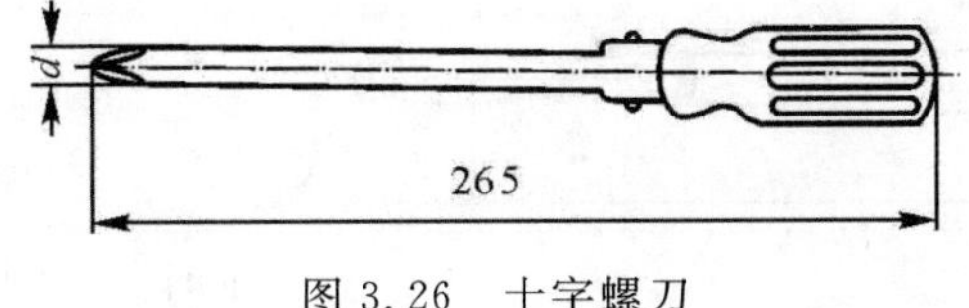

图 3.26　十字螺刀

2. 扳手

(1)双头开口扳手如图 3.27 所示。

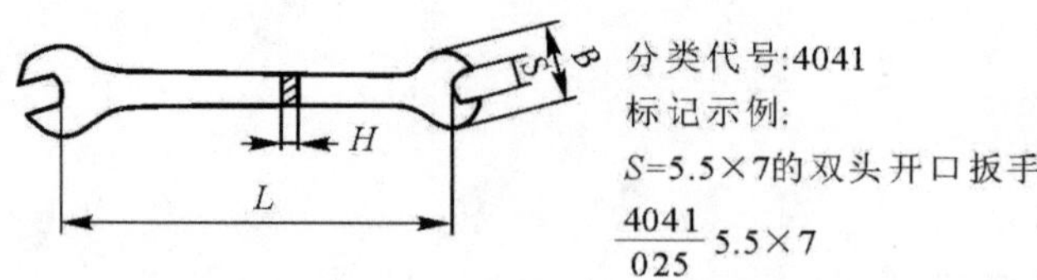

图 3.27　双头开口扳手

(2)曲柄梅花扳手如图 3.28 所示。

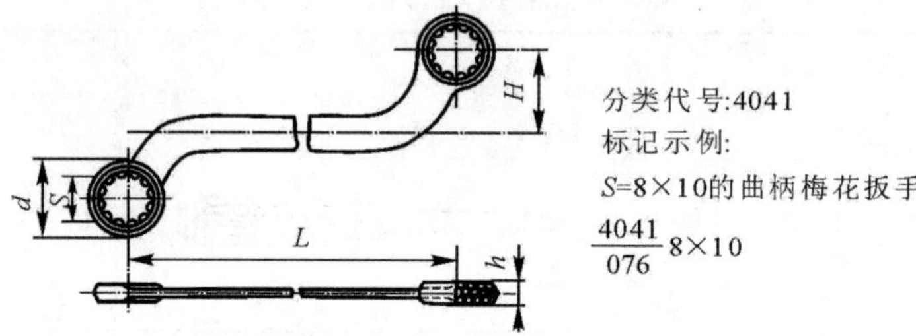

图 3.28　曲柄梅花扳手

(3)开口梅花扳手如图 3.29 所示。

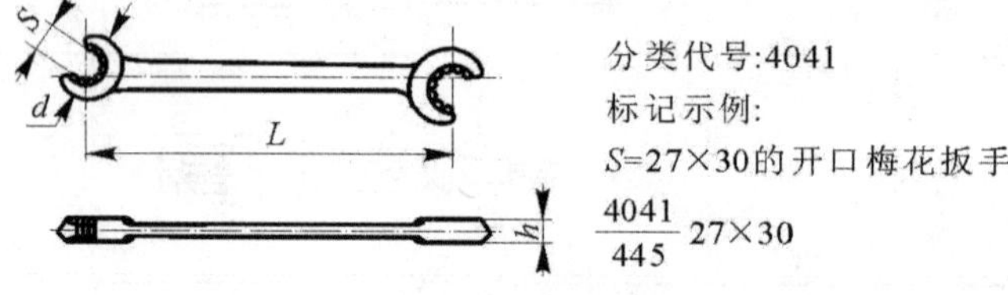

图 3.29　开口梅花扳手

(4)棘轮扳手如图 3.30 所示。

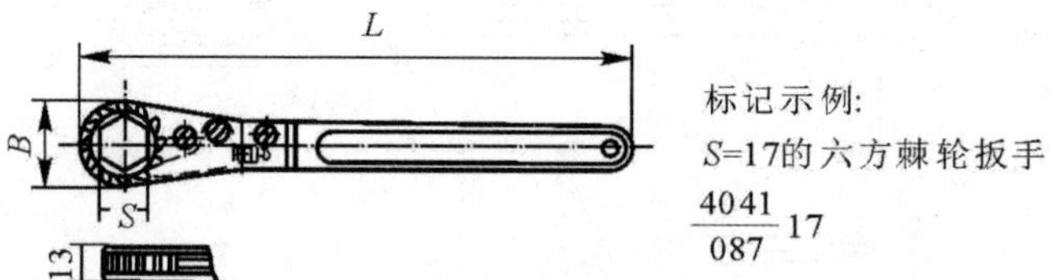

图 3.30　棘轮扳手

3. 定力扳手

(1)指示式测力扳手如图 3.31 所示。

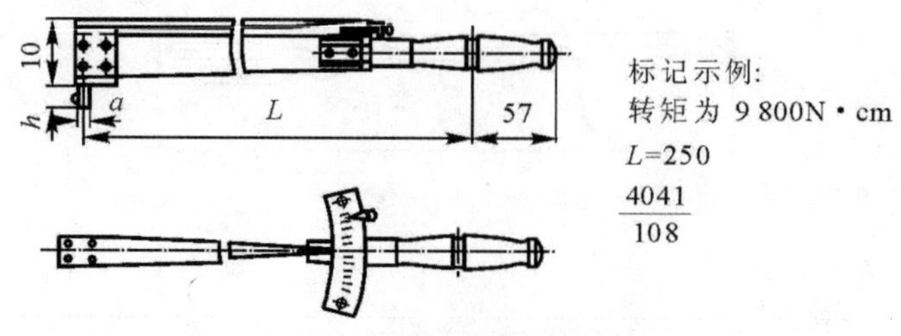

图 3.31　指示式测力扳手

(2)单臂定力扳手如图 3.32 所示。

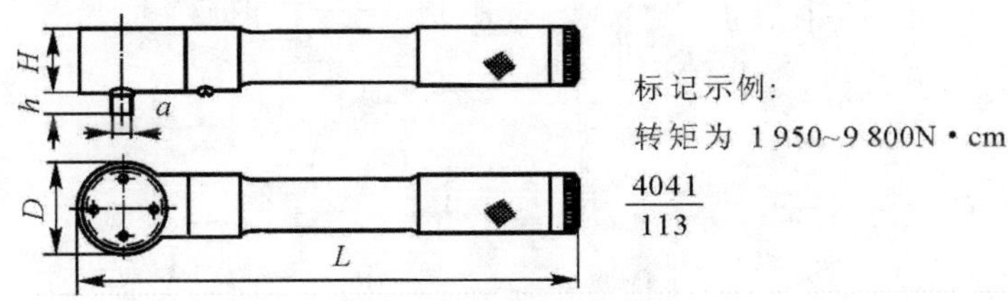

图 3.32　单臂定力扳手

(3)带游丝表盒式定力扳手如图 3.33 所示。

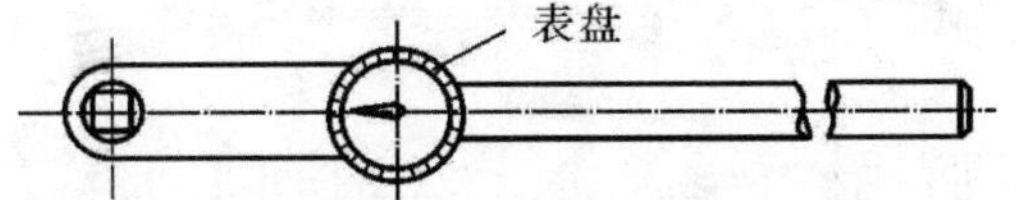

图 3.33　带游丝表盒式定力扳手

在各种规格中,以力矩范围为 9 800～98 000N·cm、方头尺寸为 28mm×28mm 的一种应用得最为广泛。

4.螺柱安装工具

(1)安装螺柱扳手如图 3.34 所示。

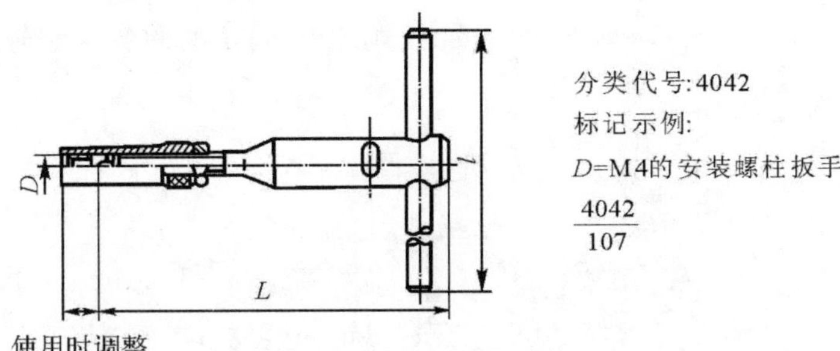

图 3.34　安装螺柱扳手

(2)拆卸螺柱扳手如图 3.35 所示。

图 3.35　拆卸螺柱扳手

5.高锁螺栓安装工具

(1)枪式风动安装工具。Hi—Shear 公司带不同转接器的各种型号的工具如图 3.36 所示。

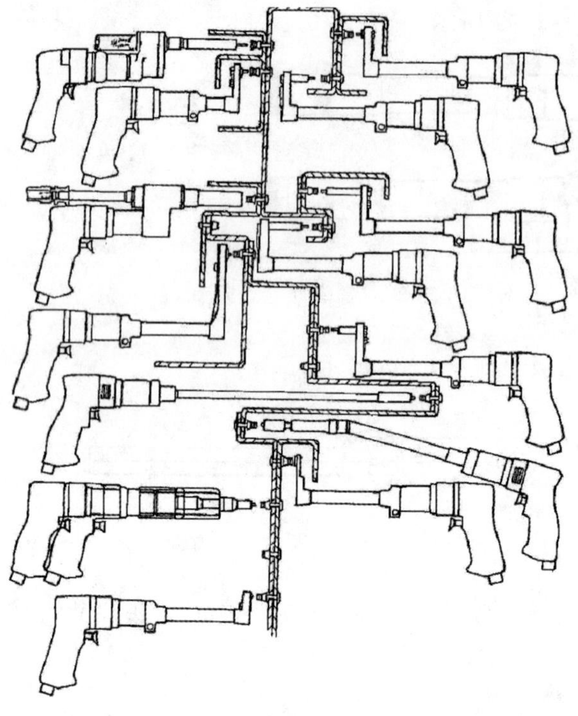

图 3.36　枪式安装工具

(2)棘轮扳手型风动安装工具。Hi—Shear 公司带不同角度的各种型号的工具如图 3.37 所示。

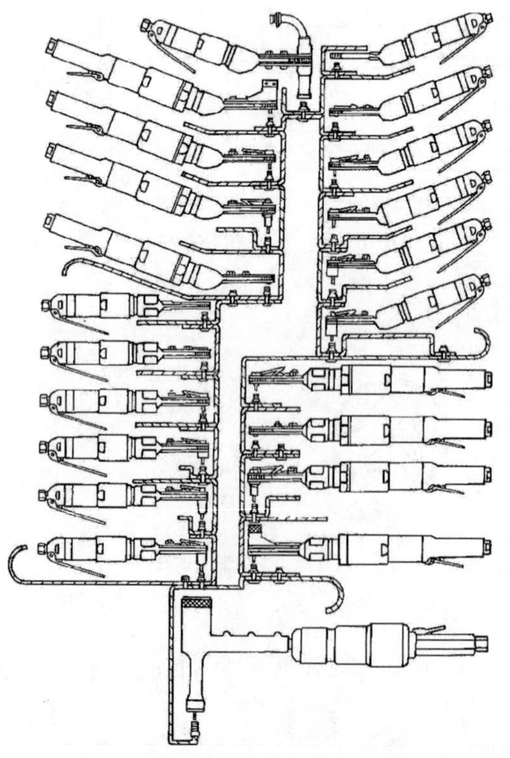

图 3.37　棘轮扳手型风动安装工具

(3)自动供螺母的安装工具。Hi—Shear公司的直角自动供螺母的安装工具如图3.38所示。在此类工具上须另接一软管，软管内一次可装220个高锁螺母。用它安装3/16in和1/4in①的高锁螺栓的速度为45个/min。

(4)手动工具。国、内外所用的手动工具都是由套筒棘轮扳手、直把六角扳手和横把六角扳手三组组成的，如图3.39所示。

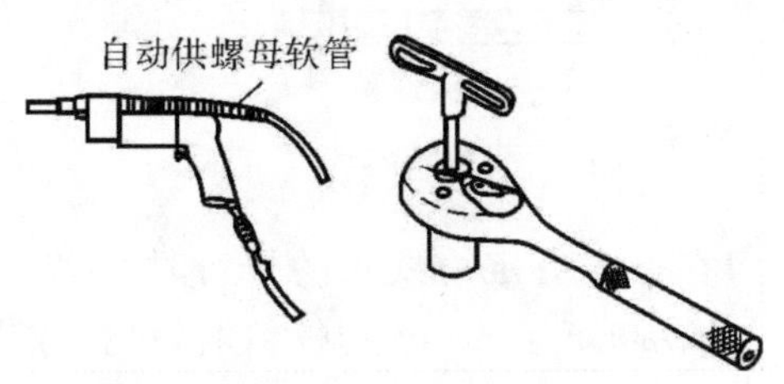

图3.38　自动供螺母的安装工具

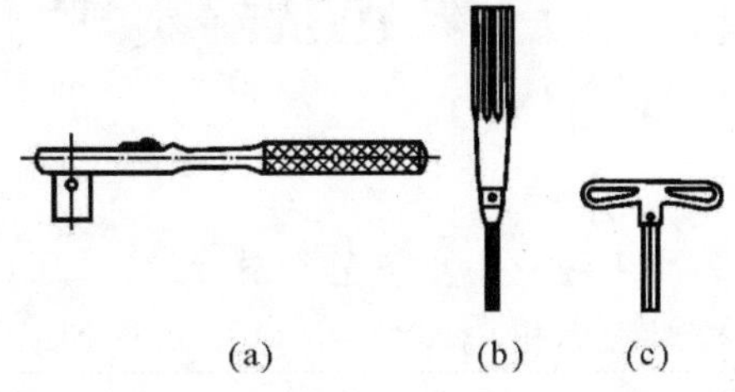

图3.39　手动工具

(a)套筒棘轮扳手；(b)直把六角扳手；(c)横把六角扳手

6.钢丝螺套安装工具

(1)安装钢丝螺套的工具如图3.40所示。

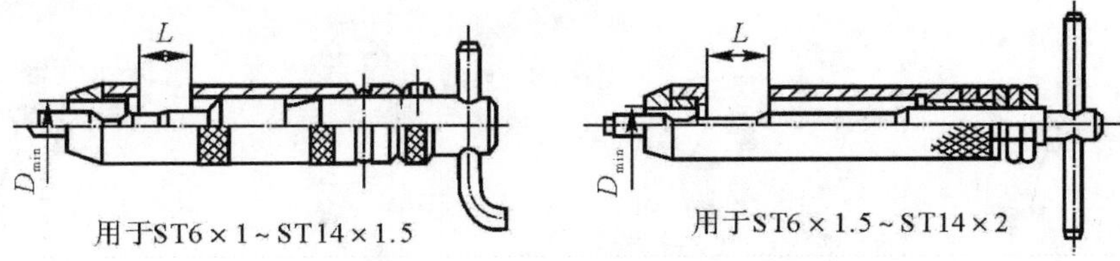

图3.40　钢丝螺套安装工具的规格和尺寸

(2)钢丝螺套的冲柄工具如图3.41所示。

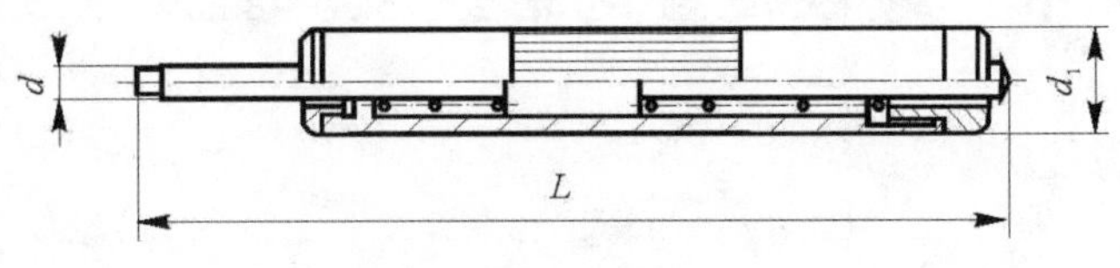

图3.41　冲柄工具

(3)拆卸钢丝螺套的工具如图3.42所示。

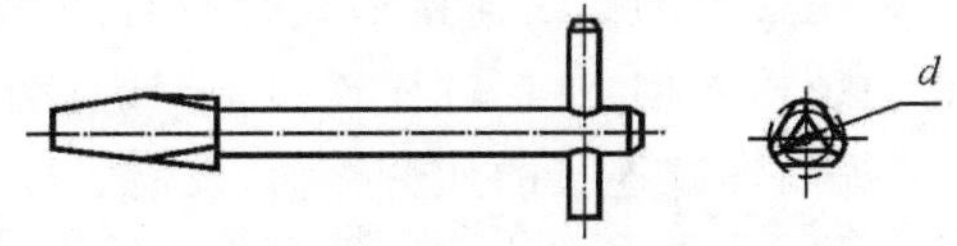

图3.42　拆卸钢丝螺套工具

7.风动拧紧工具

(1)风螺刀。

1)风螺刀分静扭式和冲击式两大类。静扭式风螺刀的结构形式如图3.43所示。静扭式

① 1in=25.4mm。

风螺刀工作时作用到操作者手臂上的反转矩等于拧紧力矩，其旋转方向及所需要的转矩值是可以选择的。在发动机启动后，向前推动风螺刀，这时螺刀头才开始旋转。冲击式风螺刀的结构形式如图 3.44 所示。冲击式风螺刀的转矩大，但作用到操作者手臂上的反转矩很小。转矩一般不易控制和调节。风螺刀的旋转方向是可以选择的。

图 3.43　静扭式风螺刀　　　　图 3.44　冲击式风螺刀

2)使用注意事项。静扭式 2LD6，2LD6—2 风螺刀在拧紧有定力要求的螺钉时，应先用测力器校对限力机构，将限力弹簧调整到所需力矩值。当装卸小于 6mm 的螺钉时，可换成钢丝直径为 2.5mm 的限力弹簧。使用换向开关时，先按下换向开关按钮，并旋动锁片将按钮锁住，可得到反转。若拨回锁片，则按钮便借助弹簧力自动复位，并得到正转。

(2)风扳机。风扳机有静扭式和冲击式两大类。静扭式风扳机如图 3.45 所示。静扭式风扳机可调节转矩。在风扳机前推时，套筒扳手才会转动。静扭式风扳机的其他型号均为 2B8 的改型。冲击式风扳机如图 3.46 所示。

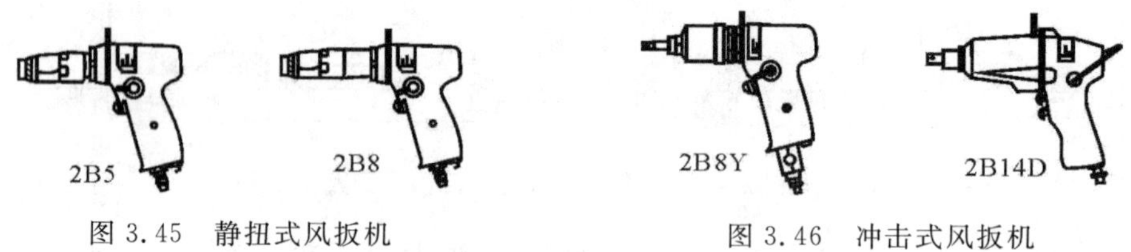

图 3.45　静扭式风扳机　　　　图 3.46　冲击式风扳机

第三节　螺纹连接的形式及典型工艺过程

一、螺纹连接的形式

螺纹连接形式的划分方法很多，如果按照工艺特点来分，一般可分为螺栓(钉)与螺母连接、螺栓(钉)与托板螺母连接、螺柱连接、在基体零件上攻丝的螺栓(钉)连接以及自攻螺钉的连接等。在飞机部件装配中，采用最多的螺纹连接形式是以普通螺栓、螺钉连接为主要形式，其余则较少采用。近年来，高锁螺栓连接、锥形螺栓连接、干涉配合螺栓连接和钢丝螺套连接的应用也不断地在扩大。为了提高螺纹连接的疲劳寿命，发展了冷挤压、压印和喷丸等孔的强化技术，以及一些新型的工具和设备，使螺纹连接技术在飞机制造中占有更重要的地位。在螺纹连接形式中，螺栓(钉)、螺母、垫圈是螺纹连接的主要零件。

二、各种螺纹连接形式的典型工艺过程

1. 螺栓(钉)与螺母连接工艺过程

(1)定位——零件的定位、修合及夹紧、排除夹层间隙；

(2)确定孔位——按划线、导孔或钻模等方法确定；

(3)制孔——钻孔、扩孔、铰孔；
(4)锪窝——制沉头窝或端面窝；
(5)倒角——用专用锪钻或大直径钻头进行倒角；
(6)检验——检查孔、窝、倒角的质量；
(7)连接件的准备——检查连接件，除油污后涂润滑油；
(8)安装连接件——顺次安装螺栓、垫圈、螺母，拧紧螺母至有力矩感觉为止；
(9)定力——用经过校正的定力扳手拧紧；
(10)防松——打冲点和装开口销等；
(11)涂漆和涂标记——按一定的要求进行涂漆和涂标记。

2.螺栓(钉)与托板螺母连接工艺过程

被连接件的各层同时钻孔的工艺过程如下：
(1)定位——零件的定位、修合及夹紧、排除夹层间隙；
(2)确定孔位——按划线、导孔或钻模等方法确定；
(3)制孔——钻孔、扩孔、铰孔；
(4)分解被连接件——拆除夹紧工具，将被连接件分开；
(5)铆接托板螺母——以工艺螺钉定位托板螺母，钻铆钉孔，锪铆钉沉头窝，铆铆钉；
(6)被连接件重新组合——按原螺栓(钉)孔定位、夹紧；
(7)锪窝——用带有台阶导柱的锪窝钻锪沉头窝；
(8)连接件的准备——螺栓(钉)除油污后涂润滑油；
(9)安装螺栓(钉)——按顺序安装螺栓(钉)并拧紧。

3.螺柱连接工艺过程

(1)定位——零件的定位、修合及夹紧、排除夹层间隙；
(2)确定孔位——按划线、导孔或钻模等方法确定；
(3)制底孔——已确定的孔位、孔径等于螺纹底孔；
(4)攻螺纹——分解零件，在基体零件上攻螺纹；
(5)扩孔——把被连接件上的孔扩至最后尺寸；
(6)检验——检查钻孔、攻丝质量；
(7)连接件的准备——检查连接件，除油污后涂润滑油；
(8)安装螺柱——用专用工具将螺柱拧入基体中；
(9)安装被连接件——装上被连接件，在螺柱上放上垫圈，安装螺母并拧紧；
(10)防松——打冲点和装开口销等。

4.在基体零件上攻丝的螺钉连接工艺过程

(1)定位——零件的定位、修合及夹紧、排除夹层间隙；
(2)确定孔位——按划线、导孔或钻模等方法确定；
(3)制底孔——已确定的孔位、孔径等于螺纹底孔；
(4)制窝——在被连接件上锪沉头窝或端面窝；
(5)攻螺纹——分解零件，在基体零件上攻螺纹；
(6)扩孔——把被连接件上的孔扩至最后尺寸；
(7)检验——检查钻孔、攻丝质量；

(8)连接件的准备——检查连接件,除油污后涂润滑油;

(9)安装被连接件——装上被连接件,按顺序安装螺钉并拧紧;

(10)防松——打冲点和装开口销等。

5.自攻螺钉连接工艺过程

(1)定位——零件的定位、修合及夹紧、排除夹层间隙;

(2)确定孔位——按划线、导孔或钻模等方法确定;

(3)制底孔——已确定的孔位、孔径等于螺纹底孔;

(4)连接件的准备——检查螺钉的质量,涂润滑油;

(5)安装螺钉——直接用螺钉拧入被连接件内。

第四节 螺纹连接工艺过程分析

一、螺栓的安装

螺栓安装的工艺过程依次为夹紧,确定孔位,制孔,锪窝,倒角(倒圆),准备紧固件,安装螺栓,定力,防松,涂漆和作标记。

1.零件夹紧

连接夹层之间应贴合,否则直接影响螺纹连接的质量。如果在零件之间存在间隙的情况下进行孔的加工,将会造成下述后果。

(1)孔壁在零件的贴合面处出现台阶。

(2)切屑进入夹层之间,容易划伤零件表面,而且清除切屑困难。

(3)在有间隙的情况下进行螺栓安装,会使零件变形并产生残余应力,同时也增加了螺栓上的载荷,从而降低了连接强度。

因此,在保证螺栓连接部位协调,尽量采用设计补偿和工艺补偿的方法减小夹层之间的间隙的条件下,夹紧零件是提高制孔质量的重要工序,其夹紧方法见表3.7。

(4)零件夹紧的要求。

1)工件的刚性越大、连接越重要的部位,贴合度要求就越高。

2)重要部位的贴合要求由设计给出。

3)没有要求的部位,通常情况下按用正常转矩拧紧螺母后,能保证在螺栓周围的零件之间没有间隙,零件边缘局部地方可以有不大于0.2mm的间隙。

4)零件的夹紧位置应靠近螺栓孔。

5)夹紧力不应超过该处螺栓所产生的压力。

2.孔位的技术要求和确定方法

(1)按产品图样上示出的螺栓位置确定螺栓孔位置。

(2)螺栓孔边距、间距和排距的极限偏差为±1mm。其中,公差带为H11,H12的螺栓孔的间距极限偏差为±2mm。

(3)孔的最小边距一般为螺栓直径的1.5~2倍,具体要求遵照产品图样和设计技术条件的规定。

(4)螺栓孔位置的确定是按图样上所示的螺栓位置确定的。具体的确定方法可选择划线、按导孔、按钻模。

表 3.7　零件夹紧方法

<table>
<tr><th>夹紧工具</th><th>方法说明</th><th>工艺特点</th></tr>
<tr><td>定位销</td><td rowspan="2">1. 在零件钻孔后实施夹紧。
2. 一般利用螺栓初孔，也可以利用加工到最后尺寸的孔。
3. 压紧件数量取决于零件尺寸、形状和刚度。一般每隔 1～5 个孔装一个，必要时可以每个孔装一个。
4. 工艺螺栓可以用标准件，也可以用特制件；可以用低精度的螺栓或螺钉，也可用图样上规定的螺栓</td><td>1. 夹紧方便，装卸迅速。
2. 适用于螺栓直径不大于 6mm，夹层厚度不超过 5mm 的夹紧。
3. 夹紧力较小</td></tr>
<tr><td>工艺螺栓</td><td>1. 装卸不方便。
2. 不受螺栓直径和连接夹层厚度的限制，它是较常用的夹紧方法。
3. 夹紧力较大，并可以用定力方法限制压紧力的大小。
4. 适用于接头等大型零件的夹紧。最适用于螺栓安装工序周转时间长，定位、制孔和安装螺栓不在同一工序进行的夹紧定位</td></tr>
<tr><td>型架压紧件</td><td rowspan="2">1. 零件制孔前实施夹紧。
2. 在型架内定位夹紧零件，架外安装螺栓时，可以与前两种夹紧工具同时使用，在制初孔后装定位销或工艺螺栓。
3. 夹紧的位置靠近螺栓孔，夹紧力的大小不应超过该处螺栓对零件所产生的压力。
4. 弓形夹类压紧件包括普通弓形夹、夹紧钳、手虎钳等</td><td>一般与型架定位件配合使用，实现零件定位压紧，其可靠性较好。</td></tr>
<tr><td>弓形夹类</td><td>1. 夹紧位置的设置较灵活。
2. 遇有振动，压紧件易松动，需要检查，保证压紧状态。
3. 使用范围受弓臂限制。
4. 夹紧力大</td></tr>
</table>

(5)确定孔位的方法有划线、导孔和钻模三种，其特点和适用范围见表 3.8。

表 3.8　确定孔位的方法

种　类	方法与特点	适用范围	孔位误差/mm
划线	1. 效率低，准确度较差，钻孔劳动量大。 2. 采用通用量具或样板划线	1. 试制或单件生产时采用划线，可以缩短生产准备周期并减少工艺装备数量。 2. 对于选用导孔、钻模等方法不易保证边距处，划线可以根据实际情况加以补偿	0.5
导孔	1. 按导孔确定孔位的效率比较高，机加零件上的导孔除用于确定孔位外，还可以减少装配时的手工钻孔工作量。 2. 孔位准确度取决于制导孔的方法	适用于批量生产	

续 表

种　类	方法与特点	适用范围	孔位误差/mm
钻模	1. 按钻模确定孔位的效率高、准确度好，同时还可以保证制孔质量。 2. 按钻模确定孔位时，应注意检查钻模板与零件之间的相对位置及孔的边距	1. 成批生产中凡能用钻模的部位应优先选用。 2. 特别适用于确定互换部位及垂直度要求高的螺栓孔位	<0.2

3. 制螺栓孔

(1)技术要求。螺栓孔的孔径、直径公差等级、圆度、垂直度、表面粗糙度、表面划伤、外观等要求对螺栓强度影响很大，各机型设计对其有明确的规定。

1)高于或等于公差等级 IT8 的螺栓，孔公差等级比螺栓公差等级低一级；低于公差等级 IT8 的螺栓，孔公差等级与螺栓公差等级相同；螺钉孔公差带为 H12。

2)公差带小于 H11 的螺栓孔直径与螺栓直径相同；公差带为 H11，H12 的螺栓孔直径比螺栓(螺钉)直径大 0.2mm。

3)孔圆度在孔直径极限偏差内，即螺栓孔的任意方向的实际直径均不允许大于孔的最大极限尺寸。

4)孔应垂直于安装螺栓头的贴合面，孔的偏斜不大于 30′。

5)孔表面粗糙度值与被加工材料和孔的公差等级有关，见表 3.9。

6)孔表面允许有轻微的划伤，深度和部位有一定要求，见表 3.10。

7)孔不允许有毛刺、锈蚀现象。

表 3.9　孔表面粗糙度值与被加工材料和孔公差带的关系　　mm

<table>
<tr><td rowspan="3">夹层零件材料</td><td colspan="3">孔公差带</td></tr>
<tr><td>H7</td><td>H8，H9</td><td>H12</td></tr>
<tr><td colspan="3">孔表面粗糙度 R_a/μm</td></tr>
<tr><td>铝</td><td>≤1.6</td><td rowspan="6">≤1.6</td><td rowspan="4">≤6.3</td></tr>
<tr><td>钢</td><td>≤0.8</td></tr>
<tr><td rowspan="2">钢、铝混合</td><td>钢≤0.8</td></tr>
<tr><td>铝≤1.6</td></tr>
<tr><td>30CrMnSiNi2A</td><td rowspan="2">≤0.8</td><td>≤1.6</td></tr>
<tr><td>LC4</td><td>≤3.2</td></tr>
</table>

表 3.10　孔表面允许划伤的深度和部位

划痕形状		距离 t	
划伤深度不大于0.04mm，在尺寸 t 范围内不允许划伤	环形划伤	$\delta \leqslant 16$ $t=0.1\delta$	$\delta > 16$ $t=1.6$
	螺旋形划伤	$\delta \leqslant 6.4$ $t=0.25\delta$	$\delta \geqslant 6.4$ $t=1.6$
	纵向划伤	$\delta \leqslant 6.4$ $t=0.25\delta$	$\delta > 6.4$ $t=1.6$ 且划痕长度不大于 0.5δ

(2)制螺栓孔的工艺方法。制螺栓孔是螺栓安装过程中的重要工序，首先要考虑的是孔直径公差等级。一般按下列原则进行选择。

1)当螺栓孔公差带为 H12、孔表面粗糙度 R_a 值在 3.2～6.3μm 内时，采用钻孔；

2)当螺栓孔公差带为 H11、孔表面粗糙度 R_a 值在 1.6～3.2μm 内时，采用扩孔；

3)当螺栓孔公差带为 H7～H9、孔表面粗糙度 R_a 值在 0.8～1.6μm 内时，采用铰孔。

4.螺栓长度的计算

螺栓长度的计算可分为有开口销和无开口销两类。通常，螺栓的长度是由设计根据理论尺寸计算得出的。在实际生产装配中，当夹层厚度影响螺栓安装要求时，允许按设计规定改变螺栓的长度或垫圈的厚度。

(1)除经常可卸结构处的螺栓外，允许使用比产品图样规定长或短一号的同品种的螺栓。

(2)当螺栓光杆伸出垫圈而不能压紧夹层时，可以更换加厚量不大于 1mm 的垫圈。

(3)按(2)加厚的垫圈仍不能满足压紧夹层时，允许使用两个垫圈。这两个垫圈安放在螺母处，或在螺栓头和螺母两处。两个垫圈总厚度不大于 4mm。

(4)当夹层为正偏差时，厚度小于 1mm 的垫圈不允许更换成薄垫圈，厚度等于或大于 1mm 的垫圈允许更换减薄量不大于 0.5mm 的垫圈。

5.安装螺栓

(1)螺栓安装前的准备工作。

1)根据产品图样核对待安装紧固件牌号、规格和标记。

2)去除紧固件上的油污。

3)检查紧固件的外观，不允许有毛刺、损伤和锈蚀等缺陷。

4)将螺母在螺栓头螺纹部分试装 1～3 次，自锁螺母仅试装到自锁部分为止。

5)在螺栓光杆部分均匀地涂上一层润滑脂，镁合金零件上的孔的表面须涂 H06—2 环氧锌黄脂底漆。

(2)螺栓安装的技术要求。

1)螺栓安装方向。

a. 一般按飞机航向从前往后、从上往下安装。

b. 蒙皮表面上的一字槽螺栓头，其槽的方向应顺航向。

2)螺栓的螺纹部分在夹层中的位置。

a. 承受拉力的螺栓，其螺纹部分(包括螺纹收尾)在夹层中的长度不限。

b. 承受剪力的螺栓，其螺纹部分(包括螺纹收尾)应尽量与夹层齐平(见图 3.47(a)(b)和图 3.48)，允许螺栓光杆部分露出夹层的长度 L 如图 3.47(c)(d)所示，不得大于 1mm。此时垫圈的厚度按下列条件确定：

当螺纹部分有螺纹收尾时

$$S \geqslant L + 1.56P \tag{3.1}$$

当螺纹部分有退刀槽时

$$S \geqslant L + \frac{b}{2} \tag{3.2}$$

式中 P——螺距，mm；

b——退刀槽宽度，mm。

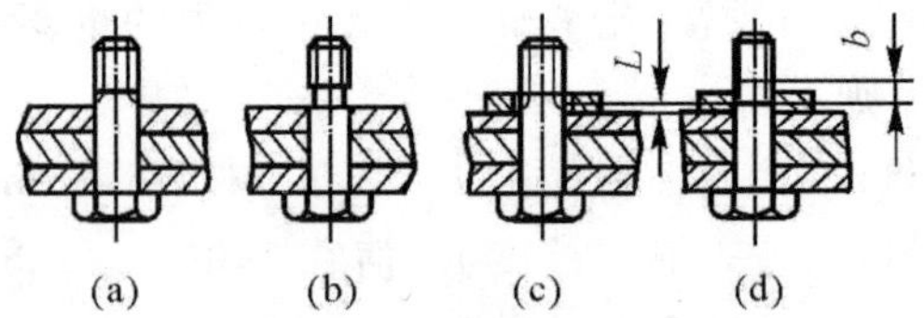

图 3.47 受剪螺栓螺纹露出夹层的位置

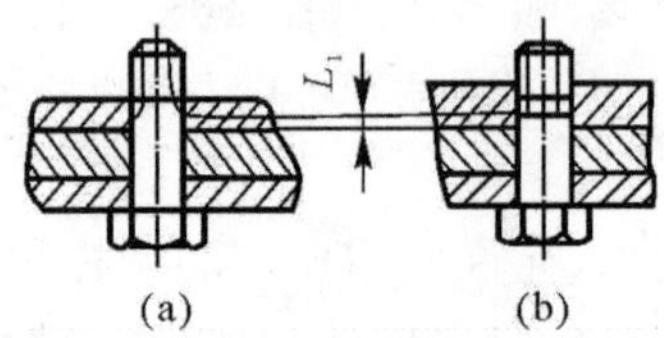

图 3.48 受剪螺栓螺纹位于夹层的位置

3)螺栓的螺纹旋入端露出螺母的数值。螺栓与螺母连接的各种形式中，不管有锁紧和无锁紧，螺栓的螺纹旋入端(有倒角或无倒角)露出螺母的数值 H 如图 3.49 所示，应尽可能小，但不得小于一个螺距。对于打冲点防松的螺栓连接，端面打冲点露出螺母的螺栓部分的长度为 1～1.5 倍的螺距；侧面打冲点的应大于 1.5 倍的螺距。

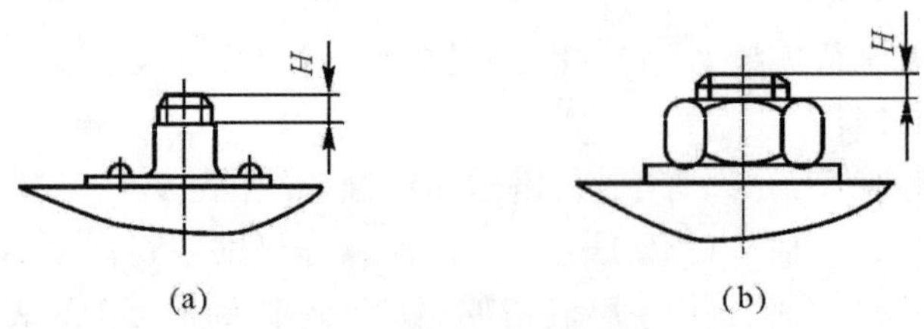

图 3.49 螺栓螺纹露出螺母位置

4)螺栓头、螺母与被连接件表面之间由于螺栓头支承面与螺栓轴线不垂直、螺母支承面与螺纹轴线不垂直以及螺栓孔本身不垂直而会产生单向间隙，如图 3.50 所示。

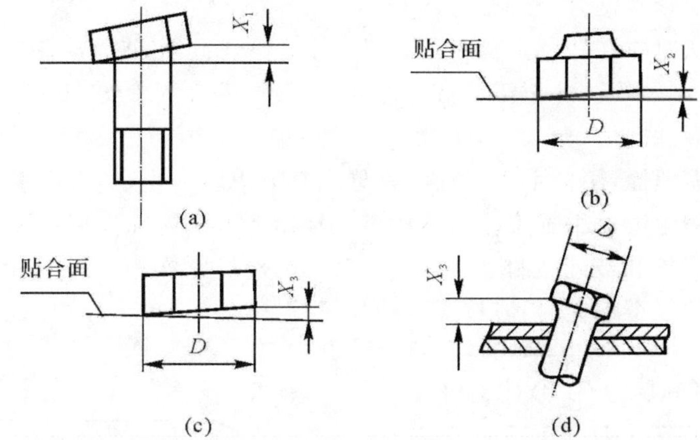

图 3.50　螺栓头和螺母处的单项间隙

(a)螺栓头支承面与螺栓轴线不垂直引起的单向间隙；

(b)(c)螺母支承面与螺纹孔轴线不垂直引起的单向间隙；

(d)螺栓孔本身不垂直引起的单向间隙

a. 由于螺栓头支承面与螺栓轴线不垂直引起的单向间隙 X_1 见表 3.11。

b. 螺母支承面与螺纹轴线不垂直引起的单向间隙 X_2 见表 3.12。

表 3.11　螺栓头支承面与螺栓轴线不垂直引起的单向间隙

螺栓公差等级 IT		X_1/mm
8,9,12		≤0.01D
6,7	d≤8mm	≤0.003D
	d≤8mm	≤0.005D

表 3.12　螺母支承面与螺纹轴线不垂直引起的单向间隙

螺母直径 d	X_2/mm
d≤10mm	≤0.1D
d>10mm	≤0.01D

(3)工艺方法。

1)按技术要求或产品图样中规定的安装方向将螺栓沿孔轴线推入孔中。

a. 螺栓应沿孔的轴线推入。安装具有过盈配合的螺栓时，可采用铜棒沿孔轴线方向打入，不允许偏斜。

b. 在材料为 30CrMnSiNi2A 和 LC4 的应力敏感材料的零件上安装过盈配合螺栓时，应采用温差安装法。温差安装法的原理是热胀冷缩。

温差安装方法包括螺栓冷冻收缩法、对装配件的螺栓孔加热膨胀法，以及这两种方法的组合。采用冷冻收缩方法时，应事先测量好螺栓直径，靠冷缩温度来控制冷缩后的实际尺寸。螺栓安装前须作好一切准备，在极短的时间内将螺栓装入孔中，最长时间不超过 15s，使螺栓头支承面与装配件表面紧密贴合。

采用加热膨胀法时应在孔壁上涂一层二硫化钼润滑脂。用液氮冷却时，当液氮表面层无明显的翻腾现象时，则螺栓已冷至接近液氮温度，一般放入液氮中约 15min。

2)依次安装垫圈、螺母。

a. 如果安装定力螺栓，用扳手手工拧紧螺母到有力矩感为止，然后用木槌或铝锤轻击螺栓头，使夹层紧贴，再用定力扳手拧紧。禁止用增大转矩的方法排除夹层间隙。

b. 为了使成组螺栓和被连接件受力均匀，成组螺栓拧紧次序应按一定间隔反复拧紧；拧紧排列成封闭形状的多个螺栓时，应按对角线反复拧紧，如图 3.51 和图 3.52 所示。

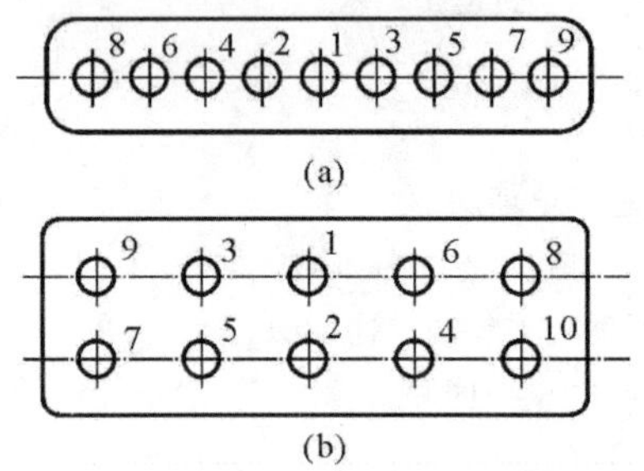

图 3.51 成组螺栓拧紧的顺序

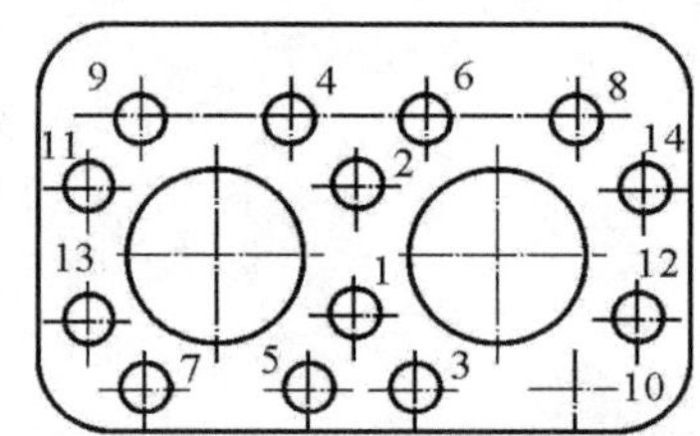

图 3.52 封闭形排列螺栓的拧紧顺序

c. 过盈配合的螺栓不允许用扳手在螺栓头一边拧紧。

d. 螺母不应拧紧到螺纹螺尾处。

6. 螺纹连接定力

螺纹连接的定力能提高螺纹连接的可靠性、疲劳强度，并能增强连接紧密性和刚性。螺栓连接在一般情况下，螺栓连接的拧紧转矩 M 须克服螺母与被连接件或垫圈支承面间的摩擦力矩、螺纹副的摩擦力矩、因螺纹斜面受力而产生的阻力矩，以及使螺栓产生的轴向力 Q。其中，M,Q 与螺栓直径 d 的关系为

$$M = kQd \tag{3.3}$$

式中 M—— 螺栓的拧紧转矩，N·mm；

Q—— 螺栓承受的轴向力，N；

d—— 螺栓直径，mm；

k—— 拧紧力矩因数。

k 值与螺纹外角、螺纹副当量摩擦角、螺纹中径、螺母支承面外径，以及被连接件或垫圈孔直径、螺母与被连接件或垫圈接触面的摩擦因数有关系。对于 M10 ～ M68 的合金钢螺栓，当螺纹无润滑时，$k = 0.2$。

(1)定力技术要求。

1)定力螺栓在产品图样上应标出，并注明其定力转矩值。

2)定力转矩值。

a. 在螺栓连接处用定力扳手拧紧螺母，当螺母的工作高度不小于 0.8 倍螺栓直径时，直径 5～33mm 螺栓的最大拧紧转矩值有要求。

b. 当安装间隙配合螺栓时，如果必须用拧紧螺栓头的办法来拧紧螺栓，则螺栓的拧紧转

矩值要进行修正。

c. 当槽形螺母与螺栓头开口销孔的相对位置需调节时，转矩值应在规定的转矩值公差范围内变动。

(2)定力拧紧方法。

1)螺栓、螺钉、螺柱的定力拧紧，通常采用定力扳手来拧紧的方法。这种方法易于实施，定力工具品种多，应用范围广，但误差较大，是目前生产中使用的主要方法。预载指示垫圈法是利用特殊结构的垫圈来控制螺栓拧紧转矩的方法，它的使用方便，误差较小，目前在大型飞机上的一些重要螺栓连接已采用。高锁螺栓的拧紧与定力是同时完成的。当高锁螺母的工艺部分在细颈处被拧断时，便自行达到螺栓的定力要求。这种方法可使螺栓获得高而稳定的夹紧力和锁紧性能，因此，在飞机比较主要的连接部位的应用很广泛。此外，还有螺栓伸长测量法及电阻应变计法等，由于这些方法的工艺复杂，实施困难，因此，只在特殊场合才使用。使用定力扳手拧紧螺栓的定力方法如图 3.53 所示。

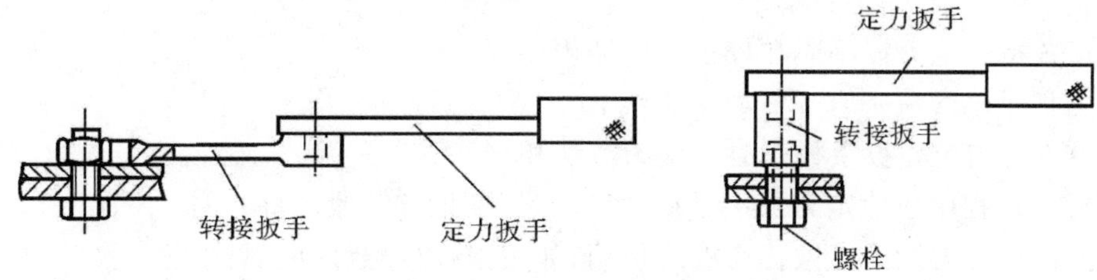

图 3.53　用定力扳手定力拧紧螺栓

2)按类型选择。按各式定力扳手特点、适用范围选择定力扳手，见表 3.13。

表 3.13　各式定力扳手的适用范围

类　型	简　图		特　点	适用范围
板式定力扳手	带百分表的板式定力扳手	百分表；固定螺钉	1. 优点：结构简单、制造方便。 2. 缺点：百分表所需的工作空间较大，使板式定力扳手的使用受到产品结构的限制。在定力过程中施力不易掌握	结构开敞、螺栓转矩值较小时选用
	带指针、刻度盘的板式定力扳手	刻度盘；指针		
盒式定力扳手	带游丝表的盒式定力扳手		1. 优点：能承受较大的转矩。 2. 缺点：制造的难度大、成本高，使用缺点与板式定力扳手的相同	螺栓转矩值较大（一般大于 150N · m）时选用
	带百分表的盒式定力扳手			

续表

<table>
<tr><th>类　型</th><th colspan="2">简　图</th><th>特　点</th><th>适用范围</th></tr>
<tr><td rowspan="2">弹簧式
定力扳手</td><td>普通弹簧式定力扳手</td><td></td><td rowspan="2">1. 优点：外廓尺寸小、使用方便。
2. 缺点：在使用中当滑块、槽及弹簧卡住时，扳手转矩值大于要求的转矩值。定力扳手转动的快慢也影响转矩值</td><td rowspan="2">在结构不开敞或需定力的螺栓数量较多时选用</td></tr>
<tr><td>刻度指示弹簧式定力扳手</td><td></td></tr>
</table>

(3)定力扳手的使用。

1)一般要求。

a. 校正合格的定力扳手应在校正有效期内使用。

b. 定力扳手轴线应垂直于螺栓中心线。

c. 施力方法与定力扳手校正时的施力方法相同。

d. 在施力过程中应使定力扳手平稳地转动，逐渐地拧紧紧固件，手柄不得弯曲。

e. 不允许将定力扳手当做普通扳手使用，如用来拧松螺母(或螺栓)等。

f. 右转矩定力扳手不能左旋，而左转矩定力扳手也不能右旋。

g. 不能用镀镉的定力扳手和转接扳手接触钛及其合金制的螺栓或产品结构。

h. 蜡封已损坏的定力扳手不能使用。

i. 施加的转矩不允许超过定力扳手的额定转矩值。

j. 弹簧式定力扳手不使用时，一般应将其弹簧调到低转矩值状态。

2)板式定力扳手的使用。

a. 定力扳手上均不允许随意安装加长杆，需要时必须与定力扳手一起校正。

b. 按定力扳手证明书上记录的表针终止刻度值转动定力扳手，以便定力拧紧螺栓。

3)盒式定力扳手的使用。

a. 带无力臂转接扳手的定力扳手使用时，可以安装加长杆。

b. 带有力臂转接扳手的定力扳手使用时，不允许随意安装加长杆。

c. 带百分表的盒式定力扳手按定力扳手说明书上记录的表针终止刻度转动定力扳手。

d. 带游丝表的盒式定力扳手使用前将指针对零，转动定力扳手直至定力扳手说明书上记录的转矩指示值。

4)弹簧式定力扳手的使用。使用弹簧式定力扳手时，若扳手出现“打滑”现象，即表示螺栓拧紧转矩值达到要求。

7. 螺栓防松

螺栓连接在变载荷、振动和冲击作用下，会引起松动，即引起螺母转矩值下降，使螺母从螺栓上脱落下来，导致发生严重事故。因此，螺栓连接需要采用合适的防松方法。

根据防松原理防松方法可分为靠摩擦力防松、直接锁住防松、破坏螺纹副运动关系防松。

(1)常见的螺栓连接防松方法。

1)用开口销、冲点和铆接防止螺纹连接松动的形式和尺寸见表 3.14。

表 3.14　开口销、冲点和铆接防止螺纹连接松动形式及其尺寸

防松方法	形　式	简　图	已冲点的端面	螺纹公称直径/mm	推荐用途
开口销	A	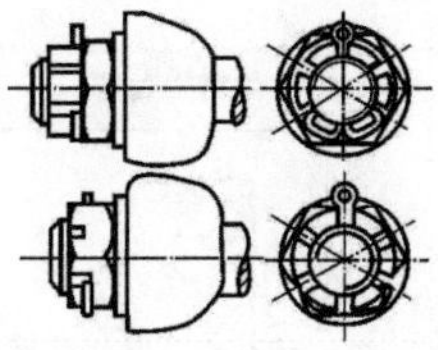			用于座舱内连接以及特别重要处连接的防松
	B	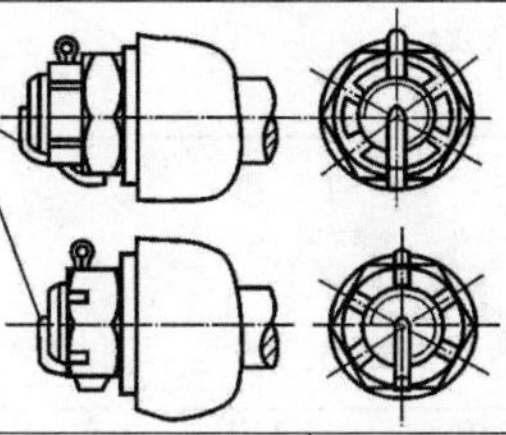 弯端长度应大于螺纹大径之半			用于座舱外连接的防松
冲点	C	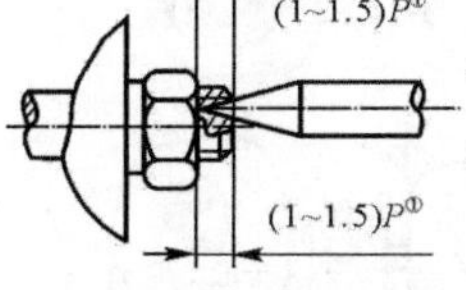 冲点深度 (1~1.5)P① (1~1.5)P① 冲点中心在螺纹小径处	 ≈1.5	3	用于任何连接的防松
			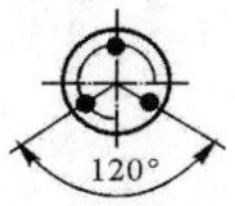 120°	4～8	
			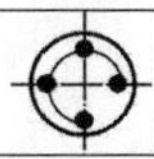	＞8	
	D	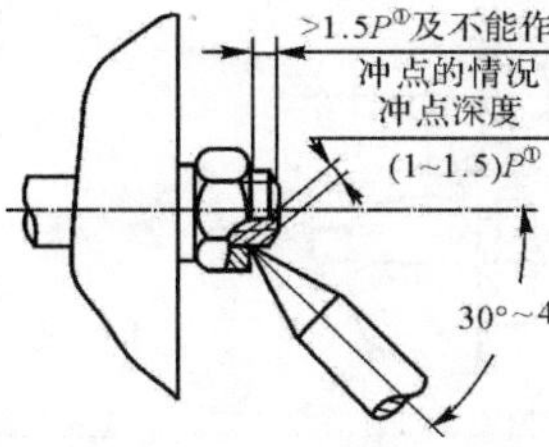 ＞1.5P①及不能作端面冲点的情况 冲点深度 (1~1.5)P① 30°~45°	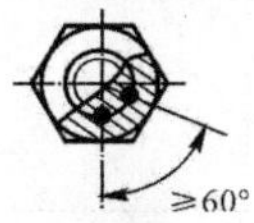 ≥60°	4～8	
			≥60° ≥60°	＞8	
		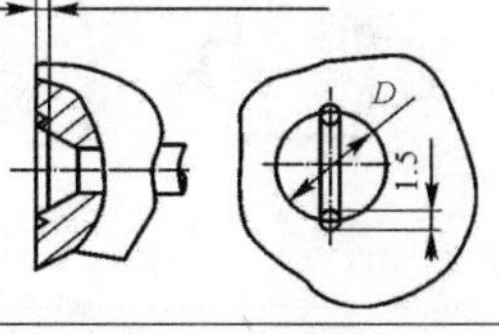 冲点深度 (1~1.5)P① D 1.5			
		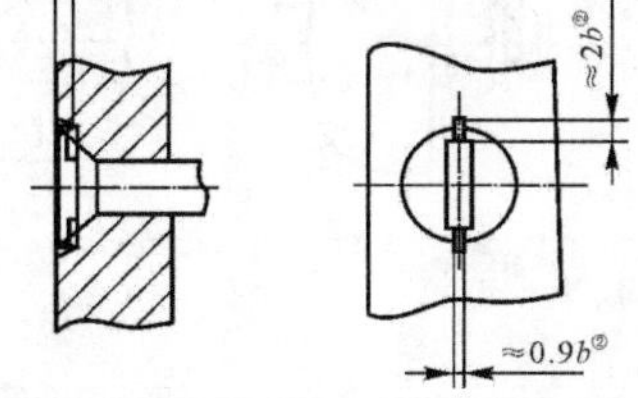 冲点深度h≈螺栓(钉)槽深 ≈2b② ≈0.9b②			

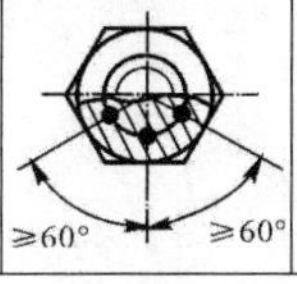

续 表

防松方法	形　式	简　图	推荐用途
铆接	G	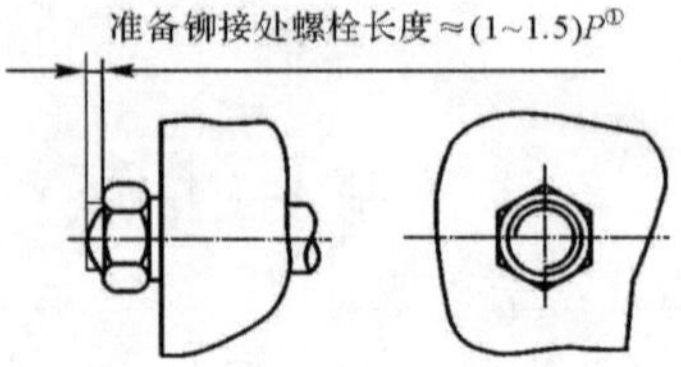 准备铆接处螺栓长度≈(1~1.5)P[①]	用于不拆卸连接的防松

注：①P 为螺距。②b 为螺栓(钉)螺刀宽度。

2)其他常用防松形式见表 3.15。

表 3.15　其他常用防松形式

防松方法	简　图	推荐用途
自锁螺母	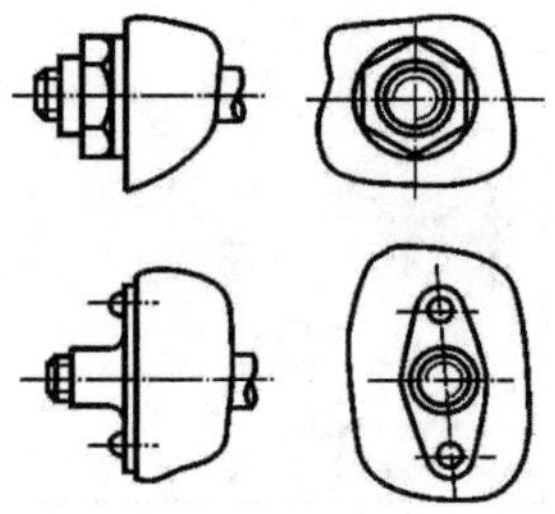	用于活动部位以外的任何连接的防松
弹簧垫片	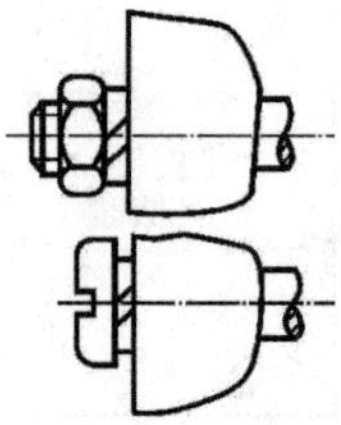	用于非重要连接的防松
止动垫圈	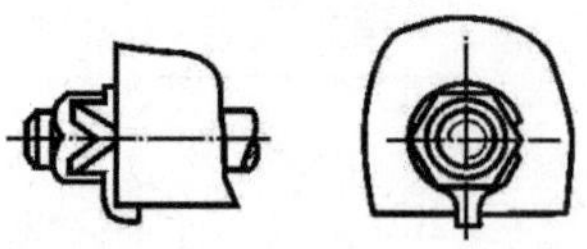	用于高温部位任意连接的防松
双螺母	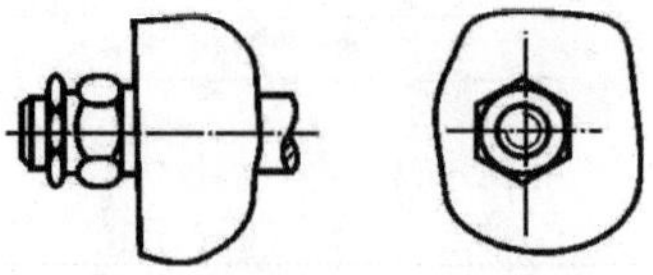	用于设备连接的防松

续表

防松方法			简　图	推荐用途
保险丝	单股保险丝	固定在螺母上的保险丝	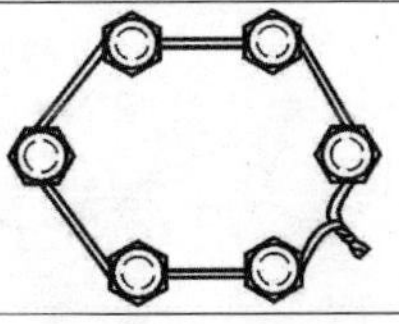	1. 适用于小间距排列的螺纹紧固件，其位置为规则封闭形状的防松。 2. 可达性或频繁更换使保险丝双股扭绞方法不能实现的防松。 3. 松紧螺套防松
		固定在螺钉头上的保险丝		
		两个螺塞上的保险丝		
		松紧螺套上的保险丝	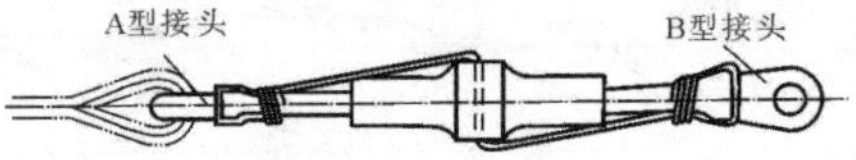 A型接头 B型接头	
			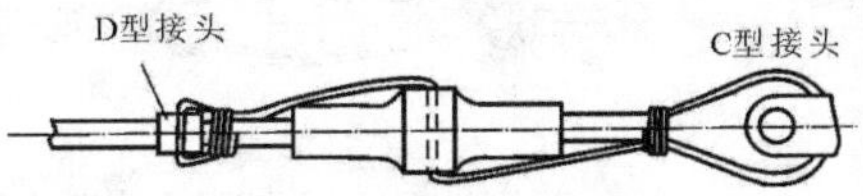 D型接头 C型接头	
保险丝	双股保险丝	一个螺栓上的保险丝	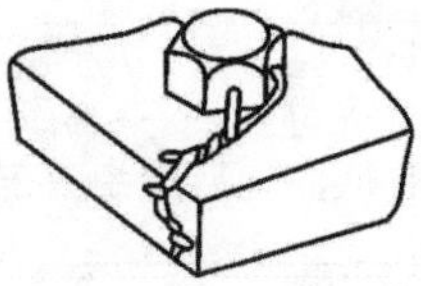	1. 适用于螺栓、锥形螺栓与螺母的连接防松。 2. 松紧螺套防松
		两个螺栓上的保险丝		
		螺栓头上的保险丝	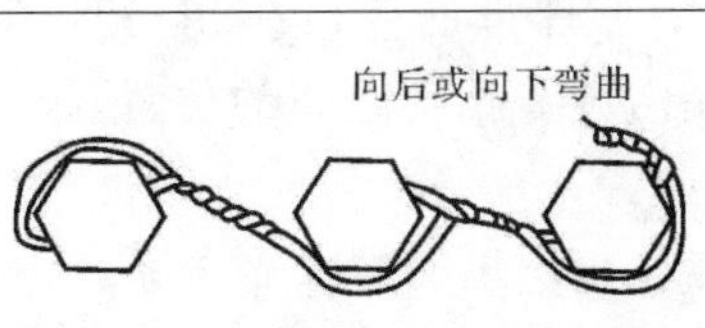 向后或向下弯曲	
		薄螺栓头上的保险丝	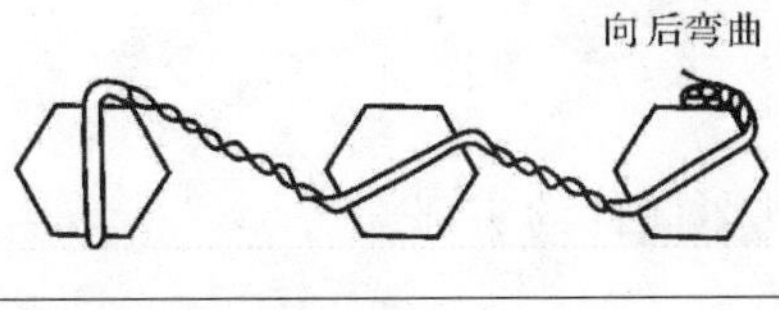 向后弯曲	

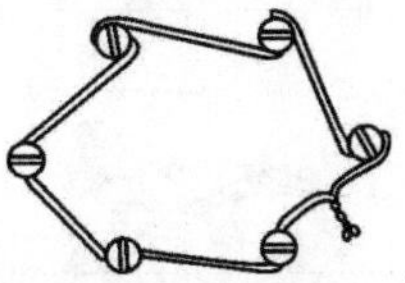

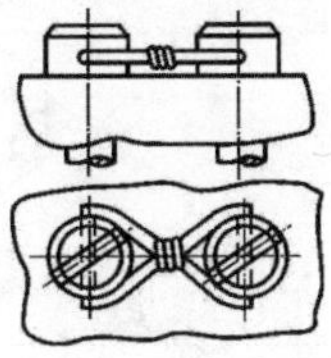

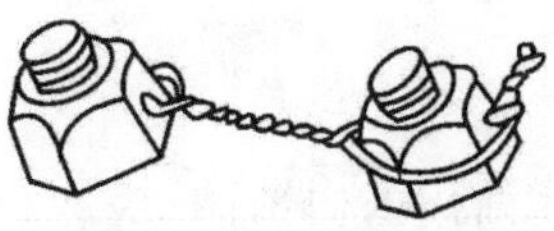

续 表

防松方法			简 图	推荐用途
保险丝	双股保险丝	槽形螺母上的保险丝	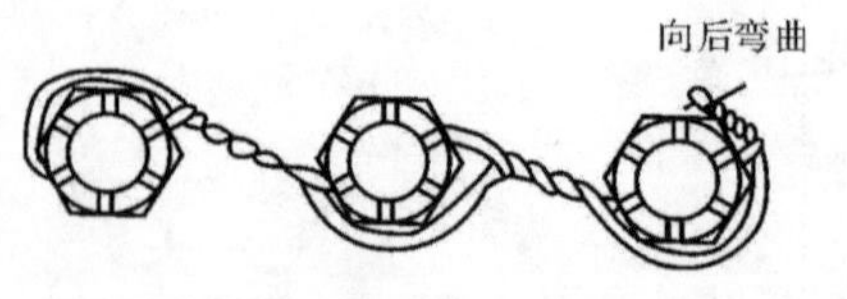	1. 适用于螺栓、锥形螺栓与螺母的连接防松。 2. 松紧螺套防松
		带斜孔螺栓头上的保险丝	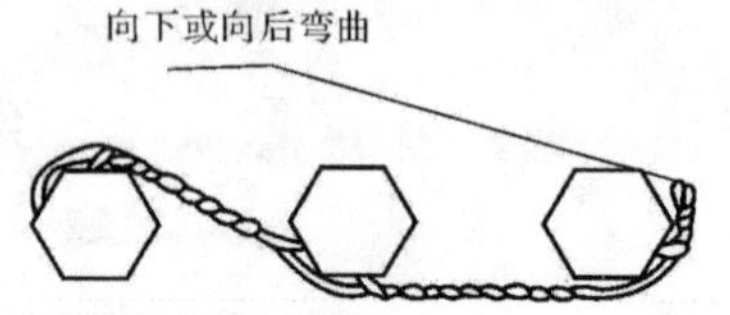	
		不在一条直线上螺栓的保险丝	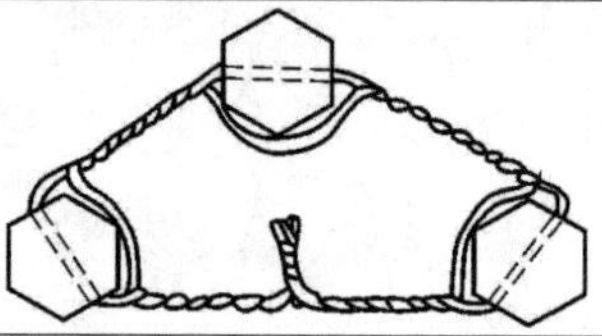	
		松紧螺套上的保险丝	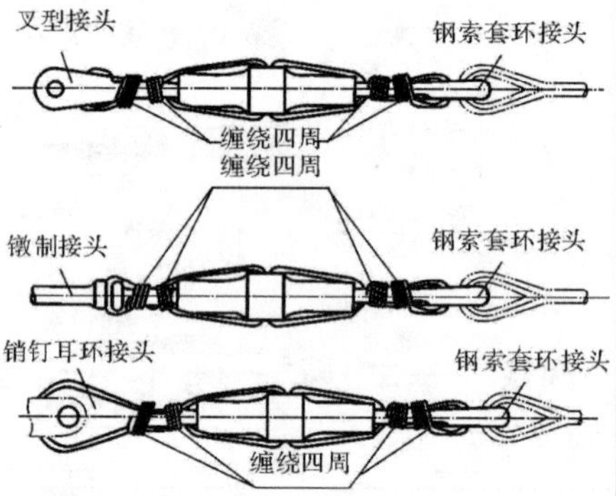	
涂胶液			说明：在螺纹连接处涂敷一层胶液，胶液固化后使螺纹配合件相对固定	适用于螺纹孔连接或螺纹直径不大于 5mm 的连接

(2)螺纹连接防松工艺要点。

1)开口销防松的工艺要点。

a. 长的开口销不允许在弯曲前用剪钳剪断，应在弯曲的同时切掉。

b. 螺栓上的开口销孔与槽形螺母的槽口应相对且不高出槽顶面。对于需定力的槽形螺母，允许在规定的转矩值公差内调节相互之间的位置。

2)打冲点防松的工艺要点。

a. 用冲子制冲点，破坏螺栓与螺母的螺纹副关系。

b. 禁止在螺母上冲点，使螺母金属压到螺栓上。

3)铆接防松的工艺要点。

a. 用专用冲头铆接。

b. 铆接时要用顶把顶住紧固件的头部。

4)止动垫圈防松的工艺要点。

a.弯折止动垫圈的爪片的角度应倾向于锁紧螺母，如图 3.54 所示。其中，允许的倾斜如图 3.55 所示，不允许的倾斜如图 3.56 所示。

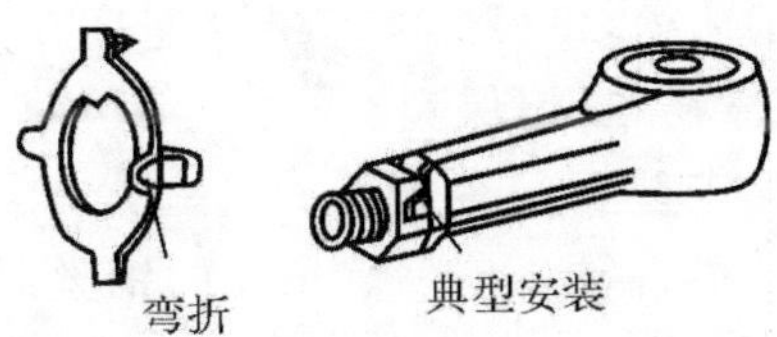

图 3.54　止动垫圈爪片的折弯形式

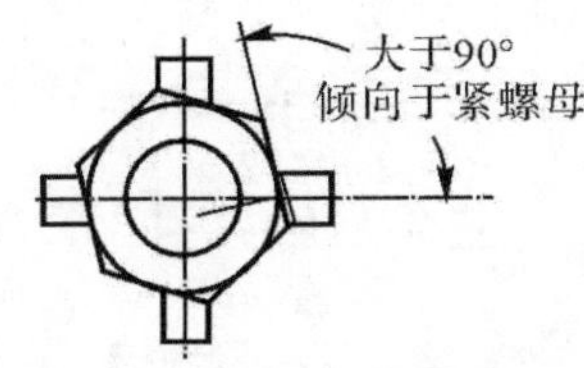

图 3.55　爪片折弯的倾斜角度

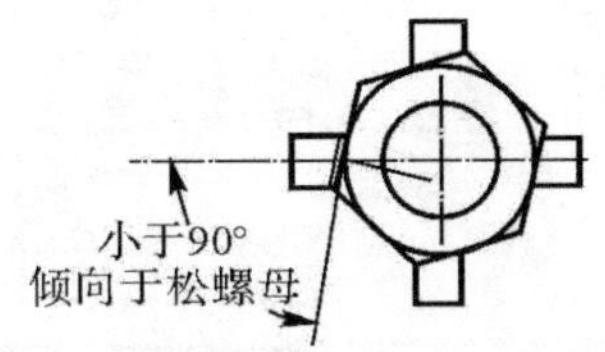

图 3.56　爪片不允许的折弯倾斜角度

b.安装螺母后，将垫圈爪片折在螺母侧面上。在垫圈爪片与零件间插入一个金属薄片。用工具撬起垫圈爪片，如图 3.57(a)所示。轻轻地敲击小轴，将垫圈折在螺母侧平面上，如图 3.57(b)所示。

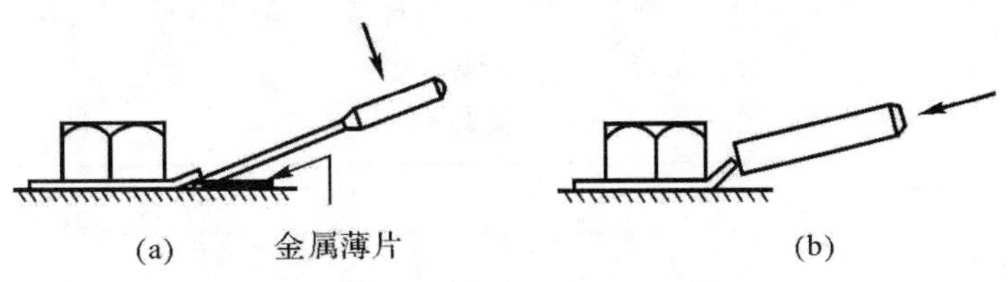

图 3.57　垫圈爪片的折弯方法

5)螺栓与螺母连接类型的保险丝防松的工艺要点。

a.保险丝的材料和规格应符合图样规定，未规定的按下述规定选用保险丝。

保险丝材料为钢丝(Zd,Zg)，直径规格为 0.5，0.8，1.0，1.2，1.5，2.3mm。单股保险丝的直径比保险丝的孔径至少小 0.2mm。双股保险丝直径在保险丝孔径的 1/3～3/4 范围内，一般不小于 0.8mm。当保险丝孔径不大于 1.0mm 或紧固件间距小于 50mm，且保险丝孔径在 1.0～1.5mm 范围内时，允许使用 0.5mm 直径的保险丝。

b.保险丝端头要制出一段 3～6 个扭节的辫子，将其向下或向螺纹紧固件趋向松动相反方向弯曲，如图 3.58 所示。

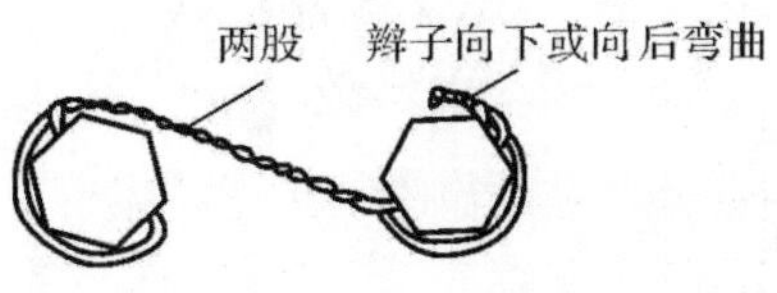

图 3.58　保险丝端头的扭接形式

c.安装后的保险丝的松紧要适中，不宜拉得过紧或过松。当螺纹紧固件趋向松动时，保险丝被拉紧。

d. 保险丝不能重复使用，避免过度的弯折和绞结。

e. 对于大间距螺纹紧固件的防松，每根保险丝最多连接 3 套螺纹紧固件。对于小间距多套螺纹紧固件，可以用一根保险丝防松，但保险丝的长度一般不大于 600mm。

6)松紧螺套的保险丝防松的工艺要点。

a. 一根保险丝的安装。用一根直径 0.5～1.0mm 的钢丝通过套管的中心孔，将保险丝端头分别向套管的两端弯曲 90°。保险丝的端头穿过松紧螺套耳环 A，D 型接头，绕过耳环 C 型接头或者通过松紧螺套叉形 B 型接头耳片之间，如图 3.59 所示。将保险丝的端头向松紧螺套中心弯曲，并将保险丝的每个端头紧绕接头杆 3～6 圈，如图 3.60 所示。

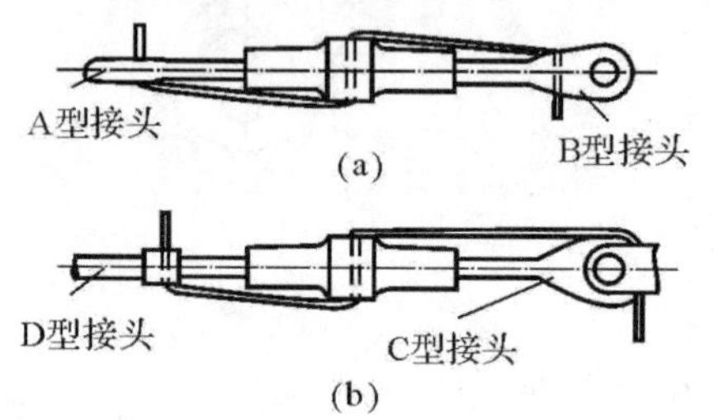

图 3.59　松紧螺套用一根保险丝防松(工序一)

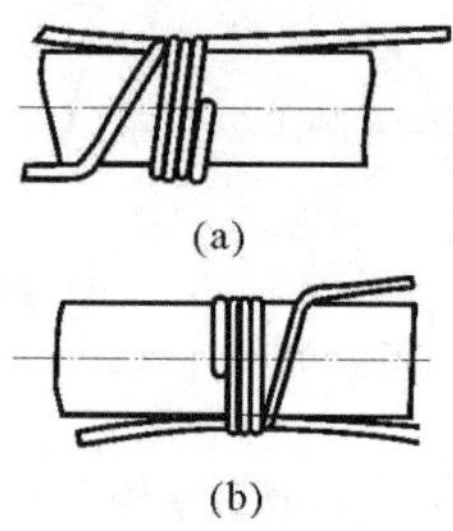

图 3.60　松紧螺套用一根保险丝防松(工序二)

b. 两根保险丝的安装。将两根保险丝穿过松紧螺套套管的中心孔，并将端头向松紧螺套套筒的相对端头弯曲 90°，保险丝的规格见表 3.16。

表 3.16　保险丝规格　　mm

钢索直径 D	$D \leqslant 1.5$	$1.5 < D \leqslant 3$	$D > 3$
保险丝最小直径	0.5	0.8	1.0

保险丝的端头按图 3.61 所示进行安装。

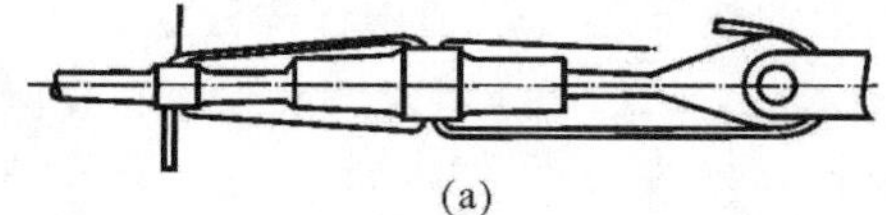

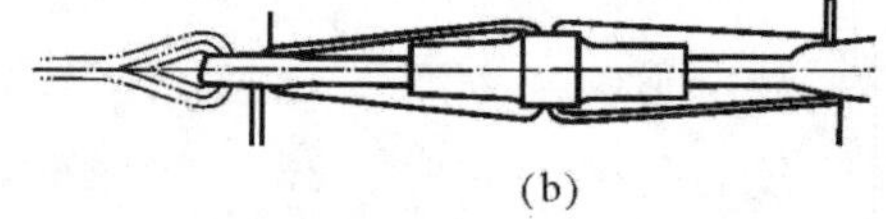

图 3.61　松紧螺套用两根保险丝防松(工序一)

将保险丝的端头向松紧螺套中心弯曲，并将每根保险丝绕接头杆 4 圈，如图 3.62 所示。

图 3.62　松紧螺套用两根保险丝防松(工序二)

7)涂胶液防松的工艺要点。

a. 涂敷的胶液应具有的特性：①厌氧性能；②金属离子对其固化有催化作用；③黏性。

b. 胶液固化条件：①与空气隔离；②有金属离子；③可加热、加速固化。

c.工艺过程:①涂敷胶液前按胶液使用要求清除螺纹部分的表面污浊;②用浸入法或滴入法在螺纹部分涂敷胶液;③紧固件安装后,按胶液特性停放或加温固化;④对于非金属螺纹紧固件,可以使用催化剂。

8.防腐蚀和涂标记

(1)螺栓安装合格后,在螺栓头、螺母、高锁螺母断裂定力螺栓涂漆后,为了检查螺栓是否松动,在螺栓头或螺母处用红色漆作标记,标记形状可以是圆点,也可以是线条。

(2)高锁螺栓、锥形螺栓、螺钉的螺纹伸出部分涂 H06—2 环氧锌黄底漆;表面氧化处理的 30CrMnSiA 材料的螺栓涂 B02—6 灰色丙烯酸底漆。其中,位于油箱内表面的不涂漆。

(3)当在钛合金螺栓上装镀镉合金钢螺母时,螺栓伸出螺母的部分应涂 H06—2 环氧锌黄底漆。

(4)定力螺栓涂漆后,按下列要求作标记。

1)用 H04－2 红色环氧硝基磁漆作标记。

2)一般将标记涂在螺母上,但在结构不开敞处可以涂在螺栓头上。

3)标记可以是一条红色线条,如图 3.63 所示,也可以是一个红色圆点,如图 3.64 所示。

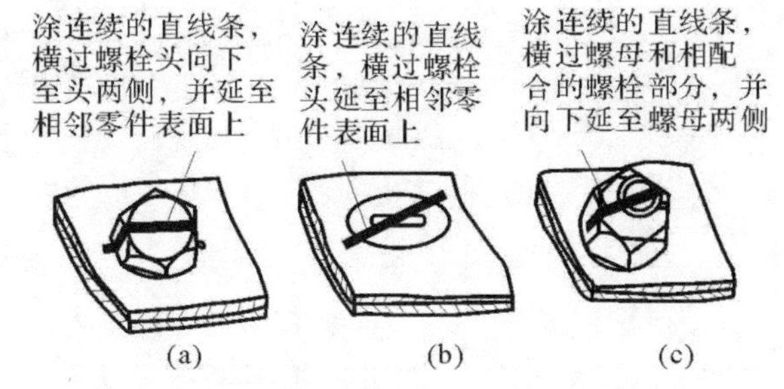

图 3.63　用于检查螺栓连接松动的线条标记

(a)螺栓头处的标记;(b)沉头螺栓头处的标记;(c)螺母处的标记

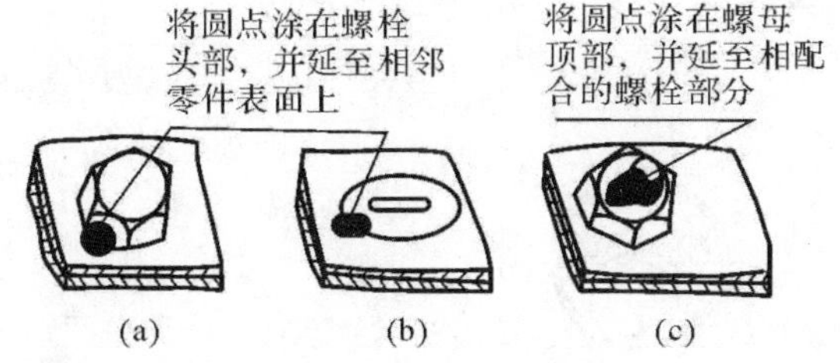

图 3.64　用于检查螺栓连接松动的圆点标记

(a)螺栓头处的标记;(b)沉头螺栓头处的标记;(c)螺母处的标记

(5)下述几种情况不作标记。

1)飞机外表面上的沉头螺栓头。

2)整体油箱内表面的螺栓头和螺母。

(6)对于标记有错位现象的螺栓,应重新定力拧紧并作标记线。

9.分解与加大处理

安装的螺纹紧固件不符合要求时应分解。当孔加工或分解紧固件而引起直径超差时,需要安装加大螺栓。各种螺纹连接形式的分解及加大要求见表 3.17。

表 3.17 螺纹连接形式的分解

种 类	简 图	分解要点	加大要求
螺栓连接	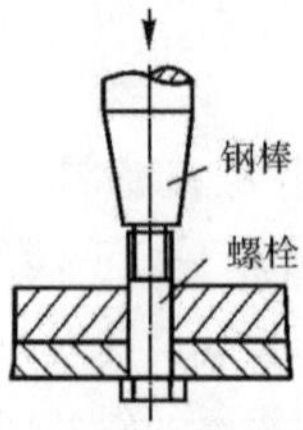 钢棒 螺栓	1. 用普通扳手拧松螺母，并取下。 2. 用铜棒和手锤敲击螺栓尾部端头，将螺栓打出	1. 使用仅光杆尺寸加大的特制螺栓。 2. 推荐加大量尾数为0.5，0.8mm
高锁螺栓连接	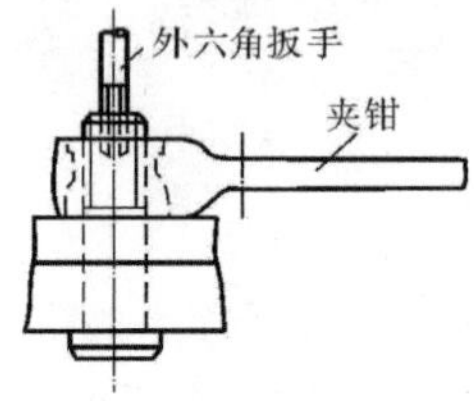 外六角扳手 夹钳	方法一 1. 适用于对应力集中敏感的材料制造的工件。 2. 用外六角扳手插入螺栓尾部内六角形孔内，固定螺栓。 3. 用专用夹钳将高锁螺母拧松	1. 可以用大一号标准高锁螺栓，也可以用特制螺栓加大。 2. 高锁螺母、双六角高锁螺母均不能重复使用
	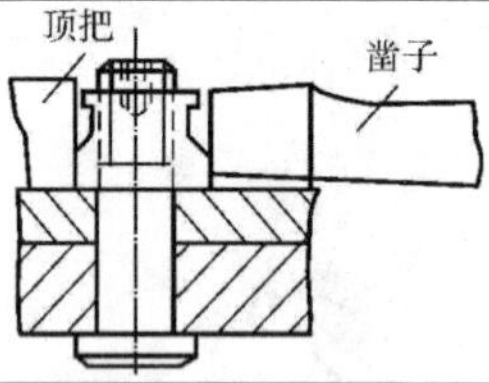 顶把 凿子	方法二 1. 适用于对应力集中不敏感的被连接件材料。 2. 用凿子将高锁螺母沿轴线切开	
锥形螺栓连接	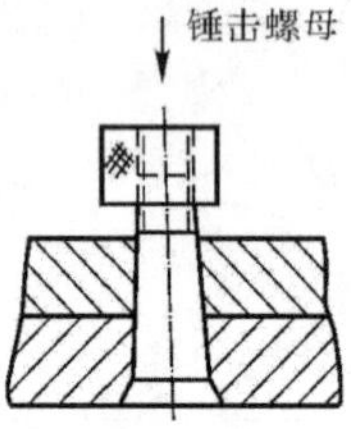 锤击螺母	分解螺母，在螺栓端头安装一个工艺螺母，敲打螺母端面冲出。如果螺栓螺纹没有损坏，可以使用，但在使用前需要重新润滑	1. 加大螺栓的基本直径（螺纹直径）与原螺栓规格相同。 2. 加大的螺栓光杆比原螺栓规格大一个组别，允许加大两次
螺柱连接	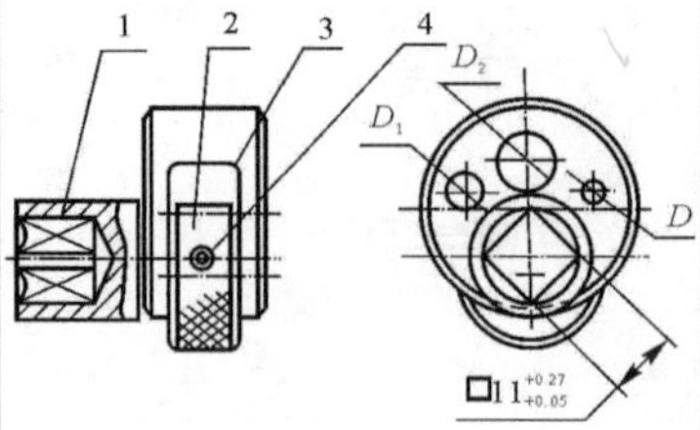 1 2 3 4 D_2 D_1 D $\square 11^{+0.27}_{+0.05}$	1. 按直径将螺柱插在卸螺柱扳手机体 3 的孔中。 2. 转动偏心轮 2，卡紧螺柱光杆，用螺钉 4 固定。 3. 将带方头的扳手插在转轴 1 方孔内，转动卸螺柱扳手，拧出螺柱	
钢丝螺套连接	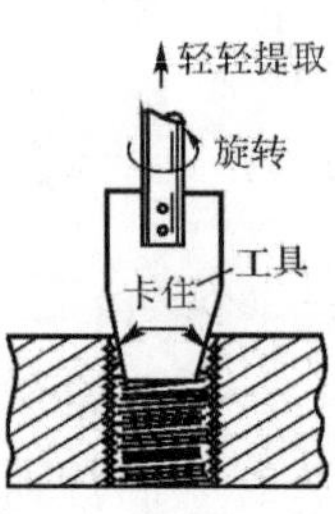 轻轻提取 旋转 工具 卡住	1. 将拆卸工具垂直放于孔内，用手锤轻击，使拆卸工具的刃部卡住钢丝螺套。 2. 逆时针旋出钢丝螺套。 3. 取出后的钢丝螺套不允许再使用	拆除钢丝螺套后，其基体螺纹孔应清理干净，检查螺纹孔，符合要求的重新安装螺套，孔不符合要求时，扩制螺纹孔，安装大一号的螺套

二、高锁螺栓的安装

1. 高锁螺栓的光杆长度

高锁螺栓的光杆长度应不小于螺接夹层厚度，且不大于夹层厚度1.8mm，即

$$\delta \leqslant L \leqslant \delta + 1.8$$

式中　L—— 螺栓光杆长度，mm；

δ—— 螺接夹层厚度，mm。

2. 高锁螺栓杆相对螺接夹层的凸出量

高锁螺栓杆相对螺接夹层的凸出量如图3.65所示，其具体伸出量见表3.18；MD型高锁螺栓头允许的单向间隙见表3.19。

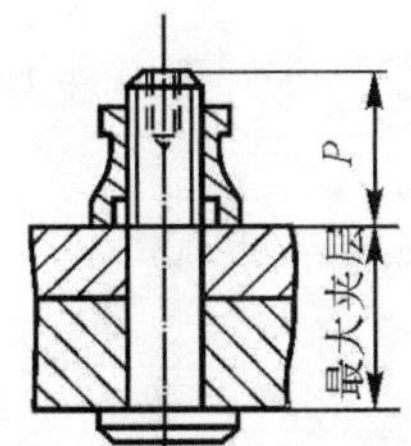

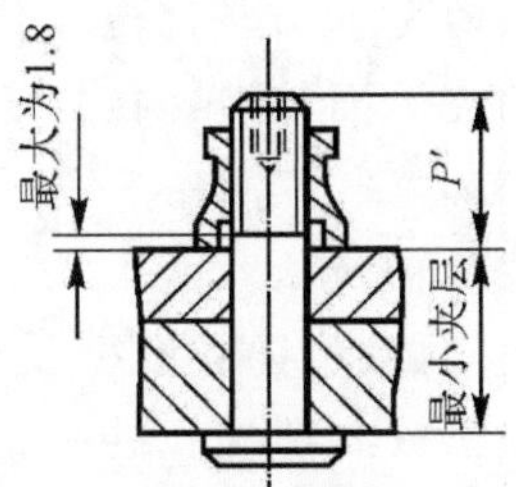

图3.65　高锁螺栓杆相对螺接夹层的凸出量

表3.18　高锁螺栓杆伸出夹层量　mm

螺栓直径	凸出量 P	凸出量 P'
5	9	11
6	10	12
8	13	15
10	16	18

表3.19　MD型高锁螺栓头允许的单向间隙　mm

直　径	沉　头		凸　头
	一　般	机翼上翼面前缘处	
5/32	0.001 5	0.001 5	0.003
3/16	0.003		
1/4	0.004		0.005
5/16	0.005	0.003	

3. 高锁螺栓装配

高锁螺栓装配完毕，一般不再需要用定力扳手进行定力拧紧。当安装双六角高锁螺母时，如图3.66所示，若需要，可以将下部六角螺母按规定再次拧紧。

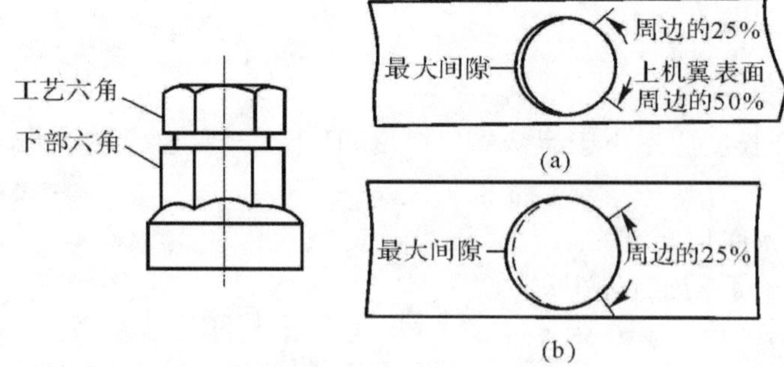

图 3.66 双六角高锁螺母及 MD 型高锁螺栓头处的单向间隙

4. 高锁螺栓头、螺母的支承面与被连接件之间的间隙

高锁螺栓头、螺母的支承面与被连接件之间允许存在不大于 0.1 mm 的单向间隙。

5. 高锁螺栓安装工艺方法

(1)将高锁螺栓沿孔的轴线压入或推入孔内。安装有过盈配合的高锁螺栓时,允许用铜棒沿孔轴线方向打入,不允许偏斜,防止孔壁受到损伤。

(2)将高锁螺母拧在已放入螺栓孔的高锁螺栓上,一般拧上两扣螺纹。

(3)一般不使用垫片。只在没有适合夹层厚度的高锁螺栓时,才允许使用垫片。

(4)手动锁紧高锁螺母。

1)用棘轮扳手套在高锁螺母的六方头上,插杆插入高锁螺栓的六方孔内。

2)左手握住插杆固定螺栓,右手握棘轮扳手拧高锁螺母,拧到高锁螺母上的六角头剪断。

(5)机动锁紧高锁螺母。

1)将风扳机的六方扳套戴在高锁螺母的六角头上,调节风扳机的手持角度,使风扳机上的六角插杆插入高锁螺栓的六方孔内。

2)开动风扳机,拧高锁螺母,拧到高锁螺母上的六角头剪断为止,如图 3.67 所示。

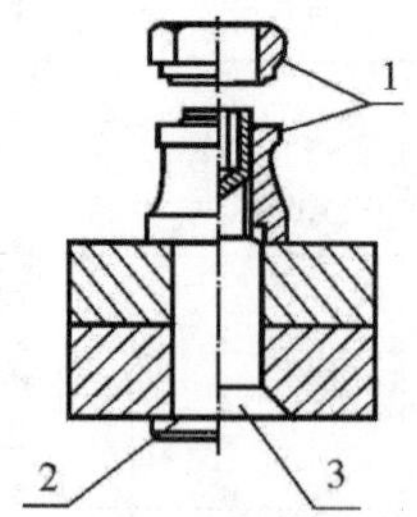

图 3.67 拧紧后的高锁螺栓

1—高锁螺母; 2—凸头高锁螺栓; 3—沉头高锁螺栓

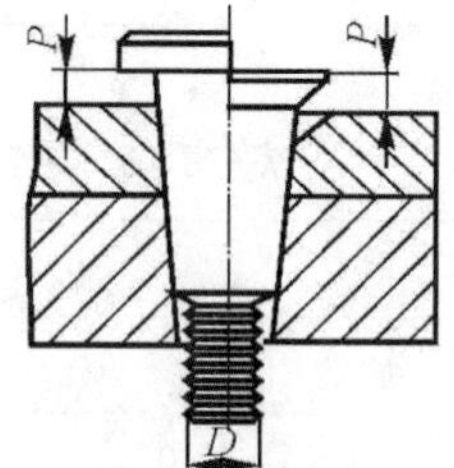

图 3.68 锥形螺栓的初装位置

三、锥形螺栓安装技术要求

(1)当用手指将锥形螺栓压入孔时,螺栓头部的凸出量如图 3.68 所示。

(2)锥形螺栓的螺纹部分(包括螺纹收尾)不允许位于夹层中。

(3)锥形螺栓头与被连接件表面的单向间隙按公差等级 IT7 螺栓的安装要求执行。

四、基体零件上制普通螺纹孔的紧固件安装技术要求

(1)螺纹孔的螺纹应符合GB192～197规定。螺纹收尾应符合规定。

(2)螺柱或螺钉安装后,螺柱的螺纹收尾应不低于基体表面;螺柱、螺钉端头不得拧进盲螺纹孔的螺纹收尾部分。

(3)基体零件上制普通螺纹孔的紧固件安装工艺方法。

1)攻螺纹。

a.在丝锥上或者在螺纹底孔内放入适量润滑液。润滑液的选择应符合规定。

b.用丝锥攻制螺纹,一般分两刀将螺纹攻至最后尺寸。

c.当攻丝到手感用力明显增大时,应将丝锥旋出,排除切屑,再继续攻丝。

d.清除孔内切屑,并擦拭干净。

2)螺柱安装。用螺柱安装专用扳手将螺柱装入孔中,如图3.69所示。

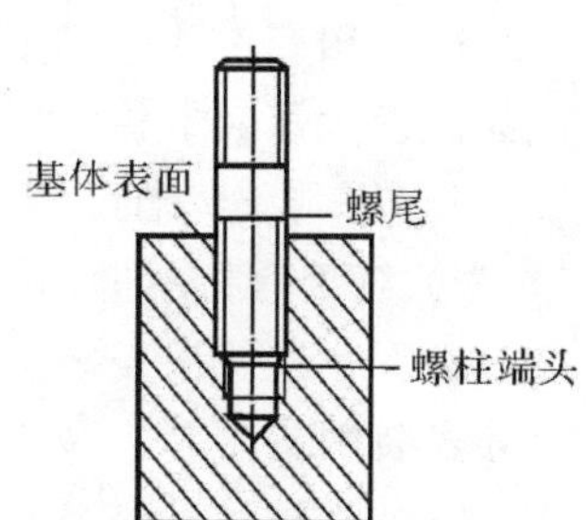

图3.69　螺柱安装位置

五、钢丝螺套安装技术要求

(1)安装钢丝螺套的螺纹孔的螺纹应符合规定。

(2)螺纹孔最小螺纹长度根据螺纹孔的螺纹深度确定,如图3.70所示。

(3)镁合金基体上的螺纹孔应进行氧化处理,安装螺套时应涂少量不干性密封剂。

(4)钢丝螺套在安装后应低于基体表面1～1.5倍螺距,如图3.71所示。

(5)钢丝螺套安装后所形成的内螺纹应符合规定。

(6)锁紧型钢丝螺套的锁紧力矩应符合要求。

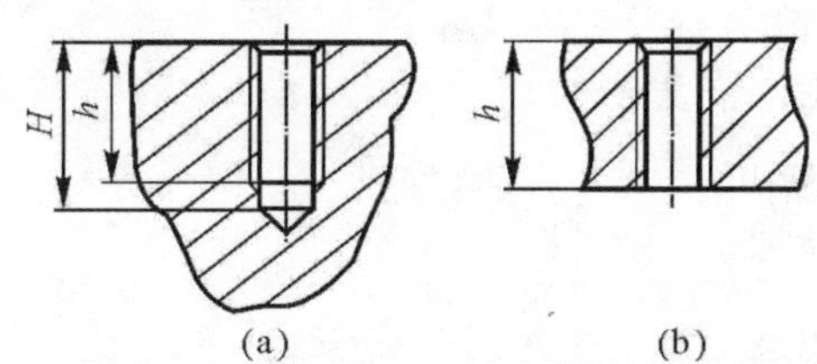

图3.70　钢丝螺套安装孔的螺纹深度

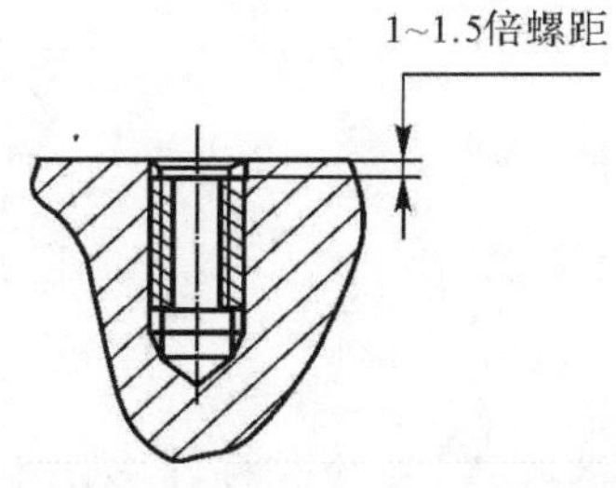

图3.71　钢丝螺套的安装位置

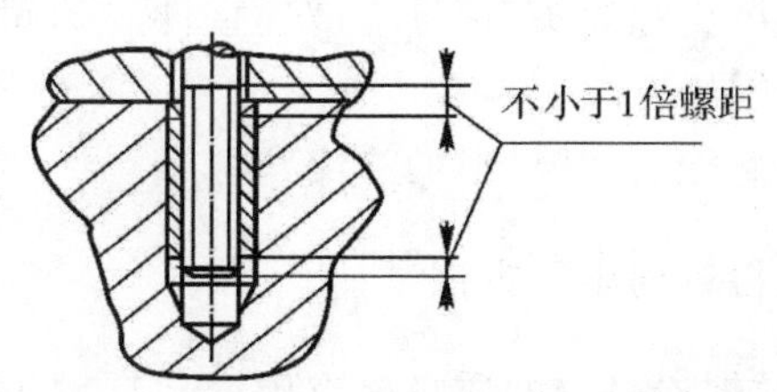

图3.72　钢丝螺套连接的螺栓安装位置

(7)螺栓(或螺钉、螺柱)安装后,其螺纹部分(包括螺尾)凸出钢丝螺套端面应不小于一个螺距。对于有折断槽的钢丝螺套,螺栓杆端头凸出钢丝螺套端面应不小于一个螺距,如图3.72所示。

(8)钢丝螺套安装工艺方法。

1) 钢丝螺套的安装用专用工具进行。

a.使用简单扳手直接借槽口卡住钢丝螺套。

b.使用套筒式带锥形螺纹安装口的钢丝螺套扳手,将钢丝螺套从槽口处放入套筒内,芯轴穿过钢丝螺套卡住安装柄,利用导套预先收缩钢丝螺套,将其拧入螺纹孔中。

c.在安装螺套的过程中,不应施加轴向力,以免钢丝螺套出现跳扣现象。

2) 对于有折断槽的钢丝螺套,用冲柄工具冲去其安装柄。

a.不允许使用安装工具逆时针方向转动的方法来折断安装柄,以免螺纹端部歪曲引起螺栓等安装困难。

b.如果螺纹孔是盲孔,应将折断的安装柄取出,避免多余物留在产品中。

六、自攻螺钉的安装工艺

(1)自攻螺钉安装时,夹层之间不允许有间隙,否则夹层不能被螺钉压紧。

(2)沿孔轴线拧入螺钉。

第五节　螺纹连接质量检查

一、螺栓安装前的检查内容

(1)螺栓孔的位置。

(2)螺栓孔的直径、轴线偏斜量及表面质量。

(3)沉头窝和端面窝的窝深和表面质量。

(4)紧固件牌号、外观和标记。

(5)螺栓涂油和螺栓孔涂漆。

二、螺栓安装后的检查内容

(1)螺栓安装方向。

(2)螺栓螺纹部分露出螺母的伸出量。

(3)螺栓头、螺母与被连接件间的间隙。

(4)沉头螺栓头、螺母与被连接件间的间隙。

(5)螺栓定力。

(6)螺栓头、螺母上的涂漆与标记。

三、检查内容及方法

普通螺栓(钉)的质量检查内容包括螺纹露出螺母长度的检查、螺栓光杆在夹层中位置的检查、沉头螺栓头凸凹量的检查、螺栓(钉)的防松检查以及螺栓头或螺母单向间隙的检查。这里主要介绍单向间隙的检查。螺栓头或螺母的安装单向间隙用塞尺检查,如图 3.73 所示。

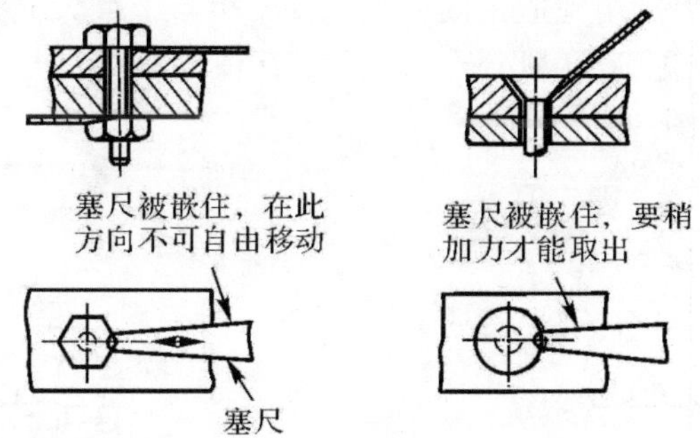

图 3.73　螺栓头、螺母单向间隙检查

1.单向间隙的测量方法

沿结构表面,对螺栓头或螺母与结构之间的单向间隙用塞尺检查,如图 3.74 和图 3.75 所示。

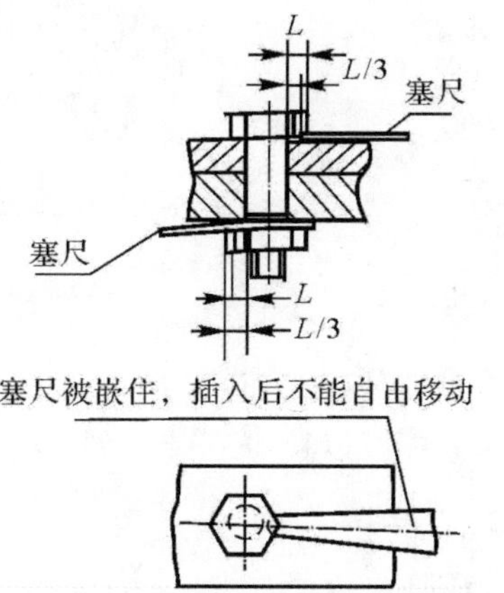

图 3.74　凸头螺栓单向间隙的检查示意图

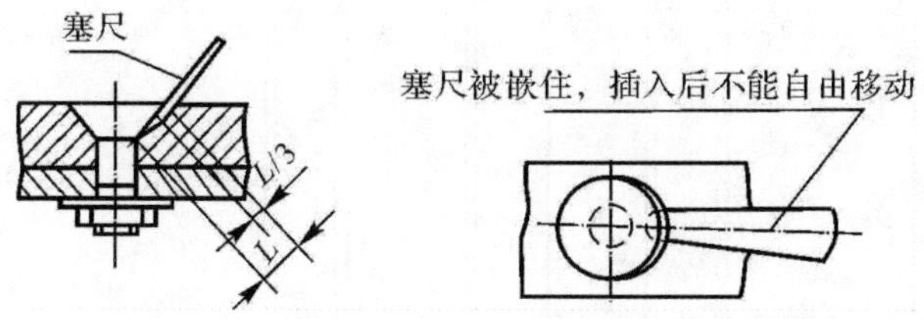

图 3.75　沉头螺栓单向间隙的检查示意图

2.锥形螺栓安装的质量检查

为确保锥形螺栓安装后的干涉量,在安装过程中要检查螺栓头部凸出量 P 值,凸出量 P 的检查方法如下:

(1)用手指力把螺栓压入孔内。

(2)用卡尺或 TLG 型量规检查凸出量 P 值。

(3)对于沉头螺栓,从螺栓头顶端测量到结构表面。

(4)对于凸头螺栓,从螺栓头部下缘测量到结构表面。

(5)把 TLG 型量规指示器搬到适用的分号,点 A 相当于最大允许 P 值,点 B 相当于最小允许 P 值,如果螺栓头部处于 A 点和 B 点之间,则 P 值为合格。

TLG 型量规及用法如图 3.76 所示。

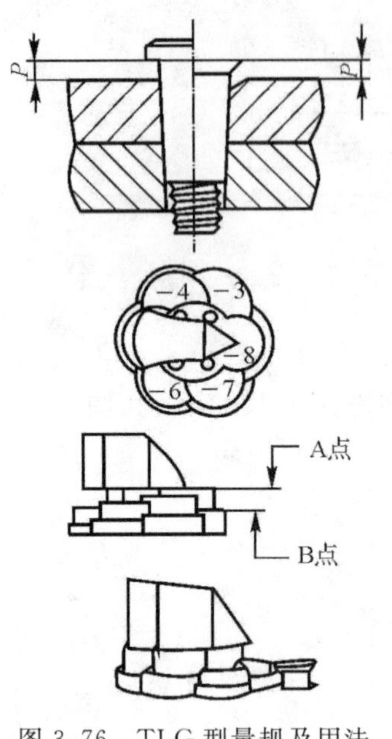

图 3.76 TLG 型量规及用法

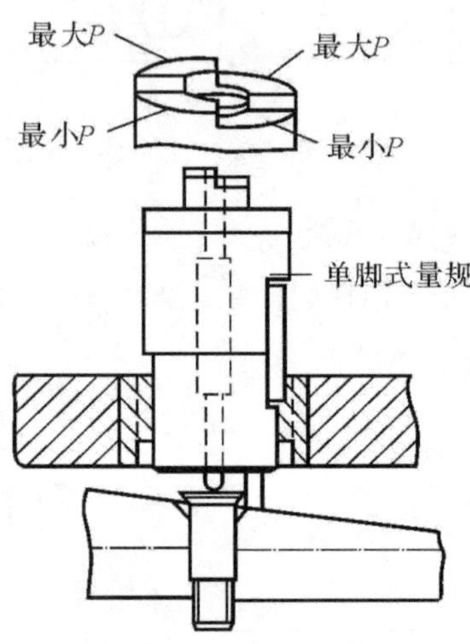

图 3.77 单脚式量规

(6)当钻孔夹具妨碍 TLG 型量规使用时,可采用单脚式或管式量规检查 P 值。单脚式量规和使用方法如图 3.77 所示,本量规可以检查安装在斜面上的螺栓。管式量规和使用方法如图 3.78 所示。

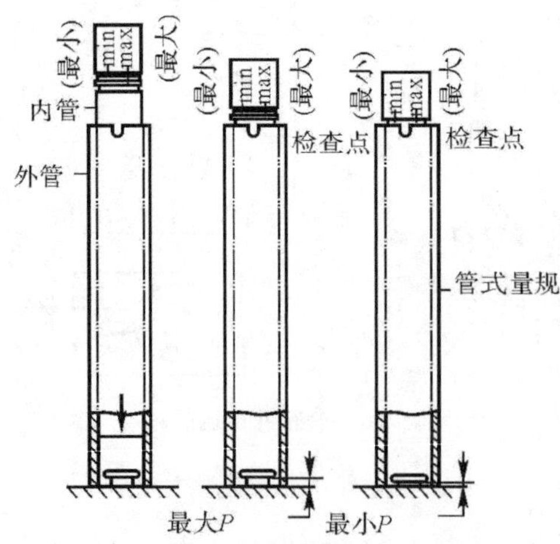

图 3.78 管式量规和使用方法

2.螺栓定力的检查方法

(1)检查前,在螺母和螺栓头与被连接件上用铅笔或特种铅笔画出标记线,如图 3.79

所示。

(2)用普通扳手将螺母拧松半圈，然后重新用定力扳手拧紧。此时，允许螺母或螺栓头上的标记线一般不超过被连接件上的标记线 2mm，如图 3.80(a)所示，或不到标记线 3mm，如图 3.80(b)所示。

图 3.79　定力螺栓定力检查前的标记线

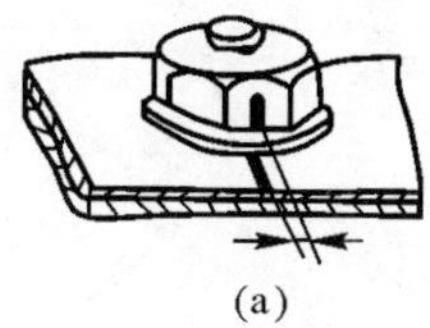
(a)
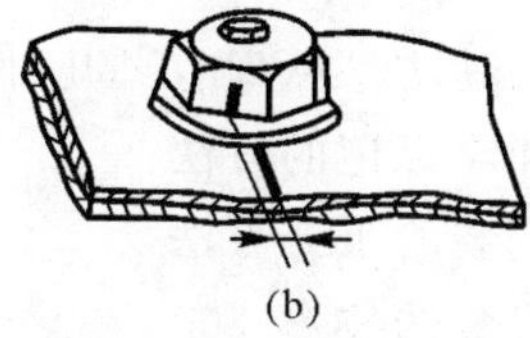
(b)

图 3.80　定力螺栓定力检查后的标记线

安全小提示

定力扳手使用要点

(1)按所需定力数值选择相应的并经校验合格的定力扳手，不准使用没有经过校验的扳手。

(2)要用平衡、缓慢的力扭转扳手，不能急扭，手握住扳手手柄的中间点，垂直于扳手中心线拉动手柄，直到达到所要求的力矩为止，不允许随意手握根部和端点。

(3)不要施加大于定力扳手额定值的转矩，不准用定力扳手拆卸螺栓或螺母，定力扳手只能顺时针转动。

(4)用定力扳手拧紧螺栓时，应尽可能不使用转接器。

(5)不允许将定力扳手当做普通扳手使用，如用来拧松螺母或螺栓等。

(6)右转矩定力扳手不能左旋，而左定力扳手不能右旋。

(7)不能用镀镉的定力扳手和转接扳手接触钛及其合金制的螺栓或产品结构。

(8)施加的转矩不允许超过定力扳手的额定转矩值。

思　考　题

1. 常用的螺纹种类有哪些？螺纹零件上为什么要做标记？
2. 常用的螺纹连接件有哪些？
3. 螺栓、螺母、螺钉、垫圈的形式有哪些？
4. 简述垫圈的作用。
5. 简述开口销锁紧螺母的方法。

6.制孔刀具有哪些?

7.螺栓拧紧工具有哪些?

8.简述定力扳手的种类。

9.螺纹连接的形式有哪些?

10.简述螺栓与螺母连接工艺过程。

11.简述螺栓安装工艺过程。

12.简述孔位的技术要求及确定方法。

13.简述制螺栓孔的技术要求。

14.安装螺栓的准备工作有哪些?

15.螺栓安装的技术要求有哪些?

16.定力扳手使用的一般要求有哪些?

17.螺栓的防松根据其防松原理有哪几种?

18.简述螺栓防腐和涂标记的方法。

19.简述高锁螺栓安装的工艺方法。

20.简述锥形螺栓安装的技术要求。

21.螺栓安装前的检查内容有哪些?

22.螺栓安装后的检查内容有哪些?

第四章　装配中的补偿

第一节　补偿方法分类及其应用

飞机结构中组成壳体的薄壁钣金件面积大，有些部位的尺寸和外形准确度很高。因此对零件制造和装配精度要求严格。这不仅在技术上难以达到，而且在经济上的代价也很高。另外，零件误差的积累经常会超过一定限度，成为不协调的主要原因之一。采取补偿的方法，可以合理地在零件、组合件上分配容差，以满足产品最终的精度要求。

一、在飞机制造中，产生误差的主要来源

1. 按误差的来源分

(1)方法误差。它是指与加工、装配和检测的方法有关的误差。

(2)工具、设备、量具仪器的误差。

(3)环境误差。它是指与加工装配或检测的周围环境条件有关的误差。

(4)对象误差。因被加工、装配或被检测的产品的几何形状不规则，内部存在着内应力等因素而引起的加工、装配或检测的误差称为对象误差。

(5)人为误差。与工作者的技术知识和经验有关的，以及感觉器官能力有限等主观原因而产生的误差称为人为误差。

2. 按误差的性质分

(1)过失误差。它是指操作者人为因素引起的误差。

(2)系统误差。在指定条件下(时间、温度、重力、外力和湿度等)其误差不变或按一定规律变化的误差称为系统误差。

(3)偶然误差。在一定的条件下，由许多尚未被认识的、或微小的因素所造成的随机性变化的误差称为偶然误差。

基于上述误差的存在，在飞机设计和制造过程中采取了补偿的方法，以提高飞机装配准确度。

二、补偿的方法

1. 补偿的定义

补偿就是零件或配件某些准确度要求高的尺寸，在装配过程中或装配后，通过修配补充加工或调整，部分消除零件制造和装配误差，最后达到所要求的准确度。

2. 补偿的作用

产品制造时如果要求有很高的互换性，这样在经济上不合理，在技术上也难以做到。在飞

机装配中，对某些准确度要求很高的配合尺寸，采用各种补偿方法，可以达到最后所要求的准确度。

采用补偿方法时，虽然飞机装配的工作量有所增加，但从整个制造过程来看，将取得更好的经济效果。

3. 飞机装配中采用的补偿方法

飞机装配中采用的补偿方法可以分为两类：一类是从工艺方面采取的补偿措施，称为工艺补偿；一类是从结构设计方面采取的补偿措施，称为设计补偿。

(1)工艺补偿。在零件加工中留一定余量，在装配中进行适当修合，来保证最终的精度要求，这种余量就叫工艺余量。工艺余量常见的有三种形式：周边余量、孔壁余量、厚度余量。

1) 周边余量。机翼、机身各段蒙皮的边缘，长桁、缘条的端头，舱门、口盖蒙皮周边等都是靠装配

中修合来保证最终状态的。

2)孔壁余量。大多数紧固件孔在零件状态都不加工到最后尺寸，而是在最终的装配中进行精加工，使孔达到规定的精度尺寸。

3)厚度余量。长桁根部、缘条根部、受力大的部位要求贴合度较高，而零件很难加工到需要的状态，所以也可留余量，在装配时可用机械或手工的方法进行刮削，使之充分贴合。

(2)设计补偿。设计补偿就是飞机设计者通过对结构的适当设计，达到消除误差、提高装配精度的作用。常用的设计补偿方法有两种。

1)补偿件。补偿件中最常见的是垫片和垫圈。垫片有等厚垫片、可剥垫片。它是由工艺人员和工人根据需要在其允许的范围内选择厚度和数量，消除间隙，保证零件之间的贴合度。

2)补偿结构。常见的补偿结构有以下几种：

a. 螺纹调整：主要用于改变长度。

b. 球面补偿：主要用于补偿角度。

c. 锥度补偿：用锥形接头和游动螺母来保证中心对准。

d. 长圆孔补偿：用于调整结合孔中心位置。

e. 重叠补偿：把整体零件分为两部分搭接，借以提高外形准确度、简化协调关系。

f. 其他补偿：如偏心补偿、游动补偿、刚性补偿、弹性补偿等。

第二节 修　　配

在铆接装配过程中，首先要进行零件、组合件的修合，这对装配质量有很大的影响。铆接装配后要保证被连接件之间紧密贴合，对接处要符合一定的间隙要求。由于有的零件难以达到互换要求，因此，根据装配需要留一定的工艺余量，在装配时按实际情况修合。修合是一种工艺补偿的方法，即去除工艺余量的过程。

1. 工艺余量的确定

(1)余量补偿的应用范围。

1)装配过程中由于零件制造误差、装配定位误差而积累形成的闭环尺寸误差，在该处安装

的零件上需要留出余量，以补偿误差积累。如梁在装配过程中由于梁缘条的外形定位误差，梁缘条的厚度误差，在闭合尺寸“L”处安装的接头需要留出余量，如图 4.1 所示。

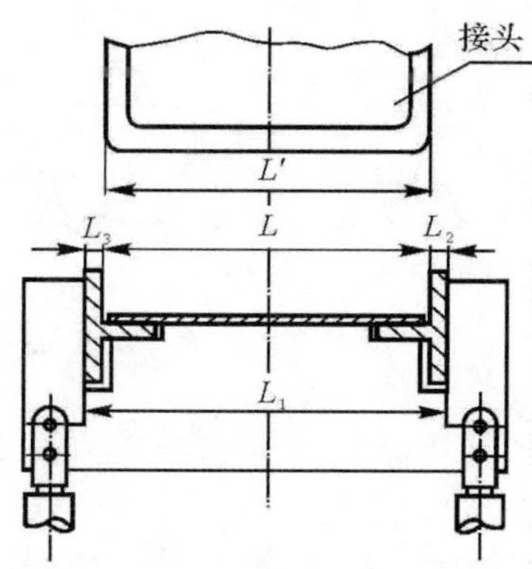

图 4.1 在尺寸链闭环尺寸处余量补偿示意图

2)在装配中有些准确度要求高的配合尺寸，当零件加工中用一般加工方法难以达到要求时，必须在装配中采用修配方法来达到技术要求。此时需要在一个零件上留有余量进行补偿。如蒙皮对缝间隙要求为 0.5～1mm，由于蒙皮刚性小、尺寸大，蒙皮加工很难达到互换要求，需要在蒙皮对缝边留余量，装配时对蒙皮边缘进行修配，达到对缝间隙要求。

3)为了消除装配中的定位误差和变形误差以及零件制造误差，达到组件或部件的协调互换，需要在对接面、对接孔或叉耳接头孔、叉耳侧面等处留余量，经过精加工，达到协调或互换要求。

4)有些部位，通过一定的协调方法或正常提高零件的制造准确度，便可达到装配技术要求。但当飞机研制、试制或批量不大时，由于考虑经济性而留余量，通过修配达到其协调要求。

(2)工艺余量的确定原则。

1)余量补偿是飞机装配中必不可少的一种手段，但会增加工作量并延长装配周期。因此，必须对不同的装配方法和各种措施进行综合技术经济分析，只有当其他方法不能满足给定的准确度或经济性不合理时，才采用余量补偿。

2)采用余量补偿方法，不得影响产品的性能。如强度、质量、表面保护等。修锉后的表面应采取防护措施。

3)合理确定留余量的零件和余量部位，以方便修配，或便于机械化施工。

a.余量尽量留到修锉零件的外侧。如图 4.1 中余量留在接头上而不留在梁缘条上。

b.余量尽量留在易于加工材料的零件上。如对接孔需要余量补偿时，若是铝件上压装有钢衬套，最好余量留在衬套底孔上。

c.孔加工比面加工的修合容易，有时孔的加工还可以实现机械化。因此，在同时有孔位和面配合要求的零件上，可通过孔留余量而保证面的配合要求。如图 4.2 所示为在机翼后梁上安装活动面悬挂接头，要求孔的位置正确，同时保证接头与梁贴合且不允许加垫。为此可采用孔径留余量，在接头与梁修合连接后，再通过夹具上的钻套对孔进行精加工。

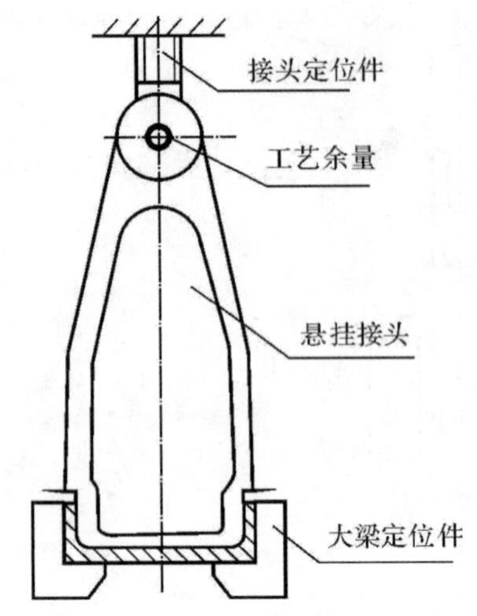

图 4.2　孔径留余量保证接头的安装位置

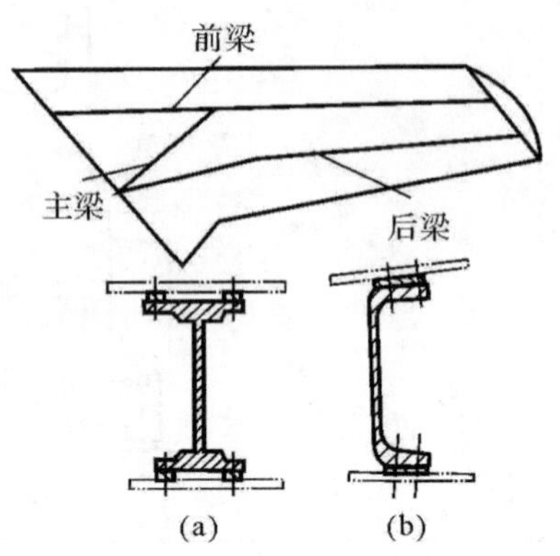

图 4.3　机翼翼梁铝条布置示意图
(a)主梁剖面；(b)前梁剖面

4)合理确定余量大小,保证以最小劳动量达到准确度要求。

a.通过误差尺寸链计算或生产实践经验确定余量大小。

b.余量大小与加工方法、零件材料、机械化加工程度等因素有关。例如,当采用剪切、锯割时,余量可以留得大些。采用刮削、铣切时,余量应留得小些。

c.研制试制时,余量应适当大些。通过试制考验、生产逐渐稳定和协调方法趋于完善,可逐步减少余量。

5)修配工作量与飞机结构设计的工艺性有很大的关系。如封闭尺寸环用垫片补偿;转动接头采用关节轴承补偿;蒙皮对缝采用大间隙用填缝胶补偿;规定合理的公差及技术要求等。如图 4.3 所示为采用易于加工材料进行补偿的典型实例:某机机翼主梁及前梁为钢件,外缘为双曲度表面。设计时其缘条上布置了留有余量的硬铝条,待梁装配完成后,在精加工台上用靠模铣切加工硬铝条,从而改善了加工工艺性。

2.工艺余量实例(见表 4.1)

表 4.1　几种工艺余量实例

类　型	简　图	说　明	余　量
单曲度蒙皮或曲率不大的双曲度蒙皮	蒙皮 口盖	1.其中两边留余量,另两边作为装配时的定位基准; 2.位置要求不严的口盖孔一般不留余量,口盖留余量	蒙皮周边余量大小见表 4.2

续表

类　型	简　图	说　明	余　量
双曲度蒙皮	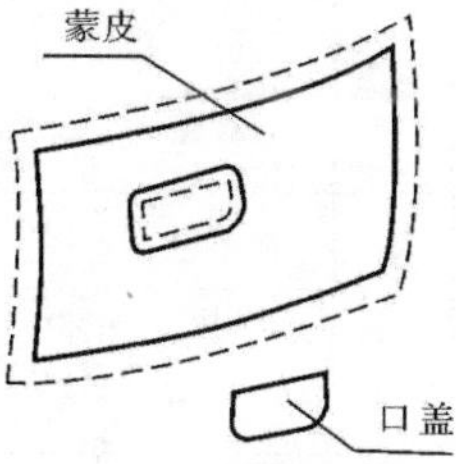	1. 蒙皮四周留余量； 2. 口盖孔留余量或口盖孔不开出； 3. 口盖孔按夹具上开口样板开出时，口盖留余量。口盖孔按口盖划线时，口盖不留余量	蒙皮余量按要求
长桁	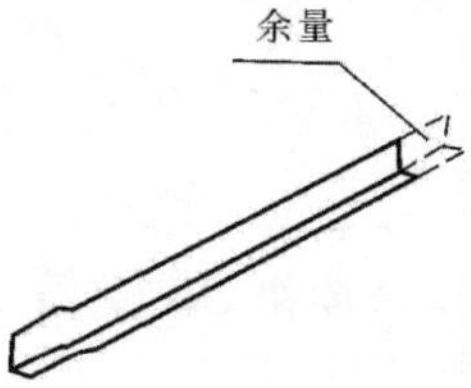	1. 适用于曲度大、长度长及对接的长桁； 2. 两端都有下陷时，余量留在两端。一端有下陷时，余量留在无下陷一端	余量为 10～20mm，视长桁长度而定
非闭合部位的接头连接	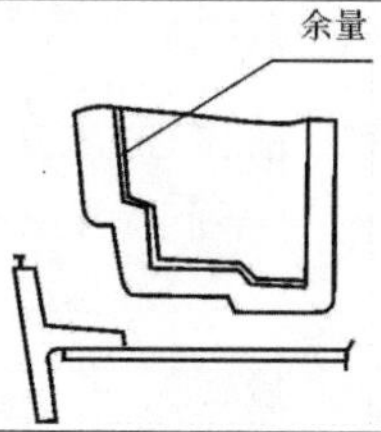	修合接头。余量留在外形面上或壁厚的内形面上均可。如果接头上有其他位置要求的孔面时，余量应留在壁厚的内形面上，如简图所示	余量为 0.5～1mm，平面配合处余量小一些，斜面配合处余量大一些
三面配合的套合件	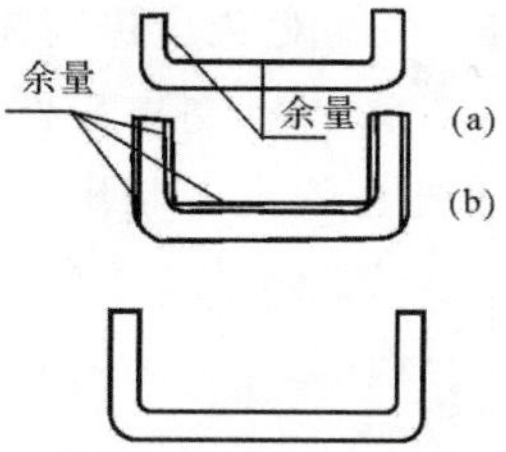	1. 当侧面允许加垫时，在壁厚的内形面上留余量，如图(a)所示； 2. 当侧面不允许加垫时，在接头侧面外形上也须留余量，如图(b)所示	
活动面悬挂接头	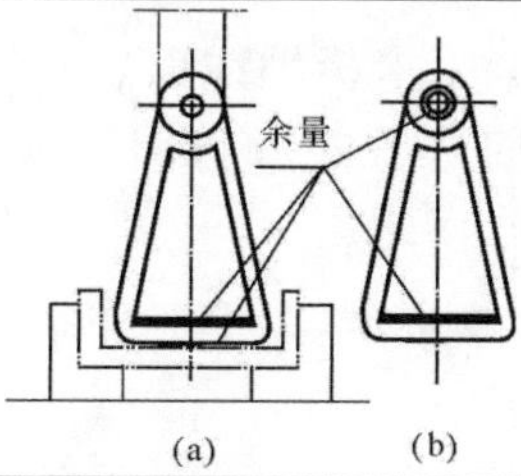	1. 方案Ⅰ：在接头与梁平面连接的配合面上，内、外均须留余量，如图(a)所示； 2. 方案Ⅱ：在孔及配合面内(或外)留余量，如图(b)所示； 3. 方案Ⅱ优于方案Ⅰ	面留量为 0.5～1mm；孔径余量为 2～4mm
舱门接头	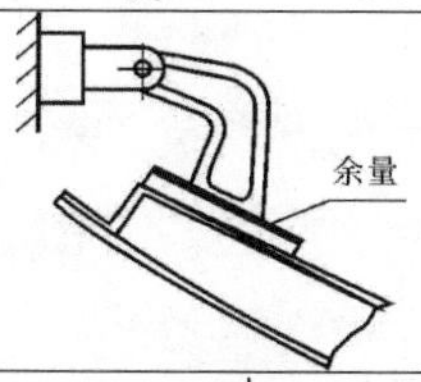	1. 在接头配合面壁厚的反面留余量，如简图所示； 2. 接头与舱门之间允许加垫时不留余量	余量为 1～1.5mm
带衬套的孔	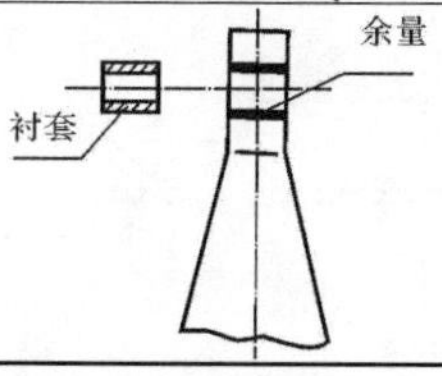	带衬套的接头孔需要精加工时，最好加工衬套的底孔，因为底孔一般为铝件，且能保证衬套更换后孔位正确	直径上余量为 2～4mm

表 4.2　蒙皮、口盖余量[①]　　mm

类型 余量值 加工方法	单曲度蒙皮边缘	双曲度蒙皮边缘	蒙皮口盖孔	口盖
剪切、锯割	10～30	20～40		10～20
修锉、铣切	2～4		10～20[②]	2～4
蒙皮余量尺寸系列:2,3,5,10,15,20,…以 10 递增。				

注:①本表只供参考;②指用钻头钻掉余量后,进行修锉。

3.蒙皮修合

(1)蒙皮修合工艺过程。

1)将蒙皮预装定位在骨架外形或型架卡板工作面上,按图纸、卡板、蒙皮切割标尺划出切割线。若以原结构的边沿为基准,可用专用划线器沿基准移动,将蒙皮边缘线移到要修合的蒙皮上。

2)使蒙皮离开骨架、卡板,用剪刀或铣刀去除余量,并用锉刀精修蒙皮边缘、去毛刺。尽可能一次剪切、锉修合格,对于曲面蒙皮允许反复进行定位、修合,直至间隙符合要求。

(2)蒙皮修合的注意事项。

1)蒙皮定位时,就要保证其边缘有足够的铆钉边距及对合余量。

2)蒙皮以长桁、隔框定位时,应考虑长桁、框的弯曲偏斜,须对蒙皮进行调整。

3)当有接头等零件穿过蒙皮时,应在定位该蒙皮前先在蒙皮上制出零件缺口。

4)当蒙皮与带铰链的口盖相配时,应在定位该蒙皮前先在蒙皮上制出铰链缺口。

5)对接蒙皮修配时,应以一面为基准锉修另一面。

6)蒙皮修合时应防止被划伤。

(3)蒙皮定位、修锉方法。

1)按工艺文件所述将蒙皮或壁板以骨架外形或型架上卡板轴线面、边缘刻线、挡块或定位孔进行定位,用工艺铆钉、弹簧夹子、弓形夹子等暂时固定方法进行固定,然后按切割线划出余量。

2)取下蒙皮或壁板,将它放在铺有橡皮的钳台上锉修余量,去毛刺并在外露边或按图纸所规定的一边制出倒角。

3)重新固定蒙皮或壁板检查锉修余量。

4)若外形不符合要求,按上述方法反复进行锉修,直至符合要求,然后等待装配铆接。

4.口盖修合

典型的口盖结构形式如图 4.4 所示。

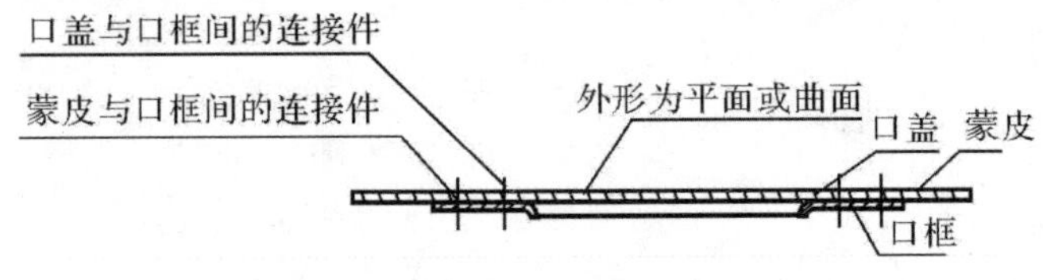

图 4.4　典型口盖结构简图

(1)口盖无余量、蒙皮的口盖孔有余量或无孔的口盖修合。

1)按产品图样用划线方法在口框、蒙皮上确定口盖定位线,或者按型架定位件确定口盖的安装位置。

2)在口盖上划出与口框、蒙皮对应的定位线,以及紧固件位置线。

3)将口盖安装在口框上,用夹紧工具夹紧,一起钻安装连接件的初孔。

4)将口框定位安装在蒙皮上。

5)按连接件的初孔,用定位销将口盖定位安装在蒙皮、口框上。

6)按口盖的边缘在蒙皮上划线。

注:按型架定位件确定口盖位置的,按定位件在蒙皮上划口盖孔边缘。

7)按口盖孔边缘线修合蒙皮口盖孔的余量。

8)将口盖、口框定位安装在蒙皮上。

9)检查蒙皮与口盖的对缝间隙。

(2)口盖有余量、蒙皮的口盖孔无余量的口盖修合。

1)当蒙皮刚性强或外形比较平直时,按蒙皮的口盖孔在口盖上划边缘修合线,修合口盖余量。

2)蒙皮的刚性弱且外形复杂或施工不开敞,常采用下述方法修合口盖。

a. 按产品图样和蒙皮口盖孔的位置将口框安装在蒙皮上,定位、夹紧并铆接。

b. 按图 4.5 所示在蒙皮上划线,距边缘线截得定长 L,L 应大于口盖的余量。

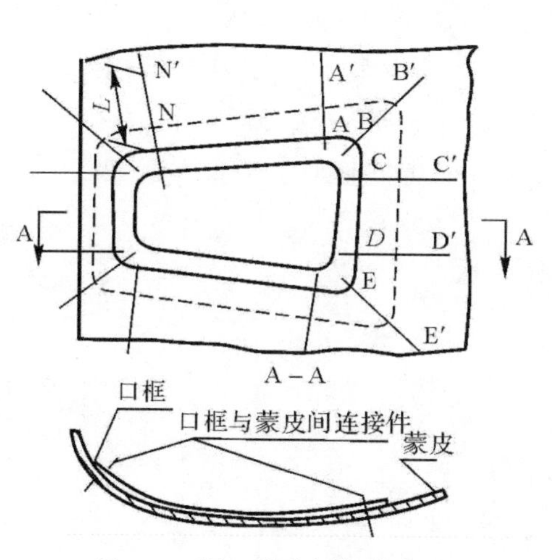

图 4.5　距口盖孔划的等宽线

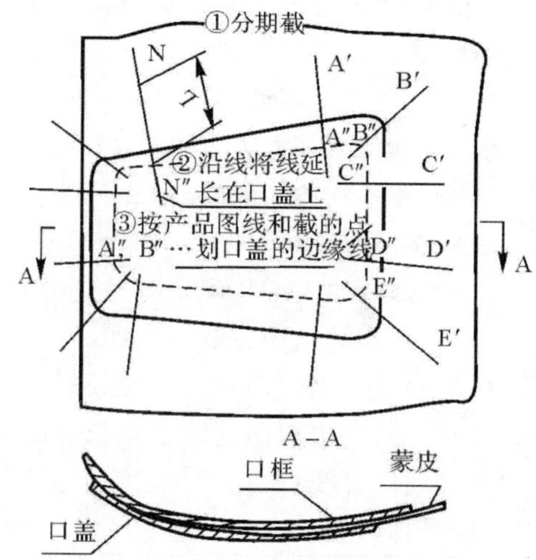

图 4.6　按等宽线确定口盖的切割线

c. 将口盖按外形放置在蒙皮口盖孔处,压紧、固定,按图 4.6 所示将蒙皮口盖边缘线划在口盖上。

d. 按图样尺寸和口盖边缘线上的点划口盖初步修合余量线,按余量线修合口盖,一般按线留 1～2mm 余量,凹型口盖要适当多留一些余量。

e. 由口盖的一边或一角开始精修口盖,直至对缝间隙符合要求。

5. 接头类零件的修合

(1)接头类零件的特点。接头类零件的制造误差、装配误差、零件协调关系比较复杂,如既有孔的连接，又有多个面的连接，在孔和接合面处留有工艺余量，待装配时修合。接合面处余量的修合又称接合面的刮削。

(2)刮削的方法。

1)对被刮削零件的修合部位，检测与刮削有关的实际尺寸，如厚度、角度、垂直度、长度、平度等，依据产品图样和留的工艺余量确定零件最大可刮削量。

a. 对于可预装的零件，检查零件与定位基准的相对位置、定位孔的同轴度、零件间的间隙等，依据零件最大可刮削量和安装位置确定零件的刮削位置、范围和刮削量。

例如，两个零件安装后，修合面间的最大间隙为 0.7mm，被刮削零件有 1.0mm 余量，被刮削零件的最小可供刮削量为 0.3mm。

b. 对于不可预装零件的刮削量，应按图样标注的尺寸和零件的检测实际尺寸通过计算来确定。

2)余量在 0.3mm 以上时，用铣刀、锉刀、刮刀交叉进行加工，直至刮削量不大于 0.2mm，用红铅粉涂在零件上，将零件重新定位、安装检查、确定刮削位置，进行少量刮削，重复定位检查，直至刮削符合要求。

3)在修合的贴合面处应涂上原牌号的同色漆。对于耐腐蚀性能差的镁合金零件，在涂漆前必须及时进行局部氧化处理。进行局部氧化处理时，防止氧化液溅在飞机及其他零件上或人身皮肤上。

局部氧化工艺过程如下。

a. 用蘸有汽油的布块擦拭镁合金零件待氧化表面上的油污、杂质，并用清洁柔软的白布擦拭除过油的表面。

b. 用毛笔蘸氧化溶液，涂在除净油污的表面上，均匀往复涂刷约 15s，然后保持 2～3min。

c. 生成氧化膜后，用清洁的湿棉球轻轻擦拭，以去除残余的氧化溶液。

d. 再用干净的白布轻轻擦拭 2～3 次，然后再用压缩空气吹干或自然干燥 1～2h。

6. 零件修合综述

(1)零件修合的关键是确定零件的修合位置和修合量。

(2)零件修合的常用方法。

1)按装配型架定位件确定修合线；

2)按结构基准边沿用划线器划修合线；

3)直接划修合线；

4)投影划修合线。

第三节　部件的精加工

一、精加工的目的及内容

1. 目的

为了消除装配过程中由于定位和装配变形等原因形成的积累误差，采用余量补偿的方法，即在部、组件装配工作完成后，对对接部位的面、孔、槽、蒙皮边缘等按专用的工艺装备进行再加工，以满足部件之间的互换协调或某些功能要求。

2. 主要内容

(1)平面加工。如机翼、机身上的围框式对接面的平面精加工,对接面的凸台精加工,某些配合精度较高的叉耳侧面的精加工。

(2)槽口加工。如机翼围框式对接面上、下壁板上的对接螺栓槽口的精加工。

(3)孔的加工。如围框式对接面上的对接孔,叉耳对接孔,以及起落架安装孔、阻力板安装孔等部位的精加工。

(4)蒙皮边缘加工。如机身设计分离面处的蒙皮边缘的精加工,机翼上起落架护板舱、副翼舱、襟翼舱蒙皮边缘的精加工。

二、精加工时产品的定位

1. 产品在精加工台上的定位方法

(1)以产品的理论外形为定位基准,由设在精加工型架(或称精加工台)上的外形卡板定位。

(2)以产品上的某些孔、面为定位基准。如对接面及对接孔、叉耳对接孔、工艺接头孔等(用做定位的孔或面,也可以是待加工的孔或面),由设在精加工型架上的专用定位件或精加工用的钻模孔定位。

(3)以产品上的水平测量点作为定位基准,由设在精加工型架内的测量点指示器定位,或直接用水平测量的方法确定产品的位置。

2. 定位基准的选择原则

(1)所选用的定位基准应具有较高的位置和尺寸准确度,具有较好的刚性,能保证精加工后满足互换协调及技术要求。

(2)所选用的定位基准的定位方法应简单、方便,并能使工装简化、提高加工效率。

三、部件对合部位的结构形式

部件之间对接接头的结构形式主要有两种:叉耳式接头和围框式接头。

1. 叉耳式接头

叉耳式接头之间的配合要求比较严格。

(1)各对叉耳上的螺栓孔和螺栓之间一般是采用无公称间隙的高精度配合(对主要的叉耳接头,其余各对叉耳的配合面则用有公称间隙的配合或加补偿垫片)。

(2)为避免强迫连接在结构上产生过大的残余应力,对各对叉耳上的螺栓孔的同轴度有严格的要求。

(3)为保证对接后各部件之间相对位置的准确度,要求各部件装配时保证叉耳接头与部件外形之间相对位置的准确度。

2. 围框式接头

(1)为保证各部件相对位置准确度,对各部件的对合面与部件外形的相对位置应有严格的要求。

(2)为保证对接强度,对合面之间的接触面积一般应不少于总对合面积的70%,只允许局部存在0.1～0.2mm的间隙。

(3)对接孔一般采用有公称间隙的配合。

四、精加工的分类

根据生产批量和部件结构，部件精加工可分为以下几种。

(1)直接在装配型架内进行精加工。部件装配完后，按部件装配型架对合接头定位件进行铰孔或铣端面，以完成接头孔和端面的精加工。

(2)在专用的精加工型架上进行精加工。在精加工型架上进行对接孔铰孔、对合端面和槽口铣切及蒙皮余量的铣切工作。

(3)工序间的精加工。有时根据实际情况在工序间进行铰孔、铣切或其他工作。

五、精加工工艺措施

(1)不论采用哪一种定位基准定位后，都必须进行综合检查。有关部位或项目的检查数据均应在允许的偏差之内。如个别处不能满足，可在技术条件允许的范围内对部件作适当调整。

(2)产品在定位夹紧过程中，应使产品处于无应力状态。因此，以孔定位时，应插入比孔基本直径小的销棒。型架上的夹紧装置应是可调试的，可随产品移动。

(3)产品在精加工时应夹持牢靠，防止在加工过程中产品振动或使产品结构产生变形。

(4)当选用待加工孔作为定位基准时，为了定位可靠，可将其中的部分孔按钻模先加工到中间尺寸，用精度较高的销棒定位后，再开始精加工工序。

(5)加工多个接头孔时，未加工的孔应用工艺销棒将产品固定，每加工一个孔后，随即插入与孔同直径的配合销棒。

(6)为了保证孔和面的加工质量，加工前，应按加工依据对孔和面上的有效余量进行检查。孔壁上的最小余量不小于 0.25 mm；面上的余量应不小于 0.2mm。

(7)对于线性尺寸长、配合精度高的同组接头的精加工，应考虑温度变化引起的误差，在该种情况下应使精加工场地的环境温度变化控制在一定的范围以内。

(8)根据一般机械加工要求，合理选择冷却润滑液，禁止使用会腐蚀产品结构的冷却润滑液。

六、围框式对接面及凸台的精加工

1. 围框式对接面的加工

(1)适用范围及加工方法。适用于对接面为连续平面的加工。加工方法是通过专用机床的连续铣切或利用型架平板手工刮削研修。如图 4.7 所示为机翼部件在精加工型架内用专用机床进行端面铣切的示意图。如图 4.8 所示为机身部件与平尾对接面按型架平板研修的示意图。

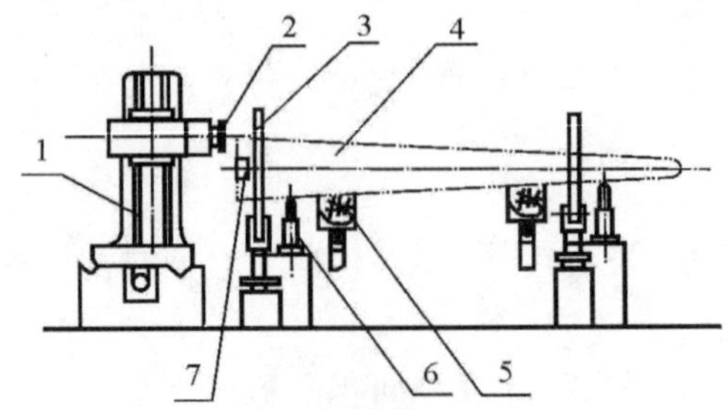

图 4.7　机翼对接面的精加工

1—精加工机床；2—铣切头；3—夹紧卡板；4—机翼；5—托架；6—测量点指示器；7—对刀块

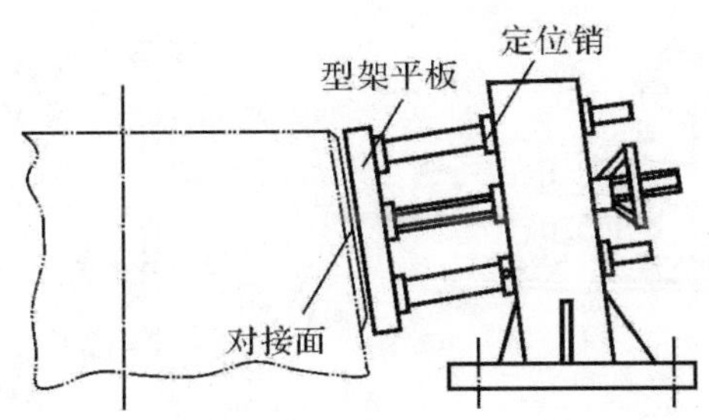

图 4.8　机身部件与平尾对接面按型架平板研修示意图

(2)加工工艺参数。机翼对接面端面铣切的工艺参数见表 4.3,仅供工艺设计时参考。

表 4.3　机翼对接面铣切的工艺参数

工艺余量/mm	铣刀直径/mm	主轴转速/(r・min^{-1})		走刀速度/(mm・min^{-1})		切削深度/mm	
		粗　铣	精　铣	纵　向	垂　直	粗　铣	精　铣
2～3	150	1 450	2 860	300	44	≤0.8	≤0.3

注:被加工材料为铝合金。用煤油冷却。

手工研修时工艺余量应视对接面大小及协调准确度、变形情况确定,一般取 0.5～1mm。

(3)加工要点及质量检测方法。

1)加工要点。加工时应从端面最高点开始,且沿一个方向铣切。铣光后的平面应符合型架上的对刀块。若对接面位置公差较大时,可以铣平为止。

2)质量检测方法。以机床加工时,将千分表装在机床主轴上,沿整个铣切面检查对接面的平面度,如图 4.9 所示。手工研修时,以型架平板为基准涂红丹粉检查。机翼对接面的垂直度可用直尺和象限仪检查,如图 4.10 所示。

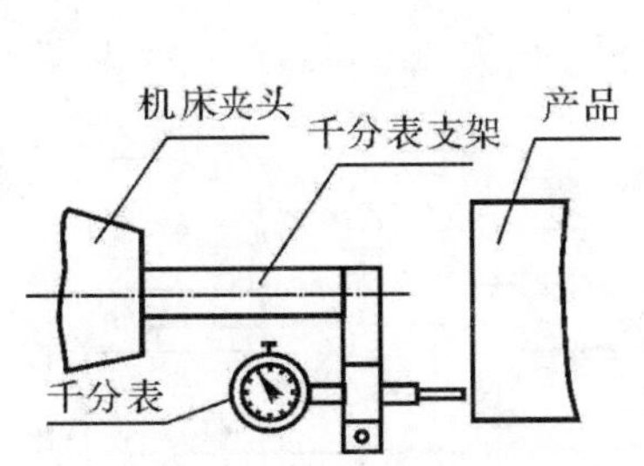

图 4.9　用千分表检查端面的平面度

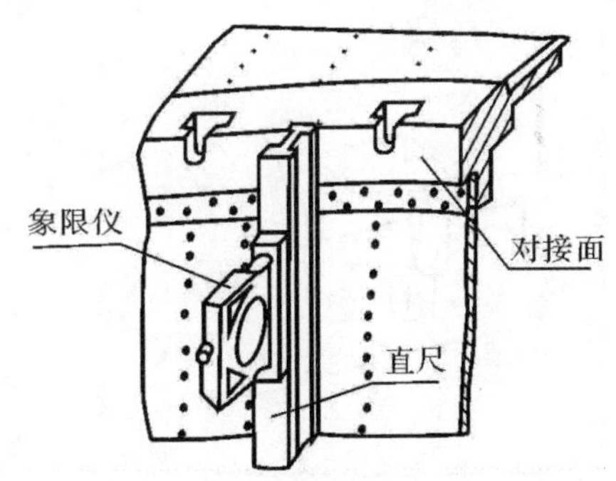

图 4.10　用直尺和象限仪检查端面的垂直度

2. 围框式对接面凸台的加工

(1)适用范围及加工方法。适用于围框式对接面螺栓连接处凸台平面的加工。如图 4.11 所示为某机机身凸台连接的结构形式,加工部位为垫片端面。

加工方法可采用磨削(钢件)和铣削(铝件)。如图 4.12 所示为某机机身围框对接面加工装置示意图。通过动力头对凸台平面、对接孔和蒙皮边缘加工。无钻模平板时,可以回转连续铣削凸台端面;有钻模平板时,可以对单个平面逐一加工,凸台平面的平面度和位置可由平板上的钻套端面控制。这种方法也可以用大功率风钻进行加工。

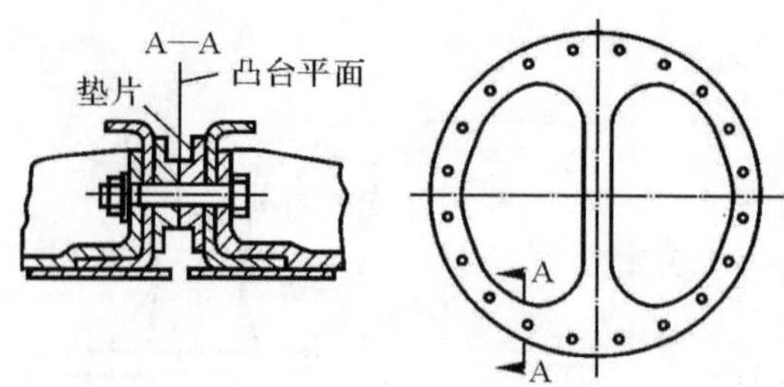

图 4.11　某机机身凸台连接结构形式

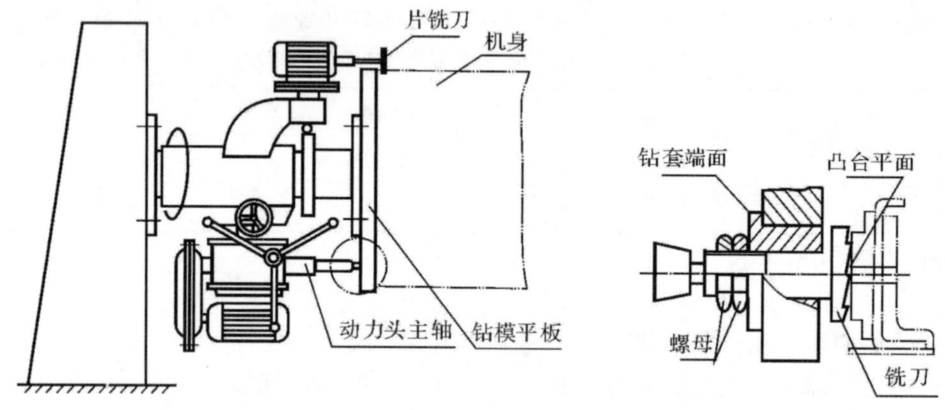

图 4.12　机身围框对接面加工装置示意图

3. 围框式对接面上孔、槽口及端面窝的加工

围框式对接面上的对接孔、槽口及端面窝的结构示意图如图 4.13 所示。

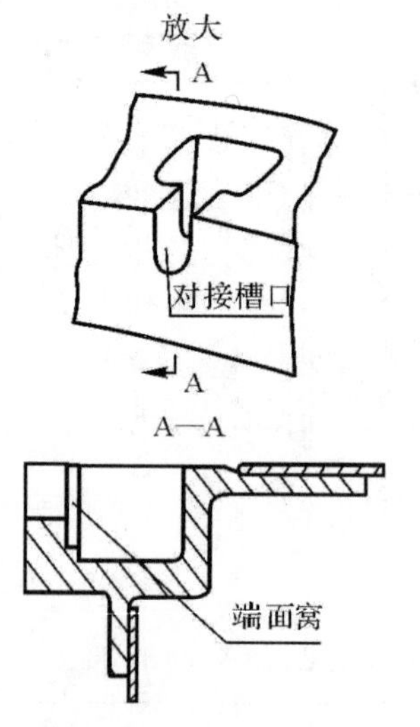

图 4.13　围框式对接面上的对接孔、槽口及端面窝的结构示意图

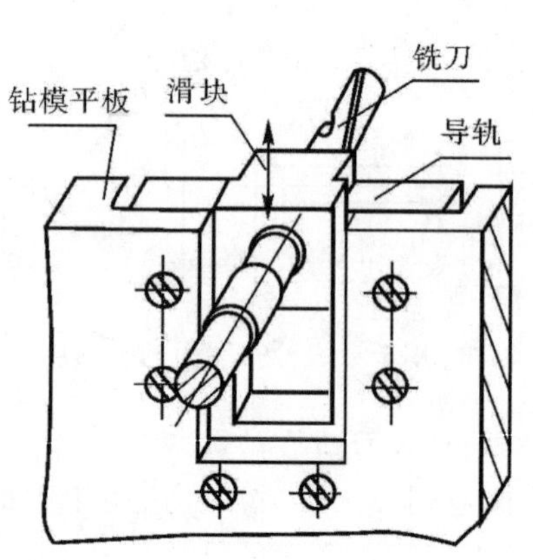

图 4.14　对接槽口的加工

(1)加工方法。孔的加工是通过钻模平板上的可换钻套钻孔、扩孔和铰孔。孔的加工方法、质量检查与叉耳接头孔的相同。

槽口的铣切用棒铣刀通过在导轨中滑动的滑块进行。槽口位置由钻模平板保证，槽宽及圆弧由刀具保证。槽口的加工如图 4.14 所示。窝的加工是通过平板上可换钻套或滑块上的衬套用反锪钻锪制端面窝。

(2)钻模平板的固定方式。

固定式：将平板固定在型架的叉子上。用此法加工的部件对接时，水平测量的误差小，但部件之间的外形对接阶差大。此法适用于翼面部件的加工。

随动式：将平板固定在产品的对接孔上，优缺点与固定式相反。此法适用于机身类部件的加工。

4. 加工要点及质量检测方法

(1)加工要点。

1)为保证槽口的加工精度和避免出现“灯泡”形槽口，应提高滑块与导轨的配合精度，减小刀具悬臂长度，加大刀具导向段直径。

2)锪制端面窝时，用限位衬套保证孔(槽)的壁厚，如图 4.15 所示。

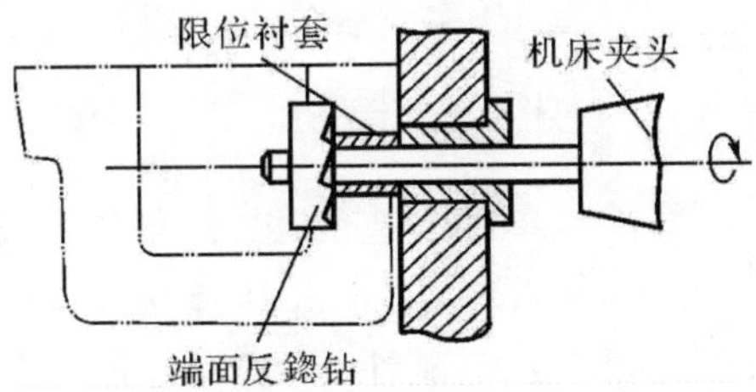

图 4.15　用限位衬套控制孔或槽的壁厚

(2)质量检测方法。

1)用槽口检验样板以对接孔为基准检查槽口的位置。

2)用窝量规检查窝直径及窝平面的正确性，槽口处的窝平面相对对接面的平行度用千分尺检查。

思　考　题

1. 什么是飞机装配准确度？
2. 飞机装配的准确度对飞机的各种性能有什么影响？
3. 什么是补偿？
4. 简述补偿的作用。
5. 飞机装配中采用了哪些补偿方法？
6. 简述工艺余量的确定原则。
7. 蒙皮修合的注意事项有哪些？
8. 简述部件精加工的目的。
9. 精加工的种类有哪些？

第五章　装配中的互换与协调

部件装配工艺设计是飞机制造工艺准备工作的一项主要内容，是保证飞机部件装配质量和产量的重要环节。满足部件的设计技术要求和装配的互换协调，以及缩短生产准备的周期、降低成本、确保部件的试制和批量生产的顺利进行都与部件装配工艺设计有着极其密切的关系。

第一节　互换协调的基本概念

一、互换性的基本概念

1. 互换性的定义

互换性是指进入装配的零、部件是单独制造的，在装配及安装过程中，不需要再补充加工或修配就能顺利地装配，以达到规定的技术要求。具有互换性的零件或螺栓，不只是所有尺寸、公差要在规定范围内，而且它的材料、机械性能、物理性能和处理状态都要一样，只有这样才具有互换性。

2. 互换的分类

(1)按互换程度分类。

1)互换(完全互换)。结构件在装配和安装中，要求互换的内容不需要任何选配和补加工，就能达到设计的要求，这类结构件就叫做互换或完全互换。例如，具有互换性的零件、组合件应能从一架同型号的飞机上卸下来，换装到另一架飞机上，而不需要选配、强迫装配、加垫、成形、切割、钻孔等补加工。

2)替换(不完全互换)。结构件在装配和安装中，只有部分参数具有互换性，其余参数通过选配或补加工才能达到设计要求，这类结构件就叫做替换或不完全互换。

(2)按互换性质分类。

1)生产互换。在组织生产过程中要求参加装配的结构件有互换性叫做生产互换。飞机批生产中许多机械加工零件，如支架、缘条、接头和许多钣金件都属于这种性质，在装配中不需要选配和补加工就能满足技术要求。

2)使用互换。飞机在外场使用维护中，需要更换结构件的互换性叫做使用互换。例如舱门、口盖、操纵面、前缘等。工厂为使用单位提供这类结构件的备件，这种互换也可称为备件互换，可以使飞机上的易损结构件在损坏后能迅速得到更换。

二、协调的基本概念

1. 协调性的定义

协调性是指两个相互有联系的对象，在相同的技术条件下，其相应的几何尺寸与形状的一致性。

2. 装配协调的内容

装配协调的内容由以下三部分构成。

(1)结构件之间的协调。例如,前缘蒙皮外形与前缘肋板外形、梁缘条外形的一致性;梁缘条与接头外形流线性;缘条与接头接触面的贴合性等处存在着协调问题。

(2)结构件与工艺装备之间的协调。结构件之间是协调的,但还要使用型架来完成装配,所以,结构件还必须和工装协调。例如,前缘蒙皮的外形必须和装配型架上的卡板的外形贴合。

(3)工艺装备之间的协调。

1)标准工艺装备与标准工艺装备之间的协调。

2)标准工艺装备与产品工装之间的完全一致性。

工艺装备之间的协调性是保证产品协调的关键,是提高产品精度、结构件与结构件之间相互协调的途径。

3. 飞机生产中的不协调问题示例

(1)当两段隔框框板装配时,在下陷搭接区,可能出现较大的间隙。

(2)机翼前段装配,当前段翼肋和前梁在型架定位时,卡板关不严。

(3)机翼与机身对接时,连接螺栓插不进对接接头的螺栓孔,或者螺栓虽然可以插进去,但是机翼的空间角度(安装角、上反角)不符合技术要求。

4. 飞机部件装配中协调互换的方法与一般机械制造协调互换的异同

(1)相同的部分都是应用公差配合的方法。

(2)不同的部分是飞机装配有它特殊的工艺方法和工艺装备。这个特殊性在于除飞机结构本身具有制造准确度要求外,还有赖于保证结构元件能够顺利进行装配所使用的工艺装备。因此,工艺装备的制造准确度直接影响飞机部件装配的协调互换。

三、互换与协调的关系

在飞机制造中,互换是对一种产品而言的,协调是对两种或两种以上不同产品和制造该产品用的工艺装备而言的。

1. 制造准确度

制造准确度是指工件的实际尺寸和基本尺寸的符合程度。符合程度越高,则制造准确度越高,互换性就越好。

2. 协调准确度

协调准确度是指两个相互配合的工件间尺寸和形状的一致程度。一致程度越高,协调性就越好。

3. 互换与协调的关系

(1)示例。如图5.1所示为某型机中翼和外翼的接头互换与协调的关系。图样设计的前、后接头间距为L_0,中、外翼制成后的实际尺寸分别为L_1和L_2,两者制造误差分别为$\Delta_1=L_1-L_0$,$\Delta_2=L_2-L_0$。把中翼和外翼对接在一起,接头间协调误差$\Delta=L_1-L_2=\Delta_1-\Delta_2$。若$\Delta_1$与$\Delta_2$都等于零,则$\Delta$必等于零。当$\Delta$等于零时,而$\Delta_1$,$\Delta_2$不一定等于零。

(2)互换与协调意义虽然不同,但关系紧密。具有互换性的结构件必然是协调的,协调是互换的基础。

(3)由于飞机结构的特点,在装配中,首先考虑的是协调问题,只有在解决协调问题的基础上,才能有可能解决好互换性问题。

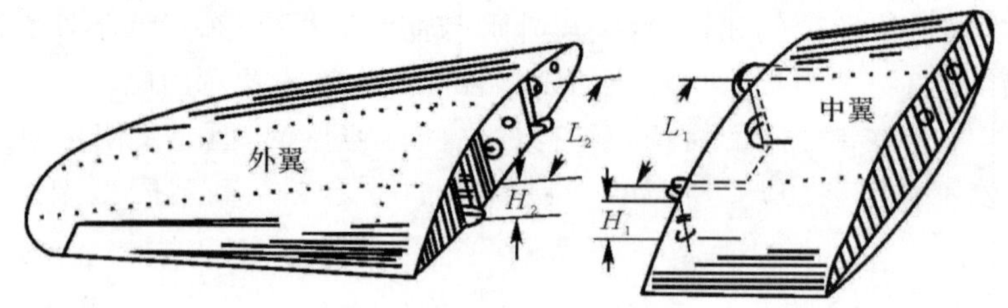

图 5.1 中、外翼设计分离面

四、飞机制造中的互换要求

1. 气动力外形的互换要求

(1)气动力外形的互换是飞机产品的特殊要求,因为空气动力性能是评价飞机产品性能的一个极为重要的内容,而飞机的大部分零件都是与气动力外形有关的。

(2)由于飞机结构形面复杂、尺寸大、刚度小,以及在装配连接时容易产生变形,使飞机在制造中保证气动力外形比较困难,需要采用一些特殊的方法来保证这一要求。

(3)气动力外形互换包括两个内容。

1)组合件与部件本身的气动力外形达到互换要求。

2)组合件、部件安装在飞机上后,达到与相邻组合件及部件相对位置的技术要求。

2. 部件对接接头的互换要求

要求互换的组合件或部件,当与相邻的组合件或部件对接时,应当不需任何修配或补充加工即能结合在一起,而且对接后能达到规定的技术要求。以飞机中翼和外翼对接为例,对对接接头的互换要求做简要介绍。

(1)对接接头叉耳间的配合要求,以及对接螺栓孔的同心度要求。

(2)对接处蒙皮对缝的间隙要求。

(3)对接处两个部件端面的切面外形的吻合性要求。

(4)两个部件内各种导管、电缆等在对接面处连接的技术要求。

3. 强度互换要求

零件、组合件和部件,它们的物理机械性能及加工尺寸,应保持在一定的误差范围内,以保证产品的强度和使用可靠性。

4. 质量互换要求

飞机的质量及质心对飞机的性能有重要影响。因此,要求生产出的组合件和部件的质量及质心应符合技术条件的规定。

第二节 模线样板

一、模线

1. 模线的定义

模线是按飞机产品图样将飞机的实际外形以及与外形有关的零件、内部结构,按 1∶1 的尺寸划在平板上，精确地表达飞机部件、组合件及零件形状的一种特殊图样。

2. 模线的种类

模线按其绘制内容和用途不同，可以分为理论模线和结构模线。

(1)理论模线。

1)理论模线的定义。理论模线是按飞机的理论图，以绘制飞机部件的气动外形和结构轴线为主要内容的模线。

2)理论模线的作用。①用以确定飞机的理论外形，使其外形光滑准确、流线性好，并保证外形的协调；②用以绘制结构模线；③用以制造和检验外检样板、反外检样板和检验图板。

(2)结构模线。

1)结构模线的定义。按飞机结构图和理论模线，划有理论外形和结构轴线、内部结构图形的模线为结构模线。

2)结构模线的作用。①能保证飞机内部结构的协调；②为制造样板、装配型架、模具等工艺装备量取尺寸。

3)结构模线上绘制了各种工艺孔，如基准孔、定位孔、销钉孔等，为了保证零件和装配件的尺寸协调。

二、样板

1. 样板的定义

样板是按模线或数据制造的，表示飞机零、组、部件真实形状的，刻有标记并钻有工艺孔的专用刚性量具。

2. 样板的种类

样板可分为三大类：基本样板、生产样板、标准样板。

3. 各种生产样板的用途

(1)外形样板。外形样板是表示零件结构表面形状的样板。

(2)内形样板。内形样板是表示有弯边零件结构平面内形的样板。

(3)展开样板。展开样板是零件的展开形状。

(4)切面样板。切面样板表示零件切面形状。

(5)钻孔样板。钻孔样板一般用于平面零件的钻孔或冲孔。

(6)夹具、样件样板。它们主要按工艺装备设计单位提供的样板图及技术要求制造。

(7)机加样板。按机加单位提出的样板申请单和技术条件制造。

(8)毛料样板。选用有余量的下料样板，即为毛料样板。

(9)铣切样板。按展开样板或毛料样板制造，专供零件的划线铣切及检验。

(10)专用样板。凡不能归属上述种类，在生产中具有专门用途的样板，统称为专用样板。

第三节　标准工艺装备

在飞机制造中，采用了大量的工艺装备保证产品的制造准确度和协调准确度。这些工艺装备根据它们的功用可以分成两类：标准工艺装备和生产工艺装备。

标准工艺装备是具有零件、组合件或部件的准确外形和尺寸的刚性实体，它是制造和检验生产工艺装备外形和尺寸的依据。生产工艺装备直接用于制造和检验飞机零件、组合件或部件。生产工艺装备之间的外形和尺寸是通过标准工艺装备来保证它们互相协调的。

一、标准工艺装备的类型

在飞机制造中，根据保证互换与协调的内容，标准工艺装备可归纳为以下三类。

(1)保证对接分离面协调的标准工艺装备，如标准量规和标准平板，如图 5.2 和图5.3 所示。

(2)保证外形协调的标准工艺装备，如外形标准样件，如图 5.4 所示。

(3)保证对接分离面与外形综合协调的标准工艺装备，如安装标准样件和反标准样件，如图 5.5 所示。

当按相互联系制造原则进行协调时，标准工艺装备是保证生产工艺装备之间相互协调的重要手段。因此，标准工艺装备在重要协调部位，应具有较高的制造精度。

二、标准量规与标准平板

飞机各部件间的连接有两种形式：叉耳式连接和围框式凸缘多孔连接。为了保证对接分离面的互换协调，分别采用标准量规和标准平板。

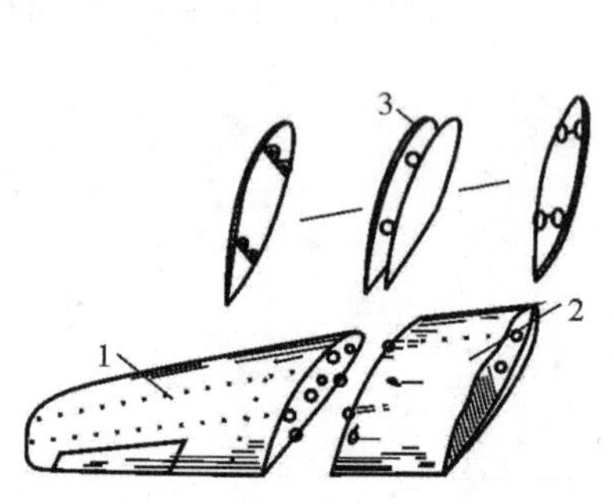

图 5.2　中、外翼对接接头标准量规

1—外翼；　2—中翼；　3—标准量规

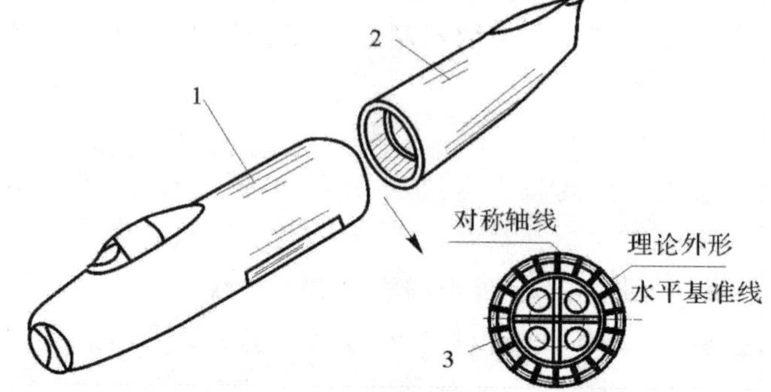

图 5.3　前、后机身分离面标准平板

1—前机身；　2—后机身；　3—标准平板

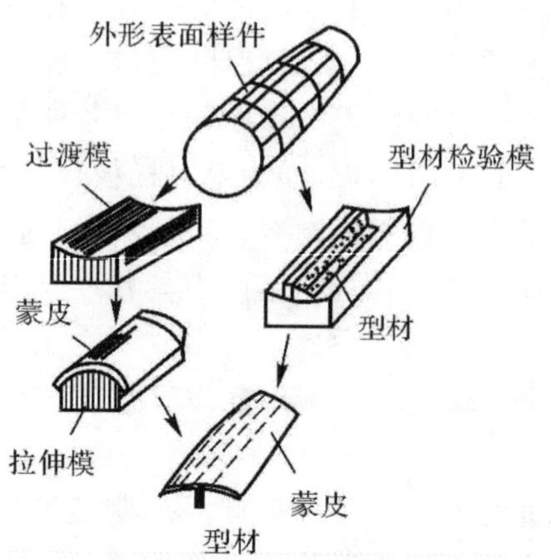

图 5.4　外形标准样件协调作用示意图

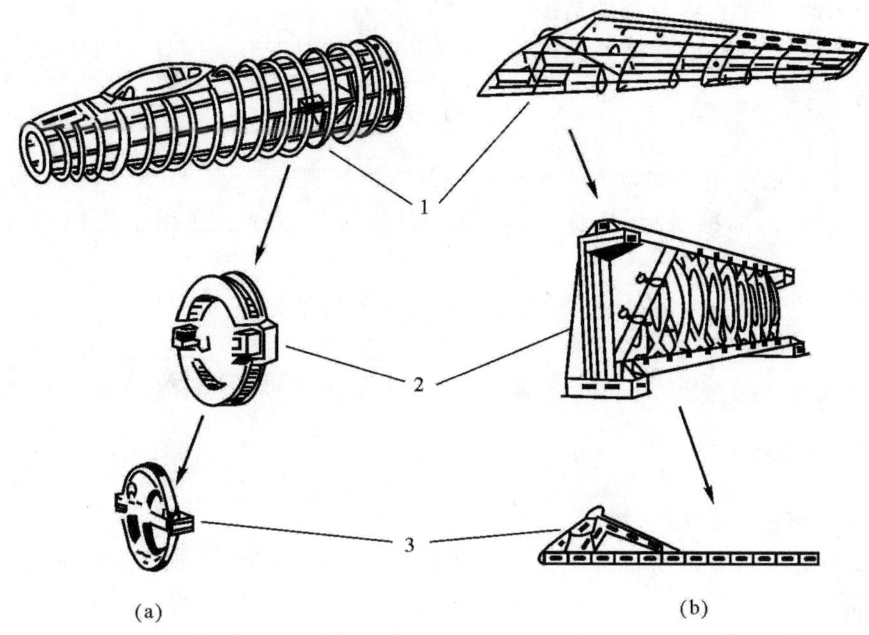

图 5.5　标准样件的协调

(a)机身样件协调；(b)机翼样件协调

1—安装标准样件；2—反标准样件；3—组合件标准样件

1.标准量规

如图 5.2 所示，标准量规是组合件或部件间一组叉耳式对接接头的标准样件，它们是成对制造的。

由于接头之间必须保证非常高的协调准确度，因此，成对的标准量规不宜分别按图纸单独制造，而是采取配合制造，即首先根据对接接头的结构图纸制造其中一个，与其成对的另一个则按照已制造好的那一个量规制造，如图 5.6 所示。

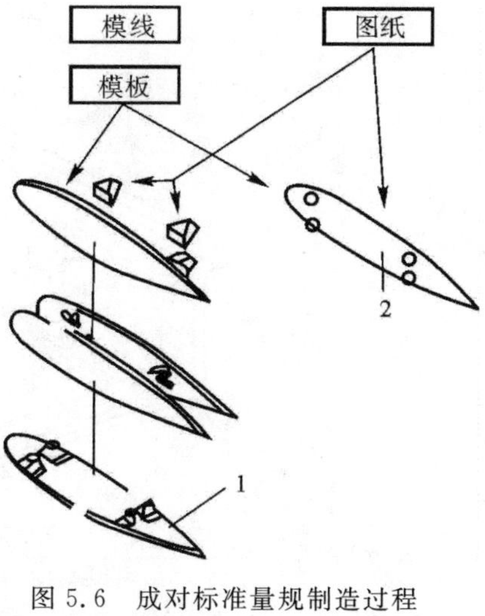

在工艺装备制造中，凡是与这对接头有关的工艺装备，如标准样件上的接头，用于安装各装配型架上接头定位件以及精加工台上的接头定位件的安装量规等，都按照这个成对的标准量规安装，从而保证在分离面处具有较高的协调准确度。

标准量规是协调的依据，其结构要有较大的刚度，一般是用钢管焊接成立体构架作为标准量规的骨架，以避免标准量规在使用中或存放时变形。

模线　图纸　模板　1　2

图 5.6　成对标准量规制造过程

1—中翼标准量规；2—外翼标准量规

2.标准平板

(1)标准平板的定义。标准平板是部件围框式凸缘多孔对接面的标准样件。

(2)用途。

1)在平板上有准确的对接孔，用来协调对接零件的钻孔夹具、组合件装配夹具、板件和部件装配型架上的型架平板以及部件精加工台的钻模等。

2)标准平板带有所在对接面处的外形,可以保证孔相对于分离面处气动外形之间的协调,如图 5.3 所示。

(3)基本结构、特点。

1)标准平板一般采用厚度为 20～30mm 的低碳钢板制成。

2)对于大尺寸的标准平板,为保证其平面刚度,将平板固定在用钢管焊接成的加强框架上。

3)标准平板也应是成对制造的,事先可以把两块平板重叠在一起钻出孔,然后再分别压入经淬火的衬套。

4)平板平面度一般为±0.1mm,标准平板上的孔相对于平面的不垂直度为 0.2/100。

三、外形标准样件

1. 外形标准样件的定义

外形标准样件是保证飞机部件上外形比较复杂的部位的有关工艺装备、曲面外形协调的标准工艺装备。

2. 外形标准样件的种类

根据形面复杂程度与协调方案不同,采用正外形标准样件或反外形标准样件。

3. 外形标准样件的基本结构

外形标准样件的结构形式决定于它的尺寸,一般是固定框架式和固定平台式。

(1)固定框架式用于尺寸较大的外形标准样件。它由底座、样板构架、表面层及表面划线所构成,如图 5.7 所示。

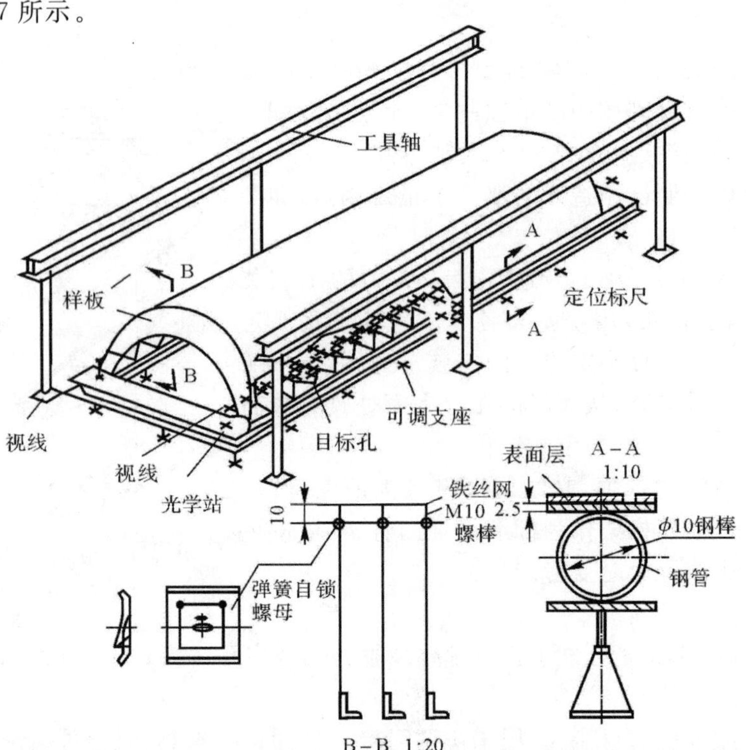

图 5.7　固定框架式外形标准样件

(2)平台固定式外形标准样件主要用于中等尺寸的外形标准样件。底座多为铸铝平台,也可用钢管和钢板焊接而成,并用千斤顶支撑,如图 5.8 所示。

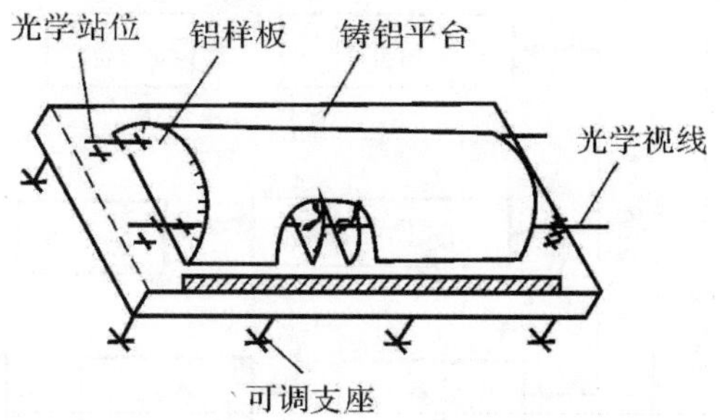

图 5.8　铸铝平台固定式外形标准样件

四、安装标准样件和反标准样件

1. 安装标准样件

(1)性质。安装标准样件是用于安装装配型架的,它带有组合件或部件的外形和接头,在装配件的纵、横向骨架处加工出实际外形。

(2)用途。安装标准样件是模线样板工作法中保证互换协调的重要工艺装备,用于安装装配型架,并保证有关装配工艺装备之间的协调,如图 5.5 所示。

2. 反标准样件

(1)性质。反标准样件是保证部件标准样件与其组合件标准样件之间相互协调的标准工艺装备。

(2)应用。为了保证组合件样件和部件安装样件的协调问题,在生产中常常根据部件安装样件制造一个部件反标准样件,以此制造组合件标准样件。由于采用相互联系制造的原则,因此,部件安装标准样件与组合件安装标准样件之间具有较高的协调准确度。

对于大尺寸的飞机部件,要制造部件安装标准样件比较困难,无法保证样件的制造准确度,同时也不便于使用。因此,不再采用大尺寸的部件安装标准样件和反标准样件,只针对于结构和形状比较复杂的组合件采用组合件标准样件。

第四节　保证互换协调的基本方法

一、飞机制造的基本协调方法

长期以来,飞机制造的协调方法是模拟量传递法。通常使用的方法有以下几种。

1. 模线样板工作法

(1)协调基本原理。模线样板协调的基本原理是以平面模线和外形检验样板作为总的协调依据。用各类样板作为协调工具,通过基准孔和通用坐标设备、光学仪器,协调制造与外形有关的各类平面或立体的成形模具,以及各种装配型架等。其协调路线如图 5.9 所示。

(2)优点。协调路线短,协调环节少,转换误差小,样板结构简单、易加工,工装制造可平行进行,生产准备周期短,经济性好。

(3)缺点。制造外形复杂的曲面工装时误差大,容易产生不协调现象。

(4)应用。适于飞机上外形简单、要求准确度不高的部件或产量较小的飞机。

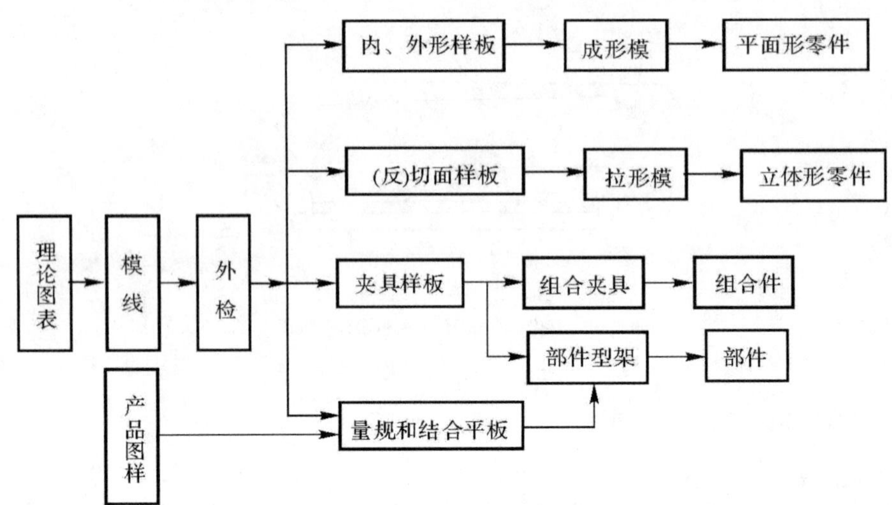

图 5.9　模线样板工作法协调路线

2. 标准样件工作法

(1)协调基本原理。标准样件的协调原理是以模线样板为原始依据,以外形表面样件为总的协调依据。样件的有关部分都进行了对合检查,并以此为主要的移形工具,协调制造与外形有关的各类工艺装备,如图 5.10 所示。

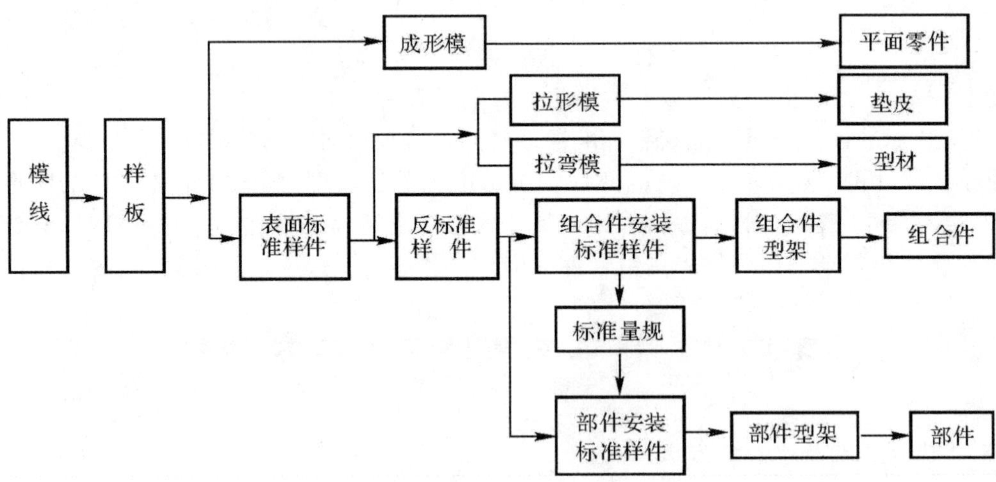

图 5.10　标准样件工作法协调路线

(2)特点。

1)相互联系制造的环节增多,能够减少尺寸形状转换、移形环节误差,提高协调准确度。标准样件包括了全部要协调的外形接头,外形上的所有点都是连续的,任何要控制的部位和切面及接头空间位置都由样件保证。

2)制造、复制、检修比较简单方便。例如,按样件上的外形面塑造装配型架上的卡板工作面，不仅准确度高，而且光滑、流线性好；用样板塑造接头定位件，不仅位置准确，而且与外形等其他定位件的协调精度高。

(3)应用。它适于产量大的小飞机及形状复杂、协调要求高的大飞机上的小部件。

3. 综合工作法

(1)协调基本原理。综合工作法协调原理是在模线样板的基础上，结合局部样件，通过型架装配机、划线钻孔台、光学仪器来保证工艺装备的协调性，如图 5.11 所示。

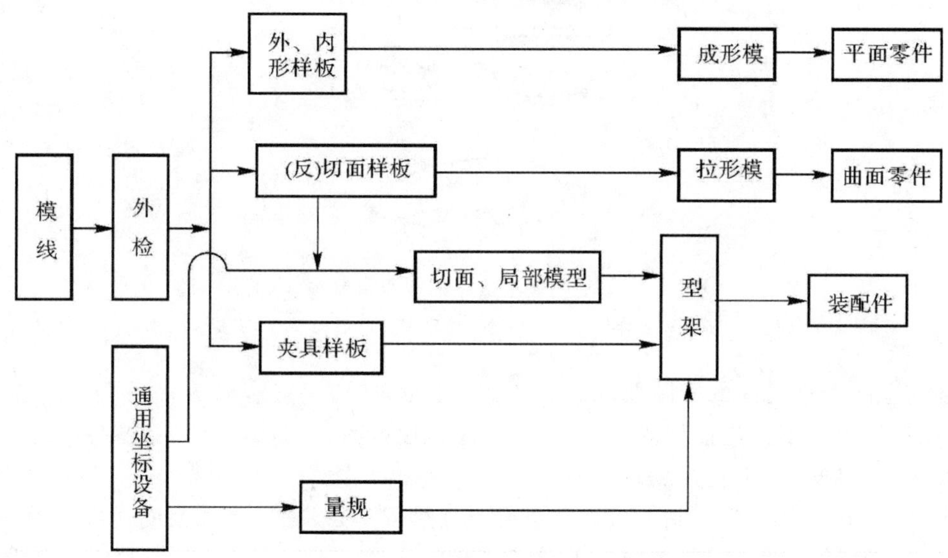

图 5.11　综合工作法协调路线

(2)特点。这种方法兼有模线样板法和标准样件法的优点。对于简单的平面零件，广泛地配合样板制造成形模具；对于复杂的立体结构件可采用局部样件法制造，并可用来协调型架。这样能够平行作业，缩短生产周期。

二、各种协调原则的原理及其应用

1. 各种协调原则的原理

采用飞机制造中的模线-样板方法达到产品的互换性，其基础都是保证产品准确度——制造准确度和协调准确度。

在飞机制造中，保证零件、组合件和部件的互换性，除了要保证其制造准确度外，更重要的是保证相互配合工件间的协调准确度。

制造任何零件，其几何形状和尺寸的形成，一般都是根据图纸所绘制的形状和标注的尺寸，在生产中通过一定的量具、工艺装备和机床而获得的。在这一过程中，先根据标准尺度与量具制造出生产过程中使用的各种测量工具或仪器，然后用它们制造各种工艺装备，最后通过工艺装备和机床加工出工件的形状和尺寸。整个过程是尺寸的传递过程。

两个相互配合零件的同名尺寸取得协调，它们的尺寸传递过程之间必然存在一定的联系。

(1)按独立制造原则进行协调。相互配合的零件，当按独立制造原则进行协调时，协调准确度实际上要低于各个零件本身的制造准确度。以口盖与蒙皮的协调为例，如图 5.12 所示。

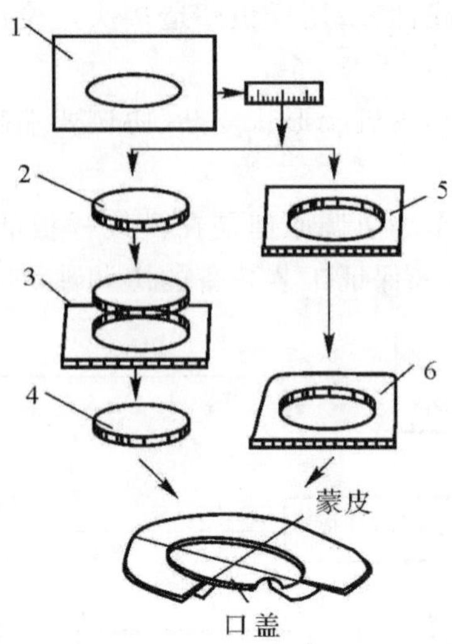

图 5.12　按独立制造原则制造口盖与蒙皮

1—设计图纸与尺寸；　2—口盖样件；　3—口盖冲模；　4—口盖；　5—蒙皮开口样板；　6—蒙皮

口盖与蒙皮开口之间的间隙要求比较小，而且要均匀。但是，口盖直径 D 的偏差即使是几毫米，在使用上并不造成任何困难，也不会对飞机性能有任何影响。两个零件的协调准确度要求比每个零件制造准确度要高。

按照独立制造原则，分别制造口盖和蒙皮。其过程是，根据口盖和蒙皮开口的设计尺寸通过测量工具按尺寸分别制造口盖的样板和蒙皮开口的样板，然后按照口盖的样板制造口盖的冲模，用冲模冲制口盖零件，同时，根据蒙皮开口样板在蒙皮上开口。使用这种方法时，为了保证两个零件比较高的协调准确度，就要求各个样板和模具等应具有更高的制造准确度。

(2)按相互联系制造原则进行协调。如果其他条件相同，当采用独立制造和相互联系制造这两种不同的协调原则时，即使零件制造准确度相同，却能得到不同的协调准确度，而按相互联系制造原则能得到更高的协调准确度，并且，在尺寸传递过程中公共环节数量越多，协调准确度也就越高。

以口盖与蒙皮协调来说明这种协调原则。

当采用相互联系制造原则时，口盖和蒙皮的制造过程如图 5.13 所示。

首先通过测量工具按图纸上设计尺寸加工出口盖样板，这块样板就作为加工口盖和蒙皮的共同标准，即按它加工口盖冲模和蒙皮开口样板。然后，由冲模制出口盖，按样板在蒙皮上制出孔。此时，口盖样板加工的准确度只影响零件的制造准确度，而不影响零件之间的协调准确度。

(3)按相互修配原则进行协调。这种协调原则比按相互联系制造原则能够达到更高的协调准确度。

当采用相互修配原则进行协调时，协调准确度仅决定于将一个零件的尺寸传递给另一个零件时，这一环节的准确度。

以口盖和蒙皮为例，说明相互修配原则的应用，如图 5.14 所示。

根据口盖设计尺寸制造口盖样板，按样板加工冲模，由冲模制造口盖，然后，按口盖零件加工蒙皮上的开口。或是，先按口盖样板加工蒙皮上的开口，再按开口的实际形状加工口盖。采用这种方法可以保证较高的协调准确度。但是，应当指出，相互修配的零件不能互换。

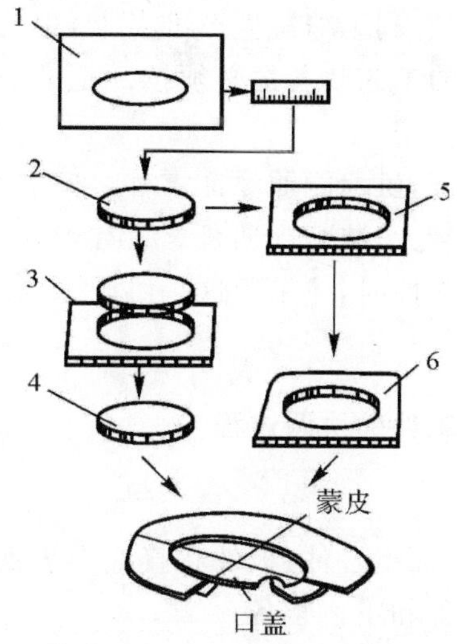

图 5.13　按相互联系制造原则制造口盖与蒙皮

1—设计图纸与尺寸；　2—口盖样板；　3—口盖冲模；　4—口盖；　5—蒙皮开口样板；　6—蒙皮

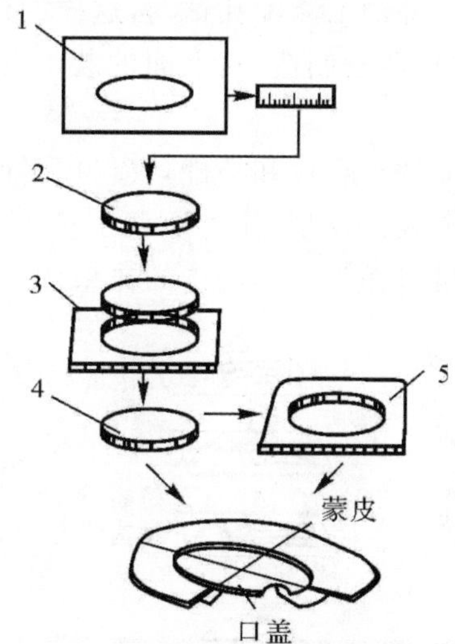

图 5.14　按相互修配原则制造口盖与蒙皮

1—设计图纸与尺寸；　2—口盖样板；　3—口盖冲模；　4—口盖；　5—蒙皮

2. 三种不同的协调原则在飞机制造中的应用

(1)根据飞机构造和制造的特点，对于与飞机气动外形有关的零件，要达到较高的制造准确度比较困难，或者是经济上不合理。但是，为了保证互换，首先必须保证协调准确度。实际上，在飞机生产中出现的问题大量是协调方面的问题。若采用独立制造原则，为达到协调准确度要求，就必须对零件制造准确度提出更高的要求，用目前常规的制造方法是难以做到的。

(2)形状复杂的零件采用相互联系制造原则。在制造过程中，将那些技术难度大、制造准确度不可能达到的环节，作为尺寸传递的公共环节，这样就能显著提高了零件之间的协调准确度。由于飞机构造上的特点，采用这种原则保证协调具有特别重要的现实意义。而独立制造原则只适用于那些形状比较简单的零件，如起落架、操纵系统等机械加工类零件。

(3)采用独立制造原则便于组织生产，能够平行、独立地制造零件、组合件或部件，以及各种工艺装备，扩大了制造工作面，有利于缩短生产准备期，也便于开展广泛的协作。当采用相互联系制造原则时，生产中所用的工艺装备都必须按一定的协调关系依次制造，显然，使生产准备期拖长。

(4)按相互修配原则进行协调，虽然能够保证零件之间有很好的协调性，但不能达到零件互换性的要求。同时，修配劳动量大，装配周期长。只有当其他协调原则在技术上和经济上都不合理，而且不要求零件具有互换性时，才采用这一协调原则。一般在飞机成批生产中尽量少用，在飞机试制中应用较多。

三、用不同装配方法时保证工件的协调过程

1. 按装配孔装配的协调过程

(1)在模线样板工作法下，平面组合件、板件和直线形表面的板件是借助成套样板来协调的，利用这些样板制造或检验零件和工艺装备。

外形检验样板是生产样板的制造依据，它画有该部位所有零件的全部几何参数，如构造轴线、零件外廓线和装配孔位置等。由于零件按装配孔装配，因此当制造外形样板时，应复制外形检验样板上装配孔位置的标记，并镶上装配孔钻套，这样的外形样板就用于在零件上钻制出装配孔。而蒙皮类的零件必须用拉伸模制造，它上面的装配孔是按拉伸模制造的蒙皮外形铣切样板来钻制的。

(2)对于具有复杂的空间表面的组合件和板件，仅仅用平面样板协调工件形状和尺寸是不可能的，这类零件要用标准样件或表面模型，作为协调工件形状和尺寸的原始依据。由蒙皮、半框和纵梁组成的双曲面板件，可以作为这类构造的典型例子，其形状和尺寸的协调过程如图5.15所示。

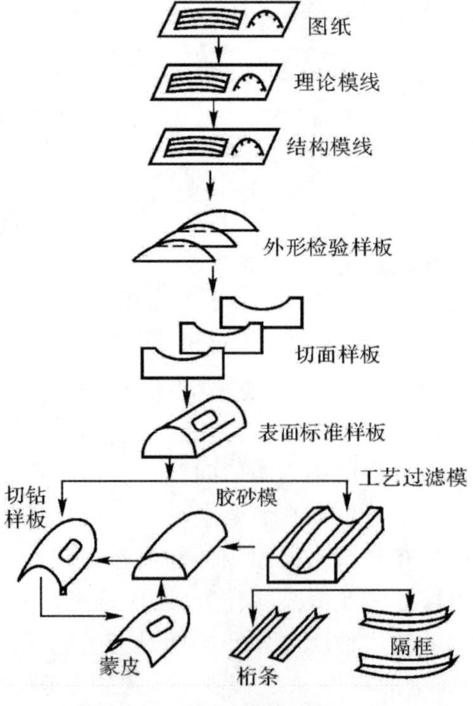

图5.15　双曲度板件协调过程

2. 在装配夹具内以骨架和蒙皮表面为基准装配时的协调过程

在装配夹具内当以骨架或蒙皮表面为基准装配时，产品形状与尺寸协调过程的特点是确定安装在装配夹具上基准定位件距离的必要性。对于装配以蒙皮外表面为基准的机翼，卡板定位件按机翼切面几何尺寸制造，如图 5.16 所示的以蒙皮表面为基准装配机翼时形状与尺寸的协调过程。这里协调的原始依据是理论模线和外形检验样板，由外形检验样板制造夹具样板，然后通过夹具样板制造型架卡板定位件和中翼与外翼对接分离面的带对接孔的结合样板，用型架装配机和划线钻孔台安装装配型架，以此保证型架卡板、型架平板和其他定位件彼此协调。

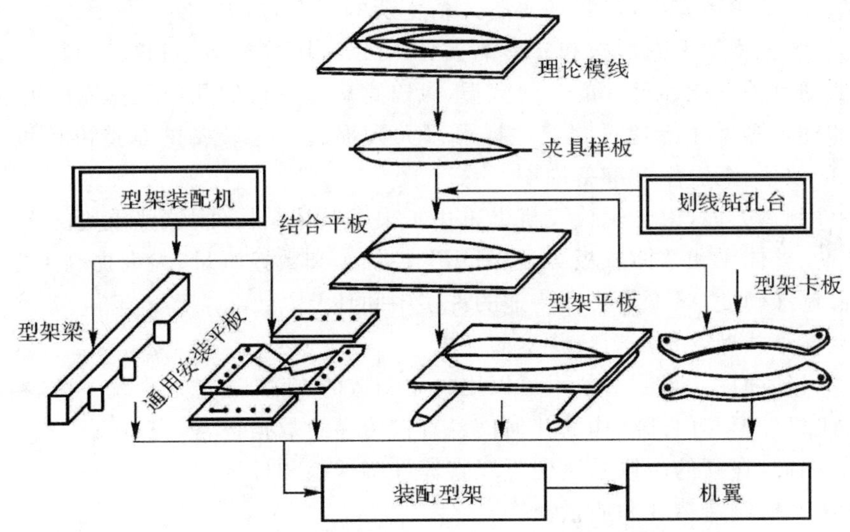

图 5.16　机翼部件以蒙皮表面为基准装配时的协调过程

四、应用计算机辅助设计与制造技术的协调系统

1. 协调系统存在的主要问题

在飞机制造中，过去传统采用的模线样板-(局部)标准样件协调系统，它的特点是采用相互联系制造方法，通过实体的模拟量(模线、样板、标准样件)在制造过程中传递产品的形状和尺寸，来达到生产工艺装备之间的协调性和零件、装配件及部件的互换性。这种协调系统的主要问题有以下几个方面。

(1)工艺装备的制造应严格按协调路线规定的先后次序进行，平行作业受到很大限制。

(2)模线、样板、标准样件和生产工艺装备制造中，手工劳动量占很大比例，生产准备周期很长，制造费用很大。

(3)生产工艺装备和零件制造的尺寸传递过程的环节多、路线长，每个环节的移形误差大，难以提高产品的制造准确度。

2. 在飞机制造中迫切需要采用新的技术以改变这种状况

计算机和数控技术一出现，它们就在飞机制造中展示出广阔的发展前景，同时，由于飞机制造技术的发展又推动了数控技术的发展，先后研制出为飞机制造用的数控铣床、数控绘图机和数控测量机等。

在计算机和数控技术发展的基础上，计算机辅助设计与计算机辅助制造（CAD/CAM）技术在飞机制造中得到了很快的发展和应用，并带动了其他制造业采用计算机辅助设计与制造技术。

计算机辅助设计与制造技术在飞机制造中已用于许多方面，归纳起来有以下几个方面。

（1）用计算机建立飞机外形和内部结构的几何模型，以及作为飞机制造过程中各个环节应用的统一的几何数据库，并通过绘图机绘制理论模线、结构模线和飞机生产图纸，大大提高了理论模线、结构模线和飞机生产图纸的质量和效率。在计算机内存储的飞机外形和内部结构的精确的几何模型成为飞机制造的原始依据。

（2）在工艺装备制造方面，形状和协调关系复杂的组合件的标准样件、钣金零件制造用的大量成形模具、装配型架上内形板和外形卡板等，可以采用数控加工和数控测量。工艺装备数控加工所需要的有关形状和尺寸的几何数据，可以直接从飞机的几何数据库中提取，而不再需要经过模线和样板等尺寸传递过程。这样可以大大提高工艺装备的制造准确度和协调准确度，提高加工的效率，缩短生产准备周期。

（3）在零件制造方面，由于现代飞机上采用了很多整体结构件，这些重要的飞机零件，包括整体框、整体肋、整体梁和整体壁板等，也采用数控加工和数控测量，大大提高了零件加工的制造准确度和协调准确度，减少了尺寸传递的许多中间环节。

3. 采用计算机辅助设计与制造技术的优点

采用计算机辅助设计与制造技术可以用独立制造的方法，通过建立统一的、精确的飞机几何数据库，将飞机外形和内部结构的几何信息直接传递给数据设备，进行飞机零件和工艺装备的数控加工。因此，在新的协调系统中可以省掉许多样板和标准工艺装备。

（1）可提高飞机制造精度和质量。

（2）可缩短研制周期，加快飞机研制速度。

（3）可节约大量工装制造成本。

（4）可减轻劳动强度。

采用计算机辅助设计与制造的协调原理图如图 5.17 所示。

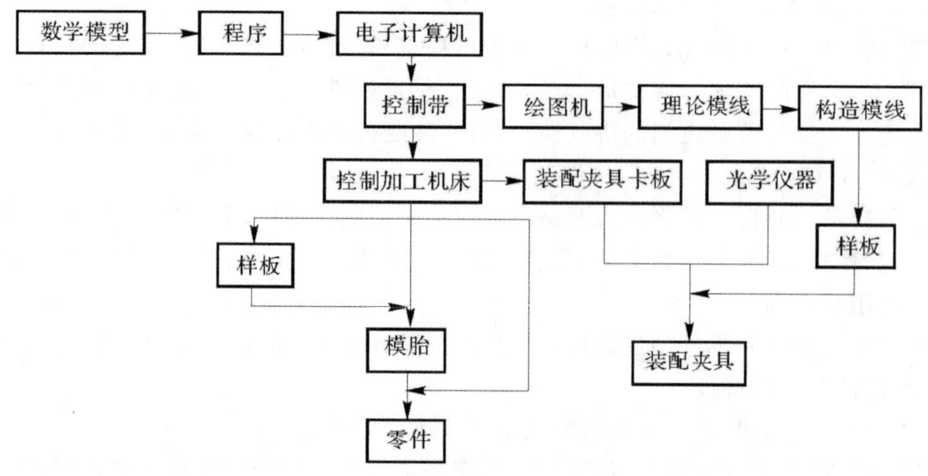

图 5.17　采用计算机辅助设计与制造的协调原理图

采用计算机辅助设计与制造的协调系统示意图，如图 5.18 所示。

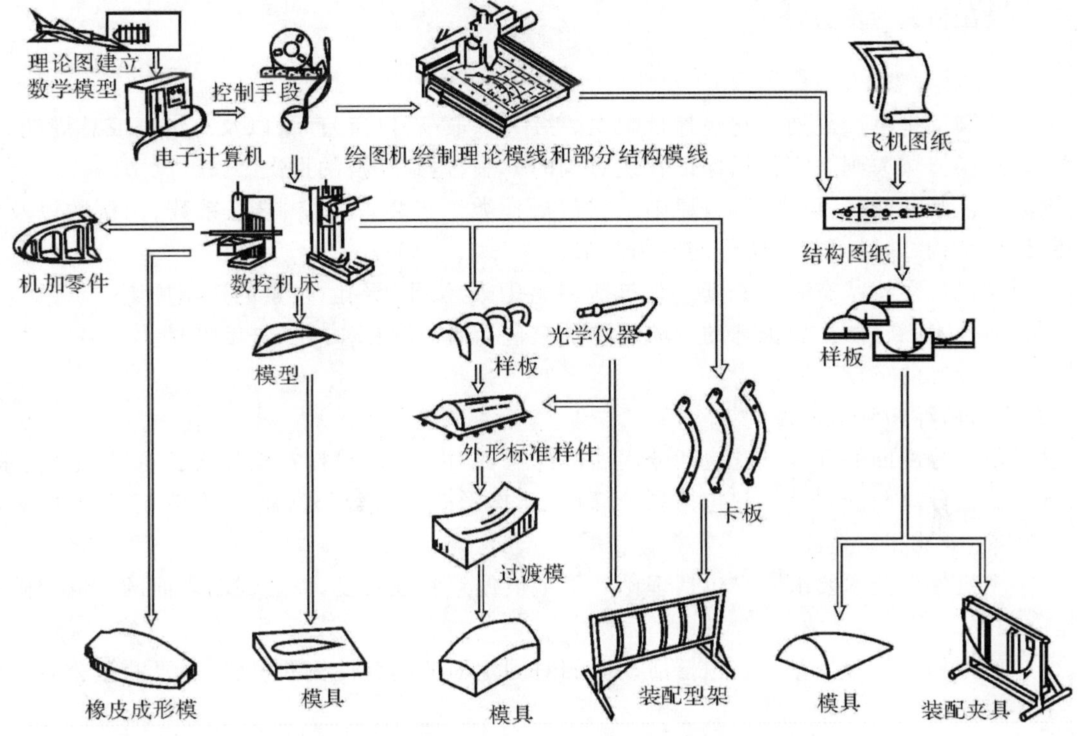

图 5.18　采用计算机辅助设计与制造的协调系统示意图

五、飞机装配协调准确度的具体内容

1. 气动外缘准确度

(1)外缘型值要求，如蒙皮对缝间隙及阶差的极限偏差。

(2)外缘波纹度要求。

(3)表面平滑度要求，如紧固件钉头对气动外缘的凸凹量偏差。

2. 部件相对位置准确度

(1)机翼、尾翼位置要求。例如，机翼、尾翼水平测量公差，机身水平测量公差，部件对称性水平测量公差。

(2)操纵面位置要求。例如，在操纵面处于中立位置时，操纵面前缘相对定翼面后部后缘外形的凸凹量；操纵面后缘相对定翼面后缘的剪刀差。

3. 内部结构件位置准确度

基准轴线位置要求。

4. 结构件间配合准确度

(1)不可卸零件间配合要求。

(2)叉耳对接接头配合要求。

(3)围框式对接接头配合要求。

5. 部件功能性准确度

部件功能性准确度主要内容包括质量、质心、质量平衡、清洁度、密封性、接触电阻、表面保护、操纵性等。

六、装配协调方案的制订

1. 工艺总方案

(1)研制或批生产规划。它包括批架次、总产量、最高月(年)产量以及总进度或总周期。

(2)互换协调原则。它包括保证互换协调的方法、达到互换的批次。

(3)工艺装备选择、设计、制造原则。它包括各类工艺装备的控制数、系数、比例数以及对工装材料、结构、繁简等方面所作的原则要求。

(4)零组件交接状态确定原则。它包括装配孔、定位孔、导孔、余量的选用原则。

(5)新技术、新材料、新工艺的试验规划。它包括研究项目、分工、进度安排。

(6)新标准的贯彻原则。

2. 产品图样和技术条件

(1)设计分离面的划分。它包括分离面的部位、结构形式、设计补偿形式及对接技术要求。

(2)工艺分离面的划分。它包括划分部位、连接形式、补偿形式、施工通路,以及形成装配单元的工艺刚性和完整性。

(3)飞机外形技术要求。它包括理论外形型值偏差和波纹度,以及气动表面的对缝间隙和阶差的偏差。

(4)部件相对位置公差。它包括活动面相对固定面的吻合性偏差、全机水平测量公差及部件水平测量公差。

(5)全机互换、替换项目和互换、替换技术要求。互换项目包括厂内和厂际(主机厂与辅机厂、主机厂与复制厂);技术要求包括互换替换基准、互换替换内容(几何尺寸、气动外形、强度、质量、质心、运动行程等)、互换替换容差、补偿方法等。

(6)其他功能技术要求。例如平衡、清洁度、气密性、油密性等。

3. 工厂生产技术基础和工艺技术水平

(1)工厂生产技术基础。

1)基础设施及加工设备能力。

2)装配厂房的面积、高度、跨度及吊运能力。

3)装配设备能力。例如精加工设备、压铆、钻铆设备。

4)工艺装备生产能力。例如型架装配机、数控加工机床等设备的精度及最大加工范围。

(2)工艺技术水平。

1)装配工艺、零件制造工艺、工装制造与安装工艺、一体化技术等所具备的水平和能力。

2)新工艺、新技术的发展及所达到的水平。

(3)传统的工艺方法。工厂具有优势的、能保证准确度并习惯使用的工艺方法及保证互换协调的方法。

七、装配协调方案的内容

装配协调方案的内容包括结构介绍、装配方案、协调方案三部分。

1. 结构介绍

(1)部件外廓尺寸。例如机身的长、宽、高,机翼的翼展、最大厚度、最大弦长等。

(2)结构件布置。例如部件的结构形式，框、肋、梁、门、盖的布置等。

(3)部件对接分离面的构造、连接形式、对接技术要求。必要时画出对接面结构示意图。

2.装配方案

(1)装配单元划分。

1)工艺分离面的选取位置。

2)装配单元目录。它包括装配单元名称、图号、数量。

3)部件划分出的装配单元的立体示意图。

(2)指令性装配顺序图表。重点表示装配过程中各装配单元、不构成装配单元的设计组件(即散装进入总装)逐级进入总装或进入架外的先后顺序。

装配顺序图表自下而上表示组件装配—架内装配—架外装配—部件的装配过程。平级的装配顺序从左至右排列。方框内横线上为工作内容，横线下为产品图号。装配顺序图表的格式如图5.19所示。

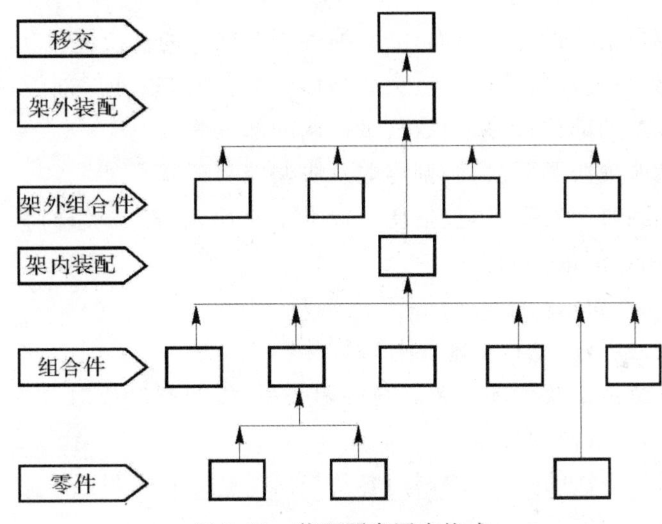

图5.19　装配顺序图表格式

(3)主要零件、组件、分部件的定位基准及定位方法。

1)装配基准的选择。确定以骨架为基准或以蒙皮为基准的装配。

2)定位基准的选择。以协调、互换及装配准确度考虑，确定主要零件进入组件、分部件、部件装配时的定位基准；主要组件、分部件进入部件装配时的定位基准以及分部件进入部件装配时的定位基准。指出主要定位基准、辅助定位基准及重要基准定位件的公差带和补偿间隙。

3)定位方法的选择。确定装配元件定位基准的定位方法，如划线、装配孔、基准零件、工装定位件等。

(4)主要工序的内容、安排和要求。

1)确定主要装配工序，如精加工、外形检查、水平测量点标制、重要对接接头的检查、部件水平测量、分部件对接等。

2)主要工序的安排。

3)主要工序的内容及完成顺序。

4)主要工序的工艺容差、检测方法和工具设备。

(5)零件、组件、分部件、部件的交付技术状态。

1)零件的配套交付要求。

2)零件、组件、分部件、部件协调互换部位的余量大小及容差。

3)重要部位在移交或下架前的检验内容、检验方法、检验所需的设备及检验容差。

4)各种检查、试验工序的内容及技术要求。

5)组件、分部件、部件完成状态和需要明确的工艺分工。

6)其他需要明确的技术状态。

(6)主要装配工艺装备目录。目录应包括装配型架、精加工型架、对合型架、检验台、试验台及主要的铆接夹具等较大型工装。目录栏目有产品图号、工装名称、工装数量等。

3.协调方案

(1)互换协调部位及协调方法。

1)互换协调部位包括①设计分离面;②互换件与基准件的互换部位;③协调关系复杂的工艺分离面;④多台型架重复定位的同一接头或型面;⑤复杂理论外形部位;⑥装配工装与零件工装需要统一协调依据的部位;⑦采用数值量协调的部位等。

2)协调内容包括明确协调要素、协调容差及协调控制环节。

3)协调方法即达到协调的手段,包括使用标准工装协调、标准实样协调、利用设计补偿与工艺补偿协调、或采用数值量协调。

(2)协调依据的技术要求。

1)所选标准工装的名称、结构功能、用途、特殊容差要求。

2)标准工装的制造依据及标准工装之间协调关系(协调制造或对合检查),对合检查时的对合基准、协调检查内容及协调容差。

3)采用数值量协调方法的范围、协调内容及与模拟量传递协调方法的衔接关系。

4)标准实样的协调内容及取制条件。

(3)重要协调关系零件的指令性状态要求。

1)零件的协调控制部位。

2)零件检验工艺装备(或制造检验工艺装备)的协调制造依据。

3)零件在检验工装内的定位基准、检查部位、检查方法及检验容差。

(4)标准工艺装备目录。它包括保证协调的主要标准工艺装备。目录栏目包括产品图号、标准工装名称、数量等。

思 考 题

1.互换性的定义是什么?

2.互换的分类有哪些?

3.什么是协调性?

4.装配协调包括哪些内容?

5. 飞机制造中有哪些互换要求？

6. 标准工艺装备的内容有哪些？

7. 什么是外形标准样件？

8. 飞机制造的基本协调方法有哪些？各自有怎样的协调原理？

9. 简述不同装配方法所采用的协调过程。

10. 简述计算机辅助设计与制造技术在飞机制造中的应用。

11. 部件气动外缘准确度包含哪些内容？

12. 部件功能性准确度包括哪些内容？

13. 简述装配协调方案制订的过程。

第六章　装配型架

装配工艺装备(简称装配工装)是指在飞机装配过程中,特别是在完成飞机产品从组件到部件装配或总装配过程中,用以保持产品的空间位置,控制产品的几何参数,具有支撑、定位、压紧等功能,为操作者提供良好工作条件的专用装备。

装配工装的种类多种多样,根据其用途大致可分为铆接装配类工装、检测类工装和精加工类工装等主要类型。铆接装配类工装又可分为装配型架、装配夹具、安装夹具、安装量规、钻模、钻孔样板、补铆夹具等。其中,装配型架是用于飞机机体的组件、部件等装配单元,在铆接过程中,对飞机产品零件、组件进行定位夹紧的工艺装备,它是目前飞机装配行业中最主要的,也是数量最多的工艺装备。在飞机装配厂房里,到处都可以见到各式各样的装配型架。

第一节　装配型架的功用、一般要求和种类

装配型架具有独立的定位系统,而不依靠另一工装或产品来完成本工艺阶段的定位装配。装配型架和装配夹具没有严格的定义上的区分,习惯上将外廓尺寸较大的称为装配型架,外廓尺寸较小的称为装配夹具。

一、装配型架的功用

1.保证产品的质量

通过对飞机产品的主要零、组件进行支撑、定位、压紧,保证各产品零、组件处于正确位置,符合产品图纸和技术要求,满足产品的协调和互换要求。

2.提高工作效率

便于操作者实施铆接、螺接等装配连接,改善劳动条件,提高劳动生产率。

二、装配型架的一般要求

1.使用性

(1)满足产品的装配工艺要求,使装配工作在最有利的工作姿势下进行。

(2)定位合理、压紧可靠、操作简单。

(3)工作开敞,便于操作人员施工。

(4)便于产品的上架和出架。

(5)便于制造安装和定期检修。

2.协调性

(1)符合产品装配协调方案。

(2)基准设置合理,便于各个环节的协调统一。

(3)保证与相关工装的协调性。

3.稳定性

(1)结构合理，具有足够的刚性。

(2)重要构件应消除应力。

(3)活动定位件使用位置应稳定。

(4)应充分考虑温度变化及地基变形对工装的影响。

4.安全性

(1)在产品的定位和压紧过程中，应有必要的保护措施，以防止划伤产品。

(2)结构上采取必要的防范措施，保证人员安全。

(3)承力较大的构件，必须经过强度校核。

(4)较重的可卸构件，应设置起吊装置和置放支承。

5.先进性

(1)引入工装工程概念，注重工程化、美观化。

(2)关注和引进国内外先进技术和设计理念。

(3)使用新材料和高性能的成品件。

(4)采用先进的结构和工艺方法。

6.经济性

(1)在满足使用要求的前提下，工装结构应尽量简单，降低制造成本。

(2)选择合理的制造公差，并具有良好的制造工艺性。

(3)优先选用常用材料和有储备的标准件。

(4)标准化、模块化，最大限度地采用标准元件。

三、装配型架的种类

1.按装配产品类型分类

(1)机翼类装配型架。如机翼壁板装配型架(见图 6.1)、垂尾总装型架(见图 6.2)、副翼装配型架(见图 6.3)、前后缘装配型架(见图 6.4)、前后梁装配型架(见图 6.5)、翼尖装配夹具(见图 6.6)等。此外还包括翼盒总装型架、平尾总装型架、扰流板装配夹具、方向舵装配型架、升降舵装配型架、前缘与前梁对合型架、内外襟翼装配型架、缝翼装配型架、后缘与后梁对合型架等。

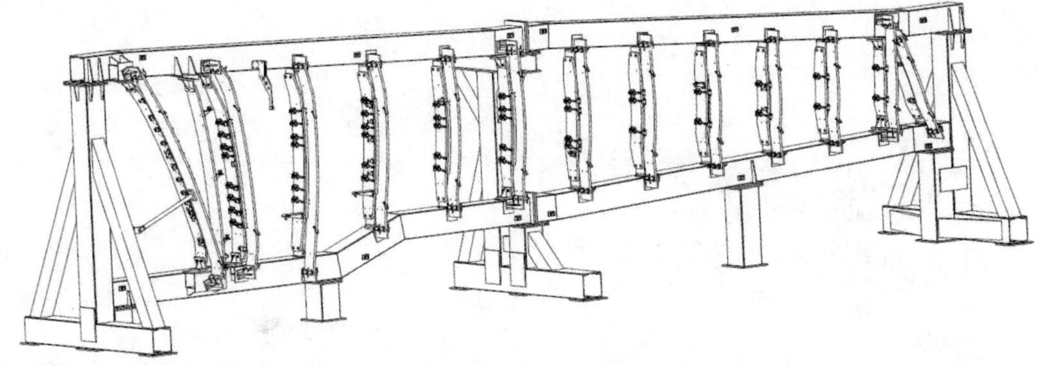

图 6.1　机翼壁板装配型架

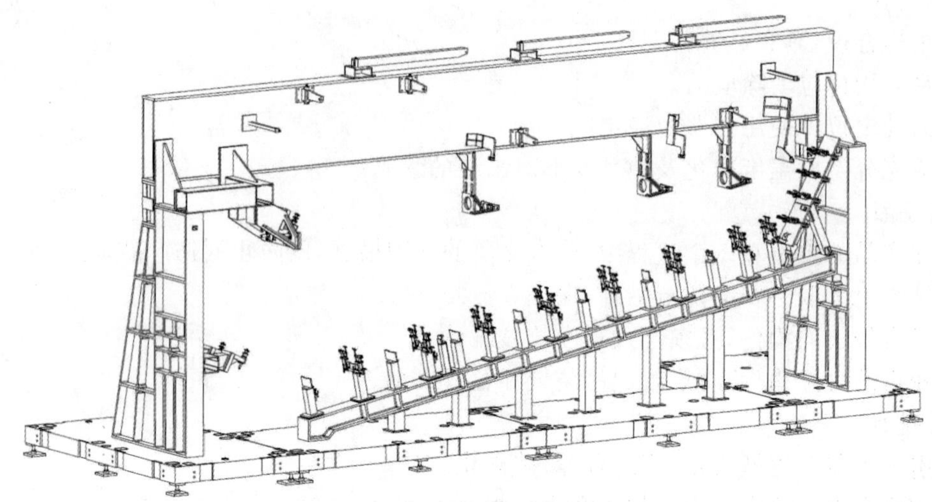

图 6.2　垂尾总装型架

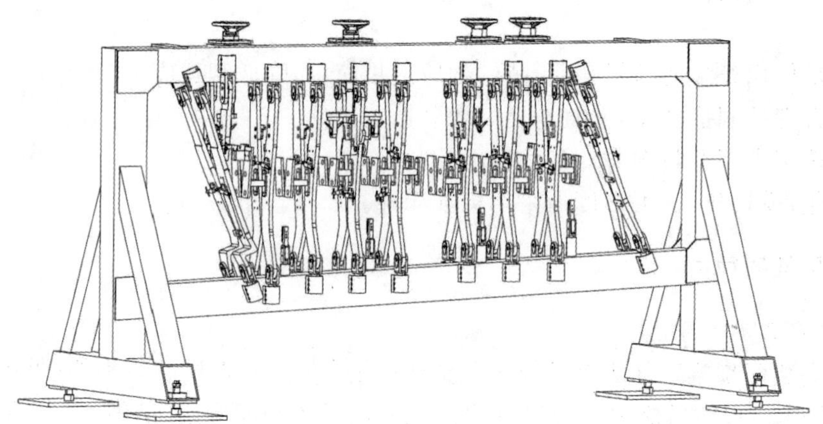

图 6.3　副翼装配型架

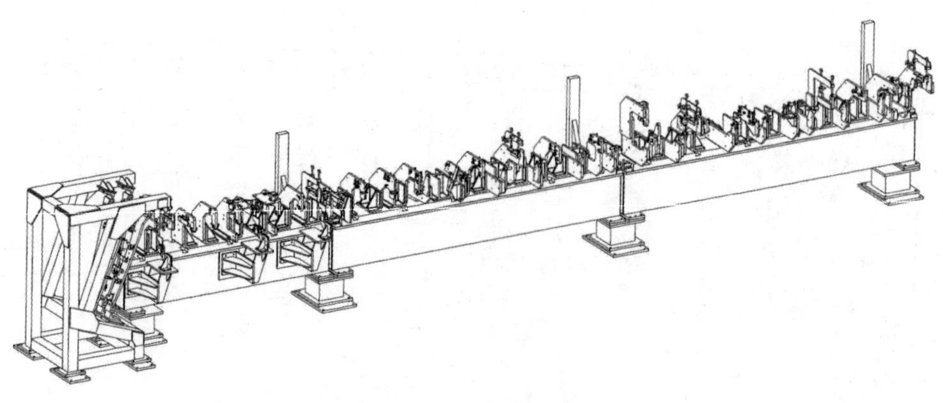

图 6.4　机翼后缘装配型架

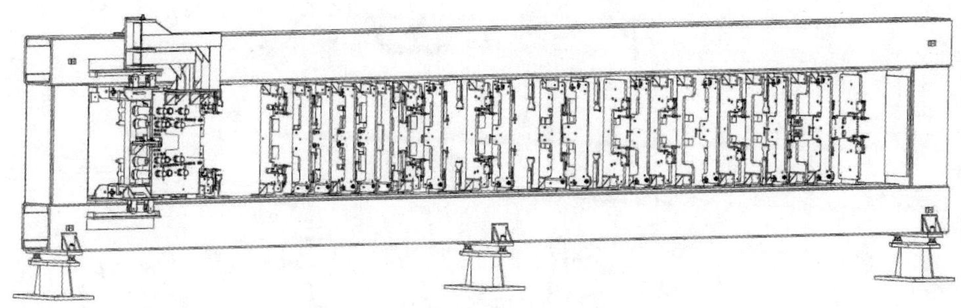

图 6.5　垂尾前梁装配型架

(2)机身类装配型架。如框装配型架(见图 6.7)、门装配型架(见图 6.8)、门框装配型架(见图 6.9)、机身中段总装型架(见图 6.10)等。此外还包括整流罩装配型架、壁板装配型架、地板装配型架、天窗骨架装配型架、雷达罩装配型架、尾罩装配型架、机身上部装配型架、机身下部装配型架、机身上下部对合型架、机身前段总装型架、机身后段总装型架、机身总装型架、口盖装配型架、梁装配型架等。

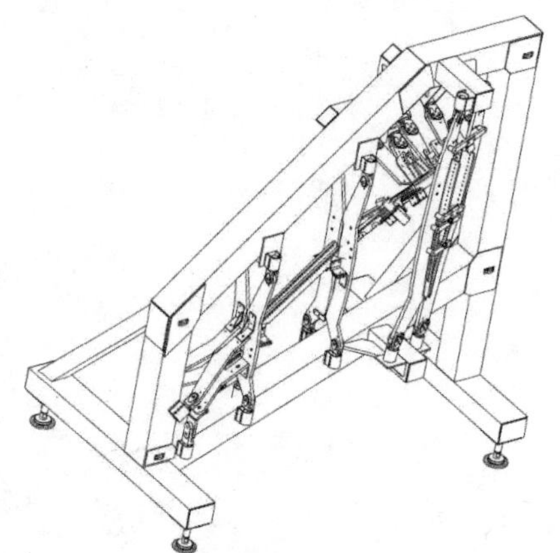

翼尖装配型架

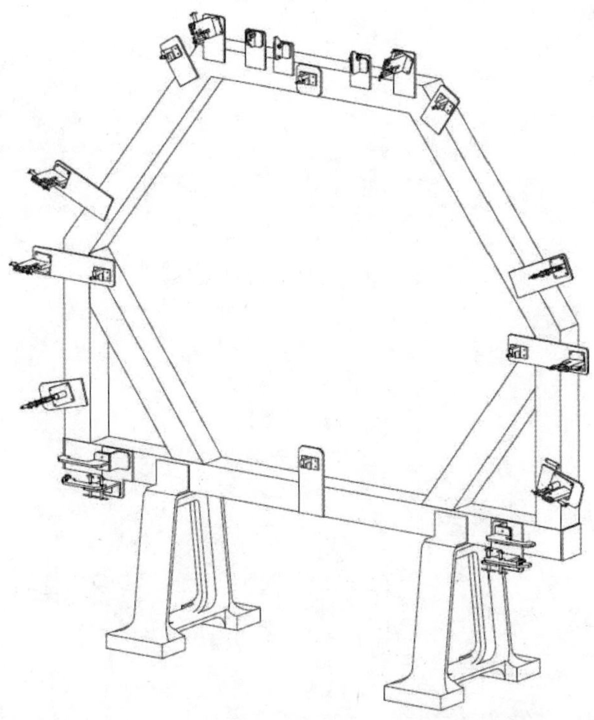

图 6.7　框装配型架

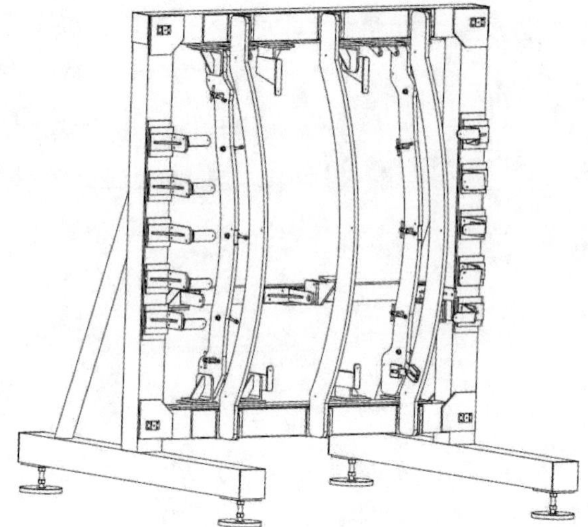

图 6.8 门装配型架

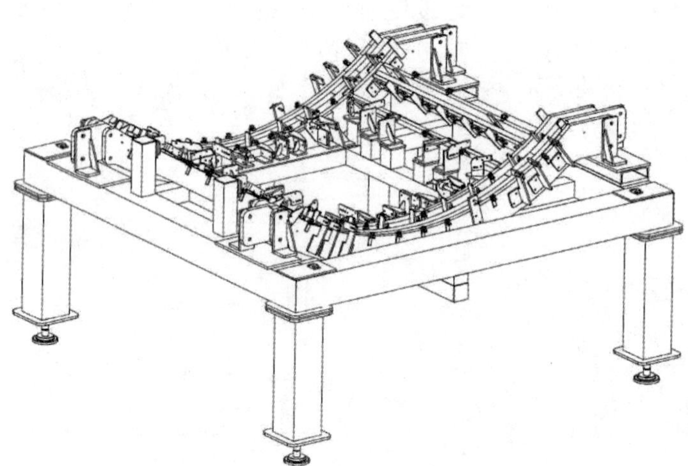

图 6.9 门框装配型架

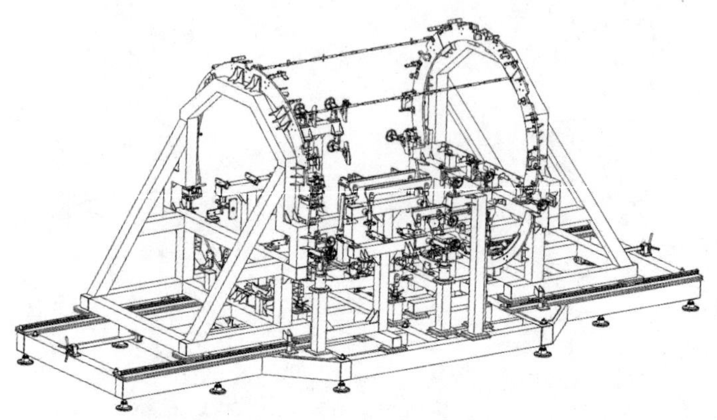

图 6.10 机身中段总装型架

2.按工作状态分类

(1)固定式(见图 6.11)。

图 6.11 机翼前梁前缘对合装配型架

(2)转动式(见图 6.12)。

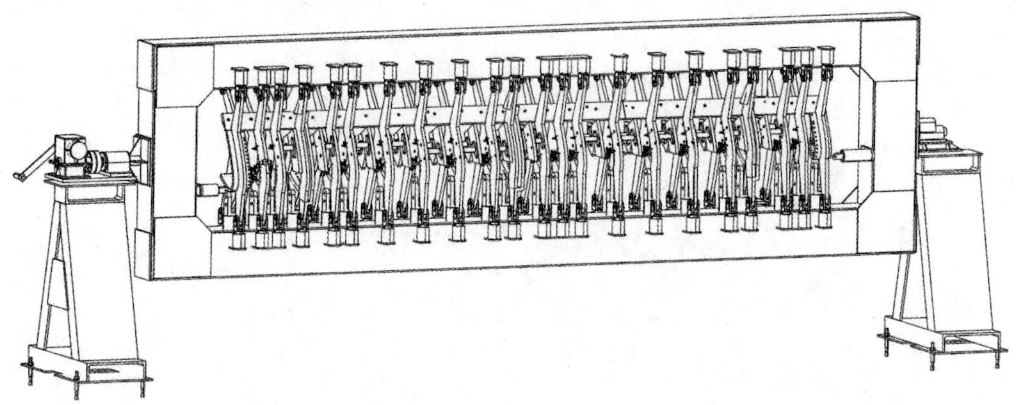

图 6.12 缝翼装配型架

3.按骨架类型分类

(1)单梁式(见图 6.13)。

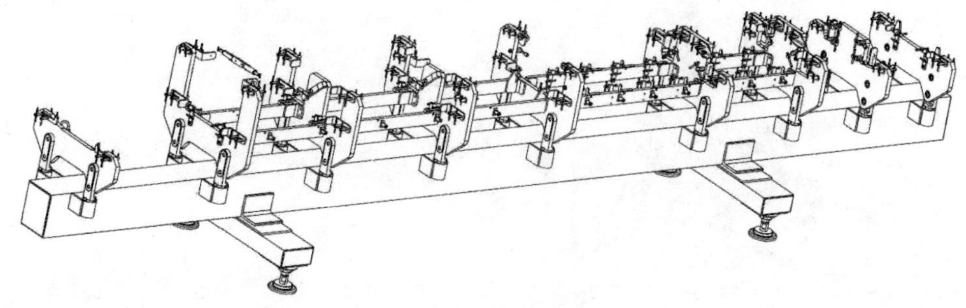

图 6.13 梁装配夹具

(2)框架式(见图 6.14)。

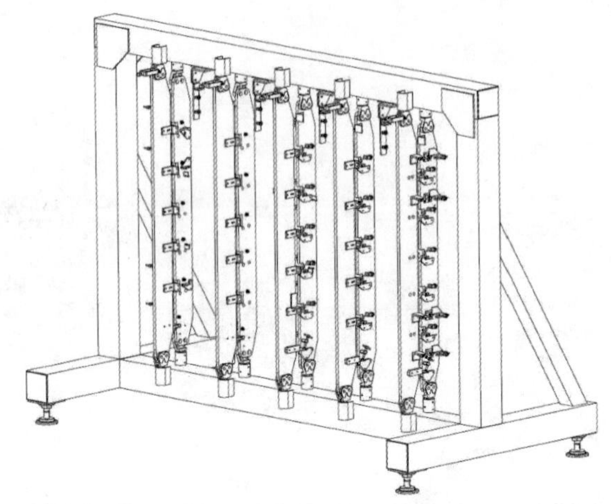

图 6.14　机身地板装配型架

(3)组合框架式(见图 6.15)。

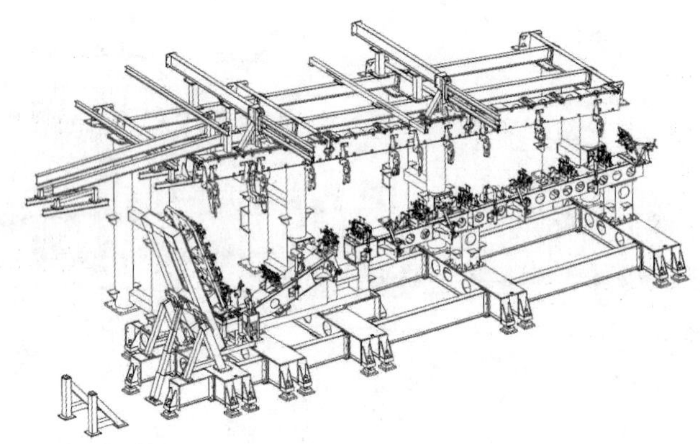

图 6.15　机翼总装型架

(4)整体底盘式(见图 6.16)。

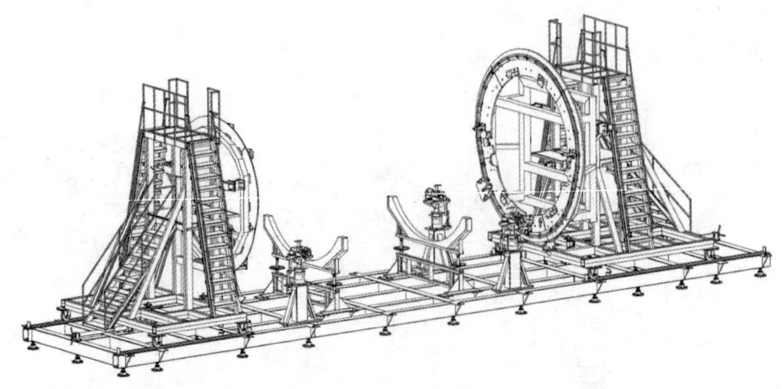

图 6.16　机身前段装配型架

(5)分散式(见图 6.17)。

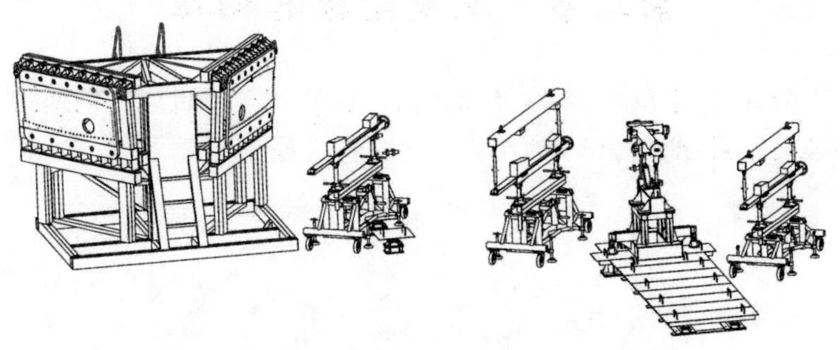

图 6.17 机翼架外装配型架

4.按支撑方式分类

(1)固定支撑。用地脚螺栓固定在厂房地坪上,如图 6.18 所示。

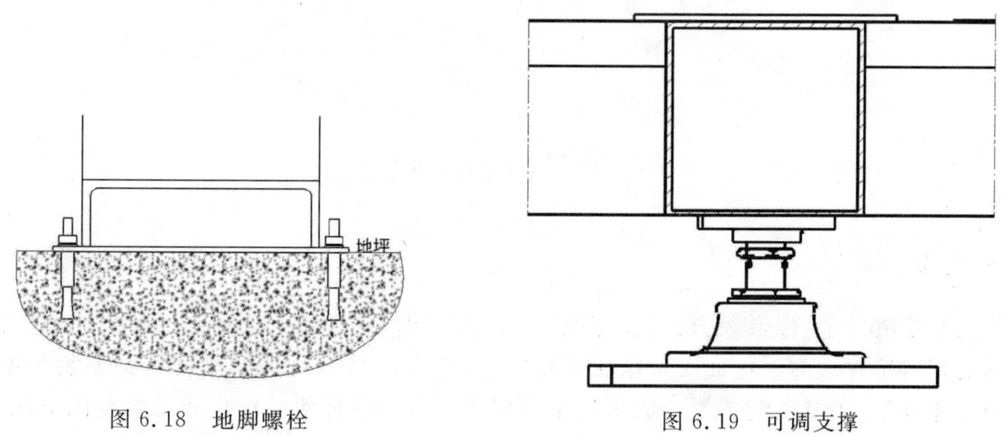

图 6.18 地脚螺栓

图 6.19 可调支撑

(2)可调支撑。采用可调机构,直接置于厂房地坪上,可以进行高低调平,如图 6.19 所示。

(3)一般支撑。直接放置在厂房地坪上,不需要进行调平,如图 6.20 所示。

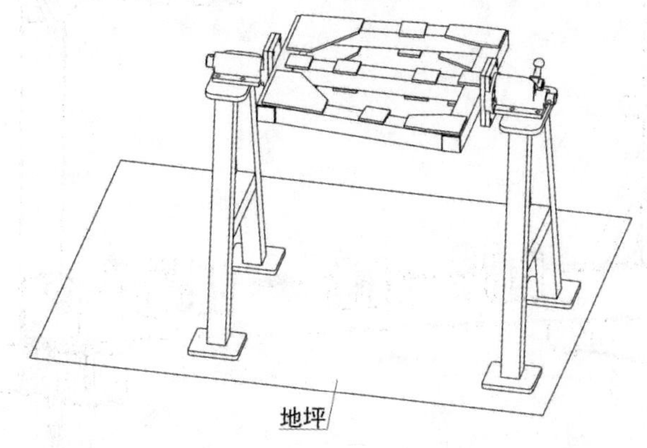

图 6.20 一般支撑

第二节　装配型架的构造

装配型架主要由骨架、定位件、压紧件和辅助装置等几部分组成。例如，机身壁板装配型架属于最典型的装配型架，如图 6.21 所示。

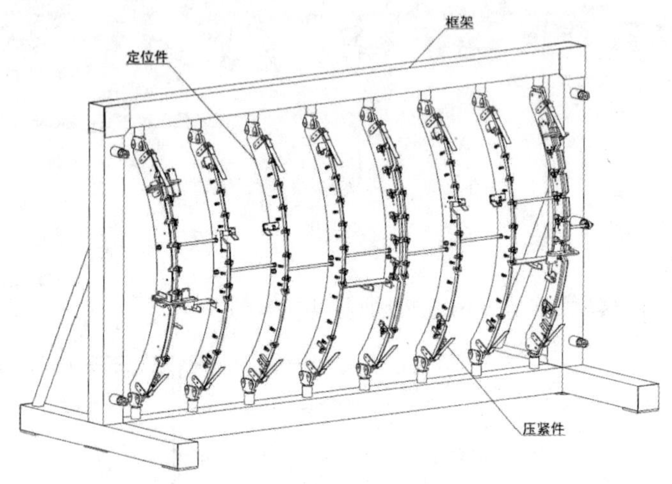

图 6.21　机身壁板装配型架

一、骨架

装配型架的骨架，即框架，是安装定位件、压紧件和其他结构的基体，使各个结构件之间具有正确的相对位置。为了保证定位系统的稳定性，骨架应具有足够的刚性。小型装配型架一般采用整体框架，大型装配型架一般采用组合框架。常用的骨架结构形式主要有以下几类。

1. 框架式骨架(见图 6.22)

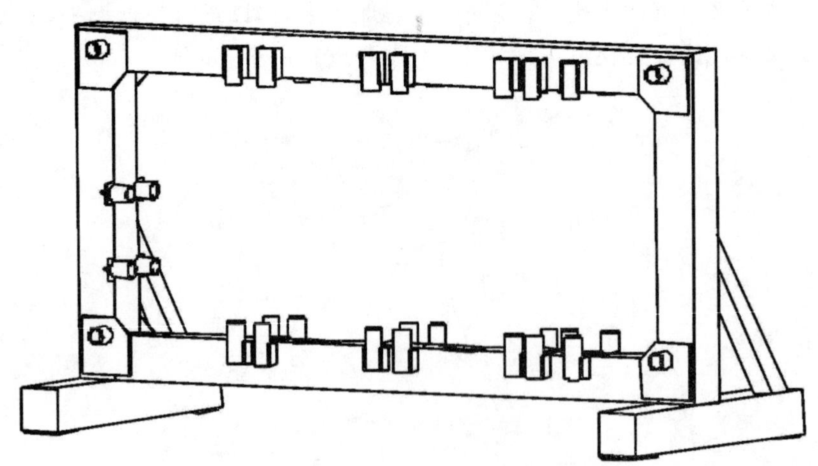

图 6.22　框架式骨架

2. 单梁式骨架(见图 6.23)

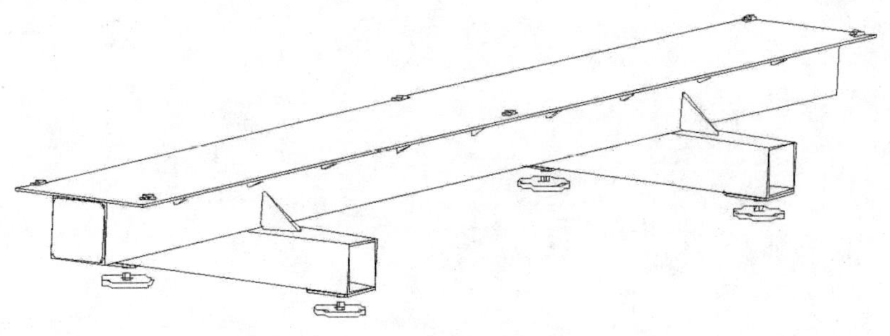

图 6.23 单梁式骨架

3. 组合式骨架(见图 6.24)

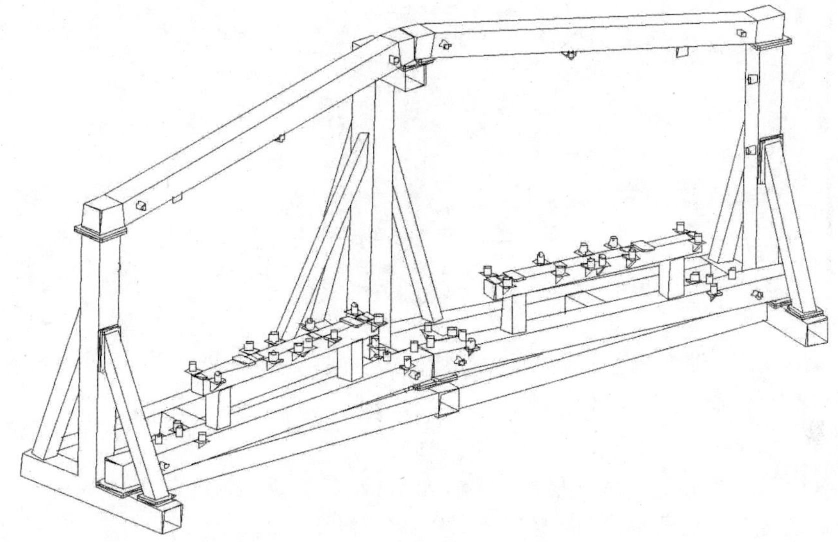

图 6.24 组合式骨架

4. 旋转式骨架(见图 6.25)

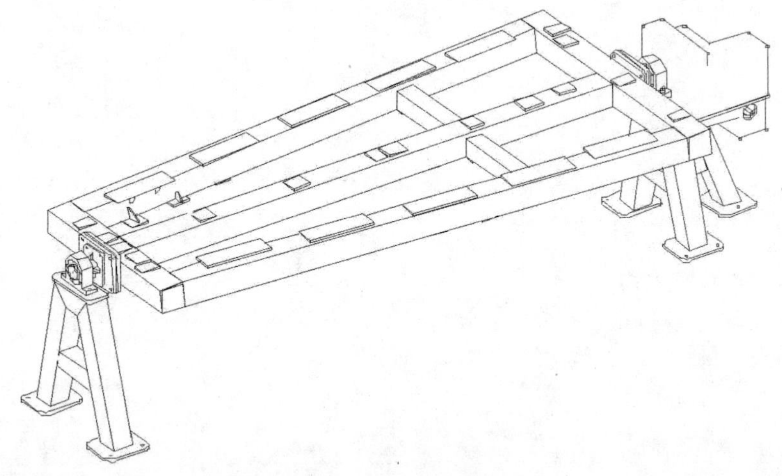

图 6.25 旋转式骨架

5. 分散式骨架(见图 6.26)

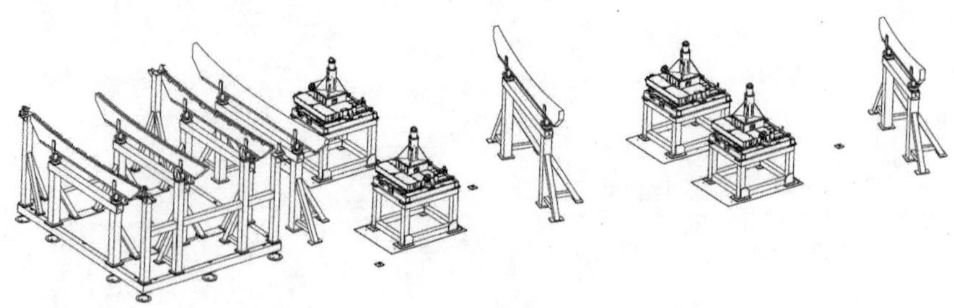

图 6.26　分散式骨架

6. 整体底盘式骨架(见图 6.27)

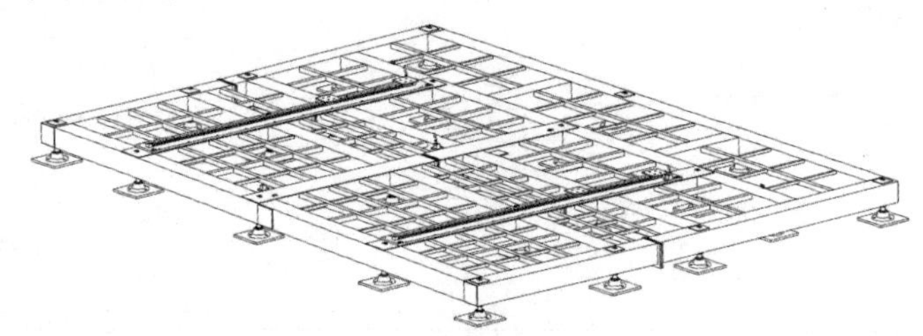

图 6.27　整体底盘式骨架

二、定位件

装配型架中的定位件是确定产品几何参数或几何要素的元件。根据产品的类型和特点，定位件形式多种多样。

1. 外形定位件

外形定位件用于曲面类产品零件的定位，如卡板、托板、包络式定位件等。

(1)卡板是装配型架中最常用的定位件，主要用于保证飞机气动外形的准确度和协调性，并能控制铆接变形。卡板一般分为两类：外形卡板和内形卡板。外形卡板(见图 6.28)的形面可以是飞机蒙皮外形，也可以是飞机蒙皮内形即飞机骨架外形。内形卡板(见图 6.29)一般取飞机蒙皮内形，并在卡板上开有缺口，便于长桁通过。

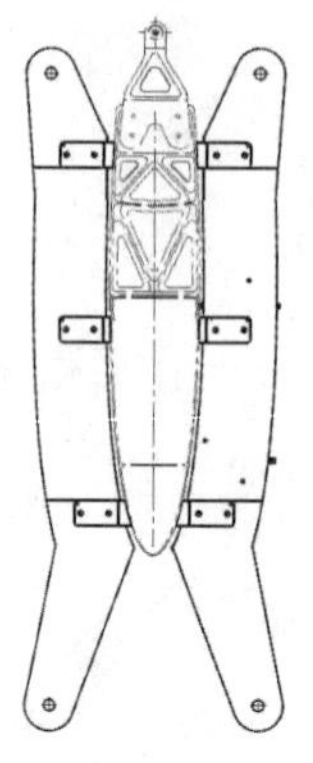

图 6.28　外形卡板

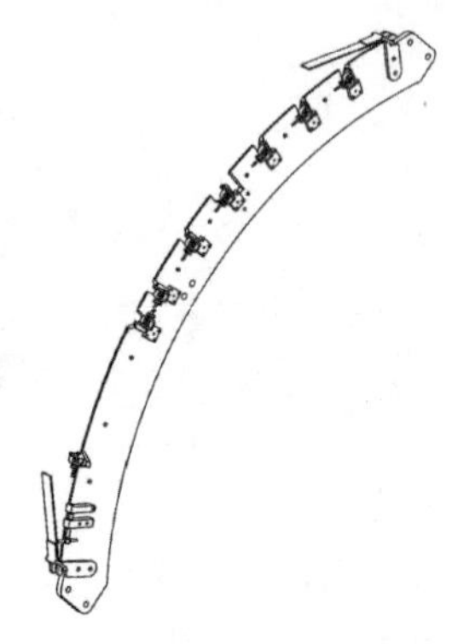

图 6.29　内形卡板和蒙皮拉紧带

(2)托板位于装配件下方,起支撑作用,如图 6.30 所示。

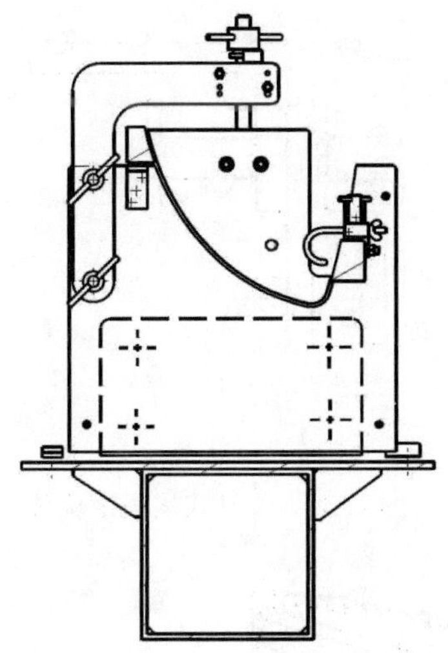

图 6.30　托板和压紧卡板

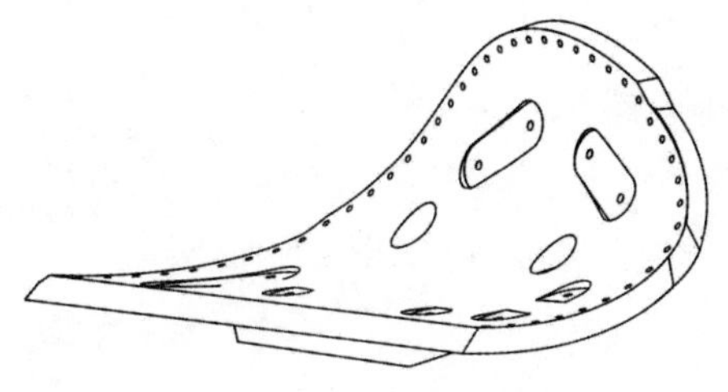

图 6.31　包络式定位件

(3)包络式定位件的工作外形为产品零件的全部外形,如图 6.31 所示。

2.专用产品零件定位件

飞机产品零件各式各样,因而此类定位件种类繁多,主要有以下几种。

(1)型材定位件,如图 6.32 所示。

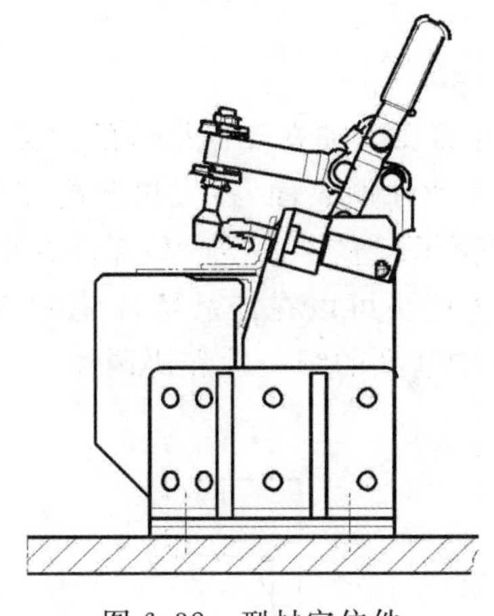

图 6.32　型材定位件

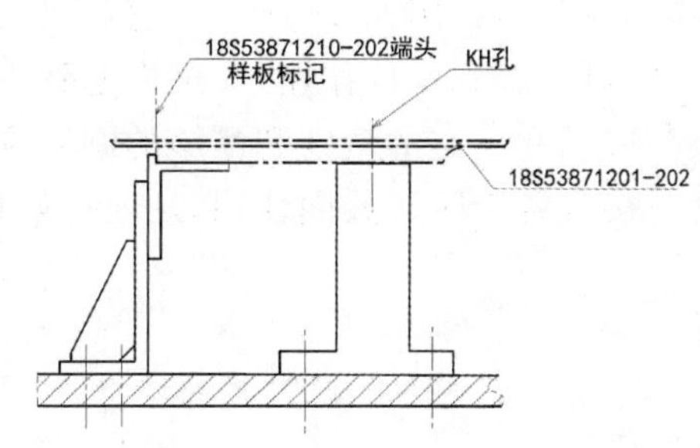

图 6.33　腹板定位件

(2)腹板定位件,如图 6.33 所示。

(3)长桁定位件,如图 6.34 所示。

3.接头定位件

接头定位件用于保证飞机部件对接接头的互换协调,多为叉耳式,如图 6.35 所示。

4.型架平板

型架平板主要用于两个产品部件的对接部位,如图 6.36 所示。型架平板的对接孔和基准孔一般按标准平板协调制造,其工作面一般选用 20～30mm 厚的钢板制成,为保证其刚度,又将其连接在钢管焊成的加强框架上，钢板上带有和产品部件围框式接头协调的相对应的对接孔。

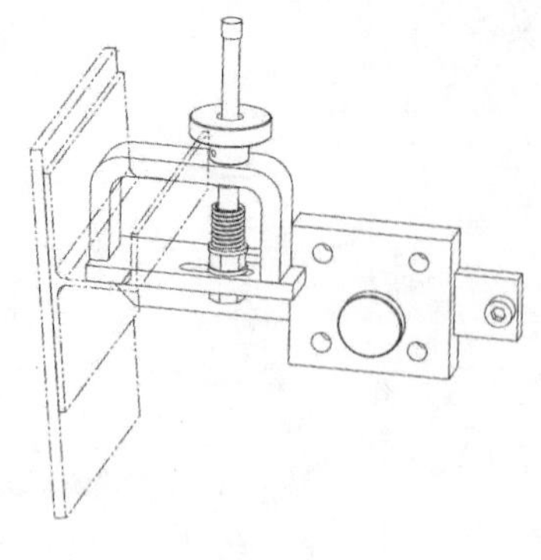

图 6.34　长桁定位件

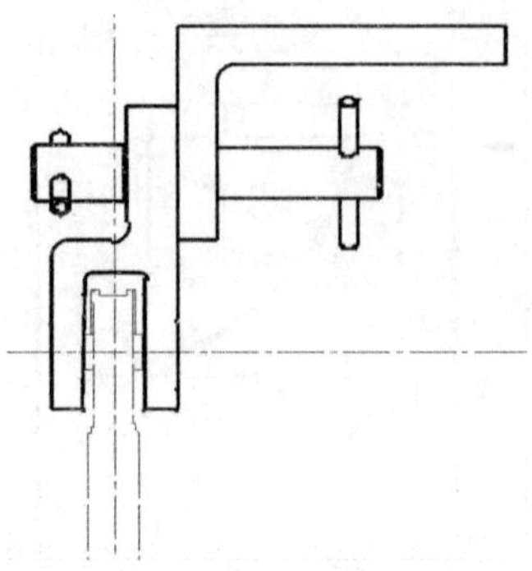

图 6.35　叉耳式接头定位件

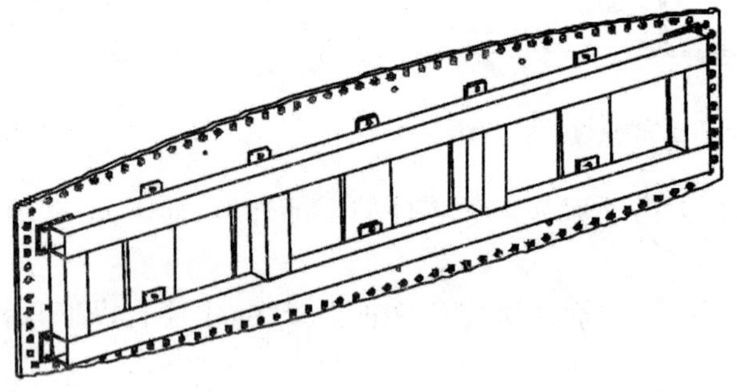

图 6.36　型架平板

5. 工艺接头

工艺接头是为了装配时定位和夹持飞机产品零部件的需要而加在飞机结构的较强部位上的工艺性临时接头，如图 6.37 所示。它可以突出于产品气动外形表面，在飞机装配完成后即可拆除，它既可以起到定位作用，又可以起到支撑作用，甚至承载整个大型产品部件的重力，因而工艺接头应具有一定的精度和足够的刚度和强度。工艺接头可以在产品组件装配、部件装配和部件对接等各个阶段共同使用，从而更好地保证了定位基准的统一性和协调性。

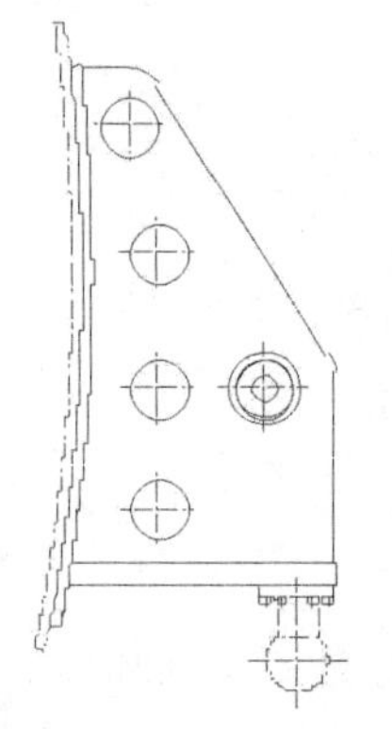

图 6.37　机身工艺接头

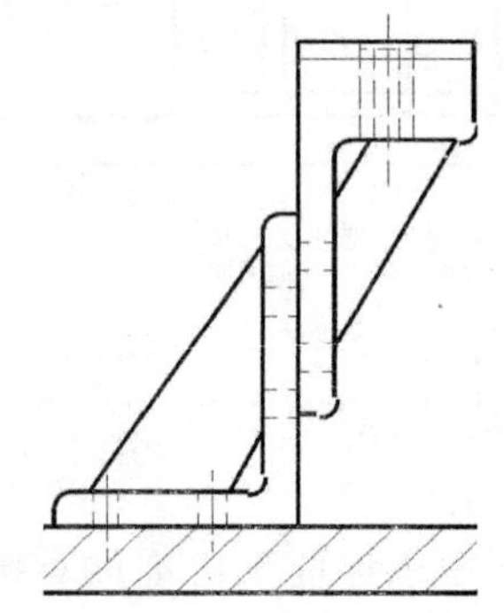

图 6.38　定位孔定位件

6. 定位孔定位件

直接利用产品自身的孔来定位。例如，利用腹板类零件和部件装配中的产品定位孔，如图 6.38 所示。

三、压紧件

装配型架中的压紧件主要作用是压紧产品零件，并配合定位件完成其他定位功能。

1. 螺旋压紧器(见图 6.39)

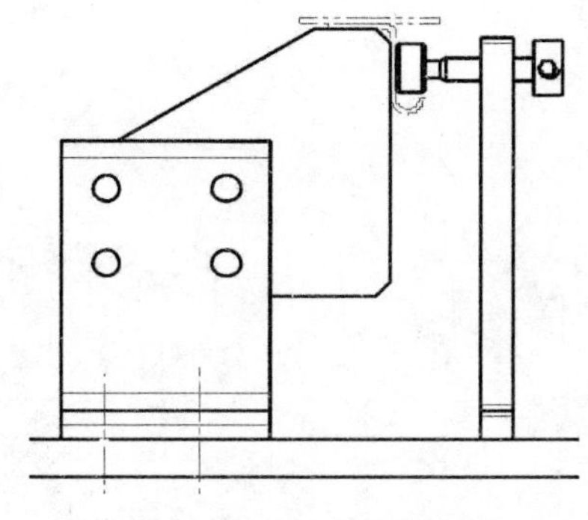

图 6.39　螺旋压紧器

2. 连杆机构压紧器(见图 6.40)

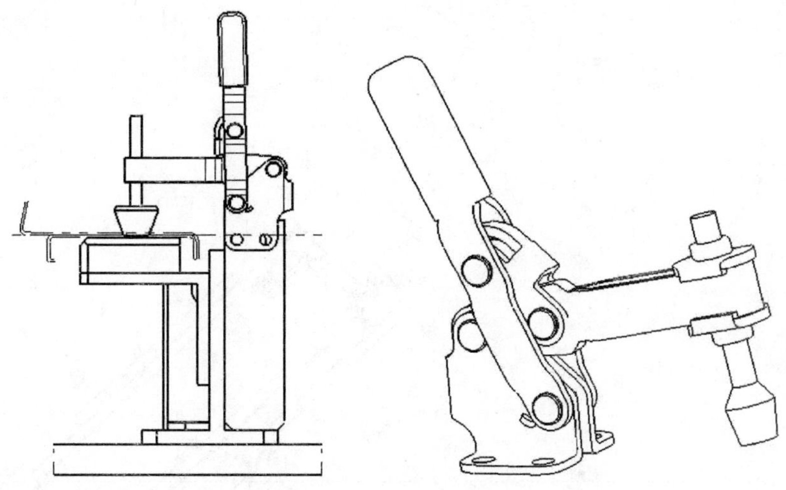

图 6.40　连杆机构压紧器

3. 压紧卡板(见图 6.41)

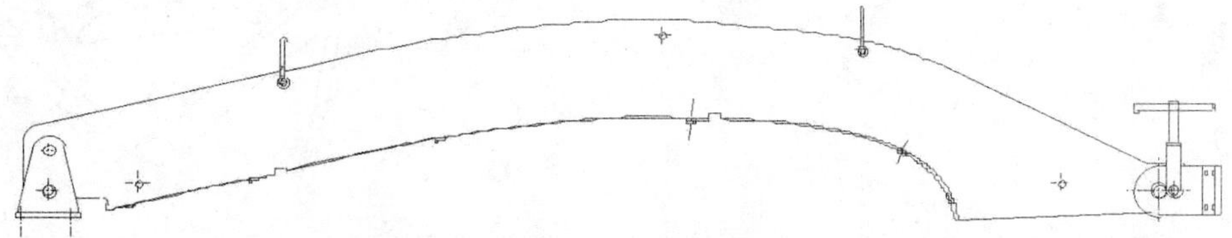

图 6.41　压紧卡板

4. 外形压紧器

外形压紧器包括橡皮绳、帆布带和棘轮拉紧带等。

四、辅助装置

装配型架的辅助装置一般包括产品的支撑、调整装置;为产品进出架而设置的附属于型架的吊运装置;为操作者工作方便而设置的放置架、工作梯;工作时需要的照明系统和压缩空气管路工具送风系统等。

1. 工作梯(见图 6.42)

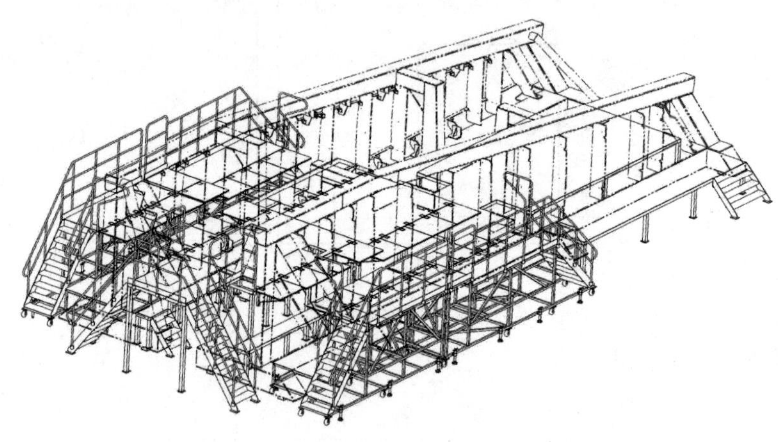

图 6.42 工作梯

2. 托架(见图 6.43)

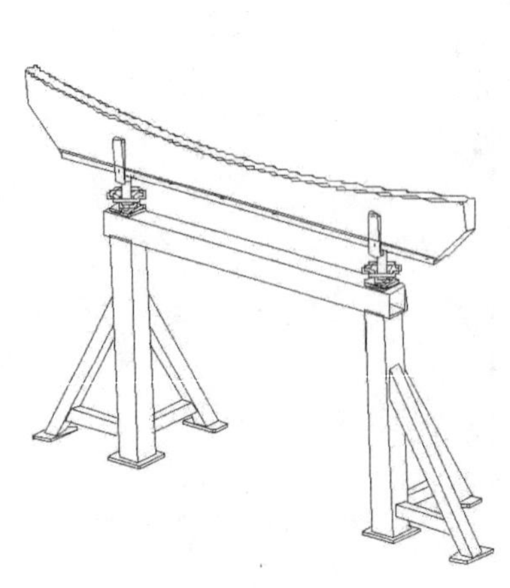

图 6.43 托架

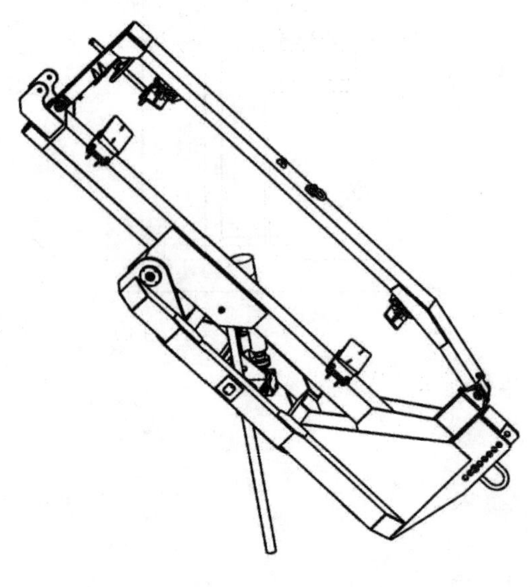

图 6.44 机翼翻转吊挂

3. 下架装置(见图 6.44)

4. 导轨移动结构(见图 6.45)

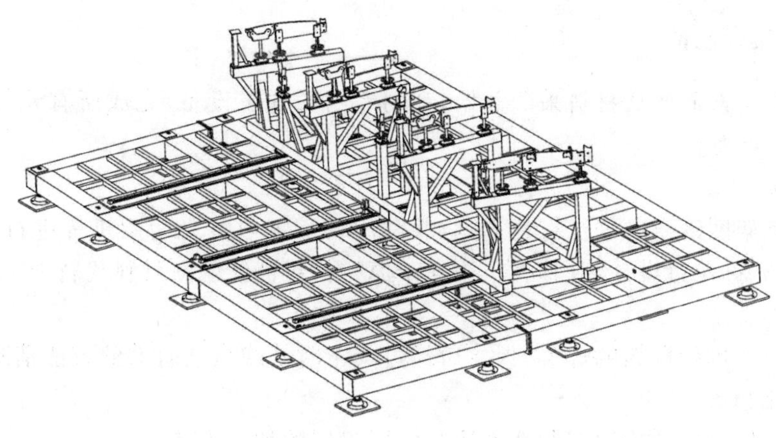

图 6.45　导轨移动结构

五、其他结构

装配型架的元件除了以上的基本结构外，还包括大量的连接件、标准件和成品件等。其中，成品件根据其功能分类，各式各样，无论从选型采购，还是安装维护都非常方便实用。例如，气动旋转设备适用于转动式装配型架结构；生命安全系统用于操作者高空作业的安全保护，操作者工作时系上安全带，把安全带的另一端与速差防坠器相连，速差防坠器上的滑块可沿着钢丝绳在展向移动；高性能运动轮组可以完成移动结构的全方位运动，如图 6.46 所示。

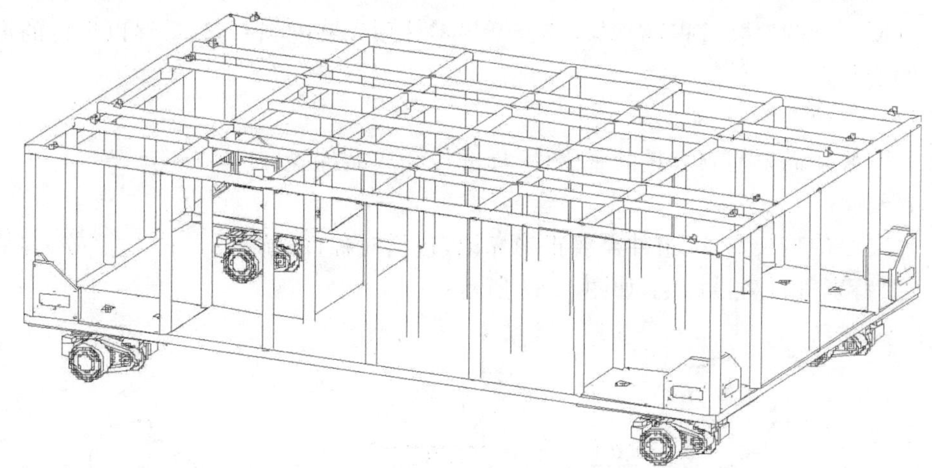

图 6.46　自动控制全方位移动轮组

第三节　装配型架的制造与安装

飞机装配时采用了大量的装配型架，为了保证飞机装配的准确度，首先要保证装配型架的准确性。通常装配型架的精度是产品精度的 1/2～1/3。

装配型架的制造和安装过程一般分为两个阶段:首先是构成型架的各类元件的准备和生产制造阶段;其次是最终总体安装阶段。

一、装配型架的制造

装配型架的制造需要从材料采购开始,利用专门的加工设备,完成所有元件的准备工作,为最终的安装打好基础。

1. 材料准备

根据装配型架图纸要求进行材料采购,并利用切割锯或激光切割机等进行下料。当没有要求的材料时,允许经过设计部门同意,用高于原有材料性能的新材料代料加工。

2. 框架焊接

按照焊接规范进行框架的焊接,焊接后经过人工时效或自然时效的方法消除应力。

3. 型架零件加工

装配型架的精度要求确定了制造方法和需要采用的加工设备。

(1)选择合适的加工设备,确定合理的加工基准。

(2)需要时进行原材料的组合焊接,焊后消除应力。

(3)机械加工。平面大多采用铣床和刨床加工,当平面较大时采用龙门刨和立车加工,精度要求高的平面需要使用高精密磨床;孔的加工采用钻床,尺寸较大的孔可以利用铣床加工,精度要求高的孔需要采用精密镗床加工;型面的加工大多采用数控机床。目前在机械加工制造过程中,数控机床的应用越来越多,它可以加工双斜平面、法向孔、复杂型面等,同时它也能够大大提高工作效率。

4. 组件装配

为了方便后续的安装过程,需要将部分型架零件预先装配到一起,最终以组件的形式整体参加最终的安装。

5. 其他元件的准备

型架的安装还需要用到大量的紧固件、标准件和成品件等。

6. 标识标记

对于加工好的型架零件、组件需要正确标记,包括对称件、航向、上下、左右等,容易混淆的零组件,还要特别进行防错标记,如图 6.47 所示。

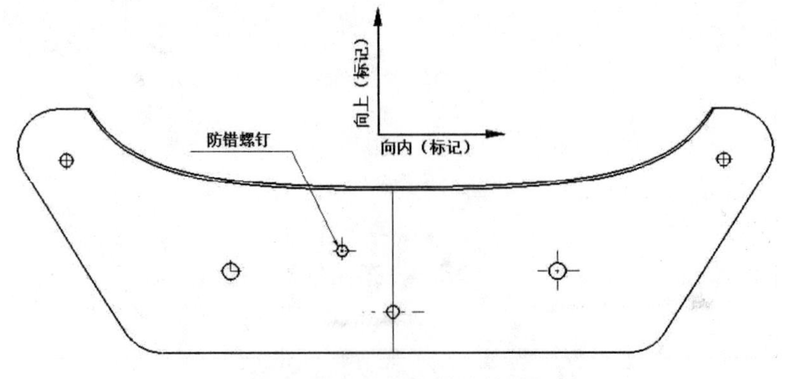

图 6.47　安装防错螺钉的外形托板

二、装配型架的安装

装配型架的安装方法是由产品公差要求、装配协调方案、型架设计图纸、常用安装设备等几个方面确定的。

1. 常用型架安装方法

型架安装方法和安装公差一般在型架设计图纸中已经标记说明。其中，常用的标注尺寸公差的符号如下：

使用划线钻孔台、型架装配机、光学工具坞保证的尺寸公差，如 100^{*}；使用光学仪器、长杆千分尺保证的尺寸公差，如 $100^{\blacktriangle}$；使用样板或标准工装协调的尺寸不标注尺寸公差，如 100▬。

(1)按模线样板安装，如图 6.48 所示。

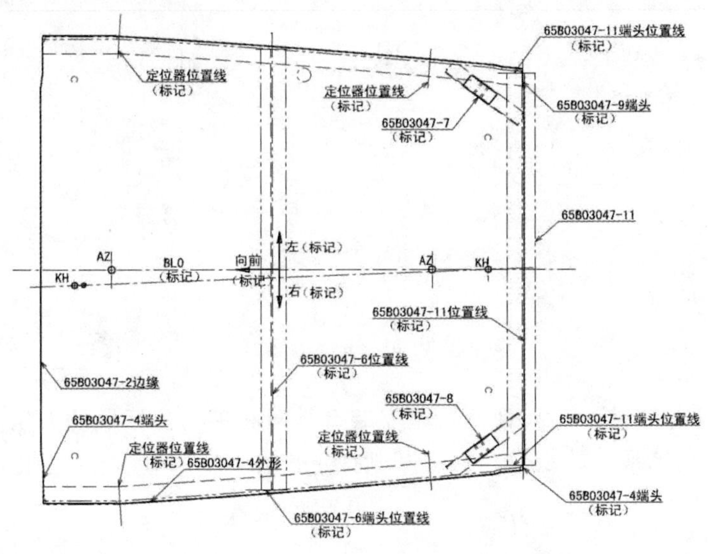

图 6.48　样板

(2)按标准工装安装。为了保证产品接头孔位和型面的互换性和协调性，利用标准工装进行装配型架的安装。型架上带有支撑标准工装的标高板或定位装置。根据定位好的标准工装，进行接头孔的安装和型面的塑造，如图 6.49 所示。

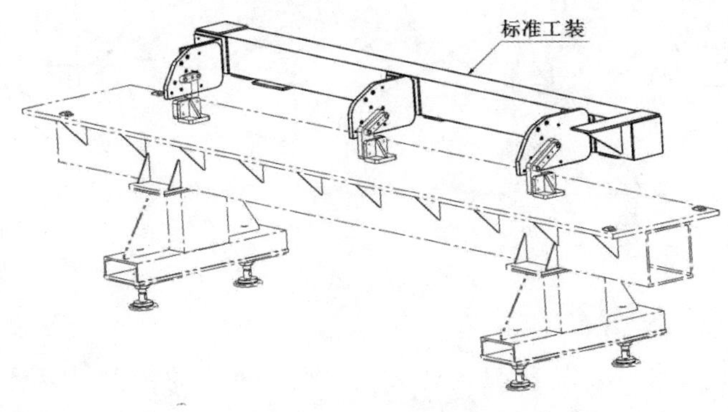

图 6.49　按标准工装安装型架

(3)按光学仪器安装。通过光学仪器及附件或长杆千分尺等，建立空间直角坐标系，控制空间六个自由度，确定型架元件在空间中的准确位置，然后再通过支撑调整机构把型架元件调整到准确位置并加以固定，如图 6.50 所示。

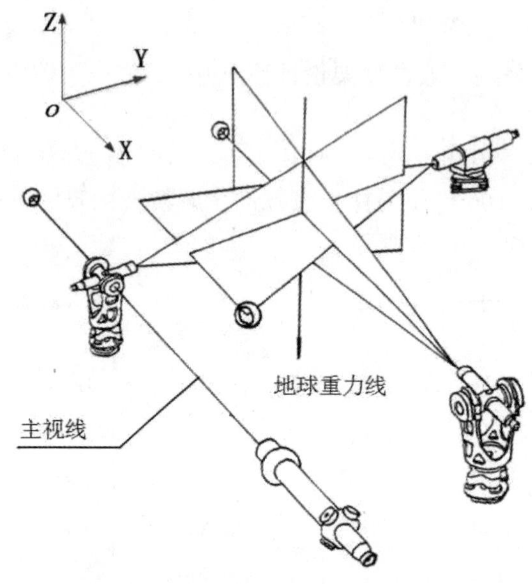

图 6.50　光学仪器

(4)按划线钻孔台安装。划线钻孔台是安装有纵向和横向坐标尺的大型平台，可用于准确定位和安装在平面坐标系中的定位孔衬套和其他定位件，主要用于型架卡板的制造，如图6.51 所示。

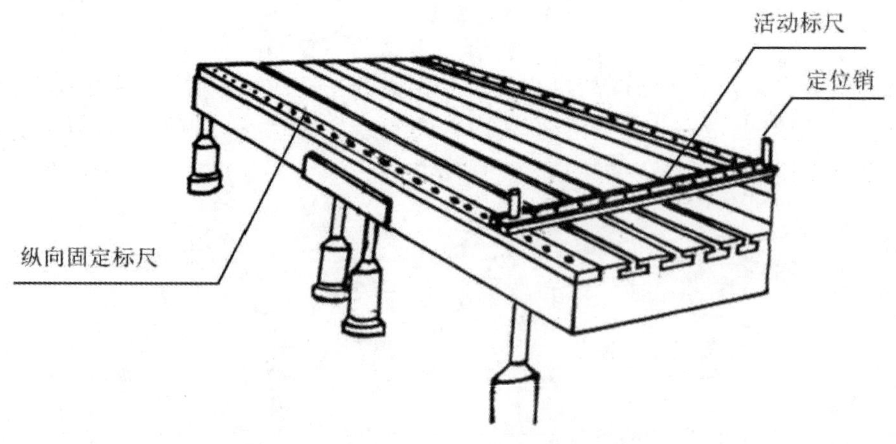

图 6.51　划线钻孔台

(5)按型架装配机安装。型架装配机具有三组相互垂直的精密坐标尺，每个坐标尺上均有孔距为 200mm 的精密孔，如图 6.52 所示。利用型架装配机上的三组座标尺和变距板、金具等附件，可以准确地确定型架定位件在空间的任意位置，如图 6.53、图 6.54 和图 6.55 所示。

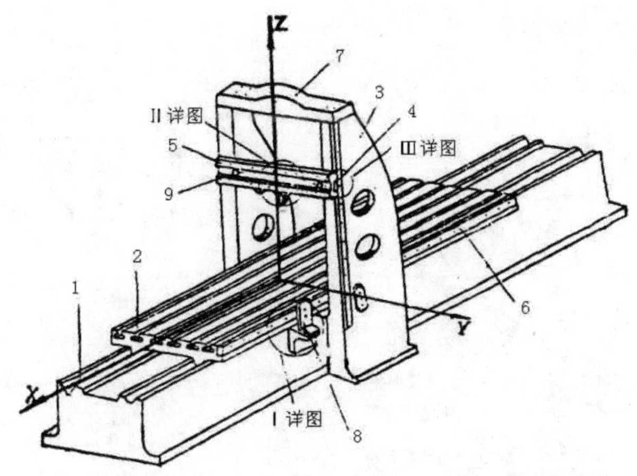

图 6.52　型架装配机

1—底座；　2—工作台；　3—立柱；　4—垂直标尺；　5—横标尺；　6—纵标尺；
7—横梁；　8—纵向定距支座；　9—横标尺锁紧装置

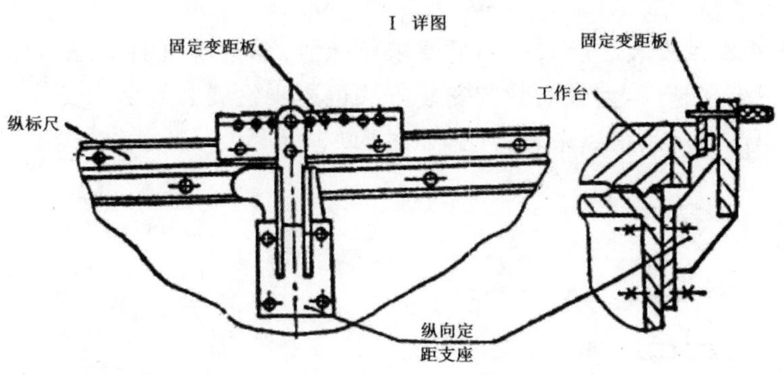

图 6.53　纵标尺和变距板

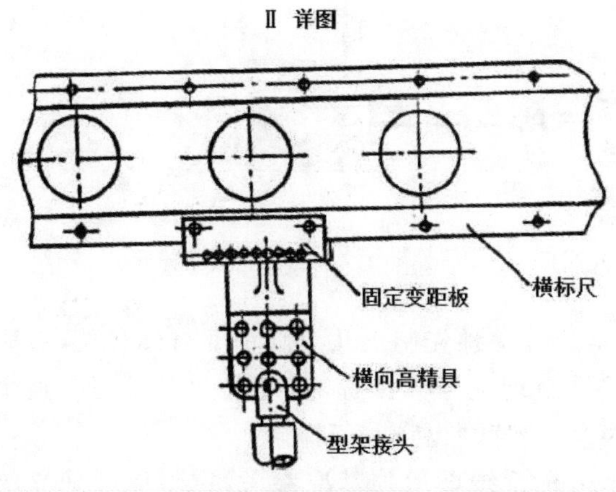

图 6.54　横标尺和变距板

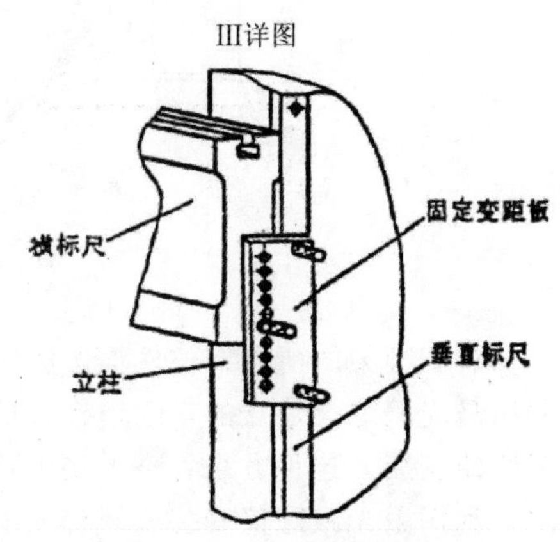

图 6.55　垂直标尺和变距板

(6)利用光学工具坞安装,如图 6.56 所示。

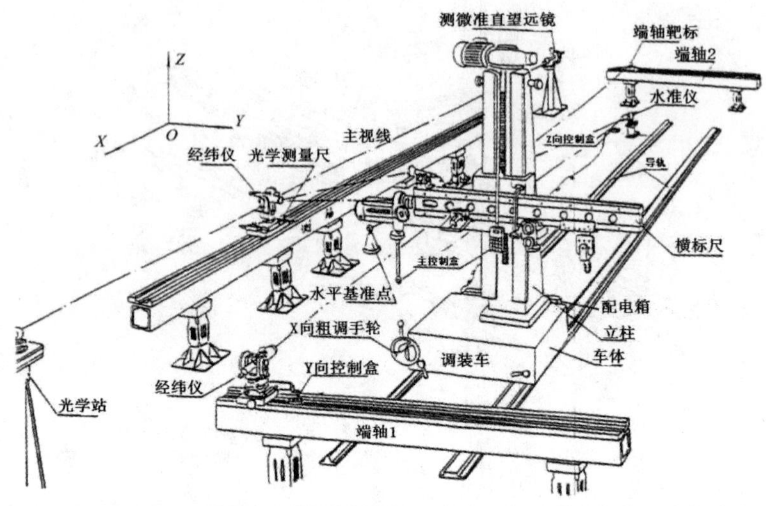

图 6.56 光学工具坞

(7)利用激光跟踪仪安装。随着产品的要求越来越高,以上几种方法越来越难于适应;同时数控加工的应用越来越广,型架安装的安装方法也逐步发展为数字化安装,因而利用激光跟踪仪安装装配型架已经应用得越来越广泛,如图 6.57 所示。

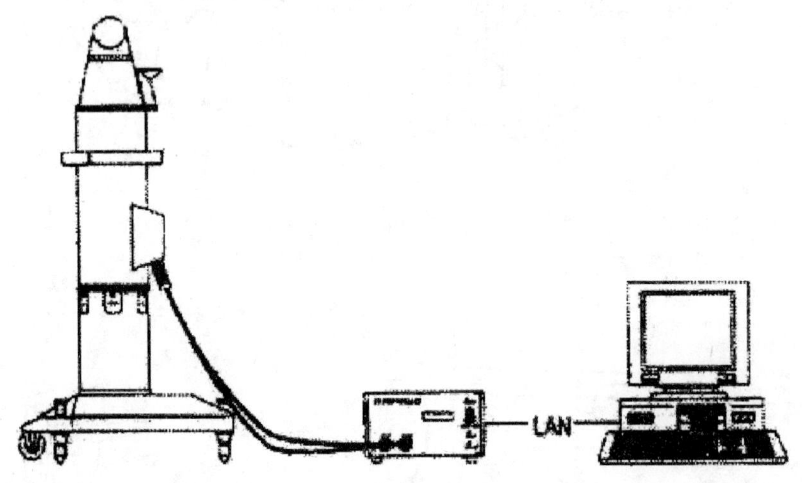

图 6.57 激光跟踪仪

装配型架的所有定位件均按数字化定义,即定位件上预先制出几个高精度目标孔位,然后利用激光跟踪仪建立的空间坐标系统将定位件调整至理论坐标位置,通过数字定义完成整个型架的安装。这种方法省略了多个环节的累积误差,精度高而且利于检修。

利用激光跟踪仪安装型架首先需要建立空间坐标系统即增强基准参考系统,保证建立的坐标系统的包容性和稳定性,它是型架坐标系和飞机坐标系的基础,如图 6.58 所示。

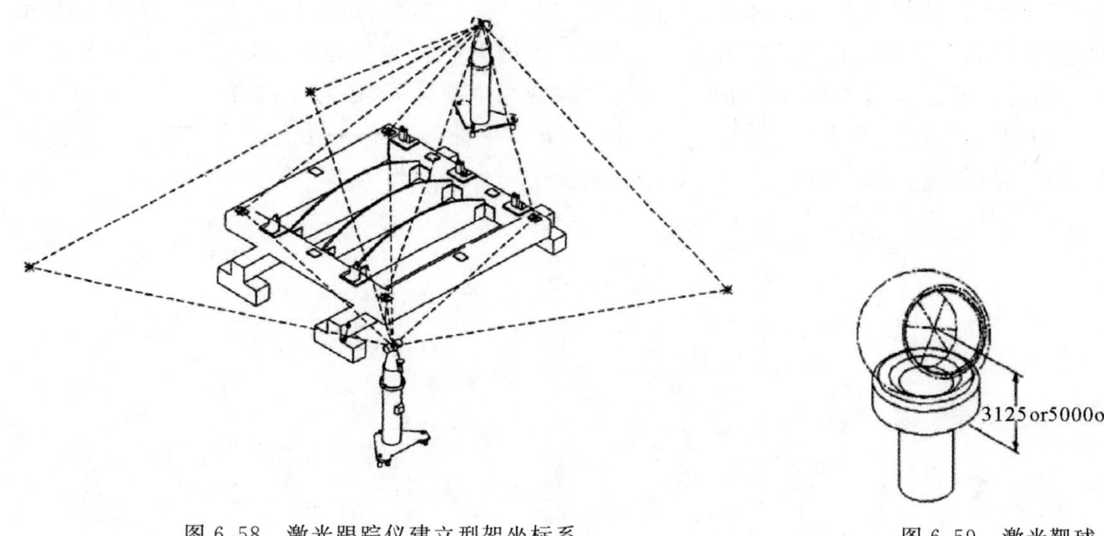

图 6.58　激光跟踪仪建立型架坐标系

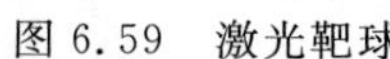

图 6.59　激光靶球

激光跟踪仪使用时需要用到目标靶球(见图 6.59),靶球的位置(见图 6.60)和测量范围(见图 6.61)如下。

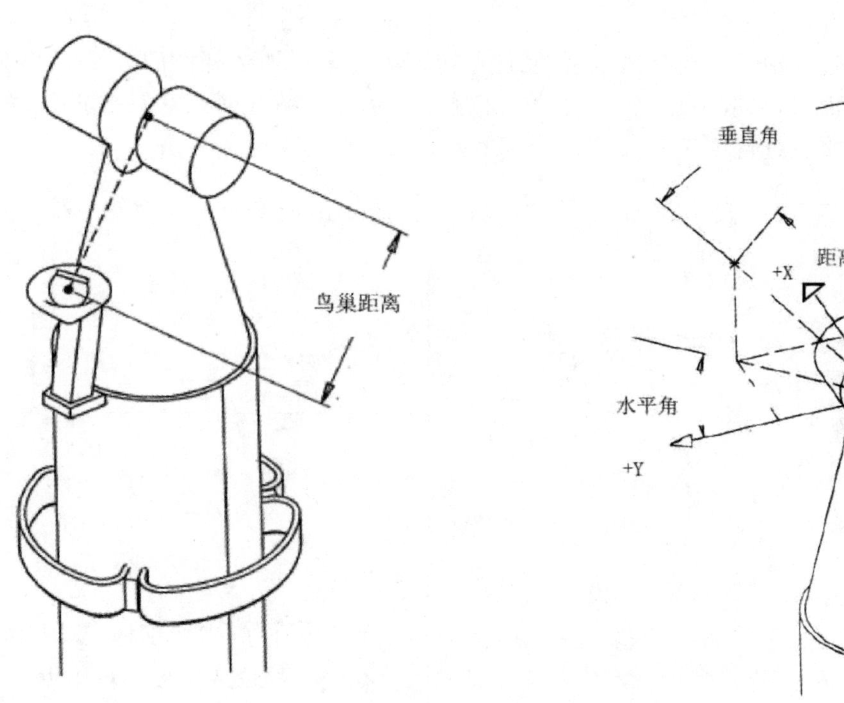

图 6.60　靶球存放位置

图 6.61　测量范围

激光跟踪仪需要测量的型架元件通常需要目标孔,即 OTP 点,如图 6.62 所示。激光跟踪仪的工作原理是在建立的型架坐标系内,将激光靶球直接放置在型架元件的目标孔位置,利用激光反射和激光干涉原理,得到该位置的 X,Y,Z 共三个坐标数据。通常每个型架元件包含三个 OTP 点，因而共得到九个坐标值，由于任何物体只包含六个自由度，因而通过调整型架元件的位置，这九个坐标值也随之变化，只需其中六个值调整到理论位置，该型架元件也就被固定到正确的位置。当然在九个坐标值中选择合理的六个坐标值，还需要符合“三二一原则”，即第一个 OTP 点保证三个坐标值正确，第二个 OTP 点保证两个坐标值正确，第三个 OTP 点保证一个坐标值正确，正好得到六个坐标值，其余三个坐标值仅作为参考值。

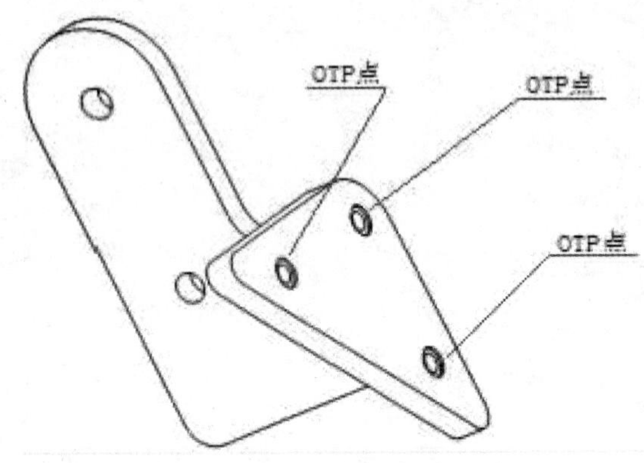

图 6.62　典型目标孔

2. 安装过程的补偿方法

装配型架安装过程中需要经常调整，各元件贴合面大多采用加垫补偿的方法。当贴合面为平行的精加工平面时，采取增加钢垫，通过磨床加工钢垫。当贴合面是双斜平面时，大多采用快干水泥或环氧水泥进行填充补偿，如图 6.63 所示。

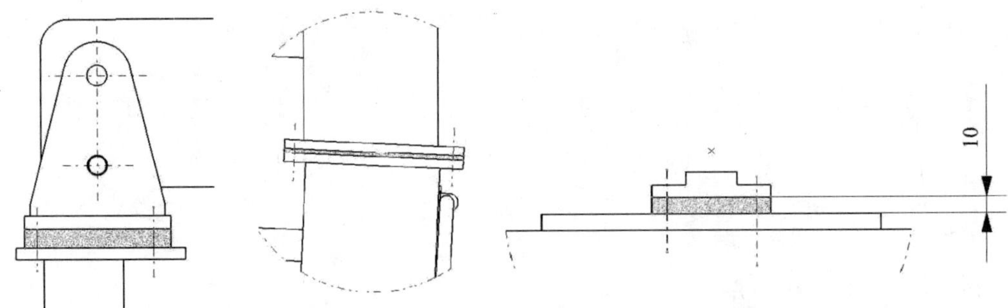

图 6.63　水泥补偿方法

3. 可卸件

对于产品装配过程中或上架、出架过程中需要拆卸的型架元件应当特别标记。尺寸较小的应当保存在存放箱中，连接螺栓或定位销应用细铁丝拴在连接部位或定位部位附近。

第四节　装配型架的使用与维护

飞机装配过程是一项长期和重复性的周期性生产过程，为了装配性的准确性和稳定性，必须正确地使用和维护装配型架。

一、装配型架的使用

正确使用装配型架可以使它保持良好的状态，延长其寿命，这对保证产品质量，提高生产率是很重要的。

(1)初次使用的型架一定要先熟悉型架的性能、使用要求和操作方法，特别是型架的工作原理、关键定位件的作用、产品的放置状态、上下架形式和使用注意事项等。

(2)工作前应检查型架上的定位件、压紧件等是否处于良好的工作状态；卡板型面有无损伤；活动部位是否灵活；以前的故障是否排除等。

(3)使用中不允许强迫装配。例如，定位件与接头孔在定位夹紧或松开的过程中，一般用手进行，如果确实很紧，允许用木榔头轻轻敲打；工作中为了保证施工通路，打开一块卡板，铆接一个肋，铆完后合上卡板，再打开另一块卡板进行铆接，目的是保证产品外形，卡板要轻取轻放，防止变形；当使用转动夹具时，产品零件应定位可靠，翻转后立即锁紧夹具；压紧件应压在产品零件的中间部位，压紧后使产品零件与定位面贴合，不允许产品零件单边接触，压紧要牢固，在钻孔铆接过程中不会因振动而松动，但也不能力量过大，以免使飞机零件产生变形。

(4)工作梯上不得随意放置工具，防止高空坠物伤及产品和操作人员。

(5)产品上架、出架过程中，注意松开产品部件的全部约束，确保畅通无阻，防止撞伤产品或其他意外事故发生。

(6)初次使用的型架需要经过产品的试用验证、稳定性验证，并经过现场返修和完善更改后，方能进行产品正式生产的装配制造。

二、装配型架的维护

(1)型架应指派专人负责。

(2)基准元件如工具球座等应安装保护罩。

(3)注意保证型架上的元器件完整无损，可卸件应有钢丝拴在型架机体上。

(4)不允许擅自拆卸型架上任何元件或敲打定位件、卡板型面或水泥固定部位。

(5)型架上不准堆放杂物，表面不得随意涂写；对于活动部位如钢索、滑轮、压紧件、千斤顶、导轨等应涂有润滑剂或油封。

(6)按照工装证明书或工装合格证上的要求申请定期检修。

(7)型架定期检修需要如实记录，并打出标记及下次定期检修的时间，保持型架的周期性维护。

第五节　装配型架的发展

随着不同飞机机型产品设计的特殊要求和快速发展，装配型架也不是一成不变的。例如，某些产品为了达到连接孔的高强度、长寿命和气密性，产品部件对接区设计采用的是高干涉紧固件连接，数量多，夹层厚度大。如果仍采用传统的手工制孔方式，对接孔与壁板的垂直度和孔径精度不能保证。同时，为满足长寿命连接的需要，人工用铆枪压入大直径高干涉量的螺栓近乎不可能，必须采用自动化加工设备进行制孔和压钉工作，因此对应的装配型架设备化的倾向也越来越明显。另外对于大型飞机，装配时采用工艺分离面，需要对部件进行姿态调整，达到设计参数要求后，才能制孔并连接。由于各部件尺寸大、质量大，对接协调部位较多，对接时需要监测的点位较多，采用传统的对接型架的调整定位方式难以实现。传统工装调整方式效率极低，主要靠操作者的水平和经验，难以保证生产进度。因此，必须要求装配型架设计成为包括对接面自动制孔设备、对接支撑设备、激光跟踪仪、控制系统等部分组成的自动化系统，使部件姿态的调整在可监测、可控制的条件下进行，既能提高机身部件姿态调整的精度，又能提高生产效率，同时还能降低操作者的劳动强度。基于以上几种主要原因，为了适应自动化制孔要求，打破常规工装的限制，出现了机电一体化工装。

机电一体化工装是在航空产品制造过程中，为了实现数字化、自动化生产制造，确保产品质量、提高生产效率而设计制造或采购的，在产品制造中以支撑、定位、夹紧、成型、部件加工等功能为主，包含辅助的机械、电器、自动控制、设备、照明、动力（装备用的风、水、电、气连接部分）等集成一体的装备。

目前先进的航空制造公司如波音、空客等均采用了大量的数字化、柔性化等机电一体化工装，已经彻底改变了传统的手工装配工艺方法，提高了飞机的整体装配质量和寿命。例如欧洲空客公司某机型机身对接系统采用了典型的机电一体化工装，包括调姿系统（见图 6.64）和自动制孔系统（见图 6.65）。

图 6.64　机身对接调姿系统

图 6.65　自动制孔系统

采用数字化装配技术，其制造工艺装备相对于传统型架，优点在于需求数量少、结构简单、体积小、精度高、稳定性好、工艺可达性好、占地面积小、具有较高的柔性，有利于飞机改型改装，是当今工艺装备特别是装配型架发展的方向。

思考题

1. 装配型架的功用是什么？
2. 对装配型架的一般要求是什么？
3. 装配型架主要由哪几部分组成？
4. 装配型架中常用的定位件有哪些？
5. 简述装配型架制造流程。
6. 简述激光跟踪仪的工作原理。
7. 如何进行装配型架的维护？
8. 如何正确使用装配型架？

第七章　飞机结构装配图基本识读知识

第一节　飞机图样的编号

现代飞机的结构很复杂，且全部由图样表达，因此，图样的数量极为可观。飞机的结构按装配顺序可分为组件、分组件、部件和零件等。

部件是指参加总装配的装配件，如机身（前段、中段、尾段）、机翼、水平安定面、垂直安定面、方向舵、起落架等。

分部件是组件的组成部分，如机翼中的翼肋等。

组件则又是分部件的组成部分，如某翼肋中的中段肋等。飞机装配图通常指组件装配图（包括总图）、分部件装配图和部件装配图。

由于装配件的组成和从属关系不同，因而它们的复杂程度和重点表达的内容也不同。部件装配图表达组成该部件的全部零件的装配关系和无图零件的形状大小；而分部件装配图则表达该分部件中各部件和零件的装配关系，至于其中部件本身的装配关系已有部件装配图表达，在此不必重复。此外也应表达属于该分部件的无图零件的形状和大小；组件装配图则表达组成该组件的组件和零件的装配关系，同理，其中分部件、部件本身的装配关系在此不必重复。组件中的无图零件也应该表达清楚，以供制造用。

上述各装配图的从属关系（包括零件、无图零件）直接反映了飞机装配的过程。为清楚地表明这种从属关系，飞机图样采用了隶属编号制度，即把零件、部件、组件和产品的图样按装配的隶属关系进行编号，这样可以直接从图样编号（即图号或代号）上反映该零件（或装配件）的隶属关系。

隶属编号制度又分为简单隶属编号法与复杂隶属编号法，前者适用于附件、降落伞专业，后者适用于一般飞机、导弹专业。复杂编号法具有以下特点：

（1）图号能够反映零件、部件、分部件和组件之间的隶属关系。

（2）图号能够反映图样所属种类，即零件图或装配图等。

（3）图号能够区别无图零件、对称零件和表格零件。

（4）图号能够反映机型。

一、图号的格式和含义

复杂隶属编号法的基本代号由产品代号和组成部分的隶属序号两部分组成，格式如下：

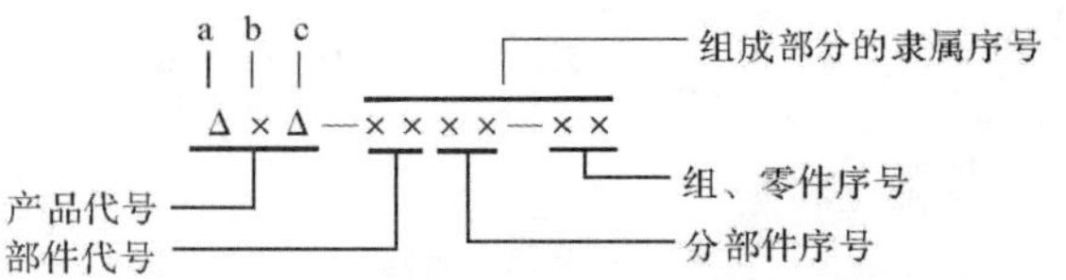

注：△ a 用字母代号表示机种；

× b 用数字代号表示机种序号；

△ c 用罗马数字表示改进、改型代号；

其余×用数字表示。

二、产品代号

产品代号由机种代号、机种序号以及改进、改型代号三部分组成，原型机由前两部分组成。

1. 机种代号

机种代号用字母表示，各机种的代号见表 7.1。

表 7.1　机种代号

机　种	歼击机	强击机	运输机	轰炸机	教练机	直升机	客　机
代　号	J	Q	Y	H	L	Z	K

2. 机种序号

机种序号用数字 1，2，3，… 表示。

3. 改进、改型代号

对原型机的重大改进或不同方案者用罗马数字 Ⅰ，Ⅱ，Ⅲ，… 表示。

例如，“L6Ⅲ”表示教练机，机种序号为 6，为改进型的教练机。

例如，“H5”表示机种序号为 5 的原型轰炸机。

三、部件代号

部件代号在产品范围内编定，用 HB0—80—73 统一排定的两位数字表示飞机各组成部分的部件，组成代号如表 7.2 所示。

表 7.2　组件代号(摘录)

<table>
<tr><th>部　分</th><th>组件代号</th><th>组件名称</th></tr>
<tr><td>总体</td><td>00</td><td>三面图、总体布置图、机外喷漆标记图、水平测量图、理论图等</td></tr>
<tr><td rowspan="6">机身</td><td>01</td><td>总图、机身机翼结合</td></tr>
<tr><td>02</td><td>机身前段</td></tr>
<tr><td>03</td><td>机身后段(适用小飞机)</td></tr>
<tr><td>04</td><td>机身中段</td></tr>
<tr><td>08</td><td>机身尾段</td></tr>
<tr><td>09</td><td>其他</td></tr>
<tr><td rowspan="4">中翼</td><td>10</td><td>中翼总图</td></tr>
<tr><td>16</td><td>机身机翼、整流罩</td></tr>
<tr><td>17</td><td>襟翼舱</td></tr>
<tr><td>19</td><td>其他</td></tr>
<tr><td rowspan="5">机翼</td><td>20</td><td>机翼总图</td></tr>
<tr><td>25</td><td>副翼舱</td></tr>
<tr><td>27</td><td>襟翼舱</td></tr>
<tr><td>28</td><td>翼尖</td></tr>
<tr><td>29</td><td>其他</td></tr>
</table>

续 表

部　分	组件代号	组件名称
尾翼（操纵面）	30	尾翼总图
	31	水平安定面
	32	升降舵
	33	方向舵
	34	垂直安定面
	35	副翼
	36	前缘襟翼
	37	后缘襟翼
	38	前翼
	39	其他
起落装置	40	总图
	41	主起落架
	42	前起落架
	47	尾撑
	48	起落架舱门，护板
	49	其他
操纵系统	50	总图
	51	前机身操纵
	52	中机身操纵
	53	后机身操纵
	54	副翼操纵
	55	液压系统
	56	冷气系统
	58	液压冷气附件
	59	其他
动力系统	60	总图
	61	燃油系统
	62	滑油系统
	63	冷却、进排气、吹附
	64	发动机安装
	65	发动机操纵
	66	防火、灭火系统
	67	启动、助推器
	68	发动机短舱整流罩
	69	其他

续表

部　分	组件代号	组件名称
特设	70	电气系统
	71	电气系统
	72	电气系统
	73	电气系统
	74	无线电通信
	75	无线电导航、着陆
	79	其他
军械	80	总图
	89	其他
高空防护，地面设备	90	舱内设备
	91	座椅
	92	救护设备
	93	座舱盖
	94	空调系统
	95	防冰、防水系统
	96	氧气系统
	97	地面设备
	98	地面设备
	99	随机工具

其中，各部件第一个组件代号如 01，10，20，30，…用于该部件的总图。

在组成部分的隶属序号中，部件代号以后各数字均必须为 0，以表示其为部件。例如 L8—2000—0，表示机翼总图。

四、分部件序号

分部件或分部件内还有一级、二级分部件的序号在所属部件范围内编定，在横线后(即部、零件序号)的数字应为 0，以表示其为分部件，如 L8—2039—0 表示隶属于 L8—2000—0 的分部件。

五、组件序号

组件序号在所属部件或分部件范围内按 10 或 10 的整倍数顺序编定，例如 L8—2036—10 表示隶属于 L8—2036—0 的组件。

当组件范围内又有分组件时，则组件的序号应按 100 或 100 的整倍数顺序编定，而分组件序号按 110，120，…或 210，220，…的顺序编定，分别隶属于组件序号 100 和 200。因此，组件、分组件的序号也都以 0 结尾。

六、零件序号

零件序号在所属产品、部件、分部件、组件或分组件范围内按顺序编定，但不得以 0 结尾，当序号超过 9，19，29，…时，应跳过 10，20，30，…后再按顺序编。

七、表格件代号、无图零件代号与左右件代号

第六章介绍了表格件、无图零件及左右件的含义。并说明了它们在飞机结构装配图上的代号形式。这里将作进一步说明。

1. *表格件*

表格件零件图表达多种零件(形状相同、尺寸不同的零件),因此,表格件零件图应占用相应数量的零件序号,其形式如 J6Ⅱ—0201—51～53,即各零件序号分别为—51,—52,—53。当序号不连续时,应分别写出,如 J6Ⅱ—0201—41,—43,—45。应注意,装配图上某个属表格件的零件,其零件序号仍为一个。

2. *无图零件*

无图零件在零件序号后加尾注符号"W",如 J6Ⅱ—0210—07W。允许无图零件不用零件序号而由所属装配图的基本代号加附属序号"－1,－2,－3,…"组成,如 J6Ⅱ—0210—00—1等。奇数附属序号表示右件或单件,偶数附属序号表示左件。

3. *左右件*

左、右件应单独编号。允许由同一零件序号加尾注符号"Y"(右),"Z"(左)组成,如L8Ⅱ—1007—12Y,L8Ⅱ—1007—12Z。

八、飞机图样隶属编号示例

示例仅表示飞机图样隶属编号的上下关系,以及零件、无图件(无图件的左右件)、装配件图号的区别,如图 7.1 所示。

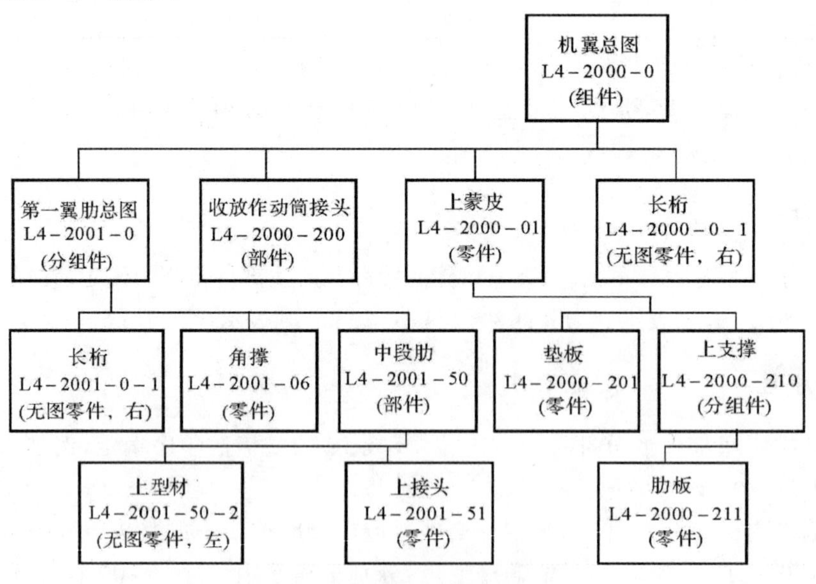

图 7.1　飞机图样隶属编号示例

第二节　图样分页和分区

画复杂的分部件或部件图时,常常由于图形过长和过多,需要将表达装配件的全部视图分

别画在几页图纸上。图样分页后，每页都有完整的标题栏和同一图号，在标题栏中注明共几页和第几页(或用较大的字体写在标题栏上方)，并将主视图、技术要求和明细表置于第一页上。

如图 7.2 所示，在图纸边框区设置图区，称为图样的分区。横向从左到右划分，区间长为 210mm 或 420mm，并用数字表示名称。纵向从上到下划分，用拉丁字母表示名称。允许仅沿横向分区。

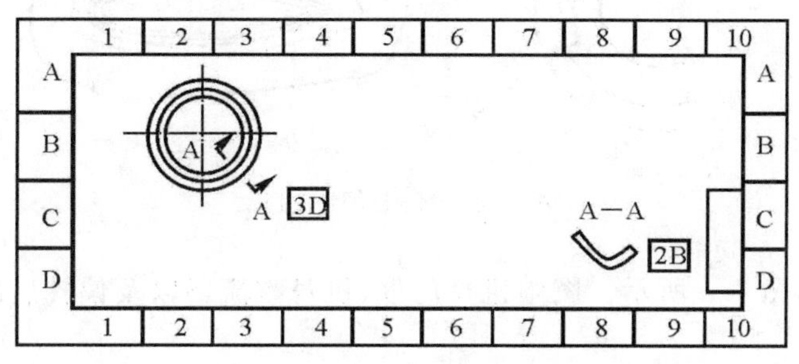

图 7.2　图样分区及标注区号

图区代号由横向区号和纵向区号组成，如 1C，2A，5B 等。图区代号写在 8mm×8mm 细实线框内，方框位于剖切位置或剖面图名称字母的右下方，以便于查找。

图样分页后，第二页的横向区号应接在第一页区号的后面编写，不能重复。

第三节　结构装配图的主要内容及其作用

飞机结构装配图用于表达飞机部件、组件等的装配结构，是飞机制造的依据。飞机结构装配图是飞机图样中数量极多的图样。

1. 一组图形

表示组成该装配件的各零件之间相互位置、装配连接关系以及该装配件在飞机上的位置、与周围其他装配件或零件之间的配合连接关系及工作原理等。同零件一样，结构装配件也用三面视图、剖视图、剖面图、局部视图以及局部放大图(或详图)和典型视图等方法来表示。而绘制这些视图时，为了更好、更清楚明了及图面合理布置等原因，往往又采用了各种不同的规定画法。由于在机械制图学中已经掌握了这方面的知识，因此，下面仅就规定画法做些介绍。

各种规定画法比较常见的有以下几种。

(1)折断画法，如图 7.3 所示。

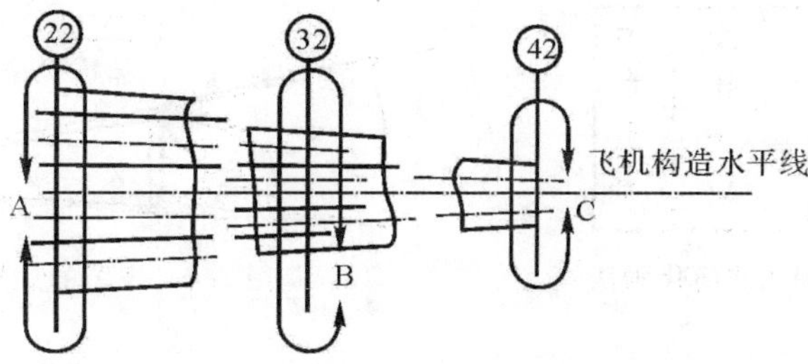

图 7.3　板件的折断画法

(2)视图的展开画法如图 7.4 所示。在主视图中剖切平面 A—A 为一圆柱面,剖视图 A—A 展开被展开成平面。

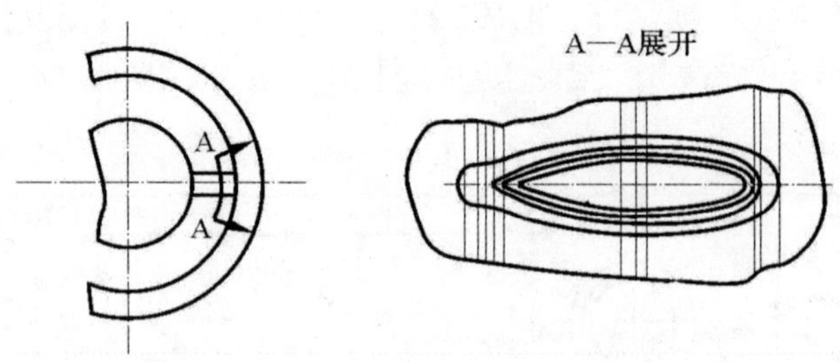

图 7.4　视图的展开画法

(3)假想画法如图 7.5 所示。图中机身门框、机身整流罩以及偏转后的动翼都采用假想画法画出。

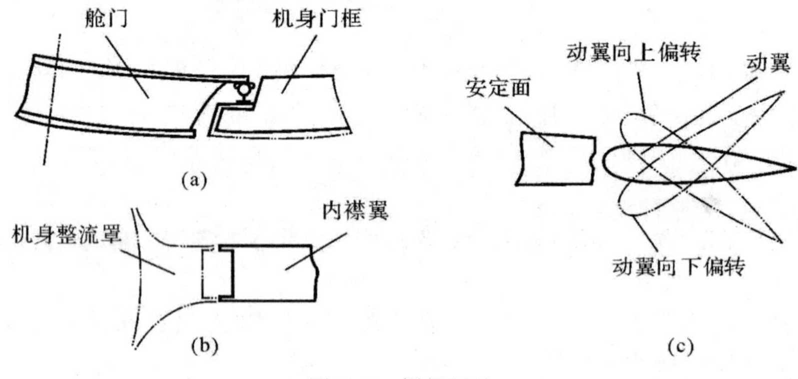

图 7.5　假想画法

(4)简化画法如图 7.6 所示。图中为结构孔的简化画法。由于简化画法各种各样,且随各单位的习惯不同而有所变化,因此无法一一列举。

(5)视图旋转画法,如图 7.7 所示。

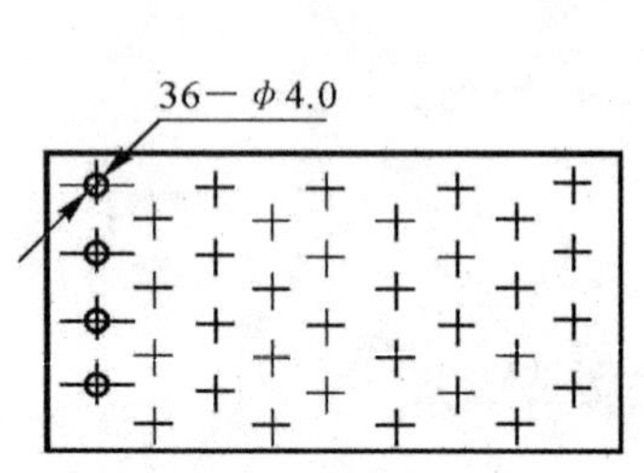

图 7.6　相同结构孔的简化画法

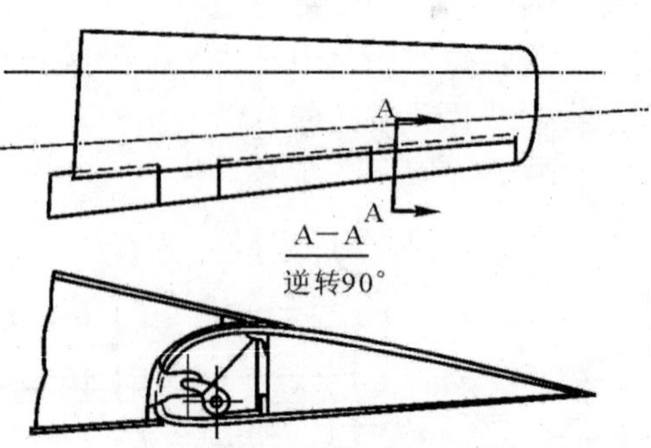

图 7.7　视图的旋转画法

2. 几类尺寸

与一般机械制造的装配图样不尽相同,飞机结构装配图上要反映装配件的以下几个方面的尺寸。

(1)外形尺寸及安装尺寸；

(2)工作性能的规格尺寸；

(3)各零件安装位置尺寸及它们之间的配合关系尺寸；

(4)一些主要零件，特别是无图零件的外廓及结构尺寸；

(5)其他尺寸。

3.技术要求

说明装配件装配、试验及验收的要求。需要阐明的内容有以下方面。

(1)装配件及其零件在制造过程中应遵循的一系列技术文件；

(2)装配之后应进行的试验、调整内容及其应遵循的技术条件；

(3)装配件完工之后应达到的质量标准及技术标准。

一般来说，给出产品外形验收技术条件，但它不是所有装配件都有的，往往是以一个部件，如机身、中翼、外翼、尾翼等为单元给出的。

图样注解通常可分为总注解和分部位注解两种形式：

总注解——一般写在标题栏及明细表的上方或左侧，逐条以文字形式叙述。

分部位注解——对某一局部结构的特殊要求，直接写在某视图或零件号旁边。

4.零件件号和明细表

在零件的可见轮廓上用引线引出，分下列两种情况，写上或编上其件号。

(1)有图零件。这种零件及分装配件都另有一份图样以表达它们的形状、大小、构造以及应达到的技术要求。因此，它们具有一个固定的件号，对于这一类零件及分装配件，再用一小段水平线或垂直线与引线相接，直接在该线上方写上其件号即可。

(2)无图零件。这一类零件大多数是与飞机理论外形有关的零件，或者是与另一些零件有配合关系的零件。因此，它们的几何形状就难以全部用尺寸来表达清楚，而只能通过模线-样板将加工成立体的模型或模具表示出来。

另外一些是零件的尺寸及制造要求均在该装配图的某视图中已示出，或者在该装配图图面的某个位置另绘视图予以表达，原因是这些零件大多数是比较简单的薄板零件，如垫板等零件。

由于这些零件都没有采用零件图单独进行表达，因此，统称为无图零件。

5.标题栏

每一份图的右下角都有一个标题栏，用来说明本装配件的名称、图号、版次、有效批架次、单机质量、图形的比例以及用于某机型的型号。这些栏目位于标题栏的右下部。标题栏的右上部各栏用来说明该装配件各零件的件号、用于下一个装配件的件号以及用于下一个装配件上的数量，还有一栏“有效批架栏”是图样每次换版之后的有效批架次。

在标题栏的左下部为设计单位的设计、校对、审核、审定及标审者的签字。标题栏的左上部为本份图样的发送栏，发送栏内记录有图样的版次、更改单号及发送者的签字，如表7.3所示。

6.临时更改单

如果发现图样的上述五个部分存在错误需要进行更正，或由于工艺、冶金等方面的因素需要对设计进行更改时，可采取图样换版或签发临时更改单对图样进行更换。

表 7.3 标题栏(示意)

<table>
<tr><td>版次</td><td>更改标记</td><td>更改单号</td><td>签字</td><td>单机件数</td><td>装配图号</td><td>有效批架次</td><td colspan="4">零件号</td></tr>
<tr><td>设计</td><td colspan="2"></td><td rowspan="2">名称</td><td colspan="3" rowspan="2"></td><td rowspan="2">架/批</td><td colspan="3">自 架起</td></tr>
<tr><td>校对</td><td colspan="2"></td><td colspan="3">至 架止有效</td></tr>
<tr><td>审核</td><td colspan="2"></td><td rowspan="2">图号</td><td colspan="3" rowspan="2"></td><td rowspan="2">第 版</td><td>单件质量/kg</td><td>比例</td><td>型号</td></tr>
<tr><td>审定</td><td colspan="2"></td><td></td><td></td><td></td></tr>
<tr><td>标审</td><td colspan="2"></td><td rowspan="2">材料</td><td colspan="3" rowspan="2"></td><td>原用图号</td><td colspan="3"></td></tr>
<tr><td></td><td colspan="2"></td><td>发图代号</td><td colspan="3"></td></tr>
</table>

第四节 读结构装配图

一、读飞机结构装配图的目的

(1)该结构位于飞机上哪个部位,它与周围的构件或零件间的连接关系及配合关系,以及它最终应达到的技术性能要求。

(2)该装配件由哪些主要构件及零件所构成,以及各元件的形状、大小及其基本特性。

(3)各个零件、组合件的装配及安装位置、连接形式及所使用的连接元件,以及这些连接元件的特性。

二、读结构装配图前应掌握的基本知识

1.结构图的设计基准

一架飞机的设计基准,通常以飞机的构造水平线为 X 轴,飞机的翼展方向为 Y 轴,而高度方向为 Z 轴,飞机的三面视图就是以此参考坐标系为基准绘制出来的,各个部件的位置也是以此参考坐标系为基准确定下来的。如图 7.8 所示为某型机的三面视图及其参考坐标系。

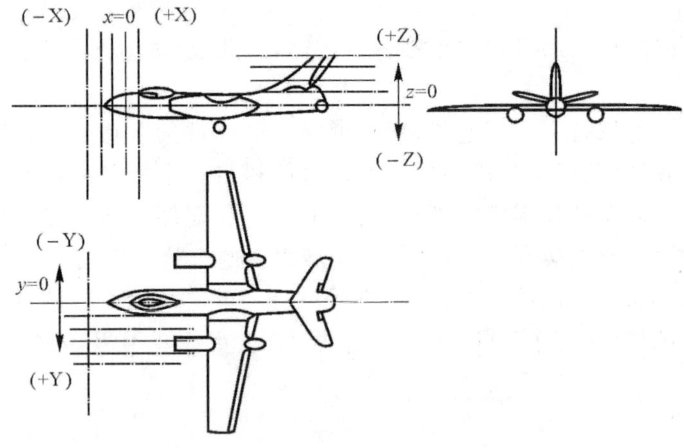

图 7.8 飞机的三面视图及其参考坐标系

当对飞机进行部件设计时,为了适应各部件自身的特点,又都采用了一套参考坐标系,但

这些坐标系的某几个轴可能会与飞机坐标系的某几个轴相重合，至少其原点可在飞机坐标系上找到位置。

2.视图的比例

绘图时所采用的比例是图形的大小与实物大小之比，有下列三种情况。

(1)图样与实物大小相同，标注为1∶1。

(2)图样按实物以一定的比例缩小，有1∶2，1∶5，1∶10等几种比例。

(3)图样按实物以一定的比例放大，有2∶1，5∶1，10∶1等几种比例。

3.图样的区域

结构装配图一般幅面较大，有的需分画在几张图样上，而需要绘制的各种剖面图、局部放大图及局部视图等又比较多，不能都紧挨被剖切及放大视图而放置。甚至要绘制在另一张图样上，因此，为了看图者寻找所需视图方便起见，将图样划分成若干个区域——在图样的长度方向上，从左到右以阿拉伯数字标注在图框线之外，间隔约为一个或两个A4的宽度，在图样的横向，从上到下以大写的汉语拼音字母标注在图框线之外，间隔为一个或两个A4的宽度。

这些小区域以1A，2A，5D等来称呼，但没有边界划线，而须靠边框外的数字及字母找到它们的位置。

在图样的图面区域划分之后，每个视图或放大图的位置就被确定下来，同时相应的剖切位置、被放大位置也被确定了下来。这样，只要在被剖切处及被放大处的视图名称旁，标注上该视图的图区代号，就可以很快地找到该视图。同样地，在该视图名称旁也标注上被剖切或被放大部位的图面区，因此，同样可以很快地找到该视图在被剖切或被放大视图上的位置所在。

对于一份两张或两张以上图样的装配图来说，图面区的顺序号是一张接一张地编排的。因此，它不必表示区域所在的页次。

如图7.9所示为视图区域代号的标注方法的图例。

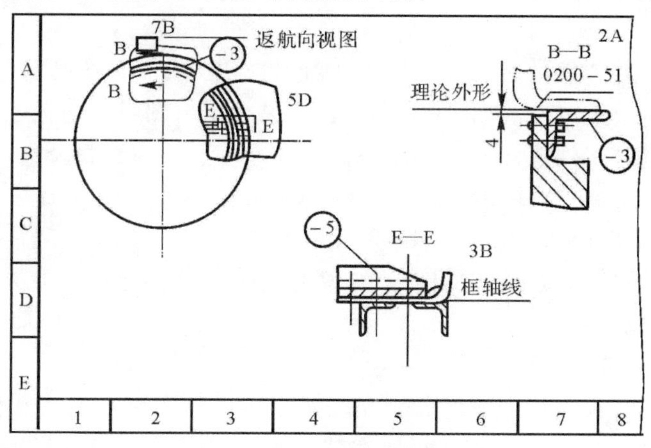

图7.9　区域代号的标注

三、读结构装配图的方法和步骤

同一般机械制造一样，飞机结构装配图同样具有装配图的共性，即它是由多个零件装配在一起，汇合成一个装配件。因此，看装配图时就要设法将它们相互分开，弄清楚每一个零件的大小、形状及结构特点，进而从装配图上弄清楚其装配位置和它们之间的连接关系。具体的方法和步骤如下。

1.了解概况

拿到装配图后，首先看标题栏，了解这个装配件的名称、数量、装在哪个部件上等；然后再看明细表，了解该装配件由哪些零件和组件所组成，并大致上对有图零件、组件的形状、构造等做粗略的概貌性了解，尽可能对这些零、组件在图面上的装配位置，相对于各基准的尺寸距离，以及各零、组件之间的连接情况及连接件的形状和装配关系做初步的了解。

2.分析主要视图，看构件总体布置

读装配图首先要找到装配件的基本视图，即描述装配件全貌的三面视图。但是应该注意到，装配件的三面视图不一定都需要绘制这一特点。读装配图就要从主要视图开始，这个视图将装配件的全貌比较清楚地展现出来。因此要抓住主要视图，从它着手分析。

首先，从所给出的设计基准，初步想象出它位于飞机的部位，以及在这一部位上飞机外形应有的特征，从而初步估算出它外廓尺寸的大小。

在此基础上，在视图上找出其主要构件及这些构件的分布情况。所谓主要构件，一般来讲，是指主要受力构件，如接头、整体梁、整体壁板、隔框、翼肋、大梁、承力墙以及蒙皮、梁缘条、框缘、腹板等均为主要零件，这些零件有的为纵向构件，有的为横向构件。

在找到主要构件之后，要从图面上将各主要构件的件号找到，为了便于记忆可以绘制一示意图，这样可以省去来回翻阅装配图的麻烦。

3.分析零件

分析零件也要从主要零件开始。在分析主要视图中，已经从主要视图上查到主要零件的件号，在这里从件号的书写方式很快就能分清哪些是有图零件，哪些是无图零件。然后，根据主要零件的件号，将所有有图零件、组件的图样取来，一个零件一个零件地弄清其名称、尺寸大小、形状、材料及数量等情况，并对照主要视图来看该零件有什么结构特点，这些特点与其装配位置有什么关系等。

在对所有主要零件分析过之后，要对一般零件进行分析，具体方法可借助于明细表。首先从明细表中捡出这些一般零件的图号，同样也很容易分出有图组件与无图组件。对于有图零、组件，同样先熟悉其零、组件图样，弄清其名称、尺寸大小、形状、材料及数量等情况，然后，从明细表的图区栏找到该零、组件件号出现的图区位置，再从图面上找到该零件的图形，弄清它的装配位置及其与周围零件的关系。对于那些无图零件，可直接从明细表内找出它的图区号，将图样调整到该图区位置去寻找该零件图形，并从相应的一些其他视图上弄清其形状、尺寸大小以及装配位置等情况。

4.再分析视图，看装配连接关系

先从主要视图上找出表达主要构件相互之间连接以及它们与蒙皮相连接的各种视图，然后结合上面分析零件的内容，一个零件一个零件地对这些视图逐个地进行分析，从而弄清构件之间是如何连接的，特别是纵向构件与横向构件之间是如何连接的，支架与接头是如何与构架连接的，以及蒙皮与骨架又是如何连接的。

在熟悉主要构件的连接形式之后，一般零件的连接形式就可迎刃而解。一般来说，这些零件大多是依附于主要构件而存在的，有的是一些小连接件(连接角片、连接片)，有的是起补偿作用的连接件，有的则是一些起调整补偿作用的垫片、垫板等。因此，它们大多已经在分析主要构件的视图中出现过，且已把它们弄清楚了。

另外，还有一部分结构是属于可卸的机械部分，例如舱门等的操纵机构，是由操纵拉杆和锁机构等部分所组成的，这些构件大多有各自的组合件图样，因而比较容易从装配件上分离出来，分析视图时，只要注意它们各个部分的安装与连接用的支架、接头等与装配件骨架的连接关系就可，至于机构的拉杆等可卸部分，往这些支架上安装只是一些比较简单的螺栓连接及调整工作而已。因此，对这一部分机构的视图分析，重点要放在机构的最终安装要求以及支架或接头与骨架的连接关系方面上。

5.分析尺寸与技术条件

分析尺寸时主要应该注意各种尺寸的公差要求，从公差要求的高低来分析工艺方法选择是否合理，以及如何来达到。一般来讲，要求高的尺寸，必须采用精度高的工艺装备来保证；要求低的尺寸，可以采用比较简单的方法来达到。例如，采用装配孔来安装没有位置精度要求的一些角材，或者甚至使用一般的量具来划线安装这些角材。而对于一些有协调要求的尺寸，例如，舱门与门框上铰链支架及铰链的距离，安定面与舵面转轴的连接交点，机尾翼与机身的对接接头等，这是一些涉及飞机互换性的要求。但是这些尺寸在图面上往往不标注公差，只能凭借掌握的飞机制造工艺方面的知识来帮助做好对尺寸的分析工作。在对这一类尺寸分析的同时，还应该考虑到这些接头或支架安装时给没给设计补偿。例如，有些支架安装时采用长圆形的连接孔，同时还有锯鏨板及可拨垫片来做前后、高低位置的补偿，以保证支架或接头安装在旋转中心的正确位置上；又如，接头的轴承内圈的两侧允许调换不同厚度的垫圈，以保证中心距的正确与协调等。如果没有给出设计补偿，那么应该考虑到将如何来保证协调或安装的正确性，是否要留一定的工艺余量，在装配时进行补加工，或者采用精加工的方法来保证最终的互换协调要求。这一切都必须从其精确度要求的高低来着手考虑。还有一些尺寸，如隔框、翼肋的距离，在装配图面上仅给出了它们的站位，也不标注它们的距离公差，但是在技术条件中却给出了它们的位置精确度要求，因此，分析尺寸时要以技术条件上规定的要求来分析。

有些尺寸虽然给定了公差，但这些公差要求实际上是没有意义的，以机身左、右侧板件为例，它给了隔框的公差要求，但是它上面的隔框还要与上、下板件上的隔框相连接成一个整体，因此，主要的应该从协调上来考虑，从工艺装备来采取措施进行保证，而对所规定的公差已没有什么重要性了。

在对尺寸及技术条件分析之后，可以得出哪些尺寸以及哪些要求必须采用工艺装备来保证的结论、工艺装备应该是什么样子、它应该有哪些定位面。例如，接头采用什么样的定位器，各框、各肋及长桁怎么定位等，从而做到心中有数。

6.熟悉有关图样，看横向配合关系

在对装配件的结构有了比较全面的了解之后，还必须参阅一些有关图样，特别是在标题栏内提到的“装配图号”栏中所指出的装配到下一个装配件上的装配件图号，因为在那里能看清所分析的这个装配件装到该装配件上之后的部位，以及它与该装配件上周围的零、组件的配合连接关系，对全面地看懂装配件图样很有好处。例如，一张表示机身左、右侧板件的装配图，板件的四周边是如何与别的装配件相连接的，在这张图里没有表达，为了进一步深入地了解板件的全貌，必须要看机身总装配图样。

7.全面总结、研究装配方法

在对整个装配件的结构、技术要求以及与周围的构件的配合连接关系弄清楚之后，也就是说，对装配件由哪些零、组件所组成，零、组件的分布及相互配合、连接关系，各构件之间相互位置的准确性高低,装配件装配时应遵循的技术要求以及它周围构件或零件的配合连接关系等,都已全面、无误地弄清,加上积累的已具有的飞机制造工艺方面的知识,就可以拟定出合理的装配顺序,从而装配出符合图样及技术条件规定的装配件。

第五节 识安装图

一、安装图的概况及特点

1. 安装图的概况

安装图一般是指一些可卸部件或成品部件,为了要安装在飞机的某个部位而绘制的图样,以表达它们的安装位置及连接形式。

可卸部件本身属于机体结构的一个部分——活动部分或称活动面,如机翼上的襟翼(内襟翼、外襟翼等)、副翼、前缘缝翼、刹车襟翼等,尾翼上的升降舵、方向舵,以及它们的调整片及补偿片,为了表达它们在机翼、尾翼上的安装情况,分别绘制了机翼安装图及尾翼安装图。另外一类为成品部件,它们以各种不同的连接形式安装到飞机机体结构上。它们之中有的很大,结构也很复杂,例如发动机、起落架、炮塔等;有的就比较小,构造也比较简单,例如,各种电气、液压成品。在这里要讨论的安装图,主要是飞机上动部件的安装。

2. 安装图的特点

安装图主要是在各个连接交点处详细地绘制了各种剖视图或放大图,来表达它们的安装连接关系以及所使用的连接元件,并表达了各活动面与操纵系统的连接关系及连接元件,同时图样上还示出了这些活动面与固定面之间,以及活动面之间应保持的一些间隙尺寸值,如襟翼与机身整流罩之间的间隙,内、外襟翼之间的间隙,外襟翼与副翼之间的间隙,副翼与翼尖之间的间隙,各种舵面与机身整流罩之间的间隙,以及各种舵面与翼尖罩之间的间隙等,如图 7.10 所示为典型机翼安装图,图中表示出了内、外襟翼及副翼在机翼上的安装情况及各处的间隙要求。

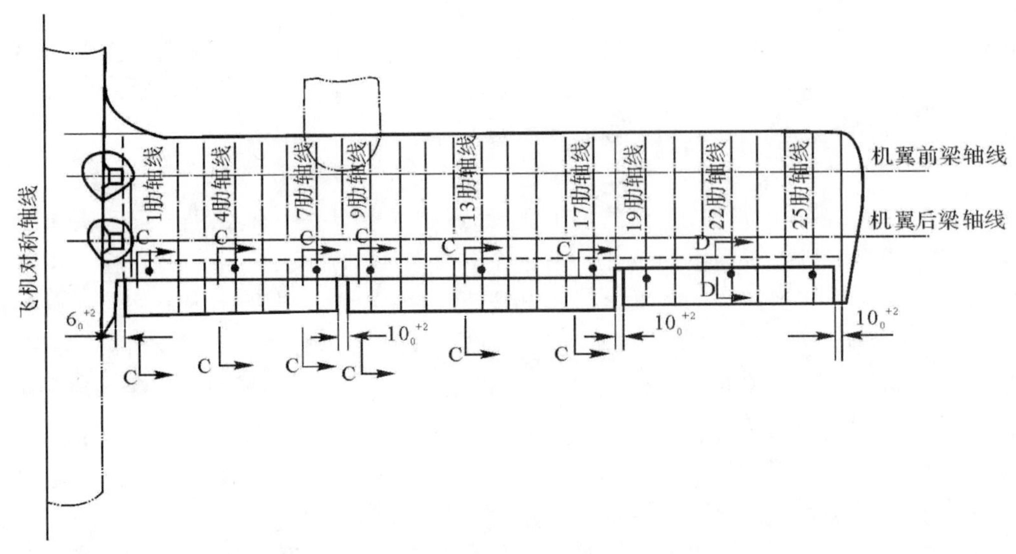

图 7.10 机翼安装图

在安装图图样的注解中还给出了活动面安装之后应符合的技术条件，要想弄通及掌握好活动面，必须仔细、全面地消化技术条件。这是因为，在这里面既规定了中立状态下活动面的安装要求，例如，各种活动面装上固定翼后与固定翼之间的吻合性要求——活动面的外形高出或低于固定翼的数值（见图 7.11），以及活动面与固定翼之间各处的间隙数值要求（见图 7.12）；还有，如各处的剪刀差允许数值。同时在技术条件内还规定了活动面处于各种偏转位置时，它们与固定翼之间的配合要求，例如，前缘与固定翼之间的间隙数值。如图 7.13 所示为各种活动面在偏转时的间隙要求。

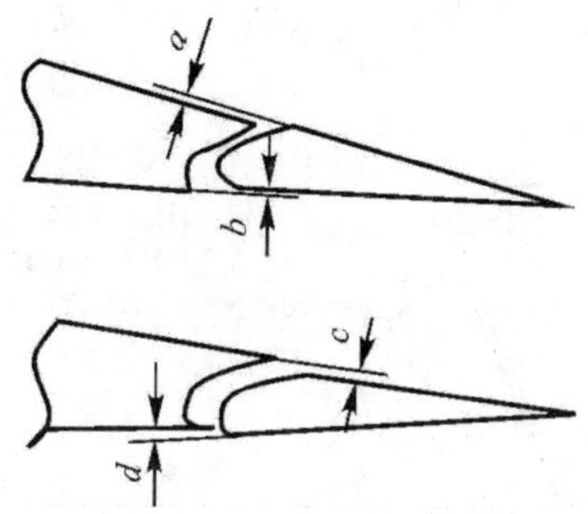

图 7.11　活动面的吻合性要求

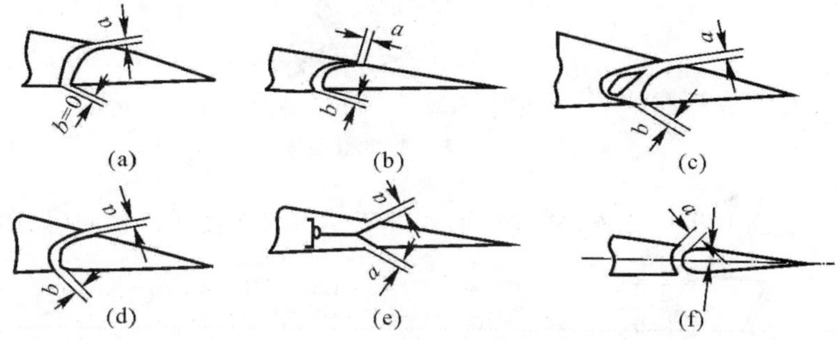

图 7.12　活动面的间隙要求

(a)开缝襟翼；(b)后退襟翼；(c)双缝襟翼；(d)副翼；(e)带内补偿的副翼；(f)升降舵、方向舵、补偿片及调整片

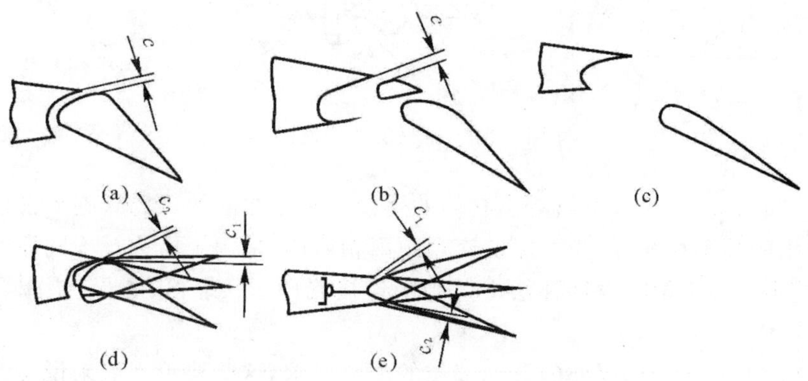

图 7.13　活动面偏转时的间隙要求

(a)开缝襟翼；(b)双缝襟翼；(c)后退襟翼；(d)副翼；(e)带内补偿的副翼

二、看安装图的方法与步骤

(1)看清有几个动部件安装在该固定翼面上。

(2)按安装图所标注固定翼及动部件的图号,找到它们的图样,看各个连接部位上双方的结构情况,以及翻阅动部件的图样,看清楚其连接接头的构造以及连接孔孔径大小及精度等内容,同时还要看操纵接头的构造等内容。

(3)从安装图的总图上找出各个连接交点处的局部放大图或剖视图等,看各交点的连接关系以及使用的连接元件。例如,内襟翼及外襟翼各有三个交点与机翼相连,其连接形式及连接用元件相同(见图 7.14)。

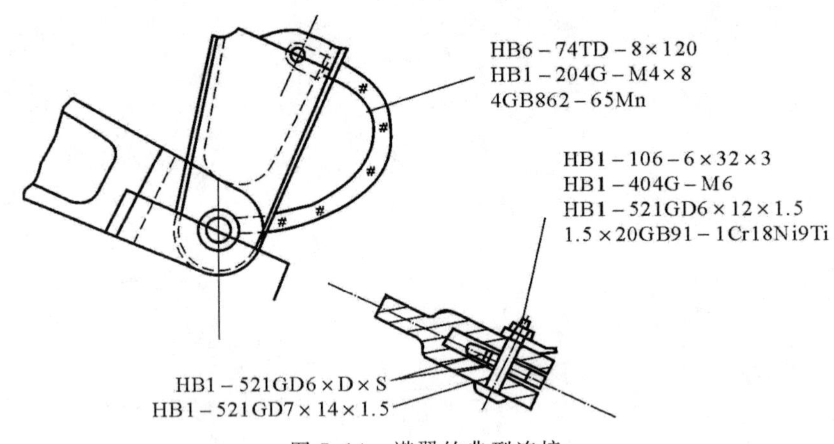

图 7.14　襟翼的典型连接

副翼也有三个交点与机翼相连,其连接形式及所使用的连接元件相同(见图 7.15)。

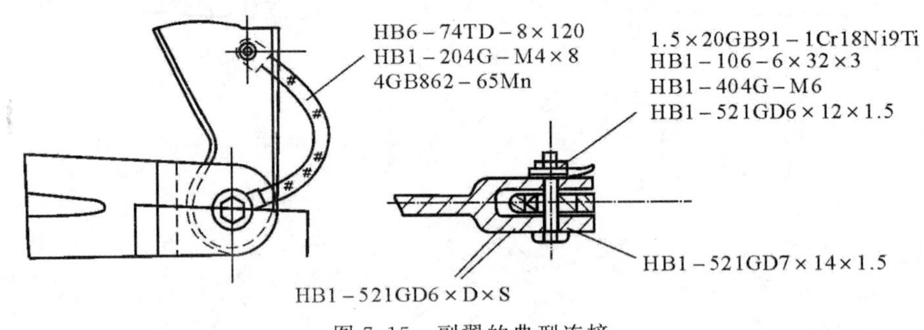

图 7.15　副翼的典型连接

从图 7.14 和图 7.15 所示可以看出它们的连接形式是相同的,襟翼、副翼都以叉形接头与机翼后梁上伸出的耳子相配合,为了保证交点距离相协调,采用了可选择不同厚度的垫圈进行调整,也就是给出了一定量的设计补偿。使用的连接元件——螺栓、螺母、垫圈及开口销——也都相同。

(4)从安装图上看连接点以外的其他部位的配合要求,这些要求一般来说是指动翼在中立位置时的配合要求。例如,襟翼与机身整流罩、襟翼与发动机舱、副翼与襟翼、副翼与机翼翼尖罩等处的配合间隙要求。

(5)看安装图上的注解,从中找出有关技术要求,特别是外形验收技术条件,对安装要求作全面、详细的分析——除了上面提到的活动面与固定翼之间的各种配合要求(如吻合性、活动面前缘的配合间隙、剪刀差等),还有带有这些活动面时固定翼的外形验收要求。只有深入理解和领会了这些要求,才能制定出一套完整、正确的加工工艺,保证满足活动面的安装要求以及整个翼面符合技术条件规定的要求。

思　考　题

1.结构装配图的主要内容有哪些?

2.飞机结构装配图上要反映装配件的哪些尺寸?

3.简述读飞机结构装配图的目的。

4.读结构装配图前应掌握的基本知识有哪些?

5.读结构装配图的步骤有哪些?

6.什么叫做安装图?它有什么特点?

第八章　飞机装配检测方法

第一节　概　　述

一、结构件装配前的检查

结构件包括标准件、零件、组合件、成品及成品附件等。为了保证装配质量，在装配前，工人和检验人员应对结构件的外观、标志等进行检查，其检验内容及要点见表 8.1。

表 8.1　结构件装配前的检查内容

检查项目	检查内容	检查要点
质量文件	1. 产品合格证。 2. 成品出厂合格证、履历表、复验调试记录或合格证。 3. 拒收单、表面质量记录表等	文件必须齐全并与实物相符，拒收单内容与超差情况相符
标志	1. 产品图号及版次号、批架次号、材料牌号、炉批号。 2. 关键件、重要件标志及编号。 3. 超差品处理标志。 4. 标准件的材料、精度等标志。 5. 图样规定的特定标志	实物上的标志与文件相符
检印	按质量文件检查检印是否齐全。例如，合格检印、首件三检合格印、拒收印、硬度合格印、铅封印及各种特种检查印(X 光检印、磁力探伤检印、超声波检印)	
外观质量	1. 表面应清洁无污，漆层无脱落、无碰伤、无压坑、无划伤、无变形、无锈蚀。 2. 薄壁零件无鼓动和松缓现象	
交接状态	零件、组合件应符合交接状态的要求，如对余量、导孔、装配孔、定位孔和配套件的要求及其他要求	对照交接状态表逐项检查
主要尺寸	1. 检查关键件、重要件的特性尺寸及对形成关键、重要特性尺寸有影响的尺寸。 2. 检查对装配协调及部件精加工有重大影响的尺寸	按关键件、重要件及关键、重要工序目录对照检查
保存期	1. 对非金属件的保存期进行检查。 2. 对成品、成品附件的油封期进行检查	核对制造日期、生产批次
其他	1. 核对零件规格、数量及左、右件是否正确。 2. 检查玻璃制品有无超出规定允许的折光、波纹、银纹和杂质点等缺陷	

二、零件、组合件位置准确度及配合准确度的检查

零件、组合件位置准确度的检查，是一个综合性检查，它对研制机的装配和首件装配特别重要，不仅要检查零件、组合件定位基准的位置是否准确、可靠，还要对已完成定位的零件、组合件上未作为定位基准的要素，如轴线、基准线、气动外形（或与气动外形有关的骨架外形）及连接面贴合间隙等要素进行检查，以确保零件装配位置的准确性和零件与零件之间、零件与装配工装之间的协调性。

1. 叉耳接头位置准确度的检查

检查耳子接头、叉子接头位置准确度，包括接合孔及耳片工作面位置的准确度。耳子接头和叉子接头一般用型架上的叉形和耳形定位件来定位其工作面，同时用销棒定位接合孔，如图8.1所示。

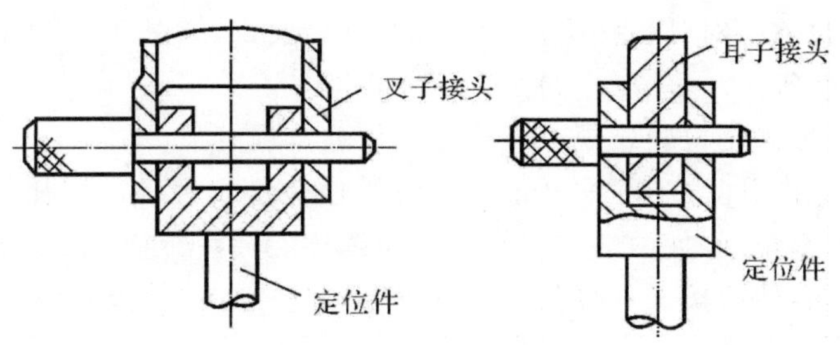

图8.1　叉形、耳形接头的定位

检查接合孔位置准确度时，先撤去定位销棒，再用不同直径的检验销棒检查接合孔与定位件孔轴线的偏离程度。

检验销棒通过被测接合孔及定位件孔时，接头不允许有应力，销棒应能灵活转动。接合孔公称直径与能通过的检验销棒的直径之差即为接合孔与定位孔轴线的偏离值。检验销棒是直径间隔为0.1mm的一组特制销棒，销棒端头不制倒角，公差带为h7，表面粗糙度R_a值不大于0.08μm，如图8.2所示。

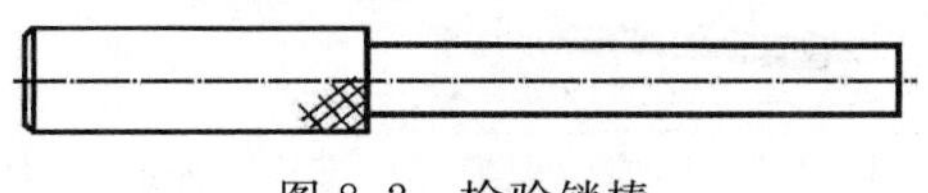

图8.2　检验销棒

检查叉、耳接头轴线相对定位件轴线的偏移误差时，应将定位件退出接头，然后用塞尺测量接头接合面与定位件工作面之间的偏移距离，如图8.3所示。对难于保证轴线位置又不易检查其偏差的叉耳接头，定位件与叉耳接头之间留出间隙（如每边2mm），定位时加上相同厚度的垫片。在这种情况下，要测量接头的轴线偏差，应撤去定位用的垫片，用塞尺测量耳子两侧的实际间隙J_1和J_2，如图8.4所示。

这时，接头轴线相对定位件轴线的偏移值为

$$\Delta = \frac{J_1 J_2}{2} \tag{8.1}$$

式中　　Δ—— 接头轴线偏移误差，mm；

J_1，J_2—— 接头与定位件之间的实际间隙，mm。

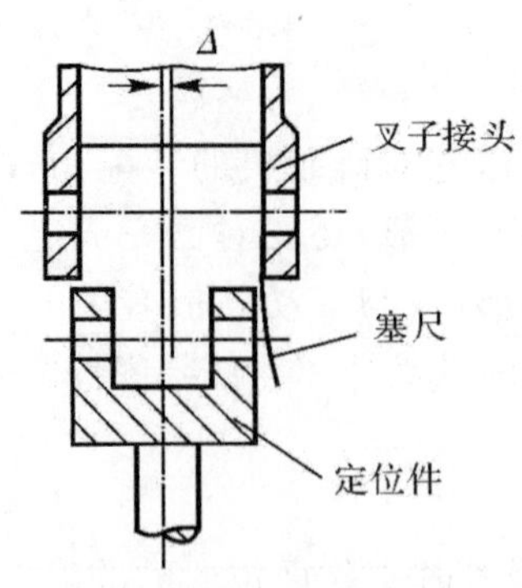

图 8.3 叉、耳接头轴线位置准确度测量

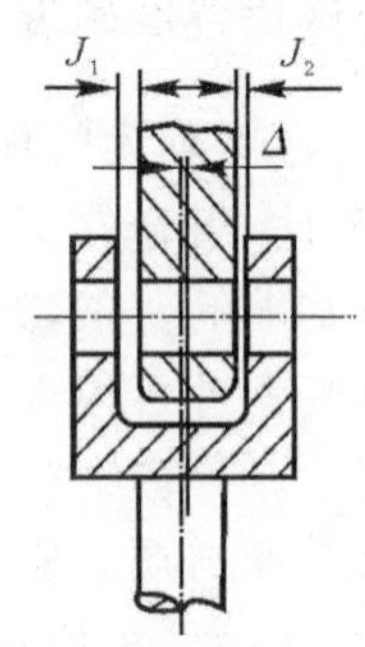

图 8.4 定位件留有间隙时，接头轴线偏差的测量

2. 接头相对位置准确度的检查

组合件、部件交付前应对其各接头位置准确度进行检查，如机身、机翼接合接头，起落架安装接头，武器挂架接头等。

接头相对位置一般采用检验量规进行检查。检验量规的叉(耳)定位件与被测耳(叉)之间左、右均应留出公称间隙(间隙一般取 2mm)。使用检验量规时必须用托架支撑，使其重力不落在被测产品上。调整量规，使两端的接头孔定位销棒能灵活转动，并使一对作为基准的叉耳之间的左、右间隙均匀，然后按叉耳接头位置准确度的检查方法检查其他接头孔的同轴度及轴线位置。

3. 接头和外形的准确度检查

当组合件、部件的对接部位要求接头协调且外形吻合时，应采用模型对接头和外形进行综合检查，如副翼、襟翼与机翼的对接部位，机体上各舱门的安装部位等。

如图 8.5 所示，是用前舱盖模型检查机身前舱口的接头及外形。

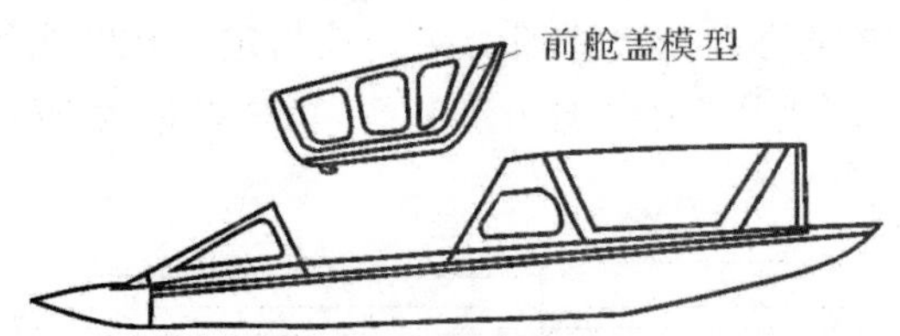

图 8.5 用前舱盖模型检查机身前舱口

4. 零件、组合件轴线位置准确度的检查

(1)按卡板检查肋、框、隔板的轴线面。当卡板轴线面与肋、框、隔板轴线面重合时，可用直尺和塞尺检查轴线面位置，如图 8.6 所示。当卡板轴线面与肋、框、隔板轴线面不重合时，用直尺或游标卡尺测量卡板轴线面与肋、框、隔板轴线面的距离。至少应测量三个位置，以确认被测件轴线面与卡板轴线面是否平行。

(2)以卡板上的翼梁、长桁轴线的标记为基准测量翼梁、长桁的轴线位置。将直尺工作面与卡板上的标记线对齐，用塞尺和直尺测量出翼梁、长桁轴线的偏差，如图 8.6 所示(见 A 放大图)。

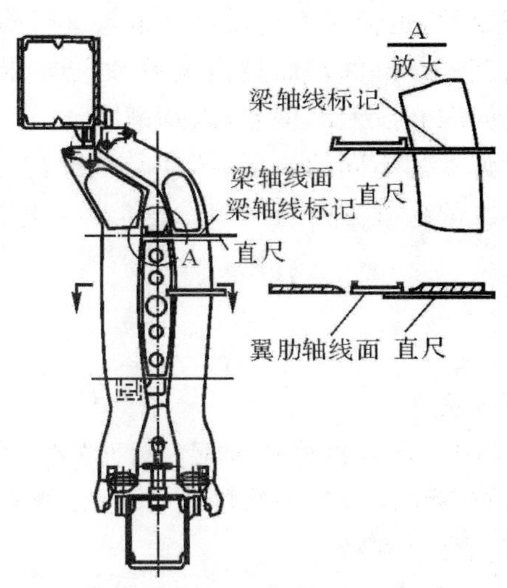

图 8.6　以卡板轴线面和标记线为基准测量零件轴线面位置

5.零件、组合件间配合准确度的检查

零件、组合件间配合准确度的内容很多，一般都采用常规的检查方法，这里仅介绍经修合的贴合面间接触程度的检查方法。贴合面的接触程度用显示剂进行检查。在基准零件接合面上涂一层 0.003mm 厚的显示剂，将被刮修零件的接合面按装配位置与基准零件结合，分解后，检查贴合面上的接触点应均匀分布，一般每平方厘米不少于一个点为接触良好。贴合面接触程度检查用的显示剂的粒度要细腻，对接触点的显示要真实而清楚，对零件无腐蚀作用，对操作者健康无害。显示剂的选用参考表 8.2。

表 8.2　贴合面接触检查用显示剂

种　类	成　分	特　点	应用范围
红丹粉油	氧化铁粉加入机油和少量柴油或煤油	呈红褐色，接触点清楚，无腐蚀性，价格低，对操作者无害，但粒度较粗	广泛用于铸铁和钢件的刮削
铅丹粉油	氧化铅粉加入机油和少量柴油或煤油	呈橘黄色，粒度细腻，接触点真实，无腐蚀性，但颜色较淡，有反光刺激，有毒	用于一般零件和精密零件的刮削
普鲁士蓝油	普鲁士蓝粉和适量机油和蓖麻油混合	呈深蓝色，接触点小而清楚	用于精密零件和有色金属的刮削
烟墨油	烟墨与机油混合	呈墨色，接触点小而清楚	用于表面呈银白色金属的刮削

第二节　气动外缘偏差检查

飞机的气动外缘准确度直接影响飞机的飞行性能。飞机部件气动外缘偏差检查是指对飞机接触气流的表面的制造质量检查，有时也称飞机表面质量检查。检查工作一般是在部件装配工作全部完成以后，或部件架内总装工作完成之后进行。在组合件(前缘、梁、翼尖、壁板、舱门等)和部件骨架装配工作完成后,也应对其气动外缘偏差进行检查。

气动外缘偏差分为两类:其一是部件切面型值偏差和纵向、横向波纹度偏差,一般称为部件外形偏差;其二是蒙皮对缝间隙和阶差的偏差,以及铆钉、螺钉、焊点等相对蒙皮表面凸凹量的偏差,一般称为表面平滑度偏差。不同的机型、部件乃至部件的不同部位,其准确度的要求是不同的,因此气动外缘准确度的检查方法及其工具也是不一样的。

一、部件外形偏差的检查

1. 部件切面型值偏差的检查

(1)装配型架工作卡板检查法。

1)工艺特点。利用装配型架工作卡板检查装配件外形(不另设检验卡板);卡板工作面为装配件理论外形,因此仅能检查各切面气动外缘的负偏差;装配件产生正偏差时,工作卡板上有应力,通过安装卡板的销钉孔可以判断。

2)适用范围。此方法检查工具为塞尺和塞柱(用于曲度较大部位),适用于组合件的外形检查,如机翼前缘、后部及机身组合件等,也适用于小型飞机分部件及气动外缘准确度要求不高的部件。

3)检查方法。架内铆接装配工作已完成,关闭所有工作卡板;用塞尺(塞柱)检查装配件外形与卡板工作面之间的间隙,如图 8.7 所示;所测量的间隙数值应不大于设计技术条件规定的气动外缘型值负偏差。

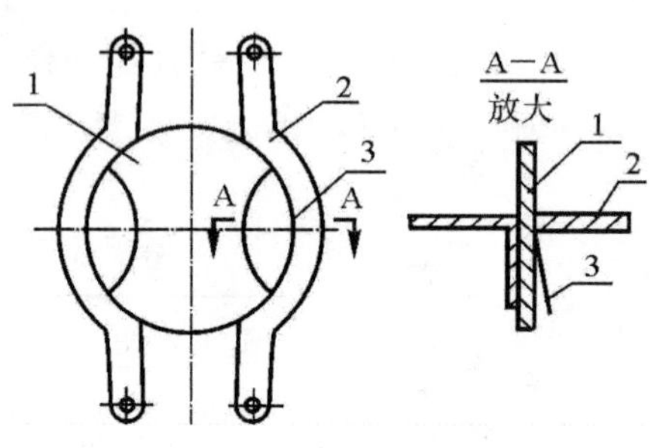

图 8.7 工作卡板检查法

1—部件; 2—卡板; 3—塞尺

(2)装配型架等距检验卡板检查法。

1)工艺特点。等距检验卡板设置位置应遵守部件设计技术条件的规定;检验卡板与部件被检查处的理论外形之间等距间隙一般取 3mm,5mm,10mm;检验卡板应具有足够的刚性,其横截面形状如图 8.8 所示;等距检验样板可以代替检验卡板检查部件外形,检验样板形式如图 8.9 所示。

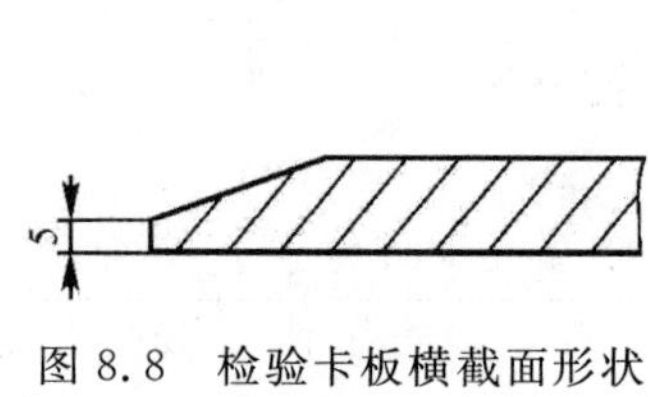

图 8.8 检验卡板横截面形状

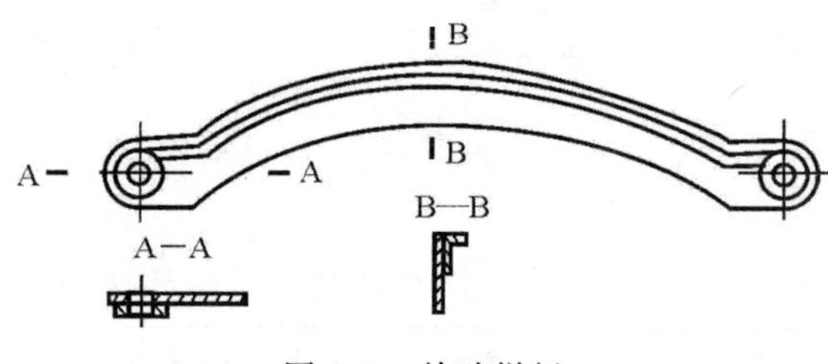

图 8.9 检验样板

2)适用范围。此方法检查工具为间隙塞尺,如图 8.10 所示,能检查机体各切面外缘型值的正负偏差,是生产中广泛采用的方法。如机翼、安定面、机身分部件及进气道等部件的外形宜用此方法检查。

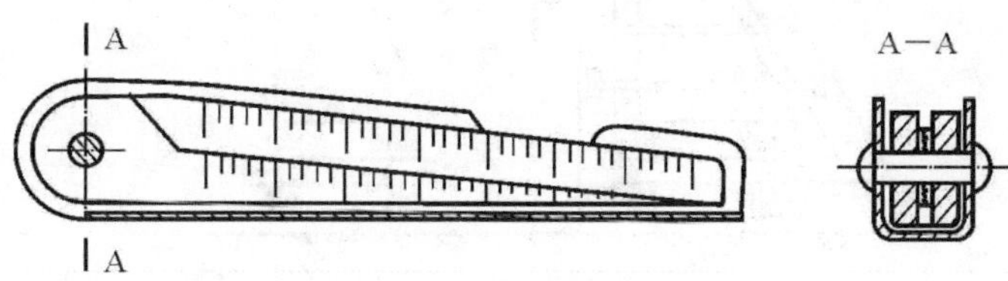

图 8.10　间隙塞尺

3)检查方法。

a.组合件或分部件的架内铆接装配工作已经完成。卸下的组合件应重新安装,以保持外形的完整性。

b.安装检验卡板方法有两种:一种是卸去工作卡板,换装相应的检验卡板,其余工作卡板全部关闭,检查部件切面的型值偏差;另一种是部件以对接接头定位,换装检验卡板,打开其余工作卡板,检查部件切面型值偏差,同时可以检查其扭转情况。

c.用间隙塞尺按技术条件规定,检查等距检验卡板工作面与部件外形之间的间隙。

d.检查时间隙塞尺与外形表面相切,其轴线必须平行外形面等百分线,测量间隙的方向应垂直于部件表面被测点的切面。用等距检验卡板检查机翼外形如图 8.11 所示。

e.将实测间隙换算成型值实际偏差,型值实际偏差应不大于设计技术条件中规定的气动外缘型值偏差。

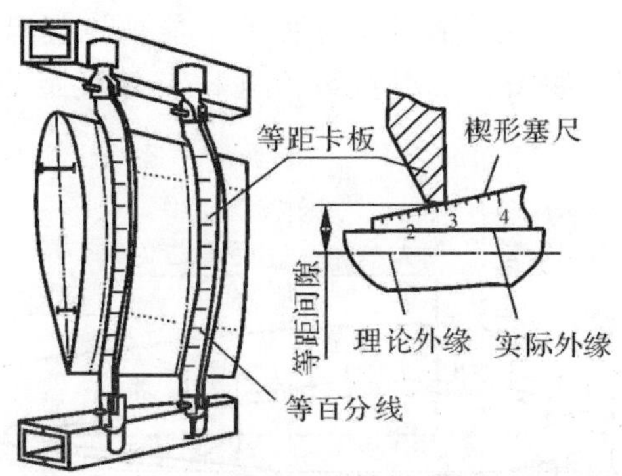

图 8.11　用等距检验卡板检查机翼外形

(3)检验型架检查法。

1)工艺特点。检验型架能检查部件的切面型值的偏差,同时还能检查部件的扭转变形和外形相对接头位置的实际偏差;检验型架的结构类似装配型架,其结构元件的刚度应适当增大;在检验型架上,部件应以对接分离面和接头为定位基准,即应与在飞机上的安装形式相似。如图 8.12 所示为某垂直安定面以与机身对接接头为基准的定位情况,检验型架卡板即检验卡板的设置位置和截面形状均与装配型架等距检验卡板相同;操纵面(升降舵、方向舱、副翼)平衡夹具(台)设置检验卡板时,能起到检验型架的作用。

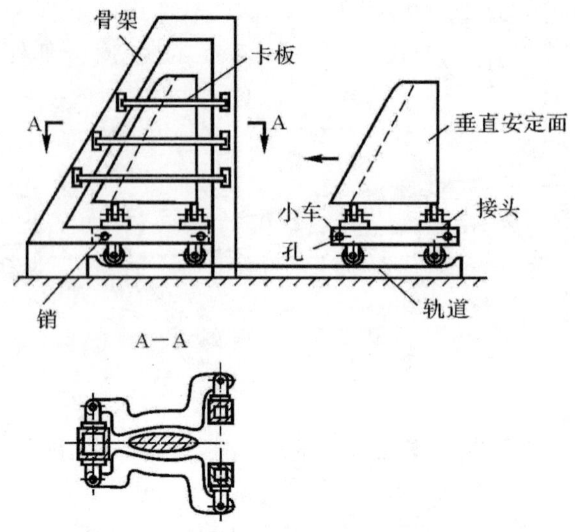

图 8.12　用检验型架检查垂直安定面

2)适用范围。成批生产及部件外形尺寸较小,气动外缘准确度要求高,或有互换要求时,一般宜采用检验型架检查法。

3)检查方法。部件处于最后完工状态(有精加工工序的也已经完成)。在接头位置检查合格后,使部件处于不受约束的正确安装位置。测量间隙的方法与装配型架检验卡板的相同。

(4)架外等距检验样板检查法。

1)工艺特点。在架外用等距检验样板只能检查部件单个切面的气动外缘型值偏差;部件各切面的相对扭转和外形相对接头位置的实际偏差不能被检查出来;检验样板一般以梁轴线和梁缘条处外形为定位基准,如图 8.13 所示;检验样板外形距部件理论外缘的等距间隙为 5mm 或 10mm。

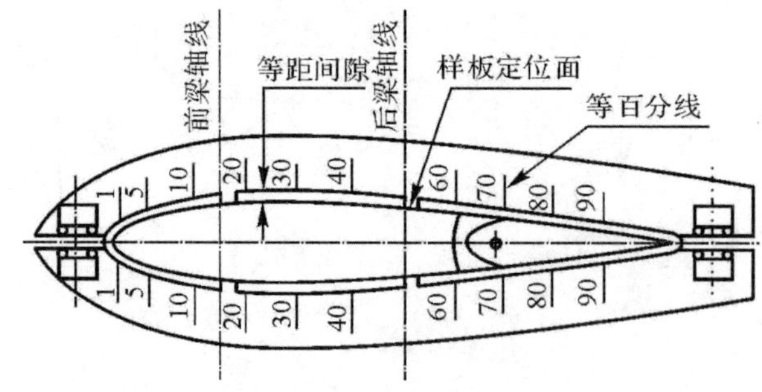

图 8.13　某机水平尾翼架外等距检验样板

2)适用范围。此方法适用于气动外缘准确度要求较低,只检查单个切面外形的中型飞机的机翼、尾翼和小型飞机的机身等部件。

3)检查方法。部件处于最后完工状态;以方便工作为原则,可以在专用托架、对合台、水平测量台上进行检查;等距检验样板的安装位置应符合定位基准,在等距间隙均匀的情况下,允许有微量的调整;升降舵、方向舵、副翼等活动面应调整到中立位置,即与切面翼型相吻合的位置;在检查各切面过程中不允许再调整活动面的位置;测量间隙的方法与装配型架检验卡板的方法相同。

2. 波纹度偏差的检查

波纹度偏差是飞机部件纵向和横向气动外缘流线光滑程度的偏差。采用实际外缘波深(H)与波长(L)之比值来度量。部件的纵向、横向划分：机身沿水平基准线方向为纵向，沿框轴线方向为横向。机翼沿展向为纵向，沿翼弦方向为横向。

(1)横向波纹度检查。在用等距检验样板检查气动外缘型值实际偏差的同时来测量波纹度，具体检查方法如下。

1) 按检验样板测出波峰、波谷并测量实际外形与检验样板之间的间隙(Y_n，Y_{n+1}，Y_{n+2})，如图 8.14 所示。

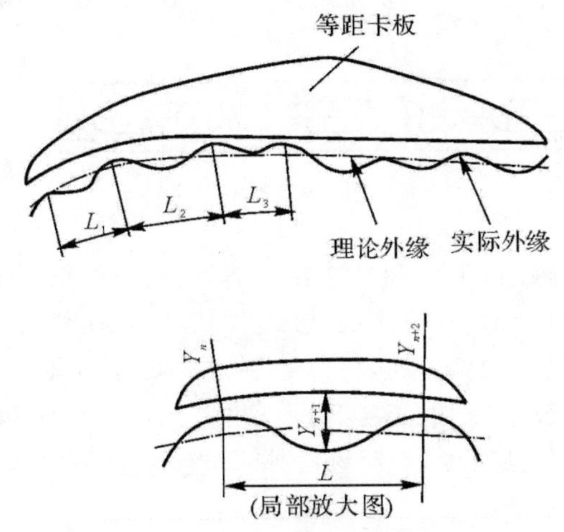

图 8.14　按检验样板检验横向波纹度

2) 测量波长，即相邻两波峰的距离(L_1，L_2，L_3，…)。

3) 按下列公式计算出波深(H) 和波纹度的实际偏差。

$$H = Y_{n+1} - \frac{Y_n + Y_{n+2}}{2} \tag{8.2}$$

式中　H—— 波深，mm；

Y_n，Y_{n+2}—— 波峰与样板的间隙，mm；

Y_{n+1}—— 波谷与样板的间隙，mm。

$$\Delta = \frac{H}{L} \tag{8.3}$$

式中　Δ—— 波纹度；

H—— 波深，mm；

L—— 波长，即相邻两波峰间的距离，mm。

(2)纵向波纹度检查。用直尺检查部件外形的平直部分，如机翼、尾翼多为单曲度外形，沿等百分线进行检查；机身的等切面段也采用直尺检查。用样条检查部件曲度较小的外形，曲度较大的外形可采用样板进行检查。用直尺和样条测量出的波深就是实际波深，如图 8.15 所示。

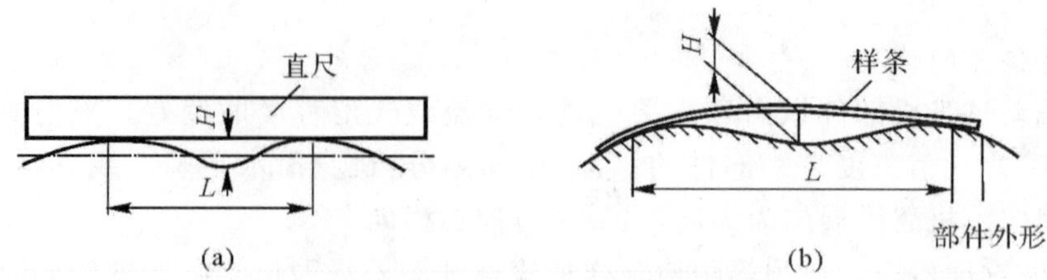

图 8.15 用直尺和样条检查波纹度
(a)用直尺检查；(b)用样条检查

直尺的结构形式如图 8.16 所示，长度有 600mm，800mm，1 000mm，1 200mm，2 000mm 几种。

图 8.16 直尺

由于波纹度极限偏差给出的形式和具体要求不同，有两种判别偏差是否合格的方法：

1）当给出波纹度极限偏差时，计算出的波纹度实际偏差在其规定范围内为合格。

2）当给出波深和波长的极限偏差时，可以绘制成波纹度曲线，如图 8.17 所示。如果实测的波长和波深的坐标点在波纹度曲线之下为合格。如图 8.17 所示 A 点表示实测波长为 480mm，波深为 0.8mm 时的波纹度，表明该段外形波纹度合格。

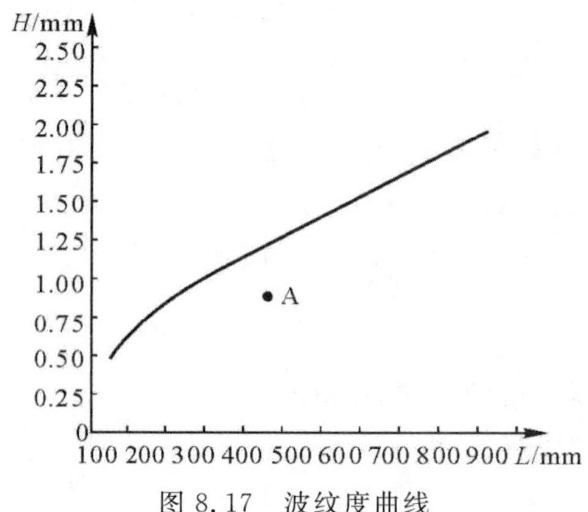

图 8.17 波纹度曲线

二、表面平滑度检查

表面平滑度包括气动外缘蒙皮对缝间隙及阶差，气动外缘口盖周边对缝间隙及阶差；沉头螺钉及铆钉对气动外缘的凸凹量；因铆接而引起的蒙皮表面凸凹不平。蒙皮对缝阶差值可用塞尺、游标卡尺和有刻度的指示器进行检查。如图 8.18 所示为用塞尺检查蒙皮对缝阶差；如图 8.19 所示为用有刻度的指示器检查蒙皮对缝阶差。铆接引起的蒙皮表面不平度用千分表进行检查，如图 8.20 所示。

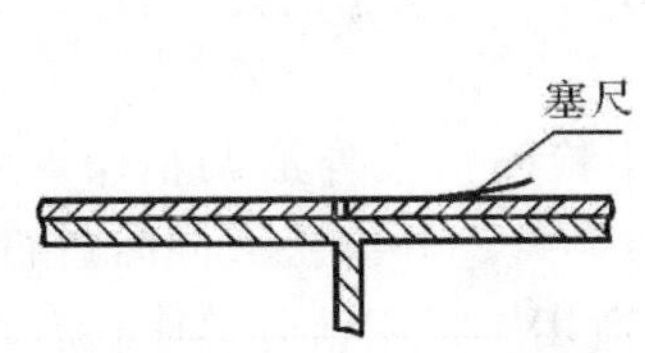

图 8.18　用塞尺检查蒙皮对缝阶差

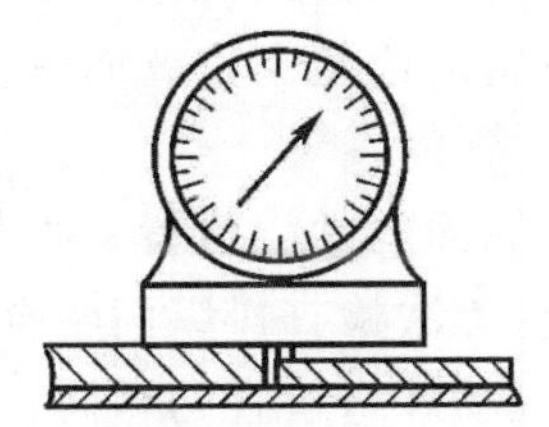

图 8.19　用指示器检查蒙皮对缝阶差

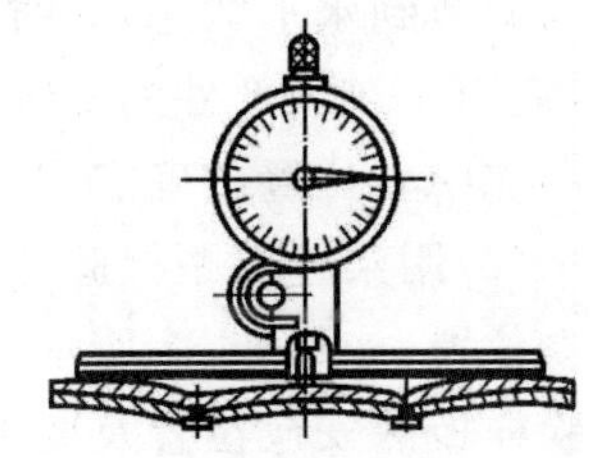

图 8.20　蒙皮表面不平度的检查

第三节　部件相对位置准确度检查

飞机部件对接后，需要检查其相对位置的正确性，判断是否符合产品图样和技术条件的要求。部件相对位置准确度检查的项目和内容大致可分为两部分：其一是机翼、尾翼相对机身的位置，其位置准确度参数是上(下)反角、安装角、后掠角及对称度，通常是采用水平测量的方法进行检查的。其二是活动面相对定翼面的位置。活动面包括升降舵、方向舵、副翼、襟翼、前缘缝翼等，其位置准确度参数是外形阶差、剪刀差及间隙(前缘缝隙间隙和对合间隙)，这一部分的检查内容称为活动面相对定翼面的吻合性检查。它的检查方法很多，有些与部件气动外缘偏差检查有关。

飞机水平测量的项目，除机翼、尾翼、机身相对位置外，还有发动机短舱、发动机、起落架的安装位置也需进行水平测量。此外，操纵面的偏转角度也可以通过水平测量方法检查。本节主要介绍部件和全机水平测量的各种方法。

一、操纵面吻合性检查

操纵面吻合性是指操纵面处于中立位置时相对定翼面及相邻操纵面相互之间的外形和间隙的吻合程度。因此，应正确选择确定中立位置的方法，使相关的各操纵面同时处于中立位置。必要时还应做出记录，用以调整操纵系统时，确定操纵面的中立位置。

1. 操纵面中立位置的确定方法

(1)用水平测量方法确定操纵面中立位置。用水平测量法将翼面(含操纵面)的弦平面调整到相当于全机水平状态的位置，其方法是将翼面置于可调节高度的托架上，用水准仪测量定翼面上各水平测量点之间的高差，使其安装角和上(下)反角符合水平测量图的要求。用水准仪测量位于操纵面尾缘上的水平测量点 C 的高度，使水平测量点 C 与定翼面上水平测量点 A 或点 B 的高差符合水平测量图或水平测量数据的要求，此时操纵面处于中立位置，如图 8.21 所示。

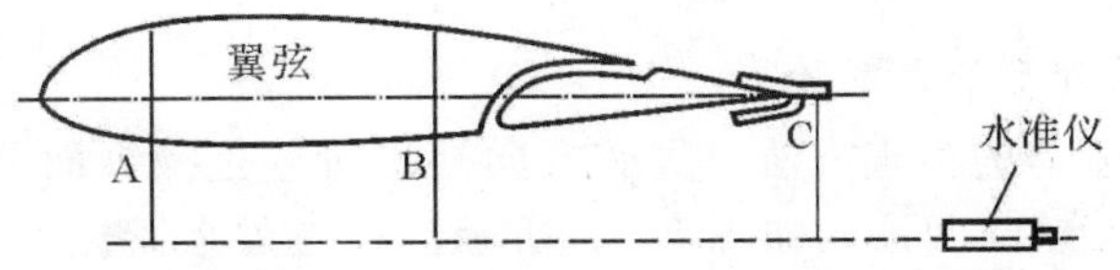

图 8.21　用水平测量方法确定操纵面中立位置

用水平测量的方法将定翼面的理论弦平面调节到水平状态，然后再将操纵面上的理论弦平面调节到水平状态，此时操纵面相对于定翼面位于中立位置。用水平测量方法确定中立位置，适用于较大部件的操纵面中立位置的确定。将翼面弦平面调节到水平状态的方法，常用于方向舵中立位置的确定。

(2)用架外等距检验样板确定操纵面的中立位置。按架外等距检验样板外形调整操纵面中立位置，如图 8.22 所示。采用这种方法检查操纵面吻合性时，应与气动外缘检查同时进行。检验样板的安放位置及要求与部件气动外缘检查的相同。此方法适用于采用架外等距检验样板检查气动外缘偏差的中、小部件，如升降舵、方向舵和调整片的中立位置的确定。

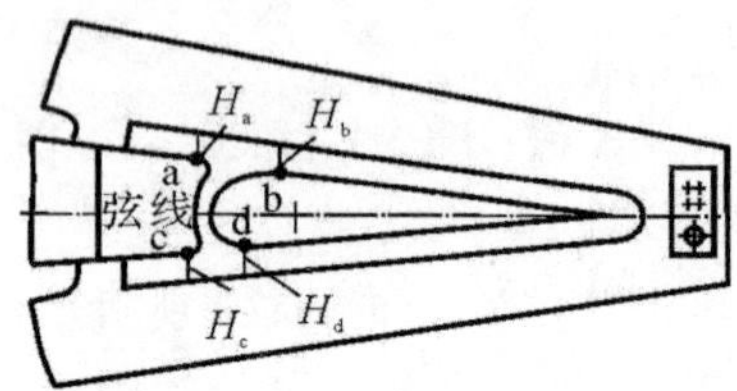

图 8.22　用架外等距检验样板确定操纵面中立位置

(3)用角度测量卡板确定操纵面中立位置。将操纵面后缘调整到零刻度时，操纵面处于中立位置，如图 8.23 所示。此方法适用于中、小部件上操纵面中立位置的确定。

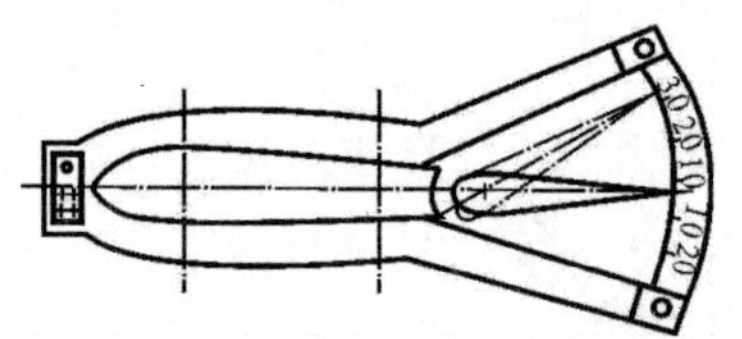

图 8.23　用角度测量卡板确定操纵面中立位置

(4)在夹具上确定操纵面的中立位置。调整操纵面，使其翼型与定位件的翼型吻合，操纵面即处于中立位置，如图 8.24 所示。此方法适用于制造、检验过程中有对合台、平衡台、专用综合检验夹具的部件。此时可在夹具上设置操纵面中立位置定位件，如鱼形件。

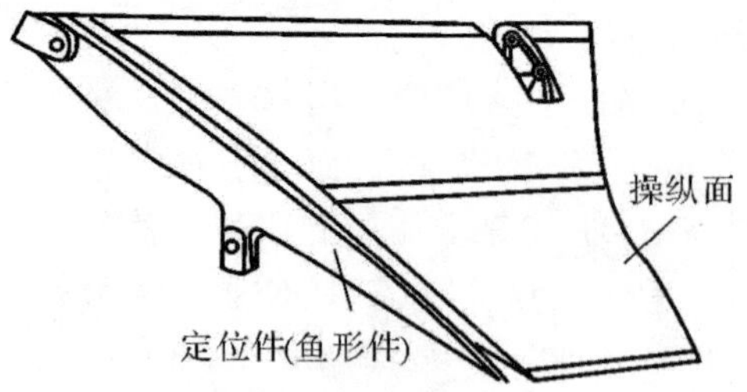

图 8.24　在夹具上确定操纵面的中立位置

2.操纵面与定翼面外形阶差的检查

(1)翼弦方向外形阶差的检查方法。翼弦方向外形阶差是操纵面前缘 b,d 两点分别与定翼面后缘 a,c 两点的阶差(凸凹量)，如图 8.22 所示。检查外形阶差时，首先应使操纵面处于中立位置，然后选择下列方法之一进行检查。

1)用等距检验样板检查外形阶差。在操纵面中立位置确定之后，接着用楔形塞尺测量各切面处 a,b,c,d 点的实际间隙。H_a，H_b，H_c，H_d 如图 8.22 所示。实际间隙 H_a 与 H_b 之差，H_c

与 H_d 之差分别为操纵面相对定翼面的上、下翼面的外形阶差。

2)用吻合性检验样板检查外形阶差。一种吻合性检验样板以定翼面和操纵面外形作为基准,仅吻合性部分制成等距外形,以便测量实际间隙,如图 8.25 所示。另一种吻合性检验样板仅以定翼面外形作为定位基准,其余部分制成等距外形,如图 8.26 所示。

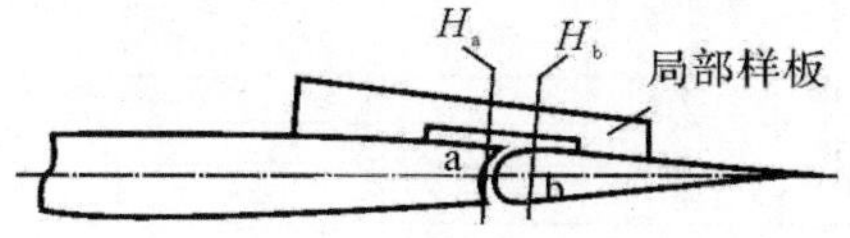

图 8.25　用吻合性检验样板检查外形阶差

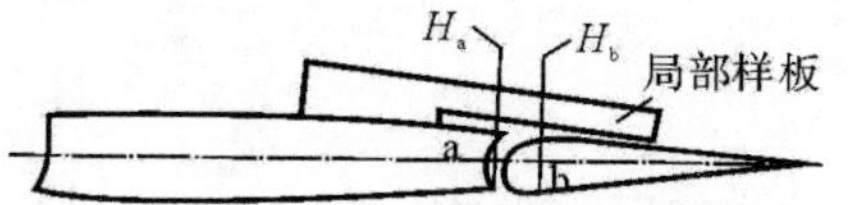

图 8.26　以定翼面为基准的吻合性检验样板

3)用样条或直尺检查外形阶差。样条沿部件外形曲面放置,用塞尺测量 a 点或 b 点的间隙,此间隙值即是外形阶差,如图 8.27 所示。外形平直的翼面,可以用直尺代替样条检查外形阶差,如图 8.28 所示。

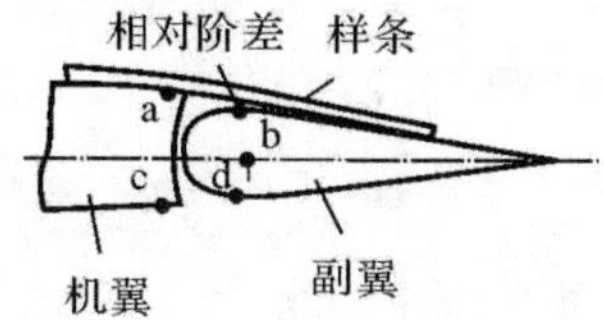

图 8.27　用样条检查外形阶差

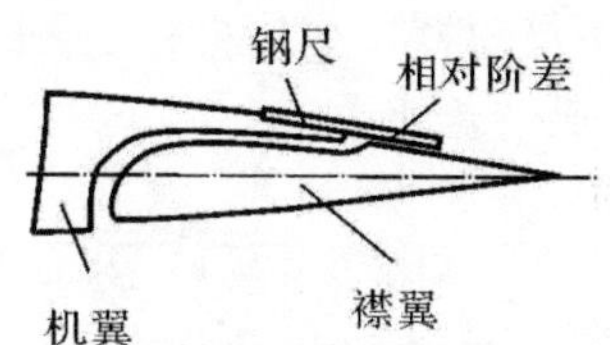

图 8.28　用直尺检查外形阶差

(2)翼展方向外形阶差的检查方法。

1)当操纵面处于中立位置时,将直尺沿翼面等百分线方向立放于外形较高的翼面上,用塞尺测量直尺与外形较低的翼面之间的间隙。测量所得到的间隙值为定翼面与操纵面或两个相邻操纵面在翼展方向的阶差。

2)沿着尾缘条后缘线测出的阶差值即操纵面与定翼面或两个相邻操纵面之间的剪刀差,如图 8.29 所示。

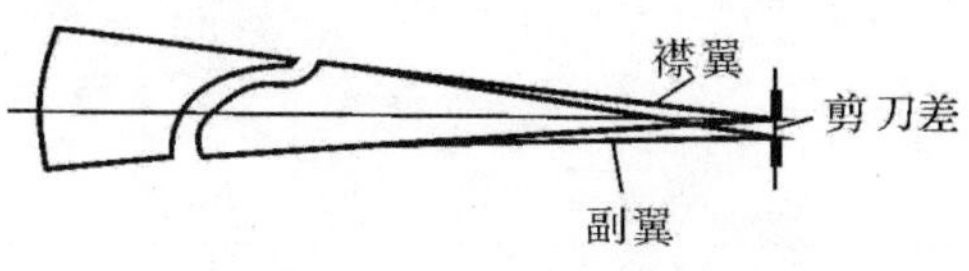

图 8.29　尾缘剪刀差

3.缝隙间隙的检查

缝隙间隙是指定翼面后缘与操纵面前缘之间的间隙。检查缝隙间隙时,应按产品设计技术条件的规定旋转操纵面或将操纵面固定在某个位置上。缝隙间隙用极限检验轴进行检查。例如,某飞机升降舵与水平安定面之间的缝隙间隙为 6±2mm,其检验轴直径为 4mm 和 8mm,分别检查最小和最大间隙,如图 8.30 所示。检验轴的形式如图 8.31 所示。检验轴每套两件,其中一件用以检查最小间隙,另一件用以检查最大间隙。检验轴公称直径 d_T 和 d_z 分别为定翼面后缘与操纵面前缘的最小和最大允许间隙,d_T 和 d_z 的制造偏差分别为 $d_{T0}^{+0.05}$ mm,$d_{z-0.05}^{0}$ mm。

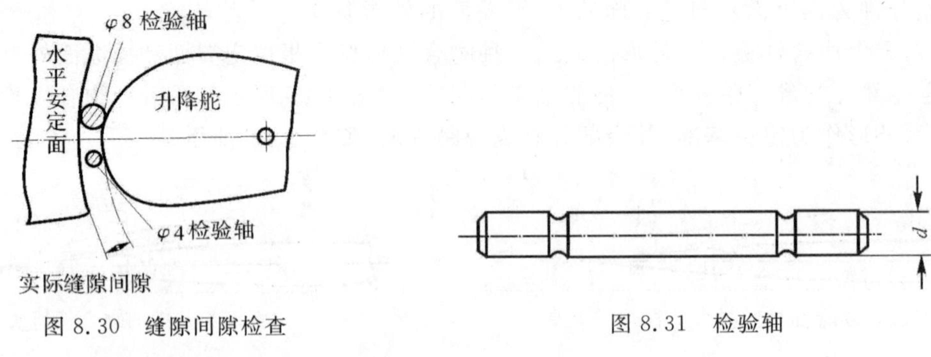

图 8.30　缝隙间隙检查　　　　图 8.31　检验轴

4. 操纵面偏转角度的检查

(1)采用专用量角器检查偏转角度。常用专用量角器有吸盘式量角器和夹紧式量角器，如图 8.32 所示。这两种专用量角器是利用铅垂原理设计的。使用时，把吸盘或夹子固定在操纵面后缘处，调整量角器使刻度“0”对准指针，当操纵面转动时，量角器也随着一起转动，而指针连着重锤始终保持铅垂，此时量角器指示的角度即操纵面的偏转角度，如图 8.33 所示。

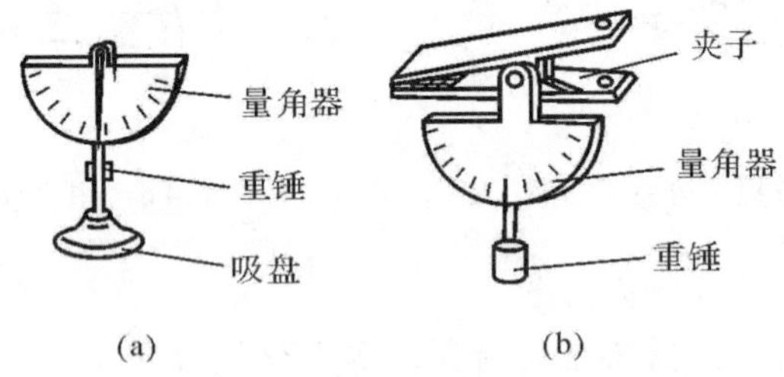

图 8.32　操纵面转角量角器

(a)吸盘式量角器；(b)夹紧式量角器

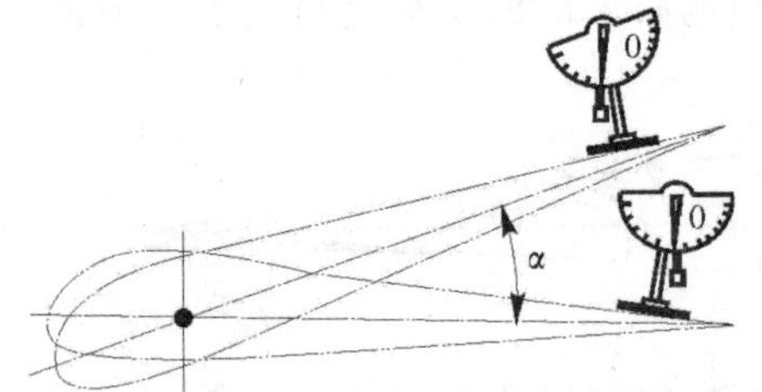

图 8.33　用吸盘式量角器测量操纵面偏转角度

(2)采用卡板式量角器检查偏转角度。卡板式量角器的构造和使用方法如图 8.23 所示。

(3)利用平衡台、对合台或水平测量台上的量角器测量偏转角度。量角器设置在确立操纵面中立位置的“鱼形件”上，如图 8.34 所示。

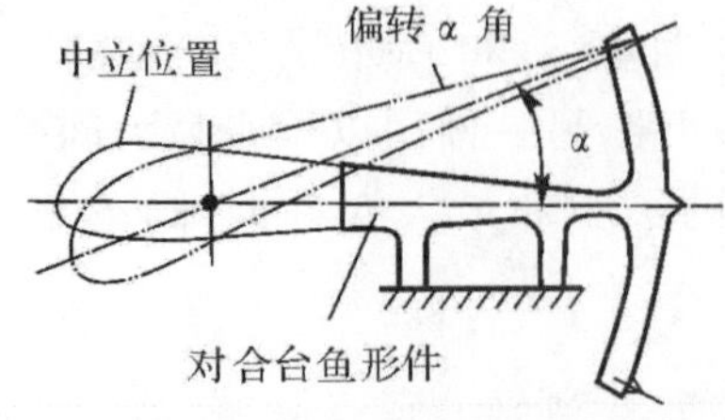

图 8.34　用鱼形件上的量角器测量操纵面偏转角度

(4)当操纵面偏转角度换算成线性尺寸时,可以直接用钢尺或卷尺测量。

(5)在飞机水平测量过程中,通过后边条上的测量点测量操纵面的偏转角度。

各操纵面偏转角度的水平测量数据,在飞机水平测量图上给出。

二、飞机水平测量

飞机水平测量是飞机总装时对飞机各部件相对位置准确度进行检验和调整的工序。对于由非互换性部件总装成的飞机,水平测量是对部件对接时相对位置准确度的测量和调整工序。飞机各部件对接完成后的重复水平测量,以及使用维护和返修后的水平测量,都是检验工序,是对飞机各主要几何尺寸或参数的误差(飞机总装质量)的最后总检测。

1.一般要求

(1)对飞机支撑状态的要求。

1)飞机要按水平测量图规定的三点支撑状态,调到水平状态。

2)在飞机调平中,保险托架与机身表面蒙皮之间应保持10～30mm间隙。

3)在飞机调平中,升、降千斤顶之后,都应将千斤顶的保险螺母锁紧,并将千斤顶内的液压压力卸载后,方可进行工作。

4)飞机水平测量时,起落架应放下并锁住,机轮离地面约50～100mm(水平测量图中另有规定除外)。

(2)全机水平测量时对飞机状态的要求。

1)飞机总装完整,机上设备齐全。燃油箱内无燃油,滑油箱内无滑油,不带装载(货物、食品、水等)。

2)应盖上飞机表面所有口盖,所有操纵面要置于中立位置。

3)水平测量时,严禁在飞机上进行其他工作和放置无关物品。

(3)对环境的要求。

1)飞机水平测量应在室内进行,无各种干扰,如振动、风吹等。

2)室外测量时的要求。应避免大风影响,风力必须小于3级,机头迎着风向;光学仪器应避免风吹和阳光照射;在水平测量开始前1h到工作结束整个工作过程中,机体应避免阳光的直接照射;测量场地要坚硬平整。

3)清理现场和清除机下周围障碍物。

4)水平测量应连续进行。中间间断2h以上时,必须重新复查飞机调平情况,然后才能继续测量。

(4)对仪器设备和量具精度的要求。

1)水准仪的精度应不低于DS3级(按JB2123—77水准仪系列参数),即每千米往返测高差中值不超过±3mm。

2)光学经纬仪的精度应不低于J6级(按JB820—77,J6级光学经纬仪),即测一回水平方向标准偏差不超过±6″。

3)500～1 000mm的钢直尺,在全长上的误差应不超过±0.2mm。

4)2 000mm的钢卷尺,在全长上的误差应不超过±1mm。

(5)对水平测量的精度要求。

1)光学仪器调平误差。在精密水准仪调平和使用中,其管状水准器的水泡应居中对合,转动照准部，在360°范围内水泡刻度值偏差应不超过2格；精密经纬仪调平和使用中，其安平水准器的水泡应居中，转动照准部，在360°范围内水泡刻度值偏差应不超过1格或不超过圆水准器内圈。

2)飞机横向和纵向调平的误差一般为0±0.5mm(水平测量图、技术条件规定者除外)。

3)水平测量点的标尺读数值，精确到小数点后一位数(单位：mm)。

4)各部件相对位置的几何参数的测量结果，其误差应符合飞机水平测量图和技术条件的要求。水平测量图未规定时，则应符合HB/Z103—86《飞机水平测量公差》的要求。

2.水平状态的确定方法

飞机水平状态的确定方法即飞机调平方法。飞机调平是指以飞机轴系为基准，借助光学仪器和水平测量尺，通过千斤顶，将飞机横向和纵向的调平基准点调至水平状态。飞机轴系如图8.35所示。飞机调平的操作程序为横向调平→纵向调平→复查飞机调平情况。

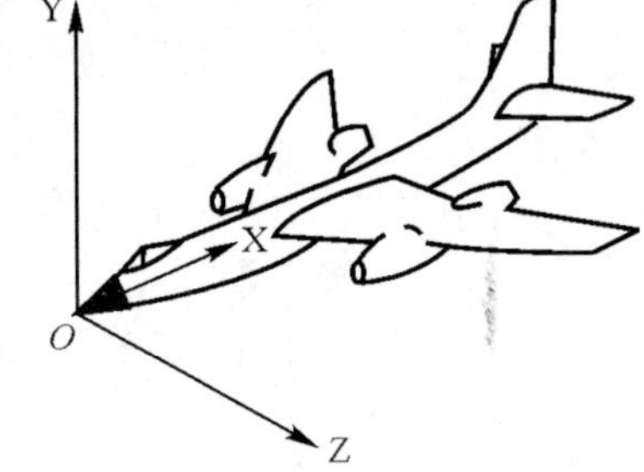

图8.35 飞机轴线

飞机调平方法。

(1)经验调平法。经验调平法是指飞机调平中根据经验估算，渐次消除飞机横向和纵向调平基准点标尺读数差值的调平方法。经验调平法一般适用于批生产的飞机调平，其缺点是费时和工人劳动强度大。

(2)计算调平法。该调平方法以纵向调平为例加以说明，横向调平与纵向的类似，故不予赘述。

1) 计算出调平量Δh，如图8.36所示。

$$\Delta h = KA \tag{8.4}$$

$$K = \frac{l_1}{l_1 \pm l_2} \tag{8.5}$$

式中 A—— 前后调平基准点c和d调平前的初始标尺读数之高度差，mm；

K—— 调平系数；

l_1, l_2—— 分别为前后调平基准点c和d到主千斤顶顶头中心的距离，mm；

$l_1 \pm l_2$—— 当主千斤顶位于纵向两个调平基准点之间时(见图8.36)，取“+”号；当主千斤顶位于纵向两个调平基准点的前面或后面时，取“—”号。

2) 按计算出来的调平量Δh调平飞机。

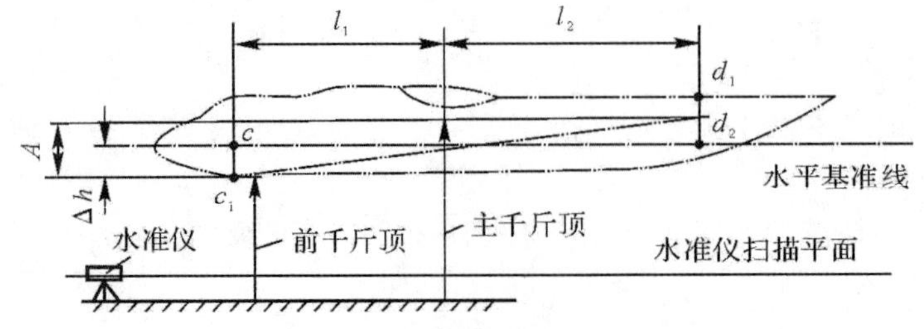

图8.36 飞机纵向调平示意图

(3)吊线、标杆调平法。该调平方法以横向调平为例加以说明，如图8.37所示，分别在左、右机翼翼尖上的横向调平基准孔内，悬挂铅锤吊线到地标板上，通过微调千斤顶，使吊线的测量头

(铅锤锤尖)对准地标板上的十字刻线中心即可。其调平误差应在地标板上的十字中心线圈内。

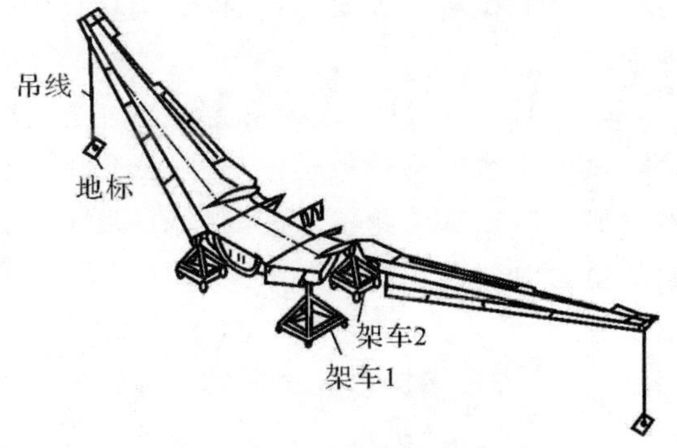

图 8.37　横向调平示例图

3. 部件相对位置的测量方法

(1)飞机水平测量方法的分类(见表 8.3)。

表 8.3　飞机水平测量方法的分类

<table>
<tr><th colspan="2">分类方法</th><th colspan="2">分类名称</th><th>备　注</th></tr>
<tr><td colspan="2" rowspan="2">从设计上分</td><td colspan="2">分项水平测量法</td><td rowspan="2"></td></tr>
<tr><td colspan="2">分点独立测量法</td></tr>
<tr><td rowspan="3">从工艺上分</td><td>按飞机姿态分</td><td colspan="2">飞机调平状态下的水平测量法
飞机不调平状态下的非水平测量法</td><td></td></tr>
<tr><td rowspan="2">按仪器设备分</td><td>常规光学仪器测量法</td><td>水准仪测量法
经纬仪测量法</td><td></td></tr>
<tr><td colspan="2">双经纬仪三维测量系统测量法</td><td>可在飞机停放处于任何状态下进行水平测量</td></tr>
</table>

(2)分项水平测量法和分点独立测量法。

1)分项水平测量法。分项水平测量法是按飞机各部件相对位置的几何参数(如机翼的安装角、下反角、机身的同轴度、垂尾的倾斜角等)的测量要求,逐项测量有关测量点相对测量基准的距离,通过测量数据的对比处理,即可反映有关几何参数的误差。分项水平测量法对光学仪器安置的位置没有严格的要求,只要一次测量能反映部件相对位置的全部测量点即可。这种方法的通用性好,在内厂和外厂条件下使用均方便,测量数据反映被测几何参数的直观性较好,但测量的重复精度和测量工作效率都较低。

2)分点独立测量法。分点独立测量法是按飞机整体外形及其对称度等的水平测量要求,对飞机上全部测量点顺序逐点测量。通过测量数据与理论数据的对比处理,确定整体外形及其对称性误差。采用分点独立测量法的飞机,其水平测量公差的制定原则是以全机的理论外形数学模型或模线为基础,用飞机整体的外形综合公差在飞机的三面图上定出水平测量公差的极限偏差包络面,然后在上、下极限包络面内确定分布在飞机外形上各测量点处的水平测量公差,同时兼顾对称性的要求。分点独立测量法采用测量基准同飞机设计基准一致的原则,在飞机水平测量图上规定光学仪器相对飞机的准确位置。因此,测量前的调整工作较繁,但测量的重复精度较高,测量方法便于实现自动扫描和计算机辅助测量数据的记录和处理。但测量结果不能直观地反映几何参数的误差，只能反映部件截面测量点处的外形误差、该截面在部件中的平移和扭转误差、部件对接后的相对位置误差、飞机结构自重的影响等误差在测量点处的总和，从而也可反映对称性误差。

3)水平测量误差修正。部件测量点的外形误差和部件水平测量的原始数据要记录下来，随部件移交给飞机总装车间，供飞机水平测量数据的修正处理用。当在非水平状态下进行水平测量时，所有测量点的测量值均应按基准测量点的测量值修正，所有支撑飞机的部位均不应改变，当飞机的倾斜所引起的重力改变对测量值影响很小时，非水平测量法也是可靠的。

(3)常规光学仪器测量法。

1)操作程序。用常规光学仪器进行飞机水平测量的操作程序为水平测量前的准备工作→水准仪(或经纬仪)的调平→飞机调平→全机水平测量→数据整理→填写飞机水平测量合格证书(随机文件)。

2)光学仪器使用注意事项。在使用过程中，应保持仪器支架的稳定，仪器安置应能扫描到全机水平测量点；在使用过程中，应始终沿一个方向转动，避免反向转动。锁紧螺旋不要拧得过紧，以免引起其变形；仪器调平后，应使仪器保持水平状态并在使用中随时检查，当发现仪器的水准气泡偏离超过规定值时，应重新将仪器调平；原则上，各微调旋钮在最后调整时，应按顺时针方向旋转，这样可以减少螺纹间隙的影响；在平时不用时，应注意防尘、防潮、防震。

3)全机水平测量。在飞机调平的基础上进行全机水平测量；按飞机水平测量图，事先绘制出各测量点标尺读数的记录简图；对飞机上全部水平测量点，按部位顺序逐点逐项进行测量，并记录好各测量点的标尺读数；按测量的标尺读数，整理出各部件相对位置的几何参数的实测值，误差应符合规定。

(4)双经纬仪三维测量系统测量法。双经纬仪三维测量系统测量法，是用相距为 l 的两台精密电子经纬仪 T_1 与 T_2 同时瞄准空间任意一点 P，通过多路数据采集器和微型计算机测量应用软件，获得经纬仪 T_1 与 T_2 的水平方向夹角 α_1，α_2 及垂直方向夹角 β_1，β_2，再利用一根已知长度的标准尺(热膨胀系数为零的碳素纤维基准标尺)，求得 A 与 B 两点之间的距离 l，从而建立起测量系统空间坐标系，作为测量基准，如图 8.38 所示。系统空间坐标系一经建立，就可求得观测到的任意被测点的三维坐标值(空间位置)，如图 8.38 所示的点 P 相对于由经纬仪 T_1，T_2 所建立的空间坐标系的三维坐标值 x,y,z 分别为

$$x=l(\sin\alpha_2\cos\alpha_1/\sin\alpha) \tag{8.6}$$

$$y=l(\sin\alpha_2\sin\alpha_1/\sin\alpha) \tag{8.7}$$

$$z=l(\sin\alpha_2\tan\alpha_1/\sin\alpha) \tag{8.8}$$

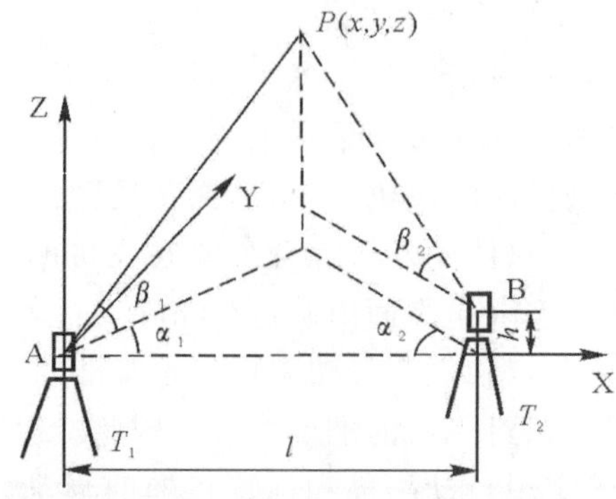

图 8.38　双经纬仪三维测量系统建立的空间坐标系统

双经纬仪三维测量系统测量法可在飞机处于任何支撑状态下，测量飞机各部件相对位置的几何参数，并通过微型计算机测量应用软件来实现测量数据的记录、计算和处理。其进行飞机水平测量的情形如图 8.39 所示。

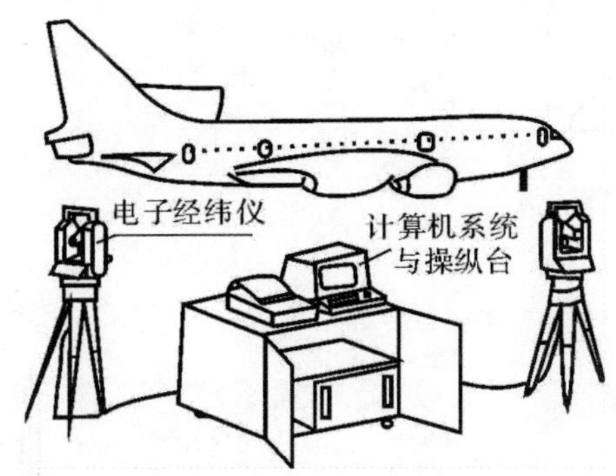

图 8.39　双经纬仪三维测量系统测量法测量示意图

(5)飞机水平测量注意事项。

1)全机水平测量时，必须从机翼和机身上的调平基准点开始进行测量。

2)水平测量尺应对准测量点，并保持铅垂位置。当用螺纹接头的测量标杆时，测量标杆应拧到底；当用粘贴测量标志时，标志中心应与测量点中心重合。

3)铅垂吊线时应注意所有铅垂投点应稳定，铅垂尾线与锤尖应在一轴线上，拉线应张紧。

4. 部件水平测量

部件水平测量是在部件装配完成后，通过工艺装备，使部件处于飞机水平状态的条件下，对部件的姿态(如机翼的安装角、下反角等)进行测量。在部件精加工和对接时也采用水平测量的方法进行定位。部件水平测量的项目内容与飞机水平测量中相应部件的测量项目内容相同。但同一部件，在部件水平测量时的测量点比在全机水平测量时的测量点多。部件水平测量的偏差要求比全机水平测量的要求高。部件安装在水平测量台上或安装在对合台上进行水平测量。部件水平测量，除了专用工艺装备外，所用的其他测量仪器设备、工具和测量方法都与飞机水平测量的相同。

部件水平测量的基本工艺过程：

(1)在部件装配中，在部件表面规定的位置上，按型架指示器作水平测量用的标记，称为水平测量点。

(2)将部件安装在水平测量台或对合台上，使部件处于全机水平状态的位置。

(3)测量时把测量标尺悬挂在测量点处，通过水准仪得到水平测量点的高度，如图 8.40 所示。简单式水平测量尺构造及使用方法如图 8.41 所示。

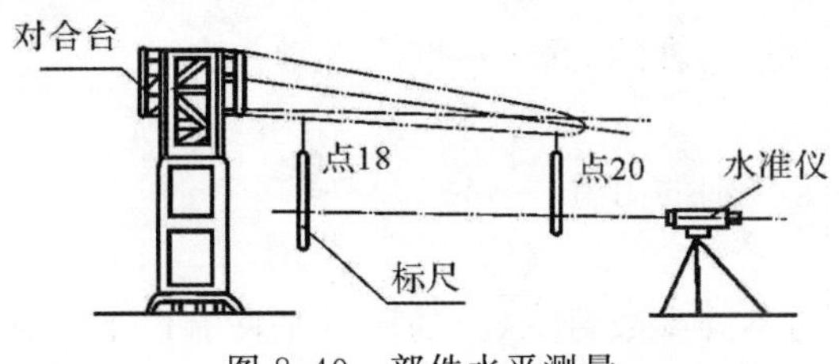

图 8.40　部件水平测量

(4)计算测量点高度差,检查是否符合图样的规定。产品的水平测量图规定了有关测量点的高度差及其极限偏差。如图 8.42 所示为某机翼测量安装角的测量点 13 与点 14 位置距机身水平基准线的高度差为 40±2mm。

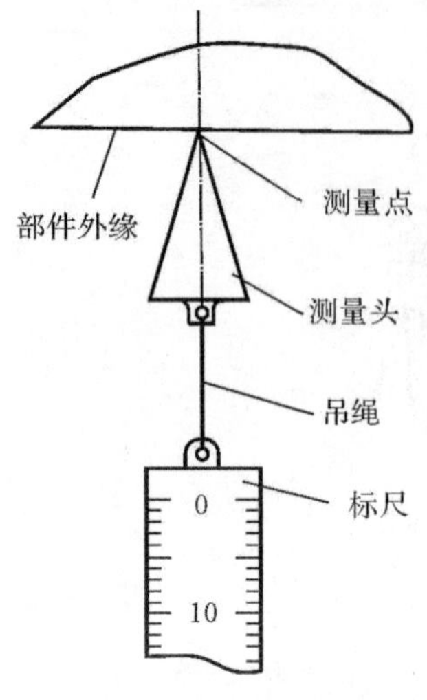

图 8.41 简单式水平测量尺

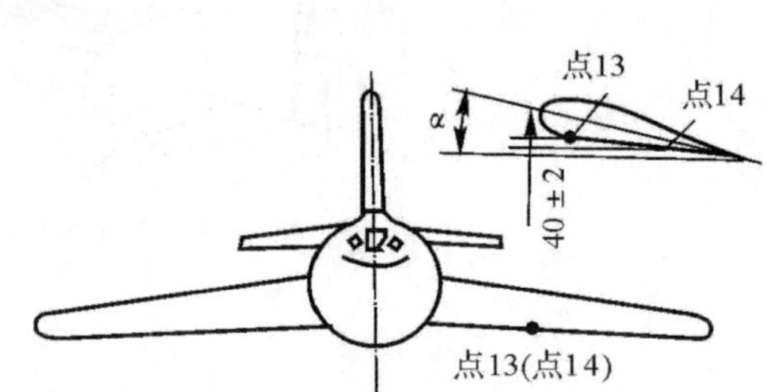

图 8.42 某机型机翼水平测量简图

第四节 力学性能检查

一、操纵面质量平衡检查

操纵面的质量及其质心位置会影响飞机操纵性能。为了防止结构发生颤振,操纵面的质心位置一般设计在操纵面转轴上或在转轴前(一般要求操纵面的质心位于转轴之前,两者之间的距离通常用力臂"a"来表示,不同的机型对"a"值有不同的要求)。装配完工的操纵面需要检查它的质心位置是否符合设计技术条件的要求,这种检查称为质量平衡检查。操纵面平衡检查的目的就是检查并调整操纵面的质心的位置,使其符合设计技术条件的要求。升降舵、方向舵、副翼以及某些调整片一般需要进行质量平衡检查。

1. 操纵面质心位置的判断

操纵面悬挂在平衡台上,其弦平面处于水平静止状态的位置时,称其处在平衡状态。在平衡检查试验中,操纵面质心位置用下列公式判断,如图 8.43 所示。

$$ma = m_f l \tag{8.9}$$

式中 m —— 操纵面实际质量,kg;

a —— 操纵面质心至转轴的力臂,mm;

m_f —— 砝码质量,kg;

l —— 砝码质心至转轴的力臂,mm。

2. 操纵面平衡的判断

根据设计技术条件给的不同参数,操纵面的质量平衡有以下几种判断方法。

(1) 当设计技术条件给出质心至转轴的力臂 a 的许可范围并给定砝码质量 m_f 时,在平衡检查试验中，测出 l 值，通过式(8.9)计算出力臂 a 的实际值介于最大许可值 a_{max} 和最小许可值 a_{min} 之间，则操纵面质量平衡是合格的。

(2) 当设计技术条件给出砝码质量 m_f 的许可范围并给定砝码质心至转轴的力臂 l 时，若在平衡检查试验中，测出砝码质量 m_f 的实际值在最大许可值 $m_{f,max}$ 和最小许可值 $m_{f,min}$ 之间时，则操纵面质量平衡是合格的。

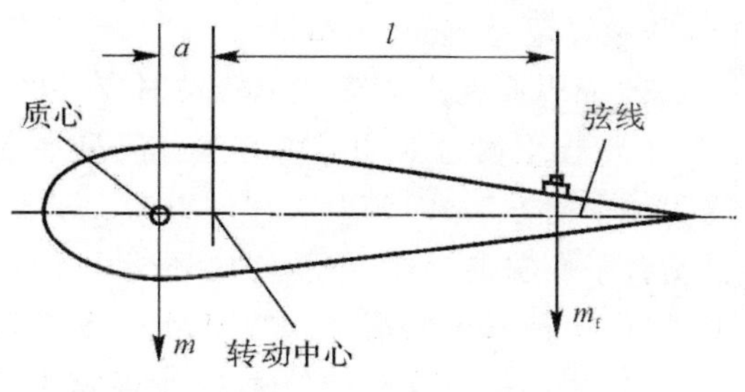

图 8.43　平衡条件

(3) 当设计技术条件给出力臂 l 的许可范围并给定法码质量 m_f 时，若在平衡检查试验中，测出力臂 l 的实际值在最大许可值 l_{max} 和最小许可值 l_{min} 的范围内，则操纵面的质量平衡是合格的。

(4) 考虑到操纵面支点有一定的摩擦，在检查试验中，使操纵面平衡的砝码质量 m_f 或力臂 l 不是唯一的，而是在一个范围内，此时可采用下列方法确定 m_f 和 l。

1) 当减小砝码质量到 m_{f_1} 时，操纵面后缘有向上运动的趋势；当增加砝码质量到 m_{f_2} 时，操纵面后缘有向下运动的趋势。此时砝码的实际质量按下式计算，如图 8.44 所示。

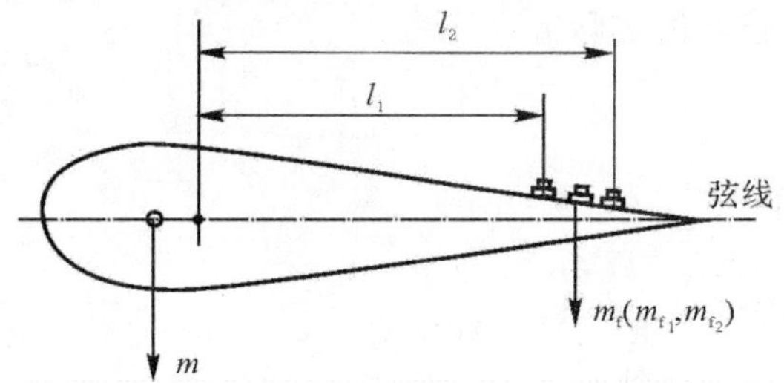

图 8.44　支点有摩擦时，m_f 和 l 的确定

$$m_f = \frac{m_{f_1} + m_{f_2}}{2} \tag{8.10}$$

式中　m_f—— 砝码质量，kg；

m_{f_1}—— 后缘有向上趋势时的砝码质量，kg；

m_{f_2}—— 后缘有向下趋势时的砝码质量，kg。

2) 当缩短砝码至转轴的力臂到 l_1 时，操纵面后缘有开始向上转动的趋势；当加大砝码至转轴的力臂到 l_2 时，操纵面后缘有向下转动的趋势。此时力臂 l 按下式计算，如图 8.44 所示。

$$l = \frac{l_1 + l_2}{2} \tag{8.11}$$

式中　l—— 砝码至转轴的力臂，mm；

l_1—— 后缘有开始向上的趋势时，砝码至转轴的力臂，mm；

l_2—— 后缘有开始向下的趋势时，砝码至转轴的力臂，mm。

3. 平衡方法

(1) 平衡前的准备。

1) 平衡前应检查操纵面的完整性，操纵面应符合产品图样，是经检验合格的最后完工状态(包括外表面喷漆)，并按平衡技术条件要求装全所有该装的零件(包括成品和标准件)，不允许多装或少装零件。

2）称量操纵面质量，应符合 HB5519—89《飞机零组部件称重公差》或各机型称重技术条件，并做好记录。

3）操纵面在平衡夹具上转动时应平稳，无冲动，无紧涩现象。

（2）在平衡台上的平衡方法。质量平衡检查方法有很多种，本节仅介绍在平衡台上进行的两种平衡方法，即调距法和调重法。平衡台亦称平衡夹具，属于专用工艺装备，无通用性。平衡台平衡法的操作方便，同时还能用于气动外缘型值、缝隙间隙和剪刀差的偏差检查。各类型飞机、各种操纵面都可以使用，是一种广泛应用的平衡方法。

1）调距法。当设计技术条件规定力臂 a 的许可范围时，采用本方法进行操纵面质量平衡。

a. 将操纵面悬挂在平衡台上。

b. 沿砝码放置线移动平衡砝码，使操纵面处于平衡状态。

c. 测量砝码至转轴的力臂 l。

d. 当操纵面支点的摩擦使平衡状态的砝码力臂 l 不是唯一确定值时，测出力臂 l_1 和 l_2 并按式(8.11) 计算力臂 l。

e. 按下列公式计算力臂 a 的实际值：

$$a = \frac{m_f l}{m} \tag{8.12}$$

式中　a—— 质心至转轴的实际力臂，mm；

m_f—— 砝码质量，kg；

l—— 砝码质心至转轴的力臂，mm；

m—— 操纵面实际质量，kg。

f. 如果计算出的实际力臂 a 在设计技术条件规定力臂的许可范围内，操纵面质量平衡合格，否则应调整操纵面的可调节配重，重新按上述过程进行平衡试验，直到符合要求为止。当力臂 $a < a_{min}$ 时，需要增加调节配重的质量；当力臂 $a > a_{max}$ 时，需要减少可调配重的质量。用下列公式计算可调配重的调节量 Δm，如图 8.45 所示。当计算出的调节量为正值时，应增加可调配重的质量；当计算出的量为负值时，应减少可调配重的质量。

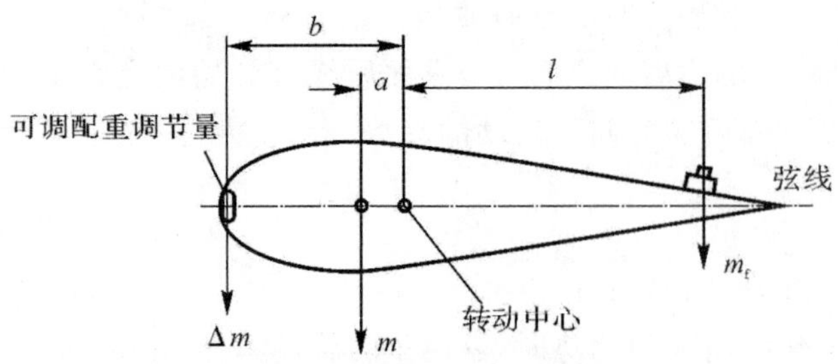

图 8.45　计算 Δm 的示意图

$$\Delta m = \Delta a \frac{m}{b} \tag{8.13}$$

$$\Delta a = a_0 - a \tag{8.14}$$

式中　Δm—— 可调配重调节量，kg；

m—— 操纵面实际质量，kg；

b—— 可调配重至转动轴线的力臂，mm；

Δa—— 需要调整的力臂，mm；

a_0—— 设计技术条件规定的质心至转动轴线的力臂中间值，mm；

a—— 质心至转动轴线的力臂实测值，mm。

2）调重法。当设计技术条件给定 l 值并给出 m_f 的许可范围时，采用本方法进行操纵面质量平衡。

a. 将操纵面悬挂在平衡台上。

b. 放置砝码，砝码质心至转轴的力臂 l 始终保持不变。

c. 调整砝码质量，使操纵面处于平衡状态。

d. 检查砝码质量，若砝码质量在设计技术条件许可范围之内，则操纵面质量平衡合格。否则应调整操纵面可调配重，重新进行平衡试验，直到合格为止。当 $m_f < m_{f,\min}$ 时，须增加可调节配重的质量；当 $m_f > m_{f,\max}$ 时，须减少可调节配重的质量，即

$$\Delta m = \Delta m_f \frac{l}{b} \tag{8.15}$$

$$\Delta m_f = m_{f_0} - m_s \tag{8.16}$$

式中　Δm—— 可调配重调节量，kg；

l—— 砝码质心至转动轴线的力臂，mm；

b—— 可调配重至转动轴线的力臂，mm；

Δm_f—— 需要调整的砝码质量，kg；

m_{f_0}—— 设计技术条件规定的砝码质量的中间值，kg；

m_s—— 砝码的实际质量，kg。

e. 当操纵面支点的摩擦使平衡状态的砝码质量 m_f 不是唯一确定值时，应测出 m_{f_1} 和 m_{f_2} 并按式(8.10) 计算砝码质量 m_f。

(3) 平衡台应满足的要求。

1）平衡台的转轴应尽可能减小摩擦，转轴应采用滚动轴承。

2）悬挂操纵面的定位件，应与产品悬挂操纵面的支架相似，即定位部分的形状和尺寸应相同。

3）应设有确定操纵面平衡状态的定位件，如鱼形件。

4）操纵面的转动轴线应处于水平状态。

5）设有画砝码放置线的卡板。

二、摩擦力、操纵力和张力的检查

摩擦力是影响飞机操纵系统性能的重要因素，因为摩擦力是与运动方向相反的，不论是推杆还是拉杆都会使杆力加大。在操纵过程中，摩擦力过大或不均匀，将使驾驶员在操纵时得不到真实的感觉，并影响操纵动作的柔和与准确。因此，操纵系统的摩擦力在飞机试飞前必须按规定进行检查。摩擦力的大小可通过操纵面开始偏转时所需要的杆力来测定。

检查操纵力时，应先来回扳动操纵杆几次，排除可能出现的卡滞点，然后将测力计置于操纵杆手柄中部，并推、拉操纵杆。检查时应平稳扳动操纵杆：从中立位置到正、反极限位置，再

回到中立位置，在整个操纵循环过程中操纵力应满足技术条件的要求。

在软操纵系统中，适当的钢索拉紧力(张力)是保证飞机钢索长距离传递载荷和正常工作的重要因素。钢索系统在正常工作载荷下，不应有松垂现象，否则系统就会出现死区和响应滞后。由于钢索和机体之间热膨胀系数不同，当温度变化时，钢索载荷变化范围很大。环境温度升高时，系统的张力增加而使摩擦力加大，影响系统的正常工作。环境温度降低时，张力减小，会导致系统跟随性变差，出现死区或无响应的情况。因此钢索张力应经常随环境温度变化而进行检查调整。钢索张力的检查和调整应按以下要求进行。

(1) 钢索传动的操纵面应处于中立位置，且不附加任何外力。

(2) 对应的(或配成对的)钢索张力值应调整一致。

(3) 测量张力时应正确选择测量点，测量点应在离开滑轮、导向件、松紧螺套较远的地方。为了提高测量准确度，在每个测量点上要连续测量 3 ～ 5 次，并取其平均值。

(4) 张力的调整，应按飞机所处的环境温度范围并参考钢索张力随温度变化的曲线来进行，应以当日大气的平均温度为准。如果在机库内调整，则按机库内温度检查张力，以保证温度变化后，钢索张力不至于变化太大。

(5) 一般春夏交接时，钢索张力按设计规定数值取下限，秋冬交接时取上限。

三、质量及质心的检查

质量及质心检查的目的是获得飞机及其零、组、部件的实际质量，防止超重，控制制造中的尺寸界限，以确保飞机性能的实现；全机称重能测定空机质量及质心位置，确保飞行安全。

部件称重包括对飞机部件、分部件及组合件的称重。称重应在图样技术文件规定的状态下进行。称重时如果带有工艺余量，记录时应扣除余量的质量。

全机称重及质心测定的基本要求是应在地面平整的机库或厂房内进行，且须关闭大门，防止风力影响；飞机应为空机状态，空机状态应符合各型号飞机的规定。一般为飞机使用要求的起飞状态，除去乘员、可用燃油、防冰液、氧气、弹药、可投放的外挂物等，还应包括冷气、液压油、发动机正常运转用的滑油；缺装的或多装的构件、成品应记录其项目、件数、单件质量及质心位置坐标(x,y)，并填入记录表中。缺装构件、成品也可在缺件的质心处用配重代替；准备必要的安全防护设备，如托架、轮挡等；各操纵面呈中立位置，襟翼收起，关闭舱门和减速板，起落架放下并固紧缓冲支柱；清除多余物。

全机称重的基本过程是飞机停放在带有升降机构的地秤或台车式秤上直接称重；用单轴千斤顶式秤和传感器 — 千斤顶式秤按设计文件规定的三点将飞机顶起并称重；用水平测量的方法，将飞机调整至水平状态、抬头状态、低头状态三种状态，飞机抬头或低头的倾斜角度一般不大于 5°；在以上各种状态下测出三个称重点的坐标(x,z)，读出各点的质量读数；各称重点的质量应称重三次，并取其平均值；计算飞机空重。

确定飞机质心位置，是新机试飞前为保证飞行质量和安全的一项不可少的地面试验工作。质心位置可用图解法(固体在任何位置时重力合力都穿过的点就是固体的质心。根据这个力学原理，把飞机顶置在 2～3 种俯仰姿态，称重和测量有关尺寸，用图解法求取这些重力合力的交点，该点即为飞机质心)和解析法(将全机称重和测量的有关数据代入公式可计算出质心在全机坐标系中的坐标值)来确定。

第五节　密封性检查

气密座舱、整体油箱、系统管路在装配和密封工作完成后，须进行密封工艺质量检查和工艺性密封试验，以确定结构密封程度是否符合设计技术要求。

一、气密舱密封性检查

气密舱在部件装配阶段应进行的密封性检查有抗压试验、气密性试验和淋雨试验，而在总装阶段和试飞阶段仅进行气密性试验。水上飞机舱身还须进行浸水试验。

1. 抗压试验

抗压试验的目的在于检查结构的抗压强度。试验工作一般在专门的试验间进行，其环境温度介于15～30℃之间。

(1)试验前的准备。

1)检查试验设备工作状态是否正常，并将其压力调节装置调整到规定的压力。

2)用工艺堵盖封闭气密舱上的工艺孔或系统通孔。

3)关闭舱盖，锁闭牢靠，并套上防护网。

(2)试验。

1)按一定的压力和充压速度向密封带充气，密封气密舱。

2)打开试验设备上气源开关，向舱内充气，一般压力为最大工作压力的1.3～1.5倍，保压1～10min，此时检查气密舱结构有无变形或其他异常现象，并做记录。

3)按规定的降压速度或时间逐渐地卸掉舱内压力。

4)检查密封舱是否有诸如舱壁鼓动变形、玻璃裂纹、密封物破裂之类的残余变形和结构破坏。如果无故障且充到最大抗压压力时无明显的鼓动和声响，则气密舱的抗压试验是合格的。结构有破坏或变形时应排除，排除故障后不再做试验。

2. 气密性试验

抗压试验完成后，方可进行气密性试验，其目的在于检查气密舱的密封性，并查找渗漏的部位。

(1)试验前的准备。准备工作与抗压试验相同，所不同的只是无须套保护网。

(2)试验(以降压时间测量法为例)。

1)按一定的压力和充压速度向密封带充气，密封气密舱。

2)按规定的充气压力和充压速度向舱内充气，在舱内余压达到规定值，且稳定1～2min后，关闭向舱内充气的开关。

3)查看舱内压力下降情况及所需时间。当压降时间满足设计要求时，则气密性试验合格，否则，应进一步查找漏源，排除后再重做试验直至合格为止。

二、整体油箱密封性检查

整体油箱密封性检查在部件装配结束后进行，检查方法有气密性试验、无压油密性试验、充压油密性试验、振动试验和晃振试验。

1. 气密性试验

整体油箱的气密性试验目的在于检查油箱的气密性，以判断能否对油箱进行油密性试验。试验的环境温度介于15～30℃之间，试验使用的压缩空气应无油、无水和无其他杂质。

(1)试验前的准备。

1)整体油箱装配全部完工，密封剂已完全硫化，油箱内表面擦洗干净。

2)用工艺堵盖堵塞所有系统或工艺通孔。

3)在油箱外表面的孔、铆钉、螺栓、对缝等渗漏可疑处涂上中性肥皂水。

(2)试验。

1)接通试验设备，按产品技术要求规定的压力向油箱内充气。

2)在余压达到规定值后，关闭充气开关。

3)在持续一定时间后，其压力不变，则认定气密性试验合格，否则应查找漏源，排除故障重新试验，直至合格为止。

2. 无压油密性试验

无压油密性试验目的在于检查油箱承受油压的油密封性。方法为在油箱外表面涂白垩水并冻干，然后向油箱内注满煤油，停放一定时间，检查渗漏油情况，当白垩粉有显湿现象发生时，则表示此处有渗漏。否则判定为合格。若有渗漏故障，则应排除，排除后须重做气密性试验和无压油密性试验。

3. 充压油密性试验

充压油密性试验目的在于检查油箱在使用状态下的密封性。方法为无压油密性试验合格后，放掉20%的煤油(即油箱内载入80%的煤油)，接通试验设备，向油箱内充气，当压力达到一定值时，保持一定时间，检查有无渗漏现象。若有渗漏应排除故障，并重做气密性、无压油密性和有压油密性试验，直到合格为止。

4. 振动试验

振动试验的目的在于检查油箱振动对其密封性的影响。试验在气密性、油密性试验后进行。具体试验方法如下：

(1)用工艺堵盖堵住油箱工艺孔、系统孔，将油箱安装在振动试验台上(见图8.46)。

(2)向油箱内注入煤油，按产品规定的振幅、振动频率、振动时间分级加载进行振动。

(3)涂白垩粉检查渗漏情况，如有渗漏，应予以排除，并按上述各种试验方法重复各项有关试验。

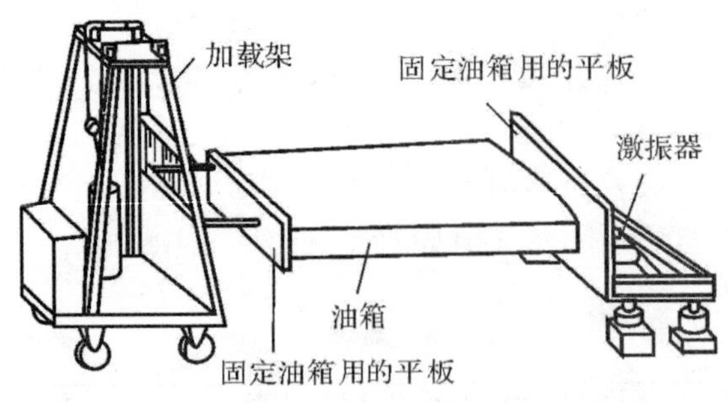

图8.46 整体油箱振动试验台

5.晃振试验

整体油箱的晃振试验的目的在于较真实地摸拟油箱在使用条件下的振动环境，验证燃料油箱的结构的完整性、可靠性和使用性能。晃振试验是一种在同时晃动与振动的条件下进行的复合试验，其试验方法如下。

(1)将油箱装在晃振试验台上，如图 8.47 所示。晃振试验台由一个摇晃台架和一个激振器组成，它能使油箱横卧时相对水平基准线倾斜 15°，同时可以使油箱按 2 000 次/min 的频率或者模拟飞机飞行时的最大损坏频率振动。晃动和振动分别由两个液压油缸驱动，整个试验台绕一个转动轴产生晃动。

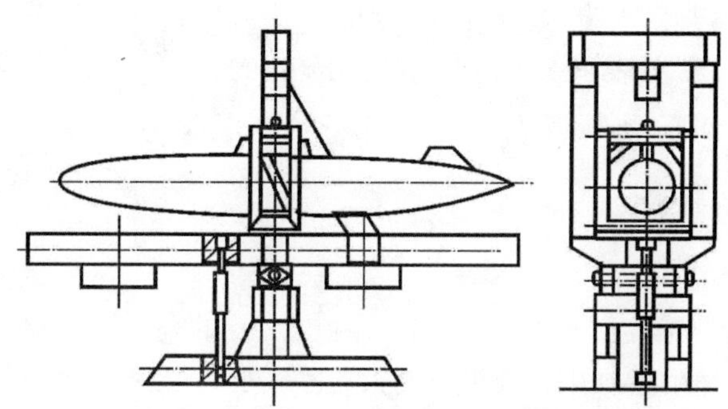

图 8.47　带外挂副油箱的晃振试验台

(2)向油箱内注入 2/3 容积的水或其他试验液，按规定进行晃振。

(3)试验后油箱要去水干燥，打开油箱检查是否有结构损坏。无泄漏和结构损坏的油箱，其晃振试验为合格。有渗漏故障和结构损坏的应排除，并在排故后重做气密性、油密性试验。

三、水密结构的密封试验

1.浸水试验

水上飞机的密封舱身部分需要进行浸水试验，以检查其水密性程度。试验分两个阶段。

(1)机身初装后的浸水试验。

1)用工艺堵盖堵住所有的工艺孔、结构孔，将机身放置在支撑架上。

2)对每个机舱依次分别注入水，注水深度以达到吃水线为准。

3)检查漏水量，不符合要求的需排故，排故后重做试验，直至合格为止。

4)试验后清除机内积水，并将飞机表面擦拭干净。

(2)飞行浸水试验。

1)水上飞机首次下水，应检查舱身部分的进水情况。

2)至少在正常总重状态下的 10 个起落后，使飞机舱身停留在水中 1h，在每个水密舱吃水线以下部位的进水量不应超过总排水量的 0.5/10000。

2.淋雨试验

淋雨试验的目的在于检查有水密要求的部位(如舱门、窗口、特设舱口盖)的水密程度。试验在人工降雨模拟装置的专门场地上进行，具体方法如下。

(1)试验前的准备工作。

1)拆除怕潮的装置和怕湿的结构，不便拆除的用防水布加以保护。

2)检查漏水的工作人员进入座舱,关闭所有门窗,安装所有口盖。

3)座舱内按设计技术条件增压。

(2)试验。

1)按规定的淋雨时间和水流速度,向须做淋雨试验的部位喷水。

2)目视检查有无漏水现象和排漏水系统是否通畅。

3)淋雨时允许用密封腻子堵漏,淋雨后用规定的密封材料排故。

4)排故后还须重做淋雨试验,直至合格为止。试验结束后用棉纱或抹布擦拭飞机表面并清理可打开部位的积水。淋雨试验装置示意如图 8.48 所示。

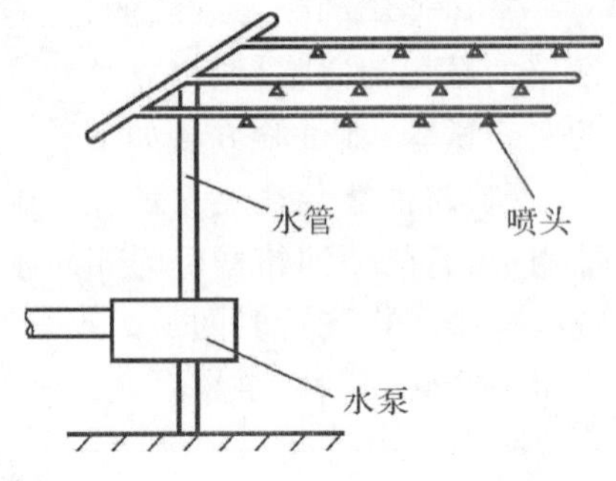

图 8.48　淋雨试验装置示意图

四、密封结构渗漏的检查

1. 渗漏程度的分类

(1)气密漏气分为轻微漏气和明显漏气两类。在向密封结构承压面施加0.019 5～0.024 5MPa的气压时,若在涂有中性肥皂水的承压面外侧形成气泡,则这种漏气称为轻微漏气,如图 8.49 所示;手掌能感觉到的或不能形成气泡的漏气为明显漏气,如图 8.50 所示。

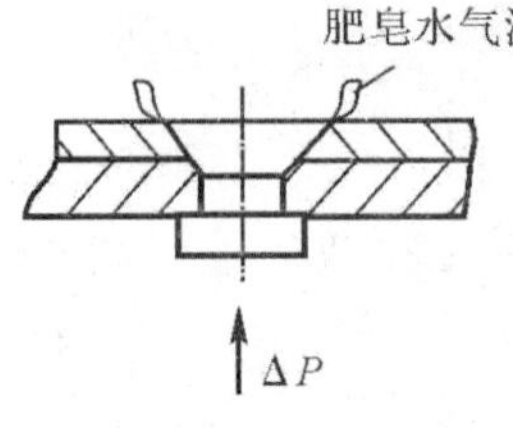

图 8.49　轻微漏气

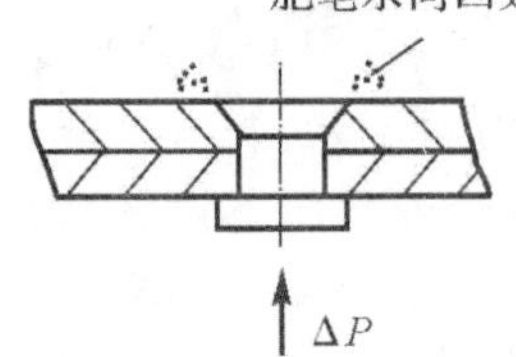

图 8.50　明显漏气

(2)油密结构渗漏分为微渗(渗油湿润的范围不超过 38mm,如图 8.51 所示)、渗漏(渗油湿润的范围介于 38～100mm)、严重渗漏(渗油湿润的范围介于 100～150mm)和漏油(渗油湿润的范围超过 150mm,或者从表面滴油)四类。油密结构渗漏检查时,在油箱内装满油,将油箱外表面渗漏部位擦拭干净后 15min 检查。

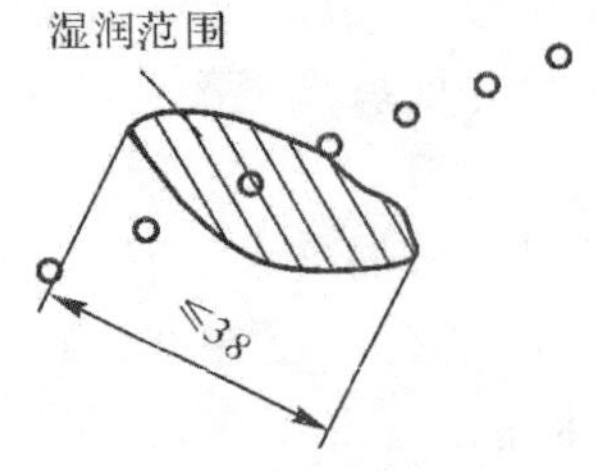

图 8.51　渗油湿润范围的测量方法

2. 渗漏的原因

结构密封性能与选用的密封剂、所设计的结构形式、结构的刚度、密封缝隙的尺寸大小和形状以及施工方法有密切关系。

(1)在施工中应尽量减少接缝的宽度,例如,适当增加结合面的紧固力或提高被连接件的平整度,控制钉与孔间的配合公差等。

(2)密封面清洗不彻底,如表面残存蜡、油脂、灰尘、杂物、金属屑等。

(3)密封面准备不正确,如底漆黏结不良,阳极氧化层陈化。

(4)密封剂调制不当或储存超期、密封性能下降和施工不佳等造成密封失效。

(5)实施密封工序的操作不正确,致使密封层有空穴、针眼、间隙或虚涂、分层等。

(6)紧固件松动引起密封剂脱胶、开裂。

(7)密封剂在沟槽或下陷处未充满,通道内留有空间,造成无效密封。

(8)密封剂未按规定保护,造成压伤变形、刺穿、磨胶、剥落等引起渗漏。

3.渗漏检查方法

(1)单面吹风检漏法。

1)将中性肥皂水涂在承压面外侧。

2)用压缩空气喷嘴向结构承压面密封部位吹压缩空气,如图 8.52 所示。

3)在出现肥皂水气泡或者使肥皂水溅起的部位有漏点。

此方法适用于框、梁、翼肋等组合件及形状复杂的局部密封部位的渗漏检查,查找漏点;结构密封的工序检查;查找严重漏气的漏点。

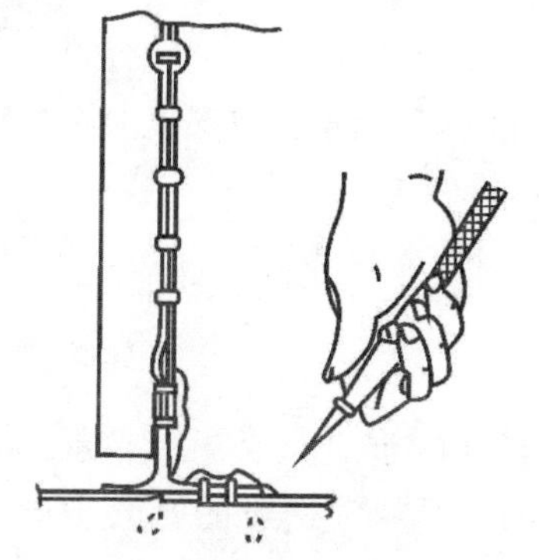

图 8.52　单面吹风检漏法示意图

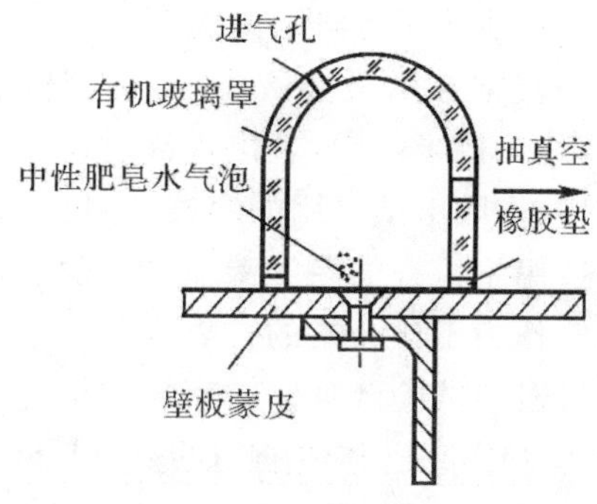

图 8.53　用真空检漏器检漏示意图

(2)负压检漏法。

1)用真空检漏器检查。

a.在结构承压面外侧对须进行密封性检查的部位涂中性肥皂水,然后放上真空检漏器,如图 8.53 所示。

b.按规定的负压抽真空,出现肥皂水气泡或者使肥皂水溅起的部位有漏点。

此方法适用于平面型壁板、梁、翼肋、框等组合件的局部密封部位的渗漏检查;查找轻微漏气的漏点。

2)用超声波空气检漏仪检查。

a.将整体油箱与气密性试验台(气密性试验台上必须配备自行排气装置,以便在超过规定压力时自动泄压)的充压管和测压管相连,并将压力表装在油箱上或者压力调节阀门的管路上。

b.检查人员进入整体油箱内。

c. 油箱上应设有安装有机玻璃制的工艺观察窗。

d. 抽气并保持 0.010 4～0.013 8MPa 负压差。

e. 用超声波泄漏探测器查找渗漏部位。

此方法适用于查找油箱渗漏、严重渗漏和漏油的漏源。

(3)听诊器检漏法。听诊器检漏法与负压检漏法相似,不同之处如下:

1)以每分钟不大于 0.001 1MPa 增压速度向密封结构内充气,一般充压至 0.02MPa,在个别情况下对经过耐压试验后的结构允许将压力充到 0.03MPa。

2)用听诊器查找泄漏部位,听到有风声的部位即是漏源。

3)进入增压密封结构的检查人员,每次停留的时间不得多于 30min。降压速度为每分钟不大于 0.002 2MPa。

此方法适用于查找整体油箱、气密舱的各种渗漏的漏源。

(4)化学检漏法。

1)用氢氧化氨作为工作介质的检查方法。

a. 在密封结构内部放置一个前后贯通的容器,内装大约 65cm^2 脱脂棉,按油箱容积每 0.028m^{3}用大约 3mL 氢氧化氨浸润。

b. 贯通容器可以用一个约 1L 容积的带盖的罐头筒制成,在盖上钻穿约 50 个直径为 3.2mm的孔。

c. 通过气密性试验台向结构内部充气。

d. 将细布浸泡在酚酞溶液中,拧出溶液使细布保持刚好不滴水的湿度,将细布平铺在结构外表面上,约保持半分钟,若出现红色斑点,即是漏点。

e. 试验完毕,取出试验用的容器,并更换结构内的气体。

此方法适用于检查油箱的渗漏,能查找微渗点。

2)用氨气作为工作介质的检查方法。

a. 通过气密性试验台直接向密封结构充入空气与氨气的混合气体,并保持一定压力。其中氨气纯度为 99.95%,整体油箱的氨气质量分数不超过 12%,气密舱的氨气质量分数不超过 1.0%。

b. 整体油箱检漏,采用浸酚酞的细布,所用检漏方法同于用氢氧化氨作为工作介质的检查方法。气密舱的检漏,则采用浸有硝酸汞(硝酸汞的含量为 50%)的细布,并将其贴在密封缝隙处,当硝酸汞与含氨的混合气体相遇时,即会出现黑斑。

此方法适用于在整体油箱或气密舱进行气密性试验时探查漏点。

(5)荧光检漏法。

1)将荧光检漏液体由漏点向结构内压注,如图 8.54 所示。

2)用紫外线灯照射结构内表面,发光部位即为漏源。

此方法适用于在漏点已知的条件下查找漏源。

(6)嗅敏检漏法。

1)先向密封结构内充入少量卤素(如氟利昂气体)后,再通过气密性试验台将结构内的压力增压至约0.02MPa。增压后用检漏仪查找漏点。

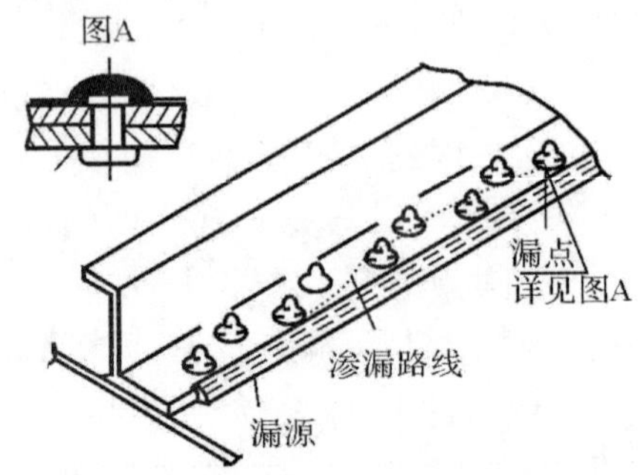

图 8.54 荧光检漏液的渗漏示意图

2)用检漏仪进行卤素密封性检查。用检漏仪检查时探头移动速度为 0.33×10^{-3} m/s。

此方法适用于探查用中性肥皂水难以发现的漏点。嗅敏检漏法的特点是其探漏的灵敏度极高,只要有漏源一般不会漏探,但也有远离漏源即发信号的误探现象。

(7)涂粉检漏法。

1)在结构外表面喷涂一层白垩粉或滑石粉。

2)向结构内充油后,喷涂的粉层变黄的部位即有漏点。

此方法适用于整体油箱油密性试验时查漏点。

4.渗漏排除方法

(1)渗漏排除的一般要求。

1)对任何渗漏应分析渗漏原因,查找漏源。

2)修理用的密封剂必须同旧密封剂相容。

3)铲除失效密封层时,不应损伤结构。结构表面的氧化膜损伤时,应用冷氧化液处理后再进行密封。

(2)缝内密封渗漏的修理。

1)渗漏范围不大,在贴合面密封可能渗漏的位置增加铺设缝外密封胶,使损坏的贴合面密封层与密封介质隔离,如图 8.55 所示。

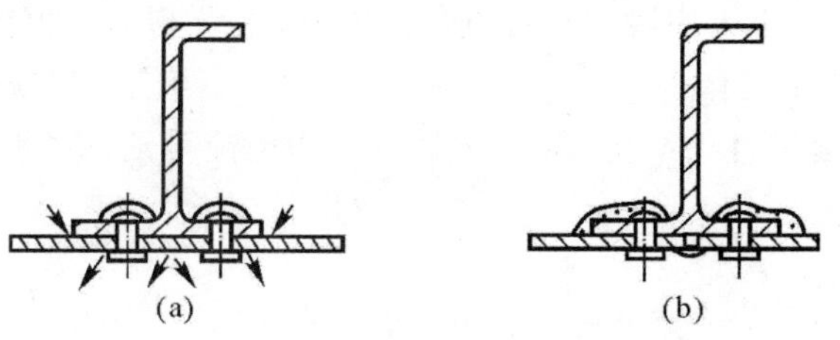

图 8.55　轻微渗漏的修补

(a)修补前；(b)修补后

2)排除缝内密封较大渗漏故障,须分解已密封的结构,清洗贴合面,重新密封。分解的方法和步骤如下。

a.清除缝外密封胶。用刀将原密封剂切至距零件表面约 3mm。用浸泡过脱胶剂的白布或脱脂棉覆盖在密封胶上,待胶起皱后将其清除。

b.分解紧固件。分解铆钉时可钻掉铆钉头,冲出钉杆;分解螺栓时,应先拧下螺母,用脱胶剂溶解螺栓孔和结合面上的密封剂,打出螺栓。

c.用刮刀分解零件。

d.用脱胶剂将所用的密封胶清除干净,允许结合面上有密封剂的斑点状痕迹。

3)采用注射 XM34 密封腻子的沟槽密封形式的油箱进行补漏修理时,可在载油情况下,用装有新 XM34 腻子的高压注射枪直接注射,将泄漏的那段沟槽内的旧 XM34 腻子从沟槽中挤出,油箱即可使用。

4)结构下陷处的渗漏,可用钩状铁丝或小的切割工具,清除旧密封剂,将残胶清理干净,然后重新注射密封剂。

(3)缝外密封渗漏的修理。

1)对尺寸不够的缝外密封剂的表面应进行清洗,补涂密封剂并重新整形。

2)局部密封不良的部位，如果密封层黏结良好，可以只进行局部切割清除，然后补涂密封剂，并将其与原密封剂搭接处加以整形。

3)如果密封层的黏结不良，未黏在密封面上，则用锋利的塑料或硬木工具清除密封不良的密封剂，直到露出结构金属表面，两端的密封剂应切成斜面，涂覆密封剂使新旧密封剂连续搭接，整形应光滑，避免截面突然改变，如图 8.56 所示。

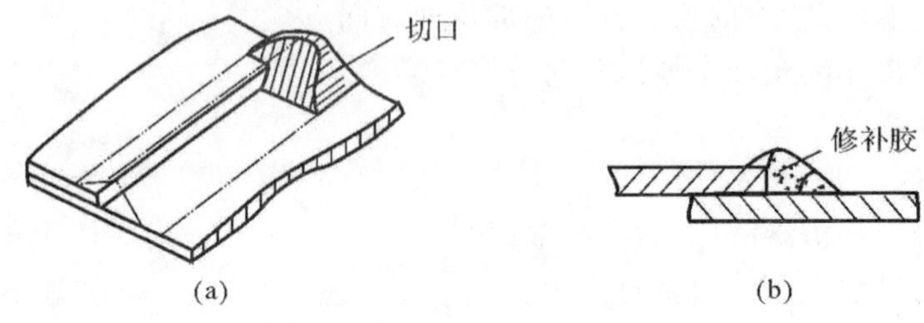

图 8.56 缝外密封剂清除修补的形状

(a)切口形状； (b)补胶后的外观

(4)紧固件密封修理。

1)不严重渗漏进行修理时，可以使用专用压胶工具，由结构外侧钉孔周围注射密封剂。压注工具可采用铆压注胶式或螺旋注胶式。具体方法如下。

a. 铆压注胶式排漏方法。用浸有清洗剂的纱布清除漏钉周围的漆层，清洁注胶结构表面。用 A 类密封剂加满压胶工具内腔，将其活塞冲杆端部插入铆枪。将压胶工具上的 O 形密封圈罩住漏钉，保证工具始终垂直于结构表面，压紧后用铆枪锤铆活塞冲杆，连续压注几分钟，如图 8.57 所示。

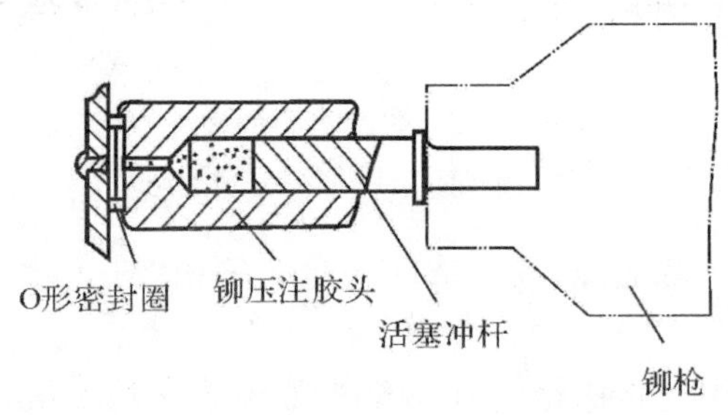

图 8.57 铆压注胶示意图

b. 螺旋注胶式排漏方法。用清洗剂润湿的纱布清除漏钉周围的漆层，清洁表面和注胶工具底座表面。用棉球棍浸快速冷固化胶液（如 α-氰基丙烯酸胶液）薄涂在底座结合面上，然后以漏钉为中心将注胶工具底座压在结构表面上，经数十秒钟后松手，等胶液固化，如图 8.58 所示。

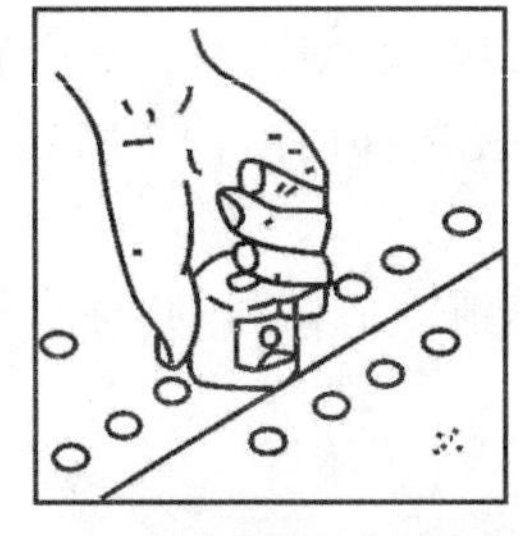

图 8.58 螺旋注胶工具的安装

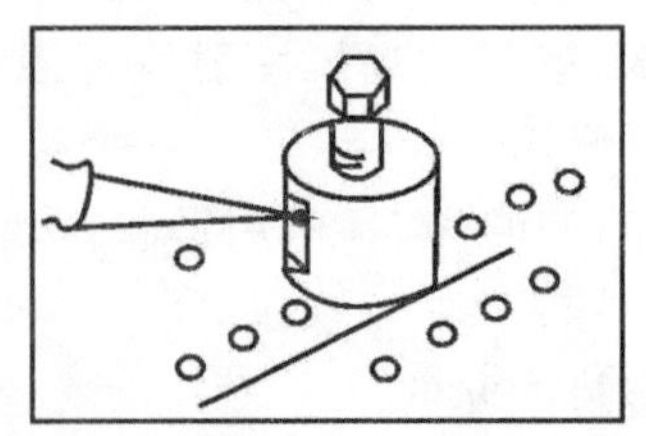

图 8.59 向注胶工具注密封剂

将注胶工具放气口螺钉拧松到只剩一扣即可取下的位置，由加胶口注入稀释的密封剂，直到放气口溢出密封剂为止，如图 8.59 所示。

拧紧注胶口和放气口螺钉，以 49N・cm 的力矩拧紧压力螺栓，并保持 5min，如图 8.60 所示。

用木槌轻敲底座的侧面，取下注胶工具，如图 8.61 所示，清除漏钉周围多余的密封剂。

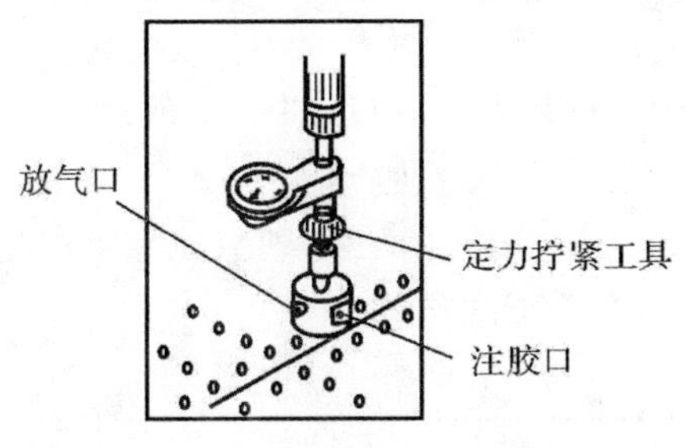

图 8.60　螺栓注胶示意图

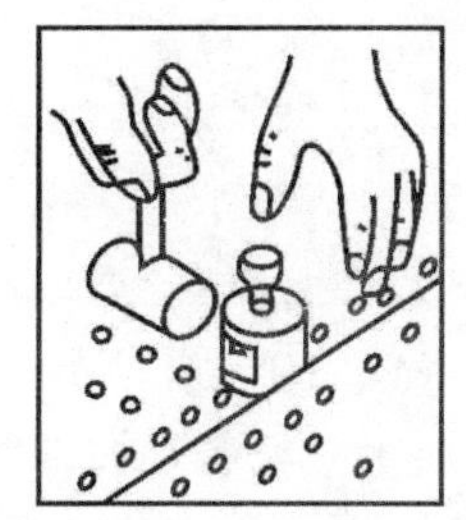

图 8.61　取下注胶工具

2）紧固件端头注胶密封渗漏应清除包裹紧固件的密封剂层，使紧固件与结构金属表面完全露出（黏牢在紧固件上少量密封剂可不除去），重新密封。

3）密封罩密封渗漏应用切割工具切开罩盖下部及周边，与结构完全分离，用钳子取下密封罩，切除紧固件上剩余密封剂，重新密封。

（5）注射排漏法。

当结合零件的剩余强度较大、漏源清楚而且集中部位少时，可采用注射排漏法，方法如下：

1）在渗漏部位钻孔。

2）清洗后往孔内注射密封胶。

第六节　多余物和清洁度的检查

一、多余物的检查

多余物是指遗留在飞机内一切不属于产品技术资料规定的物体。飞机上的多余物是飞机安全的重大隐患，必须彻底清除。

1. 防止多余物的措施

（1）在装配过程中，工序结束后应及时清除多余物，不让多余物流至下一工序。封闭区封闭前应严格检查有无多余物，确认无多余物时，再进行封闭。

（2）严格物源管理。

1）工作人员使用的工具统一编号、注册登记，严禁没有编号的工具带入生产现场使用。

2）定期检查工作人员及工具室对工具的保管情况，做到账物相符。

3）工作人员上机不带与工作无关的物件，包括工作服口袋内不装与工作无关的物件。

4）进入驾驶舱、动力装置、辅助动力装置、电子电气设备舱、燃油箱等区域应穿着无口袋、无纽扣的扎带式工作衣。

5）工作人员上机前对所带工具、量具、仪器、仪表、零组件、辅助材料要进行清点，同时检查工作服上的纽扣、拉链是否齐全。

6)凡在飞机部件、整机上工作后应做好下列工作。

a. 完工后拆除有关工艺夹具。

b. 清点工艺标准件。

c. 清点工具、仪器。

d. 清理工作现场,清除多余物。

e. 检查自身衣物。

(3)对容易进入多余物的孔、缝隙、口窗,应事先采取保护措施,如用胶布封口、工艺口盖堵塞、胶皮遮挡等,对于进入多余物后难以清除的部位更应特别预防。

(4)安装导管时,导管端头打开后应及时安装,若不能连成回路,则应在导管的敞开端加堵盖。禁止将包装纸、塑料布塞入导管内腔来代替导管端头的包扎。

2. 多余物的检查和排除方法

(1)多余物检查方法的种类和所用工具见表 8.4。

表 8.4 多余物的检查方法

种　类	检查工具	检查方法	适用范围
观察法	1. 工作灯、手电筒。 2. 反光镜。 3. 光纤工业内窥镜	1. 借助工作灯、手电筒的照明,用肉眼观察。 2. 若结构限制或遮挡而不能直接观察到时,则可借助反光镜来观察。 3. 若采用反光镜也观察不到时,则可采用光纤工业内窥镜观察	非封闭部位,可直接或间接观察到的区域
音响法	1. 橡胶槌。 2. 橡胶板。 3. 永久磁铁	1. 用橡胶槌或橡胶板分区逐步敲打装配件,使多余物产生振动并发出撞击声,借此来判断有无多余物或多余物所在位置。 2. 移动永久磁铁,使磁性多余物移动,并靠其移动时发出的响声来判断多余物的位置。 3. 摇动装配件,听其中有无多余物的碰撞声	无观察通路的封闭结构及半封闭结构
特种检查	X 光设备	拍摄 X 光胶片,并根据对胶片的观察分析来判断多余物的存在及种类	小型封闭组件,如调整片、舱门等
分解检查		分解口盖或打开舱盖进行观察,必要时可分解部分结构进行检查	有可卸口盖、舱盖、舱门的封闭部位

(2)多余物排除方法的种类和使用工具见表 8.5。

表 8.5　多余物排除方法、种类和使用工具

种　类	多余物种类	排除方法及工具	适用范围
吸取法	各种材料的碎屑、尘埃等体积小、质量小的多余物	用电动吸尘器 HX—24 或压缩空气吸尘器吸取。 注意:禁止用压缩空气吹拂;有可燃性液体或气体时禁止用电动吸尘器;使用电动吸尘器时必须严格检查电动吸尘器及电线的绝缘性	适用于有通路、吸尘器吸力能作用到的部位
擦洗法	油污、碎屑、尘埃等	可用毛刷、脱脂棉、绸布擦洗,必要时可蘸酒精、汽油、洗涤剂擦洗	对结构内、外表面清洁度要求较高的部位,如座舱、设备舱等
磁吸法	磁性多余物	用永久磁铁将磁性多余物吸出	通路较差、只能使磁铁进入的内部结构
钩取法	较大的多余物,如铆钉、螺母、边角余料	用自制的钩子、夹子将多余物钩出	通路较差、用手够不着的部位
胶黏法	较轻较小的多余物.如铆钉头、垫圈、熔丝头等	在细长棒上蘸少量 XY—401 橡胶液或其他黏性腻子,将多余物黏住取出	有通路但手无法接触的部位
拍击法	各种多余物	将产品倾斜或吊起,用橡胶槌或橡胶板沿一定方向逐步拍击、摇动产品,将多余物排出	有杂物排出通路,但无法接触到的半封闭结构
杂物排除架法	各种多余物	将产品固定在杂物排除架上,杂物排除架可以使产品倾斜、翻转各种角度,在倾斜翻转过程中,用橡胶板拍击产品使杂物排出	
吹出法	装配之前的导管中的多余物	用干燥的冷气或氮气将多余物从导管中吹出,禁止使用未经净化、干燥的压缩空气吹导管	导管中的多余物
分解法	用上述方法无法取出的多余物	打开可卸口盖、舱门等结构,乃至部分分解全封闭结构,以便取出多余物	全封闭部位

二、整体油箱的清洗和清洁度检查

整体油箱内部可能留有污物、油脂、切屑和胶末等杂质，须清洗干净，并达到一定的清洁度；否则，会影响使用安全。飞机的型号不同，其清洁度技术要求也不同，因此，清洗方法有些不同，常用方法有擦洗、冲洗和摇摆清洗三种方法。

1. 擦洗法及清洁度检查方法

(1)擦洗。整体油箱的擦洗工作在整体油箱的装配工序间进行。在未安装可卸壁板及工艺口盖之前，去除油箱内多余胶膜，再用吸尘器清除油箱内较大的多余物，然后用麂皮、白细布蘸煤油或丙酮擦洗油箱内部。

(2)检查。擦洗干净后，先目视检查油箱内各处有无杂物，对角落、缝隙等隐蔽区域用反光镜检查，不允许有多余物，接着用新的白细布擦拭检查油箱壁，当白布上没有杂物附着，布没有变色时，认为擦洗合格。

2. 冲洗法及清洁度检查方法

整体油箱的充油加压清洗工作，必须在整体油箱气密性、油密性试验合格后进行。

(1)冲洗。向油箱注满清洁燃油，然后将油箱中的燃油通过滤油器全部放出，反复注油、放油，同时目视检查油滤网上有无杂物。为加快放油速度，在放油过程中可用经过滤的清洁压缩空气向油箱增压。

(2)检查。向油箱内注满燃油，随后将燃油经过装有油滤器的管路全部放出。先检查油滤网上杂质的颗粒直径及纤维长度，其颗粒直径及纤维长度不应超过技术条件的要求。再收集全部杂质，装入医用注射器内，挤出燃油，测量杂质的总体积。

3. 摇摆清洗法及清洁度检查方法

摇摆清洗法也是在整体油箱密封性检查合格后进行。

(1)清洗。将油箱固定在专用的清洗台上，清洗台可使油箱做纵向和横向摆动，从储油罐中向油箱注油，储油罐和油箱构成循环油路，清洗时油箱不断摆动，燃油冲洗油箱，然后经过油滤网回到油罐，如图 8.62 所示。

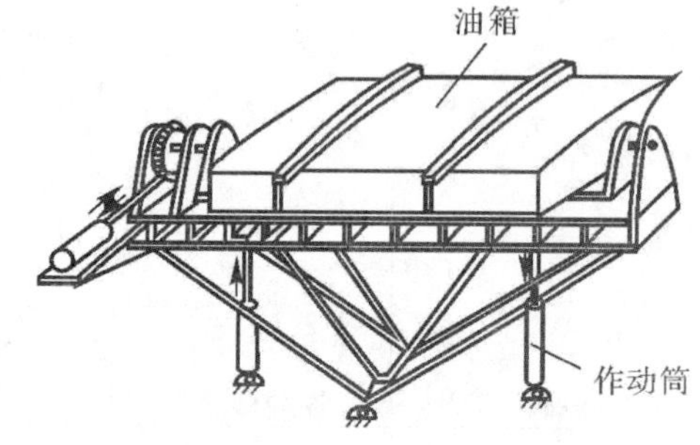

图 8.62 整体油箱摇摆清洗示意图

(2)检查。更换清洗时的回油油滤网，确保油滤网上无杂质、无污染，然后按上述方法对油箱按规定的时间清洗，检查油滤网上的杂质。

安全小提示

一、气密舱密封性检查的抗压试验和气密性试验的注意事项

(1)当进行抗压试验或采用降压时间测量法进行气密性试验时，非工作人员不得留在工作场地，工作人员不应留在座舱内。

(2)当舱内压力超过气密性试验压力后，工作人员不得靠近座舱。

(3)用充气密封带密封的舱盖，当其关闭时，必须先关好并锁紧以后，才允许给密封带充气；在要打开座舱盖前，必须先泄掉密封带内的气体，然后才能开盖。

(4)当舱内有剩余压力时,禁止打开舱盖,禁止取下堵盖和排除故障。

二、检漏的注意事项

1.涂肥皂水检查渗漏时应注意的事项

(1)不允许中性肥皂水涂在整体油箱的内表面上。

(2)在检查后,卸压前用清水擦洗去除所涂的中性肥皂水。

2.检查人员进入密封结构内应注意的事项

(1)进入密封结构内检查的人员必须是经过医生检查身体合格者。有耳病、心脏病、高血压病的人员禁止进入。

(2)当密封检查人员进入有压差的密封结构内时,在结构外面必须安排监视空气供应、内部通话联系及压力阀开关的控制等。

(3)检查整体油箱渗漏时,机体和试验台应静电接地,飞机电池及其他任何与飞机连接的电源均应断开,任何产生火花的设备(电气工具、真空吸尘器等)均应撤离机体,在飞机周围和油箱内部的照明只能使用防爆灯。

(4)油箱内的油应排空,积油应去除干净。用通风或吹洗方法更换油箱内的空气,直到油箱的空气含油蒸气的浓度小于最低可燃点的20%为止。吹洗只能使用大容积低压空气,不允许使用压缩空气。

(5)吹洗或通风的管道在使用之前应检查其清洁度,所用设备应带有过滤器,以免污染油箱。

(6)在油箱内所使用的仪表能够确定爆炸量级,观察窗口可以不用任何工具打开。

(7)必须测量油箱内的空气含油蒸气浓度,符合要求的才允许检查人员进入油箱,每隔3~4h测量一次油箱内空气是否符合要求。

(8)进入油箱内的检查人员应穿带暗扣或拉链的棉布衣服,不得穿容易产生静电的衣服,如丝绸、尼龙和含有大量合成纤维纺织物等制的衣服。

(9)工作人员在油箱内工作应根据空气含油蒸气量确定是否使用防毒面具。

(10)渗漏检查前后均须清点工具,以防工具遗留在结构内。

3. 用氢氧化氨和氨气检查漏气注意事项

(1)氢氧化氨能放出有毒易燃蒸气,能引起猛烈燃烧、爆炸,并会刺激呼吸道系统,因此,在工作场地必须设置通风设备和灭火装置。

(2)排出的氢氧化氨蒸气不允许与人的皮肤和眼睛接触,一旦接触了,应及时用水彻底清洗。检查完毕后将手和脸清洗干净。

(3)检漏所使用过的、装有氢氧化氨的容器要保存在密封容器内。

(4)氨气是易燃气体,使用时要做好防火防爆措施。

(5)已装过油的油箱,尽量不使用氢氧化氨和氨气进行漏气检查。

思考题

1.简述结构件装配前的检查内容。

2.贴合面接触检查用显示剂有哪些?各自特点是什么?

3. 气动外缘偏差分为哪几类?
4. 部件切面型值偏差的检查方法有哪些?各自工艺特点是什么?
5. 何谓波纹度偏差?横向波纹度和纵向波纹度如何检查?
6. 部件相对位置准确度检查的项目和内容大致可分为哪几部分?
7. 何谓操纵面吻合性?操纵面中立位置的确定方法有哪些?
8. 飞机调平方法有哪些?
9. 飞机质量平衡检查常用方法有哪几种?
10. 飞机淋雨试验的目的是什么?具体方法是什么?
11. 何谓多余物?防止多余物的措施有哪些?
12. 整体油箱常用清洗方法有哪几种?

参考文献

[1] 《航空制造工程手册》总编委员会.飞机装配.北京:航空工业出版社,1993.

[2] 《职业技能培训MES系列教材》编委会.铆装钳工技能.北京:航空工业出版社,2008.

[3] 航空工业技工教材编审委员会.飞机铆接装配工艺学.湖南:航空工业技工教材编审委员会资料,1998.

[4] 贾玉红,何景武.现代飞行器制造工艺学.北京:北京航空航天大学出版社,2010.

[5] 王云渤,张关康,冯宗律,等.飞机装配工艺学.北京:国防工业出版社,1990.

[6] 陈均元.飞机制图.湖南:航空工业技工教材编审委员会资料,1993.

[7] 乌兰.铆装钳工技能.北京:航空工业出版社,1994.

[8] 卢惠元,郭涌彬,丁祖寿,等.铆接装配工艺学.北京:航空工业技工教材编审委员会资料,1983.

[9] 范玉青.现代飞机制造技术.北京:北京航空航天大学出版社,2010.